Helge Kragh
［著］

Conceptions of Cosmos
From Myths to the Accelerating Universe:
A History of Cosmology

竹内　努・市來淨興・松原隆彦
［共訳］

＊

人は宇宙を どのように考えてきたか

神話から加速膨張宇宙にいたる
宇宙論の物語

＊

共立出版

Conceptions of Cosmos: From Myths to the Accelerating Universe:
A History of Cosmology, First Edition
By Helge Kragh
© Helge S. Kragh 2007
The moral rights of the authors have been asserted

Database right Oxford University Press (maker)

Conceptions of Cosmos: From Myths to the Accelerating Universe:
A History of Cosmology, First Edition
was originally published in England in 2007. This translation is published
by arrangement with Oxford University Press.

Japanese language edition published by KYORITSU SHUPPAN CO., LTD.

訳者まえがき

　本書は非常に包括的な観点から宇宙論という人類の文化・思索・科学的活動を論じたユニークな著作である．そのカバーする範囲は各国の宇宙（世界）創成神話に始まり，西洋自然哲学の萌芽と神からの別離，イスラム世界における高度な科学的発展，そしてキリスト教の伝播による停滞と，そこから強い抵抗を受けつつ脱却してゆく様が生き生きと描かれる．最終的に宇宙論が物理学，そして数学，化学の一部も内包する科学の体系となってゆく様子は様々なバックグラウンドの読者をひきつけるに違いない．

　我々訳者は宇宙論・宇宙物理学を専攻する物理学者であり，神話や哲学・思想体系，時には西洋古典文学からの用語も頻出する本書の翻訳には正直に言って少なからず苦労させられた．数多く追加された訳注はそのまま訳者の苦労の表れでもある．翻訳の過程で発見した原著の誤植やミスは，原著者の許可を得て逐一断らずに本文中で訂正した．哲学用語などはわかりやすさ，後世の近代的宇宙論，宇宙物理学への流れを意識して，一般的でない語を採用したものもある．その結果，科学史専攻の読者の方々には不自然に見える箇所もあるかもしれない．それもまた物理学者が翻訳した科学史というユニークな本訳書の味わいとして楽しんでいただければ幸いである．

2015 年 11 月　　　　　　　　　　　　　　訳者を代表して　竹内 努

まえがき

　宇宙論は，物理学のうちでも最も一般大衆に人気のある分野であろう．天文学者，物理学者，サイエンスライターによって書かれた多くの著作で相当の分量が歴史的側面に割かれているのに比べ，宇宙論の歴史はあまり科学史家の注意を引いてこなかった．この傾向は現代宇宙論において特に顕著であるが，一般に哲学者と科学者が宇宙について研究してきた歴史のすべてを扱う包括的研究でも同様である．本書では，無論完全とは程遠いまでも，古代から21世紀初頭にいたる宇宙論の歴史すべてについて扱った．本書は幅広い人々，たとえば科学史あるいは思想史専攻の学生，またおよそ3000年間で世界の描像がいかに進化してきたかに興味のある一般の読者などを対象としている．そして本書は理学書ではないものの，宇宙論を研究あるいは教えている天文学者や物理学者，他の分野の科学者にも興味を持つきっかけとなれば幸いである．オーフース (Århus) 大学のオーレ・ビェーレ (Ole Bjælde) には本書の原稿を読み，ミスを指摘していただいた．ここにお礼を申し上げたい．

ヘリェ・クラーウ (Helge Kragh)

目次

第0章	序章	1
第1章	神話からコペルニクス的宇宙像へ	9
1.1	古代の宇宙論的思索	9
	1.1.1　宇宙神話	10
	1.1.2　宇宙の起源と神々の起源	17
	1.1.3　イオニア自然哲学	20
	1.1.4　ピュタゴラス学派と原子論者	23
1.2	ギリシャ人の宇宙	28
	1.2.1　アリストテレスの世界像	29
	1.2.2　アリスタルコスと宇宙の大きさ	37
1.3	中世の宇宙論	49
	1.3.1　アテネかエルサレムか?	50
	1.3.2　アリストテレス学派の再来	56
	1.3.3　スコラ哲学論争	62
	1.3.4　新たな視点: ビュリダンからクサーヌスへ	67
1.4	コペルニクス的転回	70
	1.4.1　太陽中心の宇宙論	72
	1.4.2　ティコの代替理論	77
	1.4.3　無限に向けて	85
	1.4.4　ガリレオとケプラー	91
第2章	ニュートン的宇宙像の時代	97
2.1	ニュートンの無限宇宙	97

	2.1.1	天の渦	97
	2.1.2	ニュートンの宇宙	101
	2.1.3	ベントリーとの文通	106
2.2	啓蒙時代の宇宙論	110
	2.2.1	天文学の発達	111
	2.2.2	ライトからビュフォンへ	113
	2.2.3	オルバースのパラドックス	122
	2.2.4	天界の構造	127
2.3	宇宙物理学と星雲	131
	2.3.1	天体分光学	133
	2.3.2	星の化学	136
	2.3.3	星雲の謎	142
2.4	熱力学と重力	148
	2.4.1	熱的死	148
	2.4.2	宇宙——有限か無限か？	154
	2.4.3	重力のパラドックス	160
2.5	天の川	164
	2.5.1	天の川宇宙	165
	2.5.2	恒星および銀河天文学における発見	169
	2.5.3	シャプレーの宇宙と「大論争」	174

第3章　現代宇宙論の成立　　181

3.1	初期の相対論的宇宙モデル	181
	3.1.1	曲がった空間	182
	3.1.2	アインシュタインの一般相対性理論	186
	3.1.3	閉じた定常宇宙	191
	3.1.4	解 A か解 B か？	197
3.2	膨張宇宙	204
	3.2.1	非定常宇宙モデル	205
	3.2.2	見過ごされた革命	207
	3.2.3	ルメートルの膨張宇宙モデル	210
	3.2.4	ハッブルの法則	213

3.3	有限の年齢をもつ宇宙へ	220
	3.3.1　物理的宇宙論の始まり	221
	3.3.2　原始的原子仮説	226
	3.3.3　爆発する宇宙モデルへの反響	231
	3.3.4　宇宙年齢問題と元素合成	237
3.4	代替宇宙論	242
	3.4.1　反宇宙膨張	243
	3.4.2　量子と宇宙	246
	3.4.3　変化する重力	249
	3.4.4　ミルン宇宙	253

第4章　高温ビッグバン理論　259

- 4.1 宇宙論—核物理学の一分野か?　259
  - 4.1.1　ガモフの爆発宇宙　260
  - 4.1.2　核のビッグバン理論　264
  - 4.1.3　失敗した研究プログラム?　268
- 4.2 定常宇宙論の挑戦　271
  - 4.2.1　永遠に続く宇宙　271
  - 4.2.2　定常宇宙研究の受容と発展　275
  - 4.2.3　赤方偏移および他の観測　279
  - 4.2.4　さらに広い問題　287
  - 4.2.5　宇宙論と政治的イデオロギー　293
- 4.3 相対論的標準宇宙論　296
  - 4.3.1　電波とマイクロ波　297
  - 4.3.2　クェーサーと新天体　304
  - 4.3.3　一般相対性理論の発展　309
  - 4.3.4　宇宙における物質　316
  - 4.3.5　宇宙モデル　319

第5章　新たな地平　325

- 5.1 初期宇宙論　326
- 5.2 驚異の観測事実　337

5.3	人間原理および他の思弁		348
5.4	創世の問題		356
5.5	宇宙論の展望		361
	5.5.1	パラダイムと伝統	363
	5.5.2	宇宙論モデルの現状	366
	5.5.3	宇宙論は科学か?	369
	5.5.4	技術と宇宙	371

参考文献   **375**

索 引   **399**

第0章　序章

　宇宙論 (cosmology) という用語はギリシャ語に語源を持ち, 基本的には理性的あるいは科学的に宇宙 (cosmos) を理解することを意味している. そして宇宙は古代ギリシャ語で「秩序」,「規則的振舞い」そして「美」と関連する語である（宇宙論と美容 (cosmetology), あるいは化粧品 (cosmetics) がよく似た単語なのは偶然ではない）. 宇宙が理性的に記述できる—つまり混沌 (chaos) ではなく秩序 (cosmos) である—という野心的な主張は, 古代ギリシャの自然哲学に端を発する. その結果, あらゆる宇宙論の歴史の包括的研究において, ギリシャ自然哲学はその中心的地位を占めることになった. 第1章では西洋文化以外の文化における宇宙観についても言及するが, 基本的には本書は宇宙の科学的理解の発展, すなわち事実上はヨーロッパの文化的伝統における科学の歴史への寄与を扱っている. ちなみに, 宇宙を理解する試みは科学そのものの誕生まで遡るにもかかわらず,「宇宙論」という語は科学的文脈では20世紀になるまで稀にしか使われていなかった. タイトルに宇宙論という語を冠した最初の書物が書かれたのは1730年のことである. 後の章で明らかになるように, 宇宙論は第2次世界大戦以降になるまで職業的地位を与えられていなかった. 厳密に言えば, その時点までは「宇宙論研究者」は存在しておらず, 時として宇宙論的な問題について取り組む科学者がいただけである. それらの科学者を「宇宙論研究者」と呼ぶのはやや時代錯誤的ではあるものの, ラベルとして便利なこともあり, 本書ではことさらそれを避ける努力はしていない.

　宇宙論は, 物質, エネルギー, 空間, あるいは時間であろうと, 物理的に存在する（および存在した, あるいは存在してゆくであろう）すべてのものという意味で「全体としての宇宙」(the universe) あるいは「秩序ある宇宙」(the cosmos) という恐るべき概念を扱う. 本書では cosmos と universe を同義語として扱い,

また世界 (world) とも区別しない．ドイツ語や他のスカンジナビアの言語では，これらは時として「すべて」という概念として知られる．たとえばドイツ語の宇宙 (Weltall) という語と比べてみよう．伝統的な意味での宇宙論とは，基本的には宇宙の構造の研究を指している．宇宙論という語は，17 世紀には宇宙の地図を作るという側面を強調した，宇宙誌 (cosmography)[*1] として知られており，また往々にして今日我々が地理学 (geography) として扱う分野とも同義として使われていた．実際，プトレマイオスの有名な地理学についての著作（『地理学』[*2]）が 1406 年にラテン語に翻訳されたときのタイトルは『宇宙誌』[*3] であった．宇宙論および宇宙誌が定常な宇宙を扱う科学であったのに対し，宇宙進化論 (cosmogony) は文字通り宇宙がいかに今日の姿になってきたかを扱う研究を指しており，時間軸方向の広がりも含んでいる．しかし，この用語はもはやあまり用いられなくなっており，現在では宇宙創成を含む宇宙の進化の側面は宇宙論の中に含まれている．

紛らわしいことに，宇宙進化論および宇宙誌という用語はそれぞれ，宇宙全体でなく惑星系の形成と構造を扱う分野の意味で使われることも往々にしてある．たとえば 1524 年に出版されたペトルス・アピアヌス[*4] の『宇宙誌』[*5]，あるいは 1913 年のアンリ・ポアンカレの『宇宙進化についての仮説』[*6] などが挙げられる．どちらの著作も現代的意味における宇宙論は扱っていない．宇宙物理学[*7] という語は意味的により宇宙論に近いが，それでも本来は天体物理学 (astrophysics)，気象学 (meteorology)，そして地理学の融合的分野を指し，宇宙全体についてはほとんど扱われない[*8]．この語が最初に使われたのはドイツのヨハン・ミュラー[*9] の 1856 年の著書『宇宙物理学』[*10] において，あるいはスウェーデンの化学者スヴァンテ・アレニウス[*11] による同じタイトルを冠した

[*1] 訳注：これは現在でも，宇宙の大規模構造を扱う研究分野を指す語として使われている．
[*2] 訳注：Geographia．原典の題名は Γεωγραφικὴ Ὑφήγησις (Geographike Hyphegesis)．
[*3] 訳注：Cosmographia．
[*4] 訳注：Petrus Apianus．
[*5] 訳注：Cosmographia．
[*6] 訳注：Hypothèse cosmogonique．
[*7] 訳注：ここでは cosmophysics．通常は宇宙物理学の訳語も astrophysics があてられるが，cosmophysics に適切な語がないため便宜上宇宙物理学とした．
[*8] 訳注：現在，再び cosmophysics を標榜する機関がみられるようになってきているが，場合によっては宇宙論的天体物理学といった意味で使われており，その場合は本来の意味ではないことに注意．
[*9] 訳注：Johann Heinrich Jacob Müller．
[*10] 訳注：Lehrbuch der kosmischen Physik．
[*11] 訳注：Svante August Arrhenius．

第 0 章 序章

1903 年の 2 巻からなる大著においてであろう．ミュラーおよびアレニウスのどちらの著書も，今日でいう物理的な宇宙論については言及されていない．

さらに，宇宙論という用語は時として宇宙の科学的研究とは非常に違った意味で使われることも指摘しておかねばなるまい[*12]．共産主義的宇宙論，ロマン主義的宇宙論，あるいはオーストラリア先住民の宇宙論といった使い方で，あるグループあるいは時代の人々の世界観を指す（ドイツ語では世界像 (Weldbild) ではなく世界観 (Weldanschauung) に対応する）．個人，時代，ないし社会における世界観ならばあるいはより狭く，天文学でいう宇宙論に関連した意味を持ちうるかもしれないが，一般には当てはまらない．たとえば，哲学者スティーヴン・トゥールミン[*13]は 1982 年に，アーサー・ケストラー[*14]，ピエール・テイヤール・ド・シャルダン[*15]，ジャック・モノー[*16]ら傑出した「宇宙論家」の分析を行った『宇宙論への回帰』[*17]を出版したが，いずれの人物も物理学的な宇宙論研究への貢献はない．また，アルフレッド・ホワイトヘッド[*18]の 1929 年の著作『過程と実在』の副題は『宇宙論における試論』[*19]であるが，天文学者や物理学者が宇宙を理解しようとする試みに関連する議論はしていない．ロシアの哲学者ピョートル・ウスペンスキー[*20]の 1914 年の著作『宇宙の新しいモデル』[*21]においても同様である．

より広い歴史的な視点で見ると，世界観として，あるいはイデオロギーとしての宇宙論は，科学としての宇宙論ときれいに切り分けることはできない．実際，後者はほぼ前者から誕生し成長してきたものであり，歴史家は必然的に両方について扱わざるを得ない．本書のように科学としての側面に焦点を絞る場合でも，宇宙論の哲学的あるいは宗教的側面は長い間宇宙の神秘を追及する科学者の努力と不可分に結びついてきたものであり，それらを無視することは不可能である．この結びつきは古い時代において強く，特に啓蒙時代にピークを迎え，

[*12] 訳注: この意味で使われる場合，日本では「コスモロジー」とカタカナで書かれることも多い．
[*13] 訳注: Stephen Toulmin．
[*14] 訳注: Arthur Koestler．
[*15] 訳注: Pierre Teilhard de Chardin．
[*16] 訳注: Jacques Monod．
[*17] 訳注: The Return to Cosmology. 邦訳は『ポストモダン科学と宇宙論』（宇野正宏訳 地人書館）．
[*18] 訳注: Alfred North Whitehead．
[*19] 訳注: Process and Reality – an Essay in Cosmology. 邦訳は『過程と実在: コスモロジーへの試論』（平林 康之訳 みすず書房）．
[*20] 訳注: Пётр Демьянович Успенский (Pyotr Demianovich Ouspensky)．
[*21] 訳注: A New Model of the Universe. 邦訳は『新しい宇宙像』（高橋弘泰訳 コスモスライブラリー）．

その後は弱くなっていった．しかしながら，この関係は完全に消滅したことはなく，また今後も消滅することはないであろう（今や宇宙論と哲学や宗教との結びつきが完全に切れたと思う人は，人間原理やいわゆる物理的終末論のことを思い起こそう．これらについては 5.3 章で扱う）．

　認識論および社会学的視点から見ると，宇宙論は他に例を見ない特異な科学であると言える．科学史家は宇宙論の発展を伝統的に思想史および文化史的側面から，あるいは天文学史の一部として扱ってきた．天文学と宇宙論の間に非常に密接な関係があるのは確かだが，著者の意見では宇宙論を単なる天文学の一分野とみなすのは誤りである．今日ではそのような見方は事実と異なり，また過去においても事実ではなかった．それどころか，長い間天文学者は宇宙論や宇宙進化論の問題にできるだけ触れようとせず，哲学者の領分にとどめて安心していたのである．科学者が—あるいはつい最近まで，自然哲学者が—どのように宇宙について分析し，考察する過程の中で，どのようにその意味そのものを変化させてきたかを記述することが著者の意図であった．この発展の中で常に最も重要な役割を果たしてきたのは天文学者であるものの，彼らのみであったわけではない．他の天文学史のほとんどの著作とは異なり，著者は物理および化学に基づく推論に注目している．数学的モデルを天文学における観測と比較することはおそらく宇宙の研究における最も重要なアプローチであったが，一方で常に天界を物質的なものとして考え，化学者や物理学者が研究できる対象とみなす人々もいたのである．「物理学的宇宙論」[*22] は一般に 20 世紀後半の発明で，1965 年の宇宙マイクロ波背景放射の発見によってようやく可能になったと信じられているが，著者の見方ではこれは実際の歴史に反する．

　宇宙論の歴史を記述する方法は一通りではない．これは他の分野の科学史と同様である（また歴史研究一般においてもそうである）．本書では宇宙論の発展を，天文学的視点はもちろんのこと，物理や哲学における発展を含むかなり広い視点から示した．時系列的にみると，本書は 20 世紀における発展を特に強調し，20 世紀以前全体と同程度の分量を割いて説明した．この方針は 2 つの理由から正当化できる．まず 1 つ目は，20 世紀以前の宇宙論史はすでに書かれた文献で十分カバーされていることである．もう 1 つのより重要な理由は，20 世紀初頭（より正確には 1917 年）以降，科学的宇宙論は著しく変化したからである．こ

[*22] 訳注: physical cosmology.

れは長年にわたる宇宙論史の中で,新たな革命的時期となっている.第1次大戦中にアインシュタインのもたらしたブレイクスルー以降の発展,さらに1960年代以降の発展は非常に目覚ましい——それゆえ科学史家にはおおざっぱにしかカバーされていない——ものであり,高い優先順位で扱うべきである.言うまでもなく,これは簡単な仕事ではなく,著者の考察は批判されてしかるべきであろう.殊に,最近の発展をカバーすることは特に困難な作業である.最近の研究は極めて多様かつ入り組んでいるうえ,その歴史的価値を評価するのもまた難しいためである.とはいえ,これはあらゆる歴史記述に当てはまる一般的問題である[*23].いずれにせよ,現代宇宙論についてのいささか不十分で批判の余地のある考察であっても,歴史的記述がまったくないよりはずっとよい.そろそろ科学史家が現代宇宙論の膨大で豊かな内容を見出すべき時であり,現在の状況を打破するために本書が少しでも貢献することを願っている.

　本書はおおよそ時系列に従って記述されている.我々の知る限り最も古い宇宙論的考察はメソポタミアおよびエジプト文明に遡り,宇宙誌というより宇宙進化論とみなせる.それらは世界と神,そして最初の人間がどのように誕生したかを語る神話の物語である.これは第1章で扱う.この章では次にギリシャ的宇宙像に進み,始めに思弁的あるいは哲学的なバージョンをみたうえ,次にエウドクソス,アリストテレス,ヒッパルコス,プトレマイオスらによって科学的なモデルに発展していく様子を追う.このアリストテレス–プトレマイオス的世界像はキリスト教化された形で中世の神学者,哲学者に用いられ,当時の知識のみならず道徳的支柱となっていった.しかし,この中世の静的宇宙像は,コペルニクスが提唱した1543年の太陽中心の世界モデルによって疑問が投げかけられた.この転換が宇宙論新時代のさきがけとなったのである.新しいコペルニクス的宇宙は,それ以前の伝統的宇宙よりもはるかに巨大ではあったが,両者にはまだ多くの共通点があった.たとえば,どちらも星の系は数え切れないほどの星が含まれる巨大な球殻と考えられていた.また,どちらの宇宙像においても宇宙には中心があり,天体は真円を描いて運動していると仮定していた.この描像は,ケプラーが惑星の軌道として楕円を導入してから20年ほどの後,最終的に捨て去られることになる.

　第2章では,1680年代のニュートンから1920年代のハッブルまでにいたる

[*23] 現代科学史を記述することの問題と利点については Söderqvist 1997 を参照

天文学および宇宙論の進展について記述する．この長い期間は，理論の革新的アイディアよりむしろ，天文学的観測がその発展をリードした時代である．ニュートンの万有引力の法則は理論天文学の土台となり，そしてカントやランベルトによる最初の壮大なスタイルの科学的（あるいは科学的に見える）宇宙進化論の基礎となった．18世紀後半には宇宙論に進化的側面が導入され，それは次の世紀の星雲的宇宙像にも受け継がれることになる．この頃まで神学は宇宙論の一部をなしていたが，1820年以降，宇宙についての科学的研究において神について言及している文献はほとんどなくなってゆく．

　分光学が1860年代に発明されたことで，宇宙論にも初めて物理学的（および化学的）側面が導入され，これが星雲の謎に取り組む新しい有効な方法となった．同時に，熱力学の法則を用いて長期的な宇宙の発展，遠い未来の宇宙の運命，そして未知の過去における宇宙の始まりについて議論されるようになった．これら思弁的性格の議論は，しかし天文学者の注意をひくことはあまりなく，彼らは望遠鏡を用いて現在の宇宙の知識を得ることを好んだ．世紀の変わり目を迎える頃，最も重要な問題意識の1つと捉えられていたのが，銀河系の大きさと星雲までの距離についてであった．1920年の「大論争」に代表されるこれらの難問は，いくつかの星雲までの距離が決定できるようになったことで解決された．星雲はとてつもない距離に存在し，茫漠たる宇宙空間に浮かぶ島宇宙であることが判明したのである．

　観測天文学者によるこれらの研究とはほとんど無関係に，アインシュタインは一般相対論およびそれに続く閉じた宇宙の理論を構築していた．今日我々が知っているように（当時はまったく明らかではなかったのだが），アインシュタインの研究はコペルニクス的転回に匹敵する宇宙論の歴史の転換点となった．第3章および第4章の大部分はアインシュタインの重力場の方程式の驚異的な帰結について扱う．初期の相対論的宇宙論においては，「静的な宇宙」は遵守すべきパラダイムであり，最初の進化する宇宙の理論は無視されてしまった．1930年代になって，ハッブルの観測がフリードマンとルメートルによる理論的洞察と結びついたことにより，ようやく膨張宇宙が宇宙論のメインストリームの一部となったのである．我々はつい，宇宙の膨張と相対論的宇宙論を同一視しがちであり，またそれによって自動的に有限の年齢を持つ宇宙という考えにいたったと考えるかもしれないが，歴史はそのようには進まなかったことを示している．宇宙論研究者は一般相対論に同意することなく始まりのある宇宙モデルを

採用することができ,その一方で,相対論的宇宙論による膨張宇宙の理論を採用する人々が有限の宇宙年齢を否定することもできたのである.

ビッグバン宇宙論は1940年代半ばから1970年代終わりにかけて誕生し,発展した.第4章の内容はこれにあてられる.ガモフと共同研究者は1950年代初頭,原子核物理に基づいて洗練された宇宙モデルを発展させた.これが高温ビッグバン宇宙論の最初のバージョンである.しかし,その後この理論は停滞し,10年以上を経てさらに発展してようやく一般的に受け入れられるにいたった.この時期の宇宙論が非線型に発展した理由は,強力なライバルとなる宇宙論モデル,ボンディ,ホイル,ゴールドによる定常宇宙論の出現であった.定常宇宙論と相対論的な膨張宇宙論の間の論争は宇宙論史の中では典型的な例であり,拙著『宇宙論と論争』*24 に詳しく述べられている.しかし新しい観測結果,特に1965年の宇宙マイクロ波背景放射の発見によって定常宇宙論はとどめを刺されることになり,その後1970年代には天文学者,物理学者の大多数は膨張宇宙モデルに対する代替理論として真剣にとらえることはなくなった.高温ビッグバン理論は急速に新しい宇宙論のパラダイムとして定着し,その歴史上初めて独自の基準と問題解決のルールを有する科学の専門分野となった.つまり,宇宙論は独立した研究分野としての地位を得たのである.

第5章では,1980年頃以降になされた最も重要な発展についてまとめている.理論の側からは,初期宇宙におけるインフレーションシナリオによって,マイナーながら宇宙論に革命が起き,すでに強いつながりのあった素粒子物理と初期宇宙論の間の結びつきをより緊密なものにした.さらに重要なこととして,1970年代の標準ビッグバンモデルは,宇宙の加速膨張が観測によって発見されたことでその地位を失うことになった.理論的な理由から,宇宙のエネルギー密度は臨界密度であると信じられていたが,仮想的な*25 大量のダークマターを考慮してもまったく不十分であった.20年紀の終わり頃,多くの宇宙論研究者は宇宙のエネルギーの大半は「ダークエネルギー」で占められていると信じるようになっていた.ダークエネルギーは量子論的な真空のエネルギーの1つの形態であると考えられている.注目すべきは,アインシュタインが導入して議論を呼ん

---

*24 訳注: Cosmology and Controversy 1996.
*25 訳注: 後に本文でも紹介されるように,ダークマターの証拠は銀河団の力学,重力レンズなどの観測から十分積み重ねられており,その存在は決して仮想的ではない.どのような物質ないし素粒子なのかが特定できていないのが現状である.

だ宇宙項が，宇宙論からの要請により劇的なカムバックを果たしたことである．ここ20年程の間，宇宙論の発展は観測主導でなされてきたが，並行して高度に理論的で，ある意味で思弁的な宇宙論の分野も培われてきた．最後の節では，科学としての意義は何であれ一般大衆には強くアピールする，宇宙論のさらに思弁的な分野について特徴づけを試みる．これらによって，宇宙論は研究としての範囲を大きく超えて流行の科学となるにいたっている．

　言うまでもなく，本書は宇宙論の発展を完璧にカバーするものではない．多くの人名，事柄，あるいはテーマが漏れていたり，あるいはごく簡単にしか触れられていないこともある．本書の終わりに，より広い分野に関連し，時系列に沿わない形で扱うのが適切ないくつかのテーマを示した．たとえば，宇宙論の知識を前進させた技術革新などがここに含まれる．また，より哲学的な性質の問題についても触れた．これは宇宙論を「哲学化」するためではなく，宇宙論の歴史的発展においてたびたび現れるテーマだからである．スティーブン・ホーキング は宇宙論研究に身を置いて30有余年経った1996年に，次のように書いている[26]：

> 宇宙論は怪しげな準科学であり，若い頃に重要な研究を成し遂げたものの，その後老いぼれて神秘主義に傾倒してしまった物理学者が手を出す領分であると考えられていた．．．．しかし，近年では宇宙論的観測の可能な範囲や質は観測技術の発展によってとてつもなく改善した．観測的根拠がないことを理由にして，宇宙論は科学とみなせないとする批判はもはや正当ではない．

最後の部分に関して，ホーキングは正しい——宇宙論に関係する観測はとてつもなく改善した——が，彼がそのことを歓迎する表現からは，上品に言っても宇宙論の歴史について不十分にしか理解していないことがわかる[27]．本書で示すように，科学としての宇宙論はホーキングの言う「近年」よりもはるかに過去まで遡る．いかなる意味でも，アリストテレスの宇宙論，あるいは後のコペルニクス，ニュートン，ウィリアム・ハーシェル，フーゴ・フォン・ゼーリガーといった研究者の宇宙論が「科学的」でないとする理由はないだろう．確かに，彼らの宇宙論は現在の標準に照らし合わせれば十分に科学的とは言えないであろうが，それならば今から500年後の宇宙論研究者の目には，現在のビッグバン宇宙論はどう映るだろうか？

---

[26] Hawking & Penrose 1996, p. 75.
[27] 訳注：この表現も上品ではないように思われる（竹内）.

第1章　神話からコペルニクス的宇宙像へ

1.1　古代の宇宙論的思索

　自然界への，そして天界の現象への興味という素朴な意味での宇宙論は自然科学の成立よりもずっと古く，人類が文字による読み書きを習得する数千年前まで遡ることができるだろう．たとえばフランスのラスコー洞窟やスペインのアルタミラ洞窟の魅力的な芸術作品を見ればわかるように，穴居人は絵画によるコミュニケーションを知っていた．これらの洞窟絵画のいくつかは太陽や月の満ち欠けを象徴していると考えられ，天文学的に見ても重要な意味を持っている．もしこれが事実ならば，ホモ・サピエンスは1万年以上前から宇宙に対して驚きを感じる感性を持っていた証拠になるだろう．

　文字が発明される以前の文明の後期に関係するまた違った種類の証拠として，ヨーロッパ各地，特に英国でよく見られる，巨大な岩を配置した遺跡——巨石建造物 (megaliths)——がある．これらが建造されたのは紀元前3,500年まで遡る．これら巨石建造物のうち，間違いなく最も有名なものが南イングランドのストーンヘンジである．謎に満ちたストーンヘンジは，一体何の目的で計画され，建造されたのだろうか？　無論，誰も確かなことは知りようもないが，広く受け入れられているのは天文学的な用途，つまり巨石天文台あるいは「天文学的寺院」であったという考えであり，ジョン・スミス[*1] が1771年にすでに提唱していた．その1世紀以上後，著名な天体物理学者ノーマン・ロッキャー[*2] がこの説に強く興味を持った．彼はエジプトのピラミッドが天文学的な方角を指しているという説を信じており，ならばストーンヘンジがそうでない理由はないと考え

[*1] 訳注: John Smith.
[*2] 訳注: Sir Joseph Norman Lockyer.

1.1 古代の宇宙論的思索

たのである．1906 年，彼はこの見解を『天文学的見地からみたストーンヘンジおよび英国巨石遺跡』[*3] において議論したが，大多数の天文学者や考古学者にとって説得力を持つものとはならなかった．ロッキャーは古天文学の父と言えるが，この分野が真に始まったのは 1960 年になって，特に英国系の米国の天文学者ジェラルド・ホーキンス[*4] によって復活されてからのことである．ホーキンスの古典的論文『ストーンヘンジの解明』(1963)[*5] および『ストーンヘンジ：新石器時代の計算機』(1964)[*6] がネイチャー誌に掲載されたのは，実はとても妥当な流れであった．というのも，その 1 世紀以上前，ネイチャー誌を創刊したのはロッキャーその人だったからである．

ホーキンスが英国の古天文学研究に肯定的な評価をしたことで，ある程度の論争はあったものの好意的な意見が増え，この分野に興味が持たれるようになった．古天文学の初期の支持者が高名な天体物理学者・宇宙論研究者のフレッド・ホイル[*7] である．彼は 1966 年にこの議論に参入し，1977 年にその見解のすべてを『ストーンヘンジについて』[*8] として公表した．古天文学に関する研究は最近の 20 年で成熟し，少なくともいくつかの巨石遺跡が一種の天文台であったことは一般に受け入れられている[*9]．人類は文字を発明する以前から天体現象について強い興味を持ち，天体の運行を測定するための洗練された装置を建造していたようである．しかし，残念なことに古天文学は新石器時代人が宇宙像，宇宙の構造，あるいはその誕生についてどのようなイメージを持っていたかについてはほとんど語ってはくれない．

1.1.1 宇宙神話

古代エジプト人は宇宙が 3 つの部分からなると考えていた．ナイル川で 2 つに分けられた平らな大地が世界の中心にあり，周りは大洋に囲まれている．大地

[*3] 訳注: Stonehenge and Other British Stone Monuments Astronomically Considered, 1906.
[*4] 訳注: Gerard Hawkins.
[*5] 訳注: Stonehenge decoded, 1963.
[*6] 訳注: Stonehenge: Neolithic Computers, 1964.
[*7] 訳注: Sir Fred Hoyle.
[*8] 訳注: On Stonehenge, 1977. 邦訳は『ストーンヘンジ―天文学と考古学』(荒井 喬訳 みすず書房).
[*9] 研究分野としての古天文学への興味が十分に強くなったことを示すのは 1977 年に Archaeoastronomy Bulletin が，そして 1979 年には Journal for the History of Astronomy 誌の補遺として Archaeoastronomy が創刊されたことである．ストーンヘンジの天文台としての機能についての数多い学術的研究のうち，最も詳細で丁寧な書籍として 1 つ挙げるならば North 1996 をおいて他にない．

第 1 章 神話からコペルニクス的宇宙像へ

の上，大気がなくなる高さに空があり，空は 4 か所で支えられている．この支えは柱あるいは山々として表現される．地球の下にはドゥアト（Duat）と呼ばれる冥界がある．この地下の暗黒世界には，地上から失われたすべてのもの，たとえば死者，暁に消えた星々，夕暮れの地平線に沈んだ太陽などが存在している．夜の間，太陽は冥界を西から旅し，翌朝に東の空に現れると考えられていた．

　エジプト人の宇宙は基本的に定常的で時間の流れがないが，しかし彼らはこの世界が常に現在の姿で存在していたのではないと考えていた．世界は創造されたものであり，少なくとも 3 つの異なったバージョンの宇宙創成の物語が描かれている[*10]．すべての物語に共通なのは原初の水である．果てがなく，暗く，そして限りない質量の水が時の始まりから存在し，そして未来永劫存在し続ける．神々，地球，そして無数の住人たちはすべて原初の水から生まれた．この水は現在も地球の周りにあり，世界のあらゆる方向，空のさらに上，そして冥界のさらに下に存在し続けている．

　エジプト人にとって，宇宙とそれを構成するすべてのものは生きた存在であり，そのうちいくつかは擬人化されて表現されている．原初の混沌の水は神ヌン（Nun）である．上の創世神話のうちの 1 つでは，ヌンはヘリオポリス（「太陽の都市」の意）に結びつけられており，神アトゥム（Atum）[*11] を産んだとされる．他のバージョンでは，アトゥムは原初の水から丘として，あるいは丘に立つ者として誕生した．アトゥムこそが真の創造神であり，彼は自分自身から——上記のヘリオポリス創造神話では自慰によって——2 柱の神を造りだした．大気の神シュー（Shu），および雨と湿気の女神テフェネト（Tefenet）[*12] である．『死者の書』[*13] の一節では，原初の創造は以下のように描かれている：「私はヌンの中にあったときアトゥムであった．創造物を統べ始めた時，私はレー（Re）[*14] として現れた．シューが天を大地から引きはがす前，レーである私は王としてヘリオポリスの原初の丘の上にあった」．大地と天はその次に，神ゲブ（Geb）と女神ヌト（Nut）として誕生した．しかし，それらは初め分離しておらず，1 つの存

[*10] Plumley 1975 を参照．本書ではこの記述を大いに参照した．Frankfort 1959, pp. 51–70 も見よ．
[*11] 訳注：アテム（Atem），テム（Tem）などとも綴る．
[*12] 訳注：テフヌト（Tefnut）とも綴る．
[*13] 訳注：Book of the Dead．古代エジプトで冥福を祈り死者とともに埋葬された文書で，パピルスに絵とヒエログリフで，死者の霊魂が肉体を離れて死後の楽園に入るまでの過程が描かれている．
[*14] 訳注：ラー（Ra）とも．日本では太陽神ラーとしてのほうが知名度が高いだろう．

図 1.1 エジプトの創世神話．大気の神シューによって分かたれた大地ゲブと天ヌトは，それぞれ木の葉と星をまとった姿で描かれている．太陽の一日の旅路は東から西へと空を横切る小舟によって表されている．ノーマン・ロッキャーの『天文学の曙』（The Dawn of Astronomy, London: Cassell & Co. 1894, p. 35 より）．

在であった．シューがヌトの体を彼の頭上に持ち上げたときに，初めて天空が生まれたのである．ヌトから分離したゲブは大地となった．この創造神話はこの後も様々な新しい神の誕生が続くが，ここまででもエジプト宇宙創成神話の雰囲気を知るには十分であろう．

　メンフィス（紀元前 2700 年–2200 年頃）にあった古王国時代の別の文書では，ヌンは同様に原初の水に対応する神とされているものの，他のものとは異なっている．そこでは，さらに根源的な神あるいは精霊であるプタハ (Ptah) が，抽象的に宇宙の永遠の意志，万物の創造主として描かれている．プタハは唯一の神，宇宙の知性であり，物理的および道徳的両方の秩序を統べる者である．アトゥムや他の神はすべてプタハから出現したか，あるいはプタハに内包されているとされる．たとえばアトゥムはプタハの心臓と舌である．この文書によると，「万物の創造はアトゥムの具現であるプタハの心臓と舌を通じてなされた．しかし真に偉大なるものは心臓と舌を通じてすべての神とその能力に命を与えたプタハである——その心臓と舌はそれぞれホルス (Horus) とトート (Thoth) としてプタハにその源を持つ」とされている[15]．

　ここで概観したエジプト宇宙創成神話の特徴は，中近東や他の地域の古代宇宙創世神話でも共通に見られるものが多い．一般に宇宙はダイナミックな実在

---

[15] Plumley 1975, p. 34.

で，それは創造されるものであり，生命と変化，活動性に満ち溢れたものとして描かれる——つまり宇宙論と宇宙進化論が互いに絡み合って 1 つの物語をなしているのである．しかしその一方で，現存する文書には宇宙の形状についての描写はがっかりするほど少ない．宇宙の幾何的形状は科学的な宇宙論の中心的課題となってゆくのだが，エジプト人や他の古代文明にとってはまったく重要ではなかったようである．たとえばエジプトの文書は，ドゥアトの空間的場所については何 1 つ言及しておらず，ただ地上世界と対称であるとだけ書かれている．すでに明らかなように，古代人の宇宙は完全に神話的なもので，科学的な解釈をしようとするのは深刻な誤りである．擬人化された神が古代世界の宇宙論の中心的プレイヤーである．神は物，力，あるいは場所だけでなく，時や勝利といった抽象概念にも結びつけられた（ギリシャ神話ではそれぞれ神クロノスと女神ニケーに対応する）．

　メソポタミアの宇宙論もまた基本的に神話の物語で，エジプトのそれと類似の点もある．宇宙は，3 柱の神によって支配され，それぞれが異なった領域を受け持っている．天国はアヌ (Anu)，大地とそれを取り巻く，あるい地下にある水はエア (Ea) の，そしてその間にある空気はエンリル (Enlil) が統べているとされた．ここでの神の名前はバビロニアでのもので，さらに昔のシュメール人はまた別の名で呼んでいた．アヌは最高神としての性格を持つと考えられているものの，エアおよびエンリルとともに 3 分割した宇宙の 1 つを統治しているにすぎない．エジプト宇宙神話と同様，神は原初の混沌の水から誕生したが，メソポタミア創世神話の場合，それぞれ女神ティアマト (Tiamat) と神アプスー (Apsu) に具現化される塩水と淡水の混合によって生じたとされている．そして，ここでもエジプト神話と同様，アヌとエアの領域は最初固く結びついていて，エンリルが大地から天界を持ち上げたことで分離した．メソポタミアの宇宙もまた，神ないし女神によって統べられる冥界を内包している．

　メソポタミア文明ではすでに洗練され，エジプトのものよりもずっと進歩した科学的な天文学が存在したことはよく知られている．このことを考えると，バビロニアの宇宙論が単なる神話にとどまり，彼らの数学的な天文学が宇宙論にほとんど何のインパクトも与えていないことは驚きである．粘土板[*16] は大地の形について何も語っていないが，彼らは明らかに平らな円盤型をしていたと

[*16] 訳注：主にメソポタミア地方で記録に使われた，文字の刻まれた粘土板を指す．実用に使われた期間は非常に長く，ヘレニズム期にまで及ぶ．

14　1.1　古代の宇宙論的思索

図 1.2 紀元前 12 世紀のバビロニアの石碑に刻まれた，太陽（サマス: Samas），月（スィン: Sin），および金星（イシュタル: Ishtar）．これら 3 つの天体は重装備の動物の軍隊に囲まれている．Schiaparelli 1905, p. 80 より．

考えていた．『エヌマ・エリシュ』[17] として知られる創世神話は，最も古いものが紀元前 2 千年紀の中盤に編纂されたが，それ自体の成立はそれよりもはるかに古い．この神話には，ほんの少し天文学の知識の影響が垣間見える．たとえば，月は時間を管理する道具とされている．月は月齢に対応して形を変える王冠をかぶった神として描かれた．若き戦士の神にしてバビロンの都市神であるマルドゥク (Marduk) は暦を管理し，さらに「月に前に進むよう命令を下し，夜を委ねている」のである．マルドゥクは「月を闇の生命として創造し，時間を計り，そして毎月正確に冠をかぶせる．"月の初めに大地から昇るとき，そなたの輝く角は 6 日を数えるであろう．7 日目にそなたの冠の半分が現れる．満月にはそなたは太陽に向き合うであろう... しかし太陽が天の奥でそなたに追いつくとき，そなたは輝きを失い，その成長は逆転する．" と語る」[18]．

　最後に，聖書の様々な節から再構成したユダヤ教の世界像が，エジプト人やバビロニア人のものと本質的に同じであることを指摘しておく．ジョヴァンニ・スキャパレッリ [19] は 1903 年にこのテーマについての著作を出版した [20]．ユ

---

[17] 訳注: Enuma Elish.
[18] Jakobsen 1957, pp. 18–19．メソポタミア宇宙論についての他の考察は Lambert 1975 や Rochberg-Halton 1993 も参照．
[19] 訳注: Giovanni Schiaparelli.
[20] 英訳は Schiaparelli 1905．

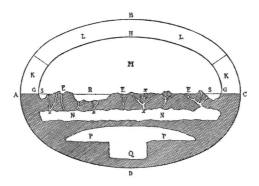

図 1.3 スキャパレッリによって再構築された旧約聖書の宇宙像. 大地 (EEE) は海 (SS) に囲まれており, その表面は冥府の大量の水脈 (NN) と水路でつながっている. 大地の上には天空 (ABC) があり, 堅い円天井 (GHG) によって支えられている. 天と円天井の間の空間 LL には, 雨の源となる天の水が充満しているとされる. 大地の下には冥界であるシェオル (PQP) があり, 死者の国となっている. Schiaparelli 1905, p. 33 より.

ダヤの宇宙観は図 1.3 にまとめられている. 平らな円盤型の大地は海に囲まれている. 大地の下には井戸と泉があり, 地上とテホム (Tehom) と呼ばれる深淵をつないでいる. 大地は柱で支えられ, その上には天空がある. 水は地上あるいは地下だけでなく, 天空の上にも存在している. 創造の 2 日目は「神は命じた "ドームあれ, 水を分かち, 離れた場所に保て".——そしてそのようになった」とある. 神がこのドームを造り, これがそれより下にある水と上にある水を分かつことになった. このドームは「天空」と名付けられた (『創世記』第 1 章第 6–7 節). 雨はこの天の水に由来し, 雲の中で作られて降ってくる. エジプト神話のドゥアトのユダヤ的対応物である黄泉の国, 死者の住む場所はシェオル (Sheol) と呼ばれる. 唯一の違いは, シェオルには非常に深い場所にある洞窟が存在し, 生前に特に不道徳だった人々の居所, 一種の地獄となっていることである. 一方で, 旧約聖書の著者は図式あるいは模式図を用いて考察しておらず, 旧約聖書の世界観を構築することは考えない方がいい. 聖書はこの問題について何も語ってはくれない.

　古代エジプト人, バビロニア人の天文学や宇宙論は, ある程度ギリシャの思想に影響を与え, ヨーロッパの自然科学の伝統につながり, そこからついに科学的宇宙論が誕生することになった. しかし, これら以外にも古代文明は存在し, 独自の宇宙像を持っていた. 古代インドでは, 4 つの異なった宇宙論が存在した.

1.1 古代の宇宙論的思索

これらはそれぞれが非常に複雑で,往々にして幻想的であり,そして整合的であることは少なかった.この理由は,古代インドには,新しい理論や考えが受け入れられたときに,古いほうを捨てる伝統がなかったことによると思われる.新しい考えはすでに存在する信仰体系に合体あるいは包含されることによってつけ加えられた.宇宙創成の物語はあまりにも複雑すぎて,簡単に紹介することはできない[*21].紀元前1500年頃に書かれた『リグ・ヴェーダ』[*22]に現れる主題について述べれば充分であろう.リグ・ヴェーダあるいは後のヴェーダの文献では,世界は火と水が出会うことによって誕生したとされる.リグ・ヴェーダ賛歌の1つでは,はじめには何も,存在も非存在もなかったと語られている.「闇は闇によって隠されていた.見分けることもできない,それはひたすらにすべて水であった.存在を始めたとき,それは空虚に覆われ,熱の力によって生じた」[*23].

初期の中国の天文学は,古代ギリシャのそれといくつかの側面で異なる.殊に,中国の天文学は天界が変化するものであることを受け入れていることが特徴的である.紀元前1,400年頃の易学の実践に使われた,動物の骨や貝殻に書かれた天文学に関する文書が数多く発見されている.これらの記録のうちいくつかのものには,アンタレスの近くに出現した「客星」についての記述がある.紀元前3世紀の蓋天説[*24]による世界像では,大地はひっくり返したお椀[*25]の形をしており,似た形でより大きなお椀,すなわち天[*26]の内側にある.これら2つのお椀は同一の回転軸を持ち,天体はこの軸の周りを回転している.お椀の土台の部分では,この2つの空間は水で満たされているとされる.注目すべきこととして,このモデルでは宇宙の構成要素の具体的な広がりが与えられている.たとえば,この2つのお椀—つまり大地と天界—の間の距離は43,000 kmである.

後の渾天説[*27]の宇宙論では,天界は天球からなるとされ,本質的にはギリシャで発展したモデルと同系統である.1世紀に記された書物には,世界は卵のような構造をしており,大地は卵黄に対応すると記述されている.そのさらに後に出てきた宣夜説[*28]では,宇宙は無限の虚空であり,天体は何にも拘束されず

[*21] Gombrich 1975 に,古代インドの宇宙論についての簡潔なまとめがある.
[*22] 訳注: Rig Veda.
[*23] Gombrich 1975, p. 115.
[*24] 訳注: Kai Thien (T'ien) school.
[*25] 訳注: 覆槃と呼ばれる.
[*26] 訳注: 蓋笠と呼ばれる.
[*27] 訳注: Hun Tian school.
[*28] 訳注: Xuan Ye school.

第 1 章　神話からコペルニクス的宇宙像へ 　　17

に浮かんでいるとされた．この説は，ギリシャの原子論の考えに似た物理的宇宙論を含んでいる．4 世紀の宣夜説についての記述にはこうある：

> 天界は完全に空虚であり，いかなるものも存在していない．我々の見上げる天はとてつもなく高くはるか遠く，果てもない... 太陽，月，そして数多くの星は拘束されることなく虚空に浮かび，あるものは動き，あるものは静止している．そしてすべての天体は凝縮した蒸気である... 光る天体（太陽，月，そして 5 大惑星）の速度はそれぞれ固有の性質によって決まっており，これらが他の何物にもつながっていないことを示している．もしこれらの天体が天空という実体に拘束されているとしたら，それらが勝手な速度を持つことはないはずだからである[*29]．

1.1.2　宇宙の起源と神々の起源[*30]

これまでにも見てきたように，古代の宇宙論では主として世界とその住人（神々と人々）がどのように生まれたかが興味の対象である．つまり，宇宙論は宇宙創成論であると同時に，そこで決定的な役割を果たすのが神々であるという意味で神々の起源の体系でもある．ほとんどすべての宇宙論において，いくつかの共通点がある．その 1 つが，宇宙には何らかの未分化な，おそらく混沌の状態の始点があり，それが 2 つないし 3 つの対立する存在，大地や大気，空などに分化していくという主題である．聖書『創世記』の最初の節もその変種の 1 つに含まれる：

> はじめに，神は宇宙を作りたもうた．大地は形を持たず，荒涼としていた... 神は命じた「光あれ」——そして光があった... そして神は光を闇から分けた... そして神は命じた「空の下にある水はひとところに集まり，陸が現れよ」——そして，そのようになった．神は陸を「大地」と名付け，ひとところに集まった水を「海」と名付けた．

しかしこのシナリオは，一神教であるというだけでなく，宇宙の初期状態が存在しないという点で他の宇宙創成のほとんどの物語と異なっている．「闇」や「水」といった原初の構成要素は宇宙創成の前には存在もしなければ主体的な働きもせず，単なる神の創造物である．また創世記が，神がそこから宇宙を作った

[*29] Needham & Ronan 1993, p. 66.
[*30] 訳注：元の見出しは Cosmogonies and Theogonies．

1.1 古代の宇宙論的思索

「状態」としての「無」についても何も言及していないことも注目すべきである．キリスト教においては「無からの創世」[*31] は教義 (dogma) となってゆくのだが，これは聖書では明示的には書かれていない．実は，これは 2 世紀の後半に教会が神の絶対的な支配権を強調するためにこの形で導入したものである[*32]．

『創世記』の執筆とほぼ同じ頃，ヘシオドスの『神統記』[*33] では世界と神がいかに生まれたかという主題のギリシャ版が書かれている．驚くまでもなく，これにはメソポタミアやエジプトの宇宙創成とかなりの類似性が見られる．神統記は主として宇宙創成の物語であるが，ざっとではあるものの宇宙の構造についての描写もある．大地（当然平らだとされる）は河ないし海に囲まれている．大地の上には半球状の天界があり，大地とは日中は明るく，夜間は暗くなる隙間で隔てられている．大地の下には暗く陰鬱なタルタロス[*34]，つまり天界と対称な黄泉の国が存在する．宇宙の大きさは大地からタルタロスまでの距離を用いて次のように表現されている：「青銅の金床を天から地上に落とすと，9 日 9 晩かけて 10 日目に届く．青銅の金床を地上からタルタロスに落とすと，9 日 9 晩かけて 10 日目に届く」．ヘシオドスの最初の神についての考察は同時に物理的世界のどの構成要素が最初にできたかという考察でもある．ユダヤの宇宙創成の物語とは対照的に，創造神は存在せず，原初の混沌は理由も説明も与えられないが天界と空に進化する．最初に夜（ニュクス）[*35] および闇（エレボス）[*36] が生まれ，昼（ヘーメラー）[*37] と清浄な空気（アイテール）[*38] が生まれた：

> 最初にカオス [混沌][*39] が誕生した．次に胸幅広いガイア [大地][*40] が生まれた...そして路広いガイアの奥底に淀んだタルタロスが生まれ，さらにエロス[*41] が...カオスからはエレボスと暗いニュクスが生まれた．ニュクスからはアイテールと

[*31] 訳注: creatio ex nihilo.
[*32] 詳細と歴史的証拠については May 1994 を参照．無からの創世は聖書には見られないというメイの主張はずっと異議が唱えられていないわけではない．Copan & Craig 2004 は，明示的に書かれていないまでもこのアイディアは実際に旧約聖書からのものであると強く反論している．
[*33] 訳注: Θεογονία (Theogonia). 邦訳は『神統記』(廣川洋一訳 岩波書店).
[*34] 訳注: Τάρταρος (Tartaros).
[*35] 訳注: Νύξ (Nyx).
[*36] 訳注: Ἔρεβος (Erebos).
[*37] 訳注: Ἡμέρα (Hemera). Ἡμέρη (Hemere) とも呼ばれる．
[*38] 訳注: Αἰθήρ (Aither).
[*39] 訳注: Χάος (Chaos).
[*40] 訳注: Γαῖα (Gaia).
[*41] 訳注: Ἔρως (Eros).

第 1 章 神話からコペルニクス的宇宙像へ 19

ヘーメラーが生まれた... ガイアは自らと同じ大きさの星多く煌めくウーラノス [天界]*42 を生み，ウーラノスはガイアを覆い，祝福された神々の棲家を永遠に確かなものとした*43．

ここで，始原の混沌は必ずしも最初から存在していたわけではなく「存在するようになった」ことに注意しよう．ヘシオドスの言葉は混沌がどこから生じたのか，あるいはそれがどのように生じたのかについて何も語っていない．歴史家は，『神統記』の混沌は後にその言葉が意味するようになったような形も構造もない流体ではなく，大地と天の間の隙間のことであったと考えている．

多くの古代宇宙神話では，宇宙の起源についての考察をするだけでなく，世界の終りについての考察も含まれている．それは典型的には，たとえば自然界の善と悪の勢力の壮大な闘いによってもたらされる宇宙の破局によって生じる．この破局は世界の完全な終焉を必ずしも意味せず，いくつかの創世神話では宇宙は古いものの灰の中から新しい世界が誕生することで再生する．いくつかの文明，特にインドでは，この過程は永遠に繰り返される創造と破壊とともに果てしなく続く．これが周期的宇宙の原型であり，神話から現代の科学的宇宙論にいたるまでの歴史を通じて人々を魅了し続けている．

ヒンドゥーの人々は，とてつもない規模の宇宙の周期を表すために編み出した巨大な数を好んで用いた．マハーユーガ*44 と呼ばれる宇宙の 1 つの周期は神の 12000 年に対応する．神の 1 年は太陽暦で 360 年に相当するので，1 マハーユーガは 432 万年となる．この 2,000 宇宙周期がブラフマン*45 の 1 日であり，カルパ*46 と呼ばれる．ブラフマンの一生は 100 ブラフマン年に相当し，また宇宙の下部の寿命でもある．これは 311 兆年（3.11×10^{14} 年）—あるいは現代のビッグバン宇宙論における宇宙年齢の 23,000 倍—である．ヒンドゥーの宇宙論ではさらに大きな数も扱われる．

周期的宇宙の概念は他の多くの文明でも見られる．ギリシャ固有の時間についての見解というものはなかったが，周期的時間あるいは周期的宇宙という概念は幾人かのギリシャの哲学者が好んで考察した．古代ギリシャの歴史家が紀

---

*42 訳注: Οὐρανός (Ouranos).
*43 McKirahan 1994, pp. 11 および 9. オンライン版:
http://sunsite.berkeley.edu/OMACL/Hesiod/theogony.html.
*44 訳注: Mahāyuga.
*45 訳注: Brahmā.
*46 訳注: Kalpa.

元前 40 年に記したところでは，時間と宇宙について 2 つの競合する見方があった：「1 つの学派は宇宙は誕生するものでもなければ消滅されるものでもないという前提のもと，人類は常に存在し，それが誕生した時間というものはないとした．もう 1 つは宇宙は誕生し，かつ消滅しうる存在であって，人類もまたある時刻に誕生したものと考えた」[*47]．

1.1.3 イオニア自然哲学

歴史家は紀元前 600 年から紀元前 450 年の間の時期を「最初の科学革命」と呼ぶことがある．この偉大な名前の意味するところは，ギリシャ（あるいはイオニア）の思想家達の出現で，彼らによって自然界についての人間の理解に根本的な変革がもたらされた．彼らは自然界に対して，それ以前とは違った問いを提示し，そしてそれまでとは違った回答を与える新しいアプローチをとった．彼らイオニアとミレトスの思想家は単なる哲学者ではなく，自然哲学者であった．彼らは世界は理性によって，というよりむしろ自然主義的に理解できる，すなわち世界は人間理性による考察の対象となりうると信じた．オリンポスの神々は依然として存在していたものの，もはや自然現象を司るものではなくなっていた．前ソクラテス期[*48] としても知られるイオニアの哲学者は，世界を秩序ある宇宙 (a cosmos)，つまり物質と力が法則に従って結合し，調和した全体としてまとまったものと考えた．彼らはさらに，個別の自然現象のそれぞれに独立した説明を与えるのではなく，1 つの一般的説明の実現と考えるにいたった．

伝統的には，最初の自然哲学者—お好みならば「物理学者」—はミレトスのタレス[*49] である．間違いなく史実ではなく伝説の類だが，彼は紀元前 585 年の日食を予言したとされている．この賢人は，天体現象をいかに説明するかを深く考え続けた人物としてギリシャ人の間で尊敬されていた．あまりにも深く考えすぎたのであろうか，アリストテレスによると，タレスは天界について思索している最中に井戸に転落した．「彼は，賢くて陽気なトラキア人の召使いの少女に"天界のことについてそれほど熱心に知りたがっているのに，目の前と足元に何があるかには気付かなかった"といってからかわれた」[*50]．

[*47] Whitrow 1998, p. 47. 周期的宇宙論の文化的あるいは歴史的考察については，たとえば Eliade 1974 および Jaki 1974 を参照．

[*48] 訳注：前ソクラテス期あるいは学派という用語があるわけではなく，またこの頃には哲学という概念は成立前であったとされるが，ここではわかりやすさを優先してこのように訳出した（竹内）．

[*49] 訳注：Θαλῆς (Thales).

[*50] McKirham 1994, p. 23. 以下の引用もこの文献による．

第 1 章 神話からコペルニクス的宇宙像へ

タレスに続くミレトスのアナクシマンドロス[*51]は，永遠で，かつ空間的に果てのない本質あるいは媒体である無限のアペイロン[*52]なるものを提唱した．今日の世界の秩序はアペイロンからの分離過程によって成長してきたとされる．彼は世界の多様性が未分化で不定形なアペイロンからいかにして出現したかを説明しようとした．新しい問題提起の形の特徴として，彼は神の介在の導入を避けた．アナクシマンドロスの説明は不明瞭で説得力が足りないように見えるであろうが，彼の問い——単純な初期状態から複雑な世界が形成されることをどう理解するのか？——は宇宙論的な議論の中心である．そして実際，これは現在でも中心的な問題である．

アナクシマンドロスはまた，スケールを含む世界の構造についても考察した．ここでも彼は神話と宇宙論を混同することを避けている．彼は，大地の形は（「石柱のような」）円柱状で，その高さは直径の 1/3 であると仮定した．人間と他の大地の住人は円柱の平らな面のうち 1 つの面に住んでいる．太陽の大きさと大地からの距離については，「アナクシマンドロスは太陽は大地と同じ大きさで…その周回する円は大地の大きさの 27 倍であると言った」．彼はさらに，大地は宇宙の中心にあり，対称性に基づく議論から，大地は不動のものであるとした（なぜならば，中心にある物体がある方向に動いて，他の方向でない理由があるだろうか？）．アナクシマンドロスは「太陽と大地は同じ大きさである」としたが，これら 2 天体が同じ物理的組成を持つかどうかについて考えたかどうかは定かではない．しかし，後のイオニアの哲学者アナクサゴラス[*53]はそう信じており，太陽は神聖なものとは程遠く，単なる灼熱した石にすぎないと主張した．彼はまた月も大地と同じく山，平原，そして谷を持つと考えた．この異端的な考えのため，アナクサゴラスは罰せられ，住んでいたアテネを追われてしまった．アナクサゴラスも平らな台地を採用したが，なぜ大地が（落下せずに）宇宙の中心にとどまるのかについての説明はアナクシマンドロスのそれとは異なっていた．アナクサゴラスは，大地はそれが浮かぶ大洋のような大気によって支えられているからであると考えていた．

前ソクラテス期の哲学者の中で言及すべきもう一人が，紀元前 490 年頃に生

[*51] 訳注：Ἀναξίμανδρος (Anaximandros).
[*52] 訳注：ἄπειρον (apeiron).
[*53] 訳注：Ἀναξαγόρας (Anaxagoras).

1.1 古代の宇宙論的思索

まれたエンペドクレス*54 である．彼は初めて，物質はすべて4種の不変の元素，地水火風から構成されると提唱した．アリストテレスが採用したことで，この説はその後約2000年もの間，物質の理論，錬金術，その他の多くの学問の基礎とみなされることになった．エンペドクレスは，初めは混ざり合っていた元素が，やがて何らかの渦機構が働いて分離し始め，最初に風が，次に火が分かれたとした．「彼は，月は風が火から分離した時に独立して形成したものであると主張した」．太陽については，彼は火の巨大な集まり，あるいは火の反射であると考えていたようである．エンペドクレスは月が自ら輝いている天体ではなく太陽の光を反射しているということ，また日食は月が太陽と大地の間を横切ることで生じることを認識していた．他の自然哲学者と同様，彼も地球の不動性の説明を考案した．アリストテレスによれば，エンペドクレスは星や惑星の安定した円運動が，それらの天体の持つ大きな速度によるものだと説明した．「水は自然には下向きに流れ落ちてゆくのが本来の運動だが，[水を満たした] カップを回すと中の水は往々にしてカップの下になってもこぼれない」．エンペドクレスは天界の速い回転が地球が動くのを妨げていると信じていた．

エンペドクレスの4元素からなる宇宙は，「愛」と「不和」という2つの神ないし駆動力によって支配されている．4つの元素は常に存在しているため，これらの生成に関して説明は必要なかった．2つのうちどちらかが影響するかによって，宇宙は周期的なパターンを繰り返す*55．つまり，愛が支配的な時代には，元素は互いに混合して1つの塊となる．不和が完全に支配する時代には，元素は互いに完全に分離して，中心を同じくする球の形となる．これら両極端の間に位置する時代，我々が経験しているような時代にのみ生命が誕生することができる．愛と不和の支配の交替は永遠に続き，対応して世界の誕生と死滅の連続が生じている．しかし，これら2つの力は単純に創造的，破壊的なのではなく，生命が生じる条件は2つのバランスが必要である．宇宙のサイクルは対称的，つまり一方の相での出来事はもう一方の相でも生じるが，時間順序が逆になっている（誕生から死滅への過程の後，死滅から誕生への過程が続く）．サイクルの周期は非常に長いが，エンペドクレスはその長さについて具体的な数字は与えていない．

前ソクラテス期は知られている事柄についての説明を与えることに重点が置かれ，新しい観測によって経験的根拠を拡大していくことにはほとんど興味が

---

*54 訳注: Ἐμπεδοκλῆς (Empedokles).
*55 エンペドクレスの周期的宇宙についての詳しい分析は O'Brien 1969 にみられる．

持たれなかった．さらに，前ソクラテス期の哲学者の説明は純粋に定性的な，おおざっぱな類似でしかなかった．実際，後の基準からすれば，アナクシマンドロス，アナクサゴラス，エンペドクレス，そして他の同学派の説明は極めて原始的で思弁的である．しかし，重要なのは彼らの答えではなく，彼らの問い，そして納得のいく説明を得るために設定する条件なのである．

1.1.4 ピュタゴラス学派と原子論者

　ピュタゴラス*56 は後進のために何も書き遺さなかったという，いささか謎めいた人物像で知られるが，彼が現在の南イタリアに立ち上げた哲学の学派は古代ギリシャ*57 を通じて影響力を持ち続けた．初期のピュタゴラス学派は教団を結成し，彼らの哲学を科学的というよりは宗教的あるいは神秘主義的方向に保ち続けた．にもかかわらず，彼らの考えは初期のギリシャ科学に強い影響を与えることになった．現代的な観点では，彼らが物質的存在に対して数を対応させていったアイディア以外に見るべきところはないが，この考えが物理学や宇宙論の数学化につながることになった．ピュタゴラス学派が数を物に関連付けた意図はあまり明らかではない（そしておそらく明らかにしようともしていない）．彼らの中にははっきりと物質は数であると主張した者もいたが，これは明らかに現実的ではない．他の者は，もう少し現実的に，物質は数に似ており，よって物理現象は数によって説明できると考えた．

　ピュタゴラス学派はプラトン多面体としても知られる5つの正多面体の存在を知っており，元素としての土は立方体から，火は正4面体から，風は正8面体から，そして水は正12面体からできていると考えた．5番目の正多面体である正20面体には，宇宙全体を対応させた．彼らは，宇宙は球形で有限の広がりを持つと考えていた．地球が球形であると考えたのは彼らが最初である．これは紀元前430年頃のことで，革新的概念であった．さらに驚くべきことに，ピュタゴラス学派の思想家には，地球を宇宙の中心という特別な地位から引き下ろした者もいた．イタリアのピュタゴラスの信奉者の一人，ピロラオス*58 によれば，宇宙の中心は—「ゼウスの守護」*59 という名の—炎が存在し，惑星や星はその

---

*56 訳注: Πυθαγόρας (Pythagoras).
*57 ピュタゴラスとその学派については Riedweg 2002 を参照．
*58 訳注: Φιλόλαος (Philolaos). 日本語ではフィロラオスと書かれることが多い．
*59 訳注: The guard of Zeus. しかしこの名で呼んでいる文献は少なく，一般には中心火 (Central Fire) と呼ばれている．

周りを公転している．ピロラオスの宇宙は太陽中心でもないことに注意しよう．中心の炎は太陽と同一視されておらず，同じく中心の地位は与えられていない．さらに，彼は地球の反対側を，地球と同じ周期で公転する暗い「反地球」を導入した．地球は中心の炎の周りを円を描いて公転しているが，人間は炎と反対側の面のみに住んでいるため，直接炎を見ることはできない．もう一人のピュタゴラス学派であるエクパントス[*60]（実在の人物かどうかは定かではない）は，地球は西から東に自転していると唱えたと言われている．

　反地球などというものが導入されたのは数秘術的な理由で，天文学的理由によるものではない．アリストテレスによれば，ピュタゴラス学派は 10 という数を完璧であるとみなし，よって天体は 10 個あるに違いないと考えた．地球，月，太陽，惑星，そして星が固定された天球を 9 個と数え，反地球を含めればちょうど 10 という正しい数字が得られるわけである．天体の順番は反地球が最も内側で，地球，月などが続くとされた．アリストテレスはピュタゴラス学派の宇宙論を思弁的で観測に準じていないとみなしており，あまり関心をもたなかった．彼は『天について』[*61,*62] の中で「彼らは現象を見て理論や理由を問いかけるのではなく，現象が彼らの理論や意見に従うことを強制し，その線に無理に当てはめた」と書いている．まったく同様に，2000 年ほど後，コペルニクスは地球が円軌道を描く惑星であるという彼のアイディアを支持する根拠として，ピロラオスの炎中心の宇宙論を挙げている．

　アリストテレスによれば，自然哲学の原子論学派はおそらくミレトス出身の哲学者レウキッポス[*63]によって提唱された．しかし，一般には原子論はもっとよく知られたトラキアのアブデラ出身のデモクリトス[*64] と結びつけられることが多い．デモクリトスはソクラテス[*65] と同時代人で，多作な著述家として讃えられている．レウキッポスはゼノンの門弟で，デモクリトスより少し年長であったらしい．彼ら 2 人の原子論的自然哲学はやや謎めいており，後世の著作を通じてのみ知られている．

[*60] 訳注：Ἔκφαντος (Ekphantos).
[*61] 訳注：Περὶ οὐρανοῦ (Peri ouranou). ラテン語タイトルが De Caelo（後出）．邦訳は『アリストテレス全集 4』集録の『天体論』（村治能就，戸塚七郎訳 岩波書店）．
[*62] McKirahan 1994, p. 104.
[*63] 訳注：Λεύκιππος (Leukippos).
[*64] 訳注：Δεμόκριτος (Demokritos).
[*65] 訳注：Σωκράτης (Sokrates).

第 1 章 神話からコペルニクス的宇宙像へ 25

　古代の原子論の基本的アイディアは，世界に存在するのは原子のみであるという仮説である．原子はそれ以上分割不可能で不可視の粒子であり，無限の広がりを持つ虚空である宇宙の真空のなかを止まることなく動き回っている．原子は実在であるのに対し，虚空は非存在である．デモクリトス学派の原子論は一元論であるとされることが多いが，存在と同様に非存在も扱われ，非存在である虚空は原子と同様に存在論的地位を与えられている．これが，デモクリトスのパラドックス的な言葉「無は存在する」の背後にある意味である．様々な原子は実質としては均一で，大きさと形だけが異なっている．形は無限にありうるので，原子も無限の異なった種類がありうる．物体は原子が偶然集まり，最初は小さな塊あるいは時代錯誤だが「分子」を構成し，それが成長して形成される．この過程で渦状の運動が生じ，大きくて遅い物体は渦の中心に堆積し，小さくて速い物体は周辺に位置する．宇宙全体もこのような渦から誕生しただろうと考えられた．古代原子論の一般的なアイディアは，極めて複雑な現象の世界を虚空を動く原子のみを用いて説明すること，そして原子自体は属性を持たず永遠であるとしたうえ，観測される現象の性質と変化を原子の相対的な位置の変化に還元することであった．

　原子論哲学には，1 つの特徴的な宇宙像が含まれている．無限に広い宇宙全体と，それに内包される空間的にも時間的にも有限な部分宇宙という系を区別していることである．我々の宇宙は，大小の差はあれど似たり寄ったりの無数の系の 1 つにすぎない．他の宇宙も我々の宇宙も誕生し，いつの日か死滅する．「無限個の様々な大きさの宇宙 [κόσμοι] が存在する．あるものには太陽も月もなく，またあるものは太陽や月が我々のよりも大きかったり，あるいは多かったりする．．．あるものは成長し，あるものはピークをむかえ，あるものは衰退を迎えている．あるところでは新たに 1 つ誕生し，あるところでは死滅している．部分宇宙は互いに衝突することで破壊される」[*66]．

　天体の配置については，デモクリトスは月が地球に最も近く，太陽が続き，そしてその外に恒星があるとした．惑星はというと，「異なった高さに存在する」とされた．レウキッポスは太陽が最も遠いと考えた．この 2 人の哲学者とも地球が中心であるとしたが，しかし宇宙全体についてはもちろん中心などはない

[*66] McKirahan 1994, p. 326. ずっと後になって，この宇宙のシナリオは思弁的宇宙論家達によって再び取り上げられた．その一人がカントで，彼の宇宙像は原子論者によるところが非常に大きい（2.2 節を参照）.

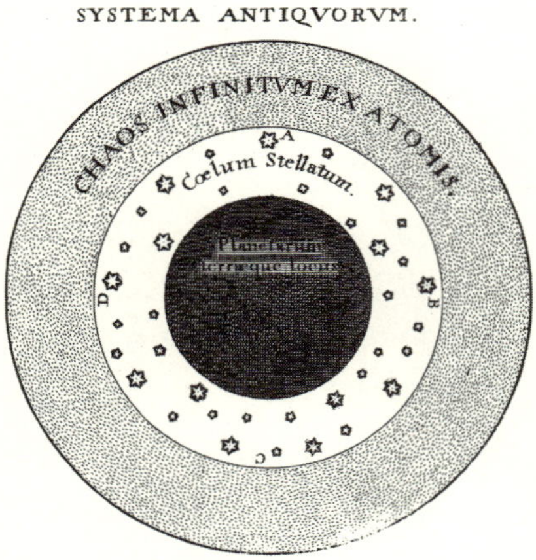

1.1 古代の宇宙論的思索

図 1.4 英国で 1675 年に出版された書物に描かれたデモクリトスの原子論的宇宙論. 中心の影をつけた部分が地球と惑星からなる領域で, 星々の存在する厚い球に囲まれている. 星の外側はランダムに運動する原子からなる, 無限の混沌である. 球殻状に描かれてはいるが, この混沌には外側の果ては存在しないと考えられている. Heninger 1977, p. 193 より.

と考えていた. ピュタゴラス学派とは異なり, デモクリトスは大地が球形であることを認めず, 大地は短半径が長半径の半分の楕円形をしていると唱えた.

原子論者の宇宙観では, デザイン, 目的, そして神の使者の入り込む余地はなかった. 存在するのはただ空虚のなかをランダムに運動する物質の原子である. 彼らは神の存在は否定しなかったが, 自然界の過程に神が関与していることははっきり否定していた. デモクリトスから約 400 年後, ローマの詩人ティトゥス・ルクレティウス・カルス[*67]は彼の有名な著作『物事の性質について』[*68] の中で, 彼自身の原子論について述べている. これはデモクリトスのというよりはエピクロス[*69]の原子論から派生したものだが, 全体としては古代原子論的宇宙論とよく一致している. ここでルクレティウスの宇宙についての記述を紹介しよう:

> すべて存在するものは, いかなる方向にも縛られない. なぜなら, もしどこかの方向に束縛されているなら, どこかに端があるはずだからである. しかし, 背後にそれを制限する何かがない限り, 何物にもそのような端はない... そして, **宇宙**

[*67] 訳注: Titus Lucretius Carus.
[*68] 訳注: De rerum natura. 邦訳はたとえば『物の本質について』(樋口勝彦訳 岩波書店) など.
[*69] 訳注: Ἐπίκουρος (Epikouros).

第 1 章　神話からコペルニクス的宇宙像へ

全体の向こうには何もなく、そして宇宙全体に端はない。その果てからはるか遠いという意味で、どこに立とうが同じである。誰がどの場所を占めようと、そこから見る宇宙全体はいかなる方向にも果てがない。

無限の宇宙についてこのように議論した後、ルクレティウスは我々の住む世界の無限性について論を進める。

> さらに、ひとたび物質が十分にでき、十分な空間が与えられ、そして妨げたり遅らせたりする原因がなければ、ものは必然的に生まれ、存在するようになる。今もし、あらゆる年齢の生命を作っても余りあるほどの非常に莫大な材料となる原子が存在し、またそれらを誕生させた力と性質が保たれるなら、...空間のどこか違った場所に別の地球が存在し、様々な種族の人間、様々な世代の獣たちが存在していると考えざるを得ない。

ルクレティウスはそして、宇宙の広がりは無限であるものの、その寿命には限りがあり、「天と地にも終わりが訪れる」と説いた。彼はその論拠を人類の歴史が短いという事実に置き、もし宇宙が常に存在しているとしたら説明できないと考えた。

> もしも天と地が創成した時期がなく、永遠の時間存在し続けていたのなら、テーバイ戦争やトロイア崩壊以前の詩人たちが地上の住人達の偉業について詠わなかったことがあろうか？　それほどに多くの人々の行いが時として忘却の彼方に押しやられることなどがあろうか？...しかし、私は考える。世界のすべては比較的最近の出来事であり、その創成もまた最近のことなのだ。世界の始まりは少し前の出来事なのである。

宇宙には始まりがあっただけでなく、またその終末に向けて崩壊していく。ルクレティウスは宇宙の終末につい語る。そしてこれは、宇宙論の歴史を通じてずっと語られるテーマであり続ける。「偉大なる世界を囲む壁は、攻められ続け、やがて崩れ、朽ち果てた廃墟となってゆく。...この世界の枠組みが永遠だなどと考えるのは無意味である」[*70]。ここまでで明らかなように、原子論的宇宙論も

[*70] De rerum natura の翻訳は多数存在する。ここでの引用は Lucretius 1997, 1904 年出版の翻訳のリプリントの p. 45–46, 93, 96, 205 からである。オンライン版は以下：
http://classics.mit.edu/Carus/nature_things.html.

前ソクラテス期の自然哲学の流れを踏襲しており，壮大で思弁的である．それは多くの宇宙への見方を提示した．たとえば多世界宇宙のアイディアを大胆にも提示し，現代宇宙論においても興味の対象であり続けている．

1.2 ギリシャ人の宇宙

　紀元前 400 年以降の数世紀の間に，自然哲学は部分的に自然科学へと変貌した．初めて，ギリシャの思想家たちが自然の観測に注目し，観測結果と定量的に一致する説明あるいはモデルを構築する試みを始めたのである．この新しい科学のなかで，最も精力的に研究され，成功したのが天文学であった．にもかかわらず，天空の科学がより数学的になり，観測データに基づくようになるにつれ——すなわちより科学的になるにつれ——扱われる範囲は狭まっていった．一方，宇宙論や宇宙進化論は前ソクラテス期の哲学者によって花開いたものの，そのような思索はプラトンからプトレマイオスにいたる長い時間に急激に衰退していった．

　2 つの側面を強調しておこう．まず，文字通りの意味での宇宙進化論の議論は事実上停止した．自然科学者や自然哲学者が宇宙の起源，あるいは宇宙がいかにして現在の姿になったかという疑問について言及することはほとんどなくなった．アリストテレス[*71] 以降，大多数の天文学者は宇宙は常に存在し，また未来永劫そのままであると暗黙に仮定するようになっていた．言うまでもなく，この仮定のもとでは宇宙進化論の議論される余地はない．次に，宇宙（Universe あるいは Cosmos）という言葉の意味が変わったことについても触れておきたい．それはまだ世界の物理的存在すべてを意味してはいたが，天文学研究においては地球の周りを回る 7 つの惑星と同一視されるようになってきた．そして恒星も宇宙に属するものの，天文学者ができることは恒星を数え，分類することくらいであった（最初の星の分類はヒッパルコス[*72] によってなされた．彼は目に見える最も明るい星を 1 等，最も暗い星を 6 等として，星を 6 つの階級に分類した）．天文学の扱う対象が狭くなり，またより数学的になっていったことにより，宇宙論は天文学者の研究対象の周辺に追いやられた．この状況は中世からルネサンスを通じてずっとそのままであった．

　これは，ギリシャ自然科学の対象から宇宙論が完全に消滅したというわけで

[*71] 訳注：Ἀριστοτέλης (Aristoteles).
[*72] 訳注：Ἵππαρχος (Hipparchos).

第 1 章 神話からコペルニクス的宇宙像へ

はなく，ただ議論の優先順位がとても低くなり，またそれ以前とは異なった形で発展されていったということである．この時期の宇宙論で特に興味深い理論はアリストテレス，アリスタルコス，そしてプトレマイオスによるものである．多くの天文学者は宇宙論を哲学者の手に譲りわたしてしまい，実際にこの頃の宇宙論の興味は前ソクラテス期のものと似通っていた．たとえばストア派は宇宙論の議論を好んだが，それを天文学の知識と結びつけようとはまったくしなかった．1 つ述べるとすれば，ストア派の宇宙は周期的宇宙像で，宇宙の生成と破壊を熱現象と結びつけて考えていた．宇宙はそれを取り巻く巨大な虚空の中で膨張と収縮を繰り返す巨大な球である．紀元前 3 世紀アテネにおけるストア派の指導者であったクリュシッポス[*73]は，「宇宙の大火の後，万物は数字順に並び，すべての量は宇宙 (cosmos) のかつての姿 そして未来の姿でもある最初の状態に戻る」と信じていたと言われている[*74]．

1.2.1 アリストテレスの世界像

プラトン[*75]は彼の一連の著作において天文学の問題について議論してはいたが，彼の姿勢は観測の認識論的な価値を否定していたという点で理想論的であった．彼にとっては宇宙は純粋な思索によって数学的に理解できるもので，経験的な検証はむしろ真実を覆い隠してしまうもの，せいぜい真の宇宙の「もっともらしいシナリオ」を与えるにすぎないものでしかなかった．彼は著作『国家』[*76]の中で，天文学はあたかも幾何学であるかのように研究されるべきだと述べている．「もし我々が天文学の真の知識を追及するなら，我々は星々の天界に関心を持つのは止めることになるだろう」と彼は書いている．

まったく同様に，伝統に従って天文学において何が基本的な問題となるかを示し，この重要な科学において取るべきアプローチを述べたのはプラトンであった．6 世紀初頭に書かれたシンプリキオス[*77]の『アリストテレス『天界について』への注釈』によると，天文学者の仕事は（太陽と月を含む）惑星の運動を一様な円運動に還元すること――それによって「この現象を救済する」ことであった．ただし今日では，天体の運行の一様性と円運動は後に導入された新しい概念

[*73] 訳注: Χρύσιππος ὁ Σολεύς (Chrysippos). ソロイのクリュシッポス.
[*74] Sambursky 1963, p.202 より引用. Jaki 1974, p. 114 も見よ.
[*75] 訳注: Πλάτων (Platon).
[*76] 訳注: Πολιτεία (Politeia). 邦訳はたとえば『国家』(上下), 藤沢令夫訳 岩波書店など.
[*77] 訳注: Σιμπλίκιος (Simplikios).

1.2 ギリシャ人の宇宙

であり，プラトンの著作にみられるはずはなく，また彼が同意するこもないと信じられている[*78]．この基本原理はその後ケプラーの登場まで，2000 年以上にわたり天文学と宇宙論を支配したパラダイムを形成することになった．プラトンの先取権はさておき，この問題に最初の解答を与えた，つまり観測される惑星の運動を円軌道によって説明する単一のモデルを最初に提唱したのは彼の門弟の一人であった．

クニドスのエウドクソス[*79] は短期間ではあるがアテネ郊外にあるプラトンのアカデメイア[*80] に滞在し，その後観測される天体の運行の多くの特徴を考慮した，回転する同心球からなる体系を提唱した[*81]．エウドクソスの著作は1つとして残されていないが，基本的な構成要素は後世の，特にアリストテレスとシンプリキウスによる著作の中で示されている[*82]．エウドクソスは，惑星は互いに結びついたいくつかの球上の一点であると考え，これらの球はすべて中心が同じで地球中心—あるいは「人間中心」[*83]—とした．彼はこれらの球が異なった回転軸の周りを異なった速さで回転するが，プラトンのパラダイムに従って回転は一様であると考えた．5 つの惑星を考察するため彼は 4 つの球を考え，外側の球が地球の周りを 24 時間周期で回転する運動を表すとした．太陽と月については彼は 3 つの球を仮定した．

説明されるべき惑星の不規則な運行の 1 つに，いくつかの惑星が逆行し，その後しばらくすると東向きの順行に戻るという現象がある．この逆行現象は，天界の神聖な天体の運行にしては極めて不名誉なものとみなされており，あくまでみかけ上の現象であると説明する必要があった．エウドクソスのモデルは定性的かつ不完全にではあるものの，逆行運動を説明することに成功し，また惑星の黄緯変化という別の憂うべき不規則性のかなりの部分も説明することができた．しかし，このモデルは可変なパラメータが回転速度と回転軸の傾きの 2 つしかないため，惑星の運行を正しく再現することはできなかった．

[*78] Aiton 1981, p. 79.
[*79] 訳注: Εὔδοξος ὁ Κνίδιος (Eudoxos), クニドスのエウドクソス．
[*80] 訳注: Ἀκαδημεία (Akademeia). プラトンがこの地に開設した学園で，地名を取ってそのままアカデメイアと呼ばれた．
[*81] エウドクソスの宇宙モデルに対してプラトンが与えた影響については Knorr 1990 を見よ．
[*82] エウドクソスのモデルは 1874 年にスキアパレッリによって再構成された．しかし，スキアパレッリの素晴らしい再構成モデルはある程度近代化されており，もともとのバージョンにはなかった要素が加わっている．
[*83] 訳注: homocentric.

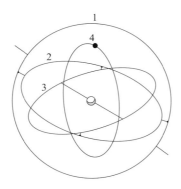

図 1.5 エウドクソスの同心球モデルに基づく天体運行の機構.

ストア派の哲学者ゲミノス[*84]は紀元前 70 年の著作『天文学入門』[*85]においてエウドクソスとその賛同者による研究を見事に紹介している.「彼らの世界観では, 神聖で永遠の存在であるはずの天体が時にゆっくり, 時に速く運行し, あまつさえ停止する（惑星の停留と呼ばれる）ことを仮定することは許容しがたかった」. 興味深いことに, ゲミノスは当時の社会規範になぞらえた比喩を用いている:

> このような不規則性は人間社会においてすら, 紳士の秩序だった行動とは相容れない. たとえ人生の荒波が時には人を急がせたり, また歩みを止めさせたりすることはあっても, それは不滅の存在である星 [惑星のこと] の性質には想定されるべきものではない. この理由により, 彼らは問題を一様な円運動によってこの現象を説明することと定義したのである[*86].

シンプリキオスの記述によると, アリストテレスへの注釈においてゲミノスはさらに, 古代ギリシャにおいて認識されていた物理学と天文学という研究分野の違いを明らかにしている:

> 天界や星の本質やそれらに働く力, 構成要素, 誕生と破壊について考えることは物理学の問いであり, それどころか物理学はそれらの大きさ, 形, そして配置につ

[*84] 訳注: Γεμῖνος ὁ Ῥόδιος (Geminos), ロードスのゲミノス.
[*85] 訳注: Εἰσαγωγὴ εἰς τὰ Φαινόμενα (Introduction to the Phenomena).
[*86] Farrington 1953, p.279.

1.2 ギリシャ人の宇宙

いて考える立場である; 一方天文学では, そのような問いは一切行われることはなく, 天界は真の秩序 (κόσμος) であるという立場から天体の配置について考察し, 地球と太陽と月の形, 大きさ, 距離について, あるいは日食月食や星の合[*87], そして天体の運行の属性や広がりについて述べる[*88].

この区別は実に 18 世紀もの間続き, 天文学と宇宙論の歴史に大きな影響を与えた. エウドクソスは天体の運行を説明するために 26 の球を必要としたが, アリストテレスとほぼ同時代人であるカリッポス[*89] はこのモデルの改良のためにさらに 7 つの球を加えた (金星, 火星, 水星に 1 つずつ, 太陽と月に 2 つずつ). エウドクソスやカリッポスは彼らのモデルを純粋に幾何学的に捉えており, 天球も単なる概念上のものと考えていたようである.

アリストテレスの人間中心モデルはエウドクソスやカリッポスのそれの改良版であるが, 同時に大きな変更も含んでいる. それはアリストテレスが研究に導入した物理学的側面によるものである. 彼の考えた天球はもはや数学的概念ではなく実体を持つもので, 惑星や恒星は互いに結合した回転する球殻の上に結びついた物理的実体である. これにより, 彼はなぜ天体がそのように運行するのかを説明する機構を提唱した. アリストテレスによると, 外側の惑星の球殻は内側の惑星のそれに物理的に結びついており, このため彼は観測される惑星の運行を説明するために対策を導入せざるを得なかった. 彼の『続自然学』[*90] のなかで「すべての結合した球がこの現象を説明するならば, それぞれの惑星について更に別の球が必要になる…それは内側の惑星の第 1 の球の位置を保つために反対に回転するものである. このようにすることで初めて要求される惑星の運行が再現できる」[*91]. ここにおいてアリストテレスによる「物理学化」の代償, つまりモデルの劇的な複雑化が生じていることが明らかである. 少なくとも 55 個の球が必要で, うち 22 個は 7 個の惑星の運動の独立性を保つために導入された.

アリストテレスの偉大な革新は, 一様円運動の仮定だけでなく, 彼の自然哲学

[*87] 訳注: conjunction.
[*88] Heath 1959, p.275 より引用.
[*89] 訳注: Κάλλιππος (Kallippos), キュジコスのカリッポス.
[*90] 訳注: Μεταφυσικά (Metaphysika). 形而上学という訳が一般的だが, もとは『自然学』(Φυσικα (Physika)) の続編という意味であり, 本文の文脈からみても妥当であるため本書ではこちらの訳語を採用した (竹内). 邦訳は『形而上学』(上下) (出隆訳 岩波書店) など多数.
[*91] Wright 1995 より引用.

の原則とも合致するような現実の天体の物理モデルを与えたことである．この2つを結びつけたことが，ラテン語で De Caelo（『天について』）として知られる彼の有名な天文学の著作の主題である．恐らくアリストテレスの宇宙論の最も重要な特徴は 2 領域宇宙であること，すなわち宇宙が月より内側 (sublunar) と外側 (superlunar) の世界の 2 つにきれいに分けられるとしたことである．1 つ目の領域は地球から月までの大気を含み，エンペドクレスの四元素から構成される．物質は元素の自然な運動，つまり直線運動をする（土と水は地球へと向かい，空気と火は地球から離れる）．月より遠い領域では天体は地上の物理法則にとらわれることなく，自然に，永遠に一様な円運動をする．惑星，星，そして天球は地上とはまったく異なった元素，エーテルからなる神聖な物質，あるいは第五元素（ラテン語で quinta essentia）から構成される．月より近い世界の物質と異なり，天界のエーテルは純粋で不滅である．月よりも近い領域，遠い領域にかかわらず真空は存在できず，したがって宇宙は満たされている．

　アリストテレスの宇宙論は古代世界において敬意をもって受け止められていたが，批判もあった．キケローと同時代の人物であるセレウキアのクセナルコス[*92]は，彼の著作『第五元素に反対して』[*93]の中でアリストテレスの基本概念のうち 2 つ，第 5 元素の存在と天体の円運動について疑問を投じた．天界のエーテルについての批判の 1 つは，その仮想的物質が余分で不必要だというものである．また彼はアリストテレスや他のほとんどの天文学者が主張した，単純な，あるいは完璧な物質は自然に円運動するという仮定を否定した．クセナルコスは，円運動ならば中心近くの部分は遠い部分に比べ遅い回転速度で運動することになるが，単純な物質ならばあらゆる部分が同じ速度で運動すべきだと反駁していた．

　アリストテレスは地球が宇宙の中心に存在するとしたが，これは幾何学的な意味のみであった．ピュタゴラス学派とは反対に，彼は幾何学的中心が物理的あるいは存在論的意味での宇宙の「自然な」中心であるとする理由を見出していなかった．むしろ逆に，『天について』において彼は，恒星が結合している天球が最も高い地位を持つとした．運動がこの天球から内側の世界へと伝わってゆくからである．彼は内包するもののほうが内包されるものよりも価値があると書いている．またアリストテレスは天体の運行について 2 つの中心を扱って

[*92] 訳注: Ξέναρχος (Xenarchos).
[*93] 訳注: Against the Fifth Substance.

いる．恒星天が滅びる運命の地球よりも高貴な性質をもつということ加えてもう１つ，宇宙時の始まりにより近い，最初の運動を開始した不動の者（神に対応する）である．この考えはその後，中世における宇宙観へと受け継がれていった．

アリストテレスの宇宙モデルはエウドクソスの人間中心モデルに根拠を置いているため，その欠点も受け継いでしまっている．そのうちで最も深刻なのは，いくつかの惑星が示す明るさの変化を説明できないことであった．金星と火星の明るさが運行中にかなり大きく変化することはよく知られており，もし地球からの距離が変化するとすれば簡単に説明できる．ところが，人間中心モデルの前提によれば，地球から惑星までのの距離は常に一定であるはずである．これは他の問題とともに，エウドクソスのたったひと世代後のアウトリュコス[*94]，そしてその後シンプリキオスによって指摘された．シンプリキオスはユリウス・カエサルの同時代人であるソシゲネス[*95]を引用してこの点を指摘している．ソシゲネスは「にもかかわらず，エウドクソスとその賛同者はこの現象に説明を与えることができなかった」と述べたとされる．惑星の明るさの変化を説明できなかったことから，人間中心モデルはエウドクソスのであれアリストテレスのであれ，長く生き残ることはなかった．

アリストテレスは物理的天文学の基礎を確立しただけでなく，より重要な宇宙論の疑問についても強い関心を持っていた．そのうちの１つが，宇宙の時間的な側面に関するものである．宇宙はある時点で誕生したのだろうか？ 宇宙には終わりが来るのだろうか？ プラトンは有名な対話『ティマイオス』[*96]の中でこれらの疑問について議論しているが，しかし科学的論文とは程遠い．プラトンによれば，世界は創造されたものである．宇宙は「デミウルゴス」[*97]という神聖なる工匠によって創造され，まず宇宙の魂が，続いてその身体が完全に調和するように作られた．さらにプラトンは，世界は１つしかなく，イデアの世界の体現がいくつも存在するわけではないと明言した．彼は，星と惑星は神聖で永続的に運動するもので「永続的に運動するものは不滅である」と述べた．デミウルゴスは世界をすでに存在している神聖なる「宇宙のイデア」の複製として創生したのであり，その意味で創世は「無から」(ex nihilo) ではない[*98]．プラ

[*94] 訳注：Αὐτόλυκος ὁ Πιταναῖος (Autolykos), ピタネのアウトリュコス．
[*95] 訳注：Σωσιγένης ὁ Ἀλεξανδρεύς (Sosigenes), アレキサンドリアのソシゲネス．
[*96] 訳注：Τίμαιος (Timaios)．
[*97] 訳注：δημιουργός (demiourgos)．
[*98] プラトンの宇宙論の詳細については Cormford 1956 を参照．

第 1 章 神話からコペルニクス的宇宙像へ 35

ンは彼の創世を神話として叙述したので，神学的にであれ科学的にであれ，後の宇宙創成についての概念を深読みしないように注意すべきである．原題の多くの解釈では，ティマイオスは比喩的に読み取るべきであり，文字通りに理解してはならないとされている．

　アリストテレスは師とは異なり，宇宙が誕生したという説にはいかなる意味においても異を唱え，また空間的に無限の広がりを持つことも否定した．むしろ彼は，全体としての宇宙は誕生も崩壊もしない，つまり永遠であると主張した．世界はその基本的性質として円運動をしており，無限の広がりを持つ物体は無限の速度を持たざるを得ないため存在できず，よって世界が無限の広がりを持つこともない．この結論は，物質的宇宙が有限の広がりを持ち，無限の真空に囲まれている場合には正しくない．このような宇宙（何人かのストア派の哲学者によって取り上げられていた）は，空間は物質で満たされているべきとするアリストテレスの主張と対立した．アリストテレス派の自然哲学では，空っぽの空間は定義により棄却される．最も外側の球に含まれるものは，すべてものであるはずである．彼以前の哲学者たちとは異なり，アリストテレスは宇宙は唯一で，永遠で，すべてを包含していると主張した：

> 宇宙全体はそれを構成する物質すべての合計からなる… よって宇宙は過去，現在，未来のいずれにおいても複数存在することはないと結論できる．世界は唯一無二であり，完全である．またそれに加え，天界の外側には場所もなければ真空もなく，また時間も存在しない．これは，a) あらゆる場所には物質が存在する可能性があり，b) よって，真空は何も含まないことが定義であるはずが，物質を含むことになり，c) 時間とは運動の数であり，よって自然の物体なしに時間も存在しえないからである[*99]．

アリストテレスによれば，中心天体としての地球は球で不動のものであるとされ，いずれの主張に対しても特に反論は生じなかった．天球は自然に運動するはずであるが，アリストテレスは『自然学』[*100] のなかで，宇宙の最も外側に存在し，すべての天体の運動の究極的源泉となる霊的「不動の駆動者」を導入した．しかし，彼はこの話題を広げることもなく，またそこからどう運動が伝わって

[*99] 『天について』，Munitz 1957, p. 95 の引用より．
[*100] 訳注：上述．正式には Φυσικῆς ἀκροάσεως (Physikes akroaseos)．邦訳はたとえば『アリストテレス全集 3』（出隆，岩崎允胤訳 岩波書店）に収録．

1.2 ギリシャ人の宇宙

ゆくのかについても説明を与えなかった．アリストテレスはまた『天について』において，手短に，そしてややあいまいな形で地球の自転についても「ティマイオスに述べたように」とだけ触れている．この一節は古代のプルタルコス[*101]から中世のトマス・アクィナス[*102]，そして20世紀の研究者にいたるまで延々と議論されてきた．プラトンは本当に地球が自転すると考えていたのだろうか？他の理由から，そうでなかったことがかなり確かである．というのも，地球の自転などという考えは彼の宇宙モデルと完全に不整合だからである．プラトンもまた，地球が宇宙の中心にあり，不動であるという標準的見方を受け継いでいた．

アリストテレスの仮定した有限で永遠の宇宙，そして真空の否定は古代ギリシャ，ローマ世界で一般的に受け入れられたわけではなかった．たとえば，ストア派やエピクロス派の哲学者達はソクラテス以前の進化する宇宙像まで立ち戻っていたのみならず，無限の宇宙について扱っていた．すでに見たように，『物事の本質について』におけるルクレティウスの宇宙論は最も非アリストテレス的である．クリュシッポスや後のポセイドニオス[*103]といった卓越した人材を擁するストア派は，火が最も基本的な元素で，他の3元素はそこから生じたとする宇宙論を発展させた．彼らは物質宇宙に真空がないと考えた点ではアリストテレスと同じだが，宇宙の外に存在する真空については否定しなかった．むしろ逆に「宇宙の外には非物理的な世界が無限に広がっている」と考えた．ストア派は宇宙がゆっくりと脈動し，収縮と膨張を繰り返す宇宙像を描いていた．アリストテレス派が反駁したような，物質が宇宙の外の真空に拡散するようなことは起きない．これは「物質世界は巨大な力によって，その力の物理的性質が変化するのに伴って収縮と膨張を交互に繰り返す．あるときはこの力は火によって消費され，あるときは物質宇宙の創生に使われる」と説明される[*104]．

宇宙（あるいは地球）の永遠不滅性についてはずっと議論がたたかわされていた．特にストア派は，地球表面の観測される地形についての経験的議論により，アリストテレスの主張に反論した．浸食は不可逆の過程であり，もしそれが無限の時間作用し続けたとすれば，すべての山や谷は今や完全に平らになっているはずであるというのが彼らの論拠である．明らかにそうはなっていないこ

[*101] 訳注：Πλούταρχος (Ploutarkhos)．
[*102] 訳注：Thomas Aquinas．
[*103] 訳注：Ποσειδώνιος (Poseidonios)．
[*104] Sambursky 1963, p. 95．

第1章 神話からコペルニクス的宇宙像へ 37

とから，地球は有限の時間しか存在していないと言える．世界の永遠性に対するこの反論は，紀元前 300 年にストア派の哲学者キティオンのゼノン[*105]によって展開された．テオプラストス[*106]は次のように記述している：

> もし地球に始まりがないならば，地表のいかなる場所であれ他の場所に比べて高くなっていることはできない．山々は今やすっかり低くなり，丘は平原と同じ高さであるはずである... 現実には，地表が常に凸凹であること，そして天に向かってそびえたつ山々の高さが地球が永遠のものでないことを示している[*107]．

これは，2000 年以上後に宇宙論的考察の中で特別な地位を持つことになる話題の最初の例である．自然界には不可逆にしか進まない過程——浸食，放射能，エントロピー増大などによる——があり，これらによって永遠の世界が否定される（2.4 節）．ストア派の議論に対し，アリストテレス学派の賛同者は地質学的な破壊過程は逆向きの生成過程によって相殺されると仮定して反論したが，この相殺過程がどのように働くのか，アリストテレスの物質の理論に基づいた説明を与えることができなかった．

1.2.2 アリスタルコスと宇宙の大きさ

地表からなるべく遠くにある天体までの距離を決定することは，天文学者や宇宙論学者にとって常に重要であると同時に，最も難しい職務でもある[*108]．古代ギリシャ人にとって宇宙はどのくらいの大きさであったのだろうか？ 星や（太陽と月を除く）惑星までの距離を測る方法がなかったため，当時それを知る者はいなかった．実際，明らかに恒星が地球から最も遠く月が最も近いという以外に，惑星までの距離をその桁ですら曖昧さなく決定することはできなかったのである．しかし，ギリシャ人達にとってこれが完全に不可能であったわけではなく，地球からごく近傍に限って言えば天体までの距離測定にある程度の進歩はみられた[*109]．

エジプト南部のアレキサンドリアとシエネ（現在のアスワン）はほぼ同じ経

[*105] 訳注: Ζήνων (Zenon). ゼノンのパラドックスで有名なエレアのゼノンとは別人．
[*106] 訳注: Θεόφραστος (Theophrastos). この名はアリストテレスがつけたとされるニックネームであり，本名は Τύρταμος (Tyrtamos).
[*107] Freudenthal 1991, p. 50 より引用．
[*108] 総説として Webb 1999 を見よ．
[*109] Van Helden 1985 は古代ギリシャから 17 世紀までに行われた天体の距離測定についてのすばらしい概説である．

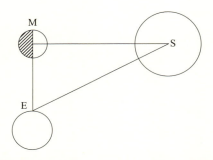

図 1.6 太陽と月の相対距離を求めるためのアリスタルコスの方法. 地球上の観測者 E は上弦の月の時に月 M を観測し, 角 MES を求める. これによって, 比 EM : ES が求まる.

度に位置する. 紀元前 3 世紀, アレキサンドリアの有名な図書館の館長であったエラトステネス[*110]はこの 2 都市の距離を 5,000 スタディオン[*111]と見積もった. 太陽が十分に遠くにあり, 太陽光線が 2 都市に並行に当たると仮定することで, 彼は簡単な測定から地球の円周をほぼ 25 万スタディオンと結論した. 彼が 1 スタディオンとしてどのくらいの長さを採用したのかは定かではないが, よく仮定される 157.7 m を用いるとこの結果は 39,370 m に相当し, 後世の測定値ととてもよく一致している. しかし, 数値的な一致はある程度偶然の産物であり, あまり重きを置くべきではないだろう. 重要なのはエラトステネスの時代には地球の大きさの桁はすでに知られており, また一般に受け入れられていたということである.

サモスのアリスタルコス[*112]はエラトステネスの 40 年ほど前の卓越した数学者であり天文学者であった. 『太陽と月の大きさと距離について』[*113]のなかで, 彼は地球から太陽と月までの相対距離を確定し, 太陽と地球の大きさをを決める作業に着手した[*114]. 彼は, 正確に半月のときに地球から見た月と太陽の角度を測定する方法を用いた (図 1.6). 彼の求めた角度は 87° であった. そして月食の観測から求めた太陽と月の大きさより, 月の視直径は 2° とした. 以下, アリスタルコスの記述にそって, 彼の得た結論を示す.

[*110] 訳注: Ἐρατοσθένης (Eratosthenes). 正確にはアレキサンドリア図書館が併設されている研究機関ムセイオンの館長であった.
[*111] 訳注: σταδίον (stadion). 複数形は stadia だが, 単数形のまま訳出した.
[*112] 訳注: Ἀρίσταρχος ὁ Σάμιος (Aristarchos).
[*113] 訳注: Περὶ μεγεθῶν καὶ ἀποστημά των Ἡλίου καὶ Σελήνης.
[*114] アリスタルコスの著作は Heath 1959 に翻訳されている (初版 1913 年).

第 1 章 神話からコペルニクス的宇宙像へ 39

表 1.1 古代ギリシャで得られた地球の直径を単位として表した月と太陽までの平均距離. Heath 1959, p. 350 より引用.

	月と地球の距離	月の直径	太陽と地球の距離	太陽の直径
アリスタルコス	9.5	0.36	180	6.8
ヒッパルコス	33.7	0.33	1,245	12.3
ポセイドニオス	26.2	0.16	6,545	39.3
プトレマイオス	29.5	0.29	605	5.5
現在の値	30.1	0.27	11,728	109.1

1. 地球から太陽までの距離は, [地球から] 月までの距離の 18 倍より大きく, 20 倍よりも小さい.
2. 太陽の視直径は [上で述べたように] 月の視直径と等しい.
3. 太陽の直径と地球の直径の比は 19 : 3 よりも大きく, 43 : 6 よりは小さい [*115].

アリスタルコスの結論は見当はずれであった. 原因は彼の用いた 2 つの観測値で, 87° と 2° ではなく, それぞれ 89° 50′ と 0.5° とすべきである. 彼の方法は巧妙で正しいが, 彼の結論は正しくなかった. あるいは歴史家の言葉を借りれば, これは「幾何学的には成功であり, しかし科学的には失敗であった」[*116].

このデータの誤りの結果, アリスタルコスの得た値は実際よりもはるかに小さいものであった. 特に, 地球と太陽の距離は少なくとも 65 倍小さい (表 1.1). とはいえ彼の方法は科学的に健全であり, 後にヒッパルコスがより洗練した方法を用いて得た地球と月の距離ははるかに改善されていた (地球と太陽の距離も, まだ 9.5 倍のずれがあるとはいえ, だいぶ改善されている).

アリスタルコスは今日, 太陽中心の系を提唱したことで最もよく知られており, 「古代文明のコペルニクス」と呼ばれることがある. コペルニクスはしかし, アリスタルコスの世界モデルを知っていたにもかかわらず, 著作『天体の回転について』[*117] ではそれを引用していない. 明らかに, このポーランドの天文学の革命者はギリシャの先人について重きを置いておらず, アリスタルコス

[*115] Van Halden 1985, p. 6
[*116] Gingerich 1985 を見よ
[*117] 訳注: De revolutionibus orbium coelestium. 邦訳は『天体の回転について』(矢島祐利訳 岩波書店).

1.2 ギリシャ人の宇宙

は彼の考え方に何の影響も与えなかった[118]．アリスタルコスの原著はもはや存在していないが，アルキメデス[119] は魅力的な著作『砂粒を数える者』[120] において簡単に次のように紹介している：

> 我々は，天文学者のいう「宇宙」が，地球を中心とし，太陽の中心と地球の中心を結ぶ直線を半径とする球のことであると認識している．天文学者のいうように，これが共通認識である．しかしサモスのアリスタルコスはその著作の中で，いくつかの前提から宇宙は現在呼ばれれている範囲よりもずっと大きいことが示唆されることを示した．彼の仮説では，恒星と太陽は不動で，地球は太陽の周りを円を描いて回っており，太陽はその中心にある．恒星のある球は太陽と同じ中心を持ち，またあまりにも遠いため，彼が仮定している地球が回る円から恒星までの距離は地球表面からの距離と同じとしてよい[121]．

アリスタルコスが世界像を再構築した理由は，おそらく彼による月と太陽の相対的な大きさの決定に端を発している．月は，体積が 30 倍大きい地球の周りを公転している．ならば，彼が発見したように，もし太陽の体積が地球の 300 倍も大きいのなら，地球ではなく太陽が中心天体であると考えるのが自然である．

この問題に対するアルキメデスの興味は天文学というよりは数学的なものであった．彼の考察が宇宙の大きさを正しく決めるためでなかったことは，彼が宇宙の広がりを意図的に過大評価していたことからもうかがえる．たとえばアリスタルコスが太陽の大きさを月の 18–20 倍としていたのに対し，彼は 30 倍という値を採用していた．地球の周囲についても 300 万スタディオンという値を用いたが，彼自身これが実際よりもはるかに大きいことを知っていた．アリスタルコスは，星の年周視差がないことを宇宙が巨大であることが原因であるとした．アルキメデスにとっては，その巨大な宇宙の広がりが重要だったのである．

太陽中心の宇宙全体を満たす砂粒の数よりも大きな数を表現できるだろうか？この問題を解くため―無論，純粋に数学的な興味である―アルキメデスは巨大な数を表すためのシステムを発展させた．結果は「アリスタルコスによる恒星天までの球を満たす砂粒の数は 8 桁の単位で 1,000 万よりも小さい」．アルキメデ

---

[118] Gingerich 1985 を見よ．
[119] 訳注：Ἀρχιμήδης (Archimedes).
[120] 訳注：Ψαμμίτης (Psammites).
[121] 『砂を数える者』は Heath 1959 によって翻訳されている（初版は 1912 年）．引用は pp. 221–221 および p. 232 より．

第 1 章 神話からコペルニクス的宇宙像へ 41

スがこう呼んだ数は現代的な記法なら 10^{63} となり，科学史において最初に登場した '非常に巨大な数' (very large number) である．宇宙論においてこのような巨大な無次元数が重要になるのはそれからずっと後のことである．定量的ではなく考え方という意味で，アルキメデスの数とエディントンの宇宙数 (cosmical number) 10^{79} は似ている．後者は観測可能な宇宙における基本粒子の数を表している[*122]．

　アリスタルコスの太陽中心宇宙モデルは地球中心モデルの深刻なライバルとはみなされず，間もなく忘れ去られた．古代の天文学者でこれを支持したのは紀元前 150 年頃のセレウコス[*123] のみである．そもそも常識に反しており，恒星が地球からばかばかしいほど遠くにあるとして星の視差がないことを説明するというだけのモデルには何ら利点があるとは考えられなかった．アリスタルコスが彼のモデルをさらに発展させ，たとえば動く地球を基本とした惑星の運行理論を構築しようとした形跡はない．これは 18 世紀ほど後，コペルニクスによってなされることになる．アリスタルコスのモデルが受け入れられなかったもう 1 つの理由として，「宇宙のまさに中心を運動させる」などとは不敬であると糾弾されたことも挙げられるだろう．プルタルコスの『月面に見える顔について』[*124] には，ストア派の哲学者クレアンテス[*125] によるアリスタルコスへの非難について記述がある．彼はさらに，アリスタルコスは物理学者（あるいは哲学者）ではなく数学者であり，その仮説を真剣に受け取るべきではないとも述べている．この物理学者と数学者の宇宙に対する見方の違いは，後にコペルニクスの世界像との関連でも出現する．これはもっと一般的に，科学的宇宙論の歴史の中で重要なテーマをなしている．

　ローマ帝国初期における宇宙論的世界像については，大プリニウス[*126] によ

[*122] アルキメデスとエディントンの数の類似については Brown 1940 で議論されている．彼は，アルキメデスの宇宙モデルにおける粒子の数はエディントンの宇宙数と同じ桁であると解釈できると主張した．

[*123] 訳注：Σέλευκος (Seleukos).

[*124] 訳注：Περί τοῦ ἐμφαινομένου προσώπου τῷ κύκλῳ τῆς σελήνης (On the Face Which Appears in the Orb of the Moon)．Ἠθικά (Ethika) 第 XII 巻に収められている．ラテン語訳の『モラリア』(Moralia) として広く知られる．全巻英訳があり，京都大学学術出版会から邦訳が順次出版されているが，XII 巻は 2015 年時点で未刊．

[*125] 訳注：Κλεάνθης (Kleanthes).

[*126] 訳注：Gaius Plinius Secundus. 英語表記では Pliny で，本書での引用はこちらが用いられている．以下，文献引用については同様．

る大部の著作『博物誌』[*127]のなかで印象をつかめるだろう．これは 37 もの「巻」からなり，古代後期および中世において大きな影響力を持っていた[*128]．天文学についての定性的記述が現れるのは II 巻で，この博覧強記のローマ人の著作のごく一部でしかない．しかしこれは天文学者でない人々が当時何を知り，どう考えていたかを代表する著述である．プリニウスは占星術を否定し，世界 (mundus) を '神聖にて永遠，測定不能，すべてを内包するもの' と考えていた．その外にあるものは '人類の思考で想像できる範囲を超える' ものであった．プリニウスは哲学者による宇宙の大きさについての示唆を「純粋な狂気」として切り捨てた．彼は同じ表現を宇宙の外側に何があるかについての研究に大しても用いている．プリニウスの宇宙は球形で，地球を中心とし，恒星がその外側の境界に存在するという意味でヘレニズム的宇宙論と一致する．彼は，最も重要な昼と夜の長さが同じであることなど，反論の余地のない議論によって立証されていると考え，地球が宇宙の中心天体であることはまったく疑わなかった．一方，太陽は他と同じ単なる惑星ではない．

> 太陽はこれら [惑星] の真ん中を運行する．その明るさ，力は惑星のなかで最も強く，大地の季節を統べるのみならず，星々と天界をも支配する...[太陽は] 世界の魂，より正確には精神であり，至高の支配原理，自然界における聖なる存在である．太陽は... 残りの星々にその光を分け与える．栄光に満ち，傑出し，すべてを見通し，そしてすべてを聴く者である．

プリニウスはさらに四元素説を受け入れ，火が恒星に最も近く，次に空気が続き，宇宙全体に満ちていると考えた．不動の地球と回転する星々の間には 7 つの惑星が月，水星，金星，太陽，火星，木星，土星の順に配置された．地球は球状で，空気の力によってその位置を保つ．プリニウスがアリストテレスによる月よりも近い物質世界と月より遠いエーテル界の区分を認めたかどうかは，それについての彼の記述がいささか曖昧なため，定かではない．彼はしかし，宇宙が創世されたものではなく永遠であることについてはアリストテレスに同意している．プリニウスは転生を繰り返す周期的宇宙のアイディアは知っていたものの，

[*127] 訳注: Historia naturalis. 邦訳『プリニウスの博物誌』(全 3 巻)，(中野定雄，中野里美，中野美代訳 雄山閣出版)．

[*128] Pliny 1958. II 巻, pp. 171–173 および 177–179 より引用．ここで「巻」は独立した書物ではなく，部ないし長大な章を意味する．

魅力的には映らなかったようである．

1.2.2.1 プトレマイオスの惑星天文学

　エウドクソスとアリストテレスの人間中心モデルが直面した困難は，紀元前2世紀に新たな惑星運行モデルが導入されたことでほぼ解決した．この新しい理論は，アレキサンドリアの数学者アポロニオス[*129]によって導入されたと考えられている．アポロニオスは円錐曲線，すなわち円，放物線，楕円，双曲線の統一理論でよく知られている．天文学者としての彼は固定された地球の位置とはずれた中心を持つ円軌道を周回する惑星の理論を研究した．この偏心円モデルは，惑星が地球を中心とする導円[*130]上に中心を持つ周転円を一様な速さで運動するモデルと等価である．この2つの円を組み合わせたモデルは天球上において惑星がみかけ上非円かつ非一様な運動をするという観測をうまく再現することができた．

　アポロニオスの天文学に関する著作は残っていないが，彼のアイディアはヒッパルコスによって発展された．ヒッパルコスはこのモデルに観測に基づいた数値を当てはめた最初の人物である．ヒッパルコスによって，このアイディアは導円および周転円からなる幾何学的モデルに昇華し，理論天文学の歴史における新たな章の始まりとなった．最も重要なのは，ヒッパルコスは彼の太陽の理論によって，すべての恒星は黄道に平行な微小運動をすると結論したことであった．これは春分点歳差と呼ばれる現象である．彼が与えた歳差の値は1世紀につき$1°$，すなわち1年に$36''$であり，実際の測定値$50''$とそこそこよく一致している．歳差運動の発見は宇宙論にとって重要であった．これにより，プトレマイオスは恒星天にもう1つの球を拡張しなくてはならなくなったのである．プトレマイオスによれば歳差運動は恒星天によって生じ，その外側にある9番目の球が日周運動を引き起こす．この9番目の球は空（から）だが，恒星の運動の根本的駆動源[*131]である．彼はこの2種類の恒星天の運動を次のように説明した．「1つはすべてを東から西へと運ぶ：これは星を回転させる，不変かつ一様な運動である…もう1つは恒星天によるもので，星を前者の運動とは逆向きに，また前者とは異なった極の周りに回転させる[*132]」．

[*129] 訳注：Ἀπολλώνιος (Apollonios)．
[*130] 訳注：deferent. 従円という訳語があてられることも多いが，字面から意味がわかりやすいことを優先し，導円という語を採用した（竹内）．
[*131] 訳注：Prime mover.
[*132] Ptolemy 1984, pp. 45—46.

1.2 ギリシャ人の宇宙

古代天文学は2世紀，クラウディオス・プトレマイオス[*133]による『アルマゲスト』によって1つの頂点を迎えた．彼はアレキサンドリアの数学者かつ天文学者であり，また光学，占星術，そして地理学においても重要な著作を遺した．アルマゲストの原題は『大全書』であり，アラブ世界では al-magisti（最も偉大な）となった．そして中世ラテン語ではさらにアルマゲストゥム (almagestum) と翻訳された．アルマゲストの序章において，プトレマイオスは数学的天文学を不動の知識を与え，同時に道徳的にも高い位置に導いてくれる唯一の科学であると述べている．「天文学の持つ整合，秩序，対称そして静謐は神聖なる神に付随する性質であり，天文学を追及する者は神の美を愛する者となり，それに慣れ親しみ，その性質を神の美の霊的地位にまで高めるのである[*134]」．この主題は後にキリスト教世界，中世および科学革命の両方において重要な役割を果たすことになるが，プトレマイオス自身はあまり力を入れることはなかった．アルマゲストは13巻の本からなる数学的に非常に難解で，高度に技術的な書物であり，自然哲学あるいは宇宙の神学についての講義ではない．

プトレマイオスは太陽についてはヒッパルコスの理論を用いたが，彼は5つの惑星についてははるかに改良され，観測と非常に良く一致する新理論を提唱した．彼の惑星の理論は偏心円，周転円と導円を洗練した形で用い，たとえば惑星の逆行や水星，金星の離角が限られている（太陽からの最大離角はそれぞれ23°および44°）ことを説明することができた．プトレマイオスの理論では，周転円の中心は地球あるいは導円の中心に対してではなく，中心から反対側の等距離にある点に対して一様に運動する．この点をエカント (equant) と呼ぶ．エカントを用いることによって，プトレマイオスは惑星の位置を正確に求めることができたのである．その一方で，エカントは一様運動の哲学的教義を破る技術的道具であり，このことが後にまずイスラム世界，そして中世ヨーロッパの天文学者の間で論争を呼ぶことになった．プトレマイオスの世界システムはアリストテレスのそれと共通の部分も多いが，技術的には同一ではない．プトレマイオスはアルマゲストの冒頭で，彼の理論の前提はアリストテレスが同意するであろうと述べている．それは以下のようなものである:

> 天界は球形であり，球として運動する; 大地は全体として同じく明らかに球形であ

[*133] 訳注: Κλαύδιος ὁ Πτολεμαῖος (Ptolemaios).
[*134] Ptolemy 1984, p. 37.

第 1 章　神話からコペルニクス的宇宙像へ

る; 大地の位置は天界の中心であり中央である所に位置する; 恒星天の大きさと距離と比較すれば, 大地は一点にすぎない; そして大地は運動も移動もしない [*135].

地球はあちこち動き回らないだけでなく, その軸に対しても回転しない. プトレマイオスは'ある人々'——ポントスのヘラクレイデス[*136]を指すと思われる——によってその可能性が議論されていたことは知っていたが, 経験に反することから「馬鹿げている」また「不自然である」として無視した. 彼は地球の自転が星の運動を説明できることは認識していたものの, 自転を仮定すると雲が西に取り残されていくなど, 観測と相容れない結論が導かれると反論していた. プトレマイオスの地球の自転に対する批判は中世およびルネサンスの哲学者によって再考されることになる.

エウクレイデス[*137]の『原論』がギリシャ幾何学の頂点であるのと同様に, アルマゲストはギリシャ天文学における頂点となった. しかし, アルマゲストは基本的に地球の周りを回る惑星の運動についての数学的理論であり, この意味において宇宙論への意義はあまりない. 宇宙論に関しては, もう 1 つの後の著作『惑星の仮説』[*138]のほうがはるかに重要な意味を持つ.

プトレマイオスの宇宙論は 5 元素とその自然な運動を含むアリストテレスの自然哲学に立脚している. 彼はエーテルは微小な球粒子からなり, これが天体が球状で円運動をすることの物理的理由であると考えた. 彼はまた, 宇宙には真空はないとし, これに基づいて『惑星の運行について』に記述されている宇宙論を構築した.

プトレマイオスの物理的宇宙論はアリストテレス派の自然哲学に基づいており, 五元素説とその自然な運動についての教義を含んだものである. 彼はエーテルを微小な球からなると考えており, これが天体が球形であり, 円運動をすることを支持する議論とみなしていた. プトレマイオスは宇宙に真空がないという立場に賛同しており, これが『惑星の仮説』に描かれている彼の宇宙論の構築につながった. 彼が到達した入れ子構造になった惑星の存在する球殻という構造は, プトレマイオスにとって宇宙に真空あるいは無意味, 無用なものが存在す

[*135] Ptolemy 1984, p. 38.
[*136] 訳注: Ἡρακλείδης ὁ Ποντικός (Herakleides).
[*137] 訳注: Εὐκλείδης (Euckleides).
[*138] Goldstein 1967 参照. プトレマイオスの宇宙論についてはたとえば Evans 1993 や Arboe 2001, pp. 114–134 にある.

1.2 ギリシャ人の宇宙

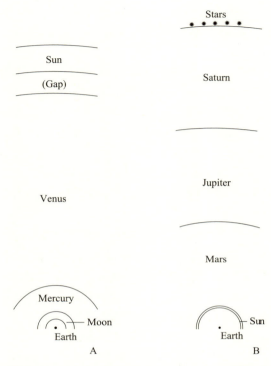

図 1.7 『惑星の仮説』で議論されている,プトレマイオスの宇宙論での惑星の距離を正しいスケールで描いた図.左図のスケールは右図の **1/15** である.ⓒ宇宙論百科事典(Hetherington 1993. Routledge/Taylor & Francis Group, LLC の許可を得て再掲).

るとは考えられないとする立場から,最もありうる形であると考えられた[*139].プトレマイオスの理論の原理は,天体の属する球殻を入れ子状に配置することである.球殻の厚さは惑星軌道の導円の離心率と周転円の半径で決まる.系全体はそれぞれの球殻の間に空間がないように配置される.つまり,ある惑星の最も遠い距離はそのすぐ外側の惑星の最も近くなる距離に一致する.

　アリストテレスの世界モデルに周転円と導円を組み込む一般的なアイディアは 2 世紀初頭に生きた哲学者スミュルナのテオン[*140]による.他の多くの哲学者や天文学者たちと異なり,テオンはみかけの運動と実際の運動を区別し,天界を物理的に理解することの必要性を強調した.彼の周転円と導円は単なる数学

[*139] Goldstein 1967, p. 8. 他の引用も同じ文献より.
[*140] 訳注: Θέων ὁ Σμυρναῖος (Theon).

第 1 章 神話からコペルニクス的宇宙像へ

表 1.2 プトレマイオスの宇宙論的距離スケール. すべての数値は地球半径単位.

	距離の最小値	距離の最大値	平均距離
月	33	64	48
水星	64	166	115
金星	166	1,079	622.5
太陽	1,160	1,260	1,210
火星	1,260	8,820	5,040
木星	8,820	14,187	11,504
土星	14,187	19,865	17,026

的道具ではなく,実在するものであった.

地球と月の間の空間は空気と火で満たされている.『アルマゲスト』では,プトレマイオスは地球と通期の間の距離は33〜64地球半径の間を変動するとした.この変動幅は観測と一致させるには大きすぎ,また彼はそれを知っていたはずである.しかし,この頃は天文学観測データから他の惑星の順序を決めることができなかったため,プトレマイオスはこの点についてかなり恣意的な議論に頼らざるを得なかった.議論の健全性はさておき,『惑星の仮説』において彼は月の軌道の球殻がまずあり,順に彗星,金星,太陽,火星,木星,そして土星が続くとした.恒星の球殻が最も外側に来て,系はそこで終わる.月の距離の最大値が64太陽半径であることから,これが彗星の距離の最小値であるべきである.『アルマゲスト』で発展させた周転円と導円の理論を用い,プトレマイオスは水星の最小距離と最大距離の比として34 : 88を得た.つまり,水星の最大距離は $64 \times 88/34 = 166$ 地球半径である.残りの惑星の軌道球殻の厚さも同様に求められ,この宇宙モデルの距離を与える(表 1.2).プトレマイオスは以下のようにまとめている:

> まとめると,大地と水からなる表面の球の半径を単位とすると,空気と火を取り囲む球面の半径は 33,月の球の半径は 64,火星の球の半径は 166,金星の球の半径は 1,079,太陽の球の半径は 1,260,火星の球の半径は 8,820,木星の球の半径は 14,870,そして土星の球の半径は 19,865 となる.

ここで,金星の最大距離と太陽の最小距離の間に 81 地球半径の差があることに注意したい.この差は何もない空間を許容しない立場からは非常に厄介である.プトレマイオスは月までの距離を増やすことで少し差を小さくできると議論し

1.2 ギリシャ人の宇宙

たものの，結局この数字をそのままにし，この空隙は避けられないものだと述べている．

プトレマイオスは宇宙論スケールを地球半径で求め，スタディオン単位に換算した：「土星の球と恒星の球を隔てる境界は5万の1万倍足す6,946万と1/3万スタディオンとなる」．もう少しなじみのある単位に換算すると，プトレマイオスの宇宙の半径は5億7000万スタディオン，あるいは8,500万kmである．他のギリシャの天文学者と同様，彼も恒星の球の厚みについては何も述べていない．恒星は一般に地球から等距離にあると信じられていたが，これは理論的にも観測的にも正当化されていない単なる仮定であった．たとえばゲミノス[*141]は『天文学序説』[*142]のなかで「我々はすべての恒星が同じ球面上に位置すると仮定すべきではない．いくつかは高く（つまり遠く），いくつかは低い（近い）；ただ我々の目の届く限界がある距離までしかなく，それを超えると我々には検知できなくなるという理由である」[*143]．

プトレマイオスは天体の大きさをみかけの角直径の推定値から求めようとした．彼は太陽が惑星の中で最も大きく，地球の直径の5.5倍あるとした．次に木星（4.4倍），土星（4.3倍）が続く．水星は地球の直径の0.04倍と，惑星の中で最も小さい．

『アルマゲスト』と違い，『惑星の仮説』はあまり世に広まらなかった．その内容のほとんどは他の著作，特にイスラム圏の天文学者の著作から推し量ることができるのみである．サービト・イブン・クッラ[*144]は9世紀，プトレマイオスの宇宙論を俯瞰した著作を記した．この著作は部分的に『惑星の仮説』に基づいている．サービトはプトレマイオスの宇宙論的距離を採用したが，太陽のみ最小距離を1,079地球半径に変更し，金星と太陽の球殻の間の隙間を除こうとした．彼は太陽の最大距離（1260地球半径）はそのまま保ち，その結果太陽の球殻の厚さは増えることになった．この変更は天文学的に重要な帰結をもたらす．太陽の軌道の離心率は観測で許容されるよりもずっと大きいことになったが，サービトはこれを無視することを選んだ．重要なのは隙間を埋め，厄介な真空の存在を回避することであった．

[*141] 訳注: Γεμῖνος ὁ Ῥόδιος (Geminos of Rhodes).
[*142] 訳注: Εἰσαγωγὴ εἰς τὰ Φαινόμενα (Introduction to Phenomena). Elements of Astronomy とも呼ばれる天文学の入門書．
[*143] Cohen & Drabkin 1958, p. 118 より引用．
[*144] 訳注: Thabit ibn Qurra.

1.3 中世の宇宙論

　プトレマイオスに代表される古代ギリシャの科学は，ローマ帝国の後期になると停滞した．これらがギリシャ語で書かれていたため，中世初期の最も教養ある人々にとっても未知のままになっていたのである．ギリシャ語の文献がアラビア語に翻訳されたことで，ようやくラテン語を使用する中世の人々に知られるようになっていった．

　長い間，古代の宇宙論のうちで最も知られていたのはプラトンの『ティマイオス』である．その大部分は4世紀から5世紀頃にかけて活動したカルキディウス[*145]によってラテン語に訳された．12世紀にアリストテレスとプトレマイオスの著作が翻訳されたことで，ヨーロッパの科学は変革の時を迎えた．ほぼ4世紀の間，アリストテレスの自然哲学は安定し，調和のとれた世界像の基礎として働いた．この安定した宇宙像はキリスト教思想から強い影響を受けていた．キリスト教化したアリストテレス思想の形式，はパラダイムとしての地位を持つ宇宙論の構築につながった．中世の宇宙は有限で地球中心であり，7つの惑星と恒星の球が不動の地球の周りを回転する．天体は円または球の上を一様な速さで公転する．地球上の領域の存在ははいずれ壊れる運命で，4元素からなるのに対し，天界は永劫に変化しない第5の未知の元素からできている．そして天体の属する球殻は互いを連続的に取り囲み，真空あるいは無の領域は存在しない．

　13～14世紀にかけて宇宙論の問題は活発に議論されたが，その多くは現実の宇宙についての議論よりむしろ可能な宇宙の姿についてのものであった．神は異なった宇宙，つまりアリストテレスの教義を破る宇宙を創造できたか？ 神は宇宙をいくつも創造できたか？ 神は普遍存在であり，創造できないものは論理的に不可能なものに限られた．この種のスコラ哲学的討論は非常に創造的な議論や驚くべきアイディアを生んだが，現実の宇宙に対する想像力は非常に限られたものであり，標準的宇宙論に対して疑念を持ったスコラ哲学者はほとんどいなかった．

　中世の最も注目すべき特徴は，ギリシャの宇宙論ではほとんど無視されてきた時間の軸が改めて注目されたことである．キリスト教的宇宙は神によって創造された，つまり有限の時間しか存在していないものである．しかし，宇宙論に

[*145] 訳注: Chalcidius.

時間軸が導入されたにもかかわらず、それは宇宙創造のみに限られており、時間発展という概念はまだなかった．宇宙の年齢——つまり地球の年齢であり、この2つは区別されることは稀であった——は中世では重要な問題ではなく、聖書の年表から信頼できる情報が得られると考えられていた[*146]．遡ること2世紀初頭、アンティオキアのテオピロス[*147]は宇宙創成は紀元前5529年であるとし、アウグスティヌス[*148]はこれを桁では正しいと支持した．中世のほとんどの期間、宇宙は紀元前6000年頃に誕生したという説が受け入れられていた．この説は18世紀まで生き延びることになる．

1.3.1 アテネかエルサレムか？

中世初期にはほとんど知られていなかった宇宙についての知識が、宇宙はすでに存在する物質から性質が変わることによって誕生したのではなく、超自然的な作用によって全体が一度に誕生したというアイディアである．それは真の「無からの創生」である．これがキリスト教の本質的教義であり、歴史の大半でキリスト教における宇宙観に圧倒的影響を与えたことを考えると、旧約新約によらず、聖書に「無からの創生」が明示的には書かれていないことを強調しておくのは意味がある．この教義はキリスト教の歴史の初期、宇宙創生の様子についてほとんど議論されなかった時期には見られない．「無からの創世」は、神の実在論や神学的議論における創世と神の遍在と絶対的自由の融合として、厳密な意味ではようやく2世紀後半になって言及されるようになった[*149]．

聖アウグスティヌスはさらに一歩推し進め、宇宙創成は単に神が宇宙の存在だけでなく、時間を超越した永続的な世界として創造したと議論した．宇宙は創造され、そして永遠に存在していたと逆説的に述べたのはおそらく彼が最初である．無からの創生という教義がひとたび形式として出来上がると、それからは非常に速やかに、ほぼ自明のこととして受け入れられた．テルトゥリアヌス[*150]、ヒッポリュトス[*151]、オリゲネス[*152]ら3世紀の教父はみな、「無か

[*146] Haber 1958 および Dean 1981 を参照．
[*147] 訳注: Θεόφιλος ὁ Ἀντιοχεύς (Theophilos).
[*148] 訳注: Aurelius Augustinus Hipponensis (354 – 430).
[*149] この複雑な経緯については May 1994 を参照．しかし、別の見地からの議論として Copan & Craig 2004 も見よ．
[*150] 訳注: Quintus Septimius Florens Tertullianus.
[*151] 訳注: Hippolytus (ローマ出身とされる．ギリシャ語表記では Ἱππόλυτος).
[*152] 訳注: Ὠριγένης (Origenes).

らの創生」は絶対の真理である本質的な教義であるとみなした．1215 年の第 4 ラテラン公会議において公式に採択されると，それからは広く 1000 年間受け入れられることになった．

　中世初期——おおむね 400～800 年の間——天文学，宇宙論を含む科学は著しく衰退した．新たな宗教的権威，キリスト教会はギリシャの科学について相変わらずほとんど知らず統一的見解も持っていなかった．それでも教会は聖書の記述から導かれるか，あるいは神学的に正当化されることのできない，いかなる形の自然哲学について強い敵意を持っていた．最も教養ある教父であっても，天文学についての知識は哀れなほど少なかった．少なくとも何人かのキリスト教指導者はギリシャ的世界像を断固として拒否し，聖書原理主義を支持した．テルトゥリアヌスは「アテネがエルサレムといったい何の関係があるのか？」と問うた．彼は大して関係ないと考えた：「我々はイエス・キリストのもとにある以上，それ以上の興味深い議論はいらない．聖歌を讃えた後，それ以上の問いはいらない．我々の信仰のもと，それ以上の信仰はいらない！」[153]

　知的議論の雰囲気の変容は，期間こそ短かったものの，驚くべきことに地球が球でないという説が復活したことに如実に表れている．4 世紀前半の司教ラクタンティウス[154] は，地球が球形であることは異端信仰と同様に馬鹿げたことだとした．著作『神聖教理』[155] のなかで，彼は「人の足跡が頭より高いところにあるなどと信じる，あるいはまっすぐな物がさかさまにぶら下がる，穀物や気が下向きに育つ，雨や雪，雹が地上に向かって上向きに降るなどと信じる愚か者がいるだろうか？」と問いかけた[156]．

　ラクタンティウス——コペルニクスによれば「哀れな数学者」——のような，聖書の記述を文字通りに解釈するキリスト教徒は別に彼一人だったわけではない．教会指導者には平たい地球信仰者が幾人もいた．彼らは天上に水があると信じ，天界が球形であることも否定した[157]．彼らは天界はテントあるいは聖櫃のような形をしていると考えた．根拠は聖書の中，たとえばイザヤ書 40 章 22 節に見られる：「主は大地の円の上に座し，地に住む者はバッタのようなものである．主は天をカーテンのようにひろげ，これを住むための天幕のように張る」．これ

---

[153] Lindberg 2002, p. 48.
[154] 訳注: Lucius Caecilius Firmianus Lactantius.
[155] 訳注: Divinae Institutiones.
[156] Lactantius 1964, III.24.
[157] Drayer 1953, pp. 207–219

1.3 中世の宇宙論

は4世紀のタルソスの主教ディオドロス*158 の見解である．教父著述家のほとんどはギリシャの宇宙論に対して敵意を持っていたが，聖書に基づく詳細な宇宙論体系と置き換えようとはしなかった．

そのような系は，6世紀のビザンツを広く旅したエジプト人商人であったコスマス・インディコプレウステス*159 が著作『キリスト教地誌』*160 で示したものである．コスマスは地球が球形であることに反論し，周転円理論を即座に否定し，地球が宇宙の中心であると考えることは愚かしいと主張した．そのような考えは「自然に反する不条理なもので，聖書の記述に反する」．彼は，地球は非常に重い物体であり，当然宇宙の底にあるべきであると反論した．コスマスはまた，当然天界は聖櫃のような形をしており，その詳細な構造を理解する唯一の方法はモーセの記述を注意深く読むことであると信じていた．

コスマスは『キリスト教地誌』の中で，アーチ形天井を持つ文明世界の図を示した．上側に天空のアーチがあり，それと地上の間に天空が広がっている．「天空の中央は最初の天界で仕切られており，聖書によるとその上には水がある」．天体は地球の周りを回るのではなく，天空の下に位置し，角度が変わることによって動く．太陽と月は毎日高い山の向こうに姿を消す．コスマスはこれを昼と夜があることの説明と考えていた．恒星は異教徒が考えるような非常に遠くに存在するのではなく，惑星とともにアーチの下の天空に位置する．よって「恒星の多くが，火星と呼ばれるより近い球殻が割り当てられた惑星と似ていて，また少なからぬ恒星が木星という惑星と似ているなどということがいかにしてありえようか？」と述べる*161．

しかし，初期のキリスト教文化圏のすべての人々が非宗教的な自然哲学の敵であり，ラクタンティウスやコスマスのような原理主義者であったと考えるのは正しくない．実際，地球が非球形であるとするこの2人は例外的である．最も影響力を持った教父である聖アウグスティヌスは教養ある人物であり，ずっと中庸的な見方をしていた．アウグスティヌスは時として自然哲学に対峙する警告をしていたものの，聖書の記述に反していない限り彼は自然哲学の主張を真剣に受け止めた．場合によってはそれは聖書の釈義を支持するものであったから

---

*158 訳注：Διόδωρος (Diodoros)．
*159 訳注：Κοσμᾶς Ἰνδικοπλεύστης (Kosmas Indikopleustes)．
*160 訳注：Χριστιανικὴ Τοπογραφία (Christian Topography)．
*161 コスマスの宇宙誌は1897年に英訳された．引用はCosmas 1897, pp. 11および129より．

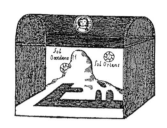

図 1.8 コスマスの宇宙．左図は地球あるいは宇宙を内包するアーチ天井つきの箱の断面である．太陽は巨大な円錐形の山の周りを回る．右図はコスマスの描いたこの箱の模式図で，山と 4 つの湾が描かれている（左から地中海，紅海，ペルシャ湾，カスピ海）．Cosmas 1897 より．

である．天文学に関する限り，彼は地球が球体であることを積極的に肯定はしなかたものの否定もしなかった．彼は天空の上にある水の存在を疑わなかった——それは聖書に具体的な証拠が記述されているからである．また天界が特別な元素エーテルからなるというアリストテレス派の考えは受け入れなかった．アウグスティヌスが単なる反科学主義者ではなかったことは，ガリレオの『クリスティーナ大公妃への手紙』において，彼が好む科学と信仰についての見方を支持するものとして多くの引用をしていることからも伺える．たとえば以下のような引用がある：

> 私 [アウグスティヌス] にとって，質量のつり合いによって地球が宇宙の中心に位置し，天界が球状にその周りをあらゆる方向に取り巻いているか，あるいは地球が皿状の平板で天界は単にそれを覆うようにかぶさっていようとそれが何だというのか？ ... つまり，端的に言えば，天界の形について我々の [聖書の] 著者は真理を知っているにせよ聖霊は人々が魂の救済のために無用なことについて学ぶことは望んでいない[*162]．

新たな科学的著作が現れ始めたのは実に 7 世紀に入ってからで，その時代ですらほとんどがローマ時代の著作に強く依存していた．5 世紀初頭のマルティ

[*162] ガリレオの『手紙』は Drake 1957 に再掲されている（オンライン版は www.fordham.edu/halsall/mod/galileo-tuscany.html）．引用は p. 184 より．

1.3 中世の宇宙論

アヌス・カペッラ[*163]やアンブロシウス・マクロビウス[*164]といった著述家はギリシャ天文学の基礎を保持していた. 彼らはたとえば惑星と恒星を区別し, 球状の地球が宇宙の中心にあるとした. しかし, これは単に栄光ある過去の遺産でしかない. 二人の天文学史家は以下のように書いている: 「『アルマゲスト』の洗練された知見に対し, 最初の千年紀後半のラテン人たちの天文学の知識は極端に原始的であった」[*165].

6世紀のアレキサンドリア出身の哲学者イオアニス・ピロポノス[*166]の考えはしかし, 原始的とは程遠い. 新プラトン主義の影響を強く受けたキリスト教徒であるピロポノスは, アリストテレスの自然哲学を批判し, 調和と一神教で置き換えようと試みた. このため彼は世界の永遠性という伝統的教義や, 天界と地上の本質的差異を強く批判した. ピロポノスによれば, 天界と地上は同じ元素からできており, 神によって創造されたものだが聖なる属性は持っていない. 星からの光は地上の物体からの光と何ら変わらないという, 最も非アリストテレス的な見方をしていた: 「恒星は様々な等級, 色, 明るさを持っている. 私はこの理由は星を構成する物質の違い以外の何物でもないと考える... 人類のために起こされる火も, その燃料, たとえば油, ピッチ, 葦, パピルス, 様々な種類の木, 湿っているか乾いているかによってもすべて異なる」[*167].

神は無から世界を創造した以上, アリストテレスが説いたこととは異なり, 世界は始まりを持つはずである. ピロポノスはその結論の根拠を聖書の権威にとどまることなく, 彼自身の満足のために背理法を用いて永遠の宇宙を考えると背理へと導かれるという論法で証明を試みた. たとえば土星は木星よりもゆっくりと, そして恒星よりもはるかにゆっくりと動く. ならば, もし土星が無限回公転したとすれば, 木星はその無限回の3倍, そして恒星はさらに無限回の1万倍公転したはずである! ピロポノスはこのようなことは不可能であると考え, よって「天体の公転には始まりがあったはずである」とした.

600年頃のセビージャの司祭イシドールス[*168]は20巻からなる大規模な百科事典『語源』[*169]を記した. これには多くの自然科学についての話題が含ま

[*163] 訳注: Martianus Capella.
[*164] 訳注: Ambrosius Macrobius.
[*165] Hoskin 1999, p. 72. 2人の歴史家とは Michael Hoskin と Owen Gingerich を指す.
[*166] 訳注: Ἰωάννης ὁ Φιλόπονος (Philoponos).
[*167] Sambursky 1973, p. 135, また Sambursky 1987, pp. 154–163.
[*168] 訳注: San Isidoro de Sevilla (ラテン名 Isidorus Hispalensis).
[*169] 訳注: Etymologiae.

第 1 章 神話からコペルニクス的宇宙像へ 55

れている.他の多くの著述家と違い,彼は天文学と占星術をはっきり区別し,占星術による予知を迷信として否定した.イシドールスはまた,当時の地球と天界についての知識を集約したより小規模な著作『自然について』[*170] を記している.彼の地球は平たい円盤で,天空の外側には『創世記』に従って水の天界があると仮定された.彼は「天界はある形をもつ.それは球である」と述べた:

> その中心は地球であり,あらゆる方向は天によって閉ざされている.球には始点も終点もないと言われる.円と同じく,始まりと終わりは見えない… 天には太陽が昇り,そして沈む時に通る東と西の 2 つの門がある… 太陽は南側を回って西から大洋に沈み,知られざる地下の道を取って再び東に現れる[*171].

イシドールスの後の時代,英国の修道士「尊敬すべき」ベーダ[*172] は古典的文献の知識に大変優れていたことで知られる.彼の記した暦についての文献は中世を通じて高い評価を受けた.彼はまた,再び『自然について』[*173] という題目の宇宙論についての解説も著した.この書は大半の部分がプリニウスの著作に準拠している.何人かの先駆者たちとは異なり,彼は地球が球体であることを受け入れ,太陽は地球よりもはるかに大きいと述べた(が,彼も天空の上の水という考えには囚われたままであった).ベーダは科学者でも革新的思想家でもなかったが,時代の洗礼を生き延びるに足りる考えを打ち出した.9 世紀に書かれた『自然について』の注釈において,名前の知られていないある注釈者は火星,木星,土星は地球の周りを公転しているが,金星と水星は太陽の衛星であるという興味深い示唆を示している.この種の地球–太陽中心の系は古代ギリシャで知られており,往々にしてプラトンの弟子,ポントスのヘラクレイデスが提唱者とされている.この説は 16 世紀後半,ティコ・ブラーエによって考案された系と似ている.

900 年代まで,キリスト教圏の西欧では天文学や宇宙論はいまだ最悪の状態にあった.問題は宗教的原理主義でもなければエルサレムとアテネの対立でもなく,アテネ(およびアレクサンドリア)で考え出された多くの考えのほとんどがまったく知られていない,あるいは 2 次情報源から取られ,極めて希釈された

[*170] 訳注: De natura rerum.
[*171] Brehaut 1912, III, 32.1, 40.1, および 52.1.
[*172] 訳注: Bæda(ラテン語: Beda Venerabilis, 現代英語: the Venerable Bede).
[*173] 訳注: De natura rerum.

1.3 中世の宇宙論

状態でしか知られていなかったことである．ギリシャの自然哲学や自然科学の最高傑作がラテン語版で入手可能になって，これらの学問はようやく再出発することになる．

1.3.2 アリストテレス学派の再来

西欧での学問の再生はギリシャ自然科学の著作の翻訳に決定的に依存していた．宇宙論に関して言えば，ラテン語への翻訳は 1150 年頃から現れ始め，ギリシャ天文学と宇宙論の大半の部分はそれから 100 年ほどの間にヨーロッパの自然哲学者の手に入るようになった．いくつかはギリシャ語からラテン語に直接訳されたが，大部分はアラビア語への翻訳と注釈を下地にしていた．この翻訳の中心となったのは，アラブおよびイスラム文化が花咲いたスペインである．たとえば，最高の翻訳者の一人であるクレモナのゲラルド[*174] が翻訳を行っていたのもスペインであった．多作のクレモナはエウクレイデスの『原論』や，『天体論』を始めとするアリストテレスの自然哲学の著作をアラビア語からラテン語に翻訳した．しかし，彼のギリシャ自然科学の復活に対する最も大きな貢献は，プトレマイオスの『アルマゲスト』をギリシャ語からラテン語に翻訳したことである．彼はこの作業を 1175 年に完成した（最初のアラビア語訳はこれに先立つこと 300 年前であった）．ギリシャ天文学および宇宙論の著作の主要な部分は 12 世紀終盤には翻訳されていたものの，アリストテレスやプトレマイオスの宇宙論が一般に知られ，新たに創立された大学で教えられるようになるまでにはさらに半世紀を要した．

古典的著作の翻訳が普及する以前から，研究者達は宇宙論に関する文書を記し始めていた．これらはプラトンあるいは新プラトン主義思想，そしてもちろんキリスト教神学の影響を受けていたが，アリストテレス自然哲学の影響はあまり見られなかった．シャルトルのティエリ[*175]，コンシュのウィリアム[*176]，12 世紀初頭に活躍したバースのアデラード[*177] といった研究者は自然科学の研究において自然主義の方法を提唱した．彼らは自然が自立した存在であり，それが本来持っている法則と秩序に基づいて進化してゆくものと考えた．無論自然を創造したのは神であるが，その後生じたことはすべて自然の因果の結果で

[*174] 訳注: Gherardo Cremonese （ラテン名: Gerardus Cremonensis）.
[*175] 訳注: Thierry of Chartres (Theodoricus Chartrensis).
[*176] 訳注: William of Conches.
[*177] 訳注: Adelard of Bath (Adelardus Bathensis).

第 1 章　神話からコペルニクス的宇宙像へ

ある．この見方はすなわち，自然主義的説明を見出すことが哲学者の使命であり，そのような説明が完全に破綻した場合のみ神の介在に頼るということを意味する．コンシュのウィリアムが『自然の哲学について』[*178]において主張したのは，宇宙は自然科学的に研究されるべきであり，このような2次的要因の研究はひとえに神の絶対的栄光を確かなものにするということであった．

12世紀中盤，シルベスターのベルナール[*179]は2巻からなる大部の著作『宇宙誌』[*180]を著した．これには相当量の自然哲学の解説が記されている．1巻目の本『宇宙』[*181]では，宇宙創成は『創世記』とはかなり異なった形で解説されている．ベルナールの宇宙創世は「創世以前」に存在した原初の形を持たない「ヒュレー」[*182]から始まる．彼はヒュレーの起源については説明しておらず，おそらく起源を持たないものと考えていた．元素は混沌としたヒュレーから生成し，宇宙の秩序はキリスト教の伝統的な宇宙創成とは違い，むしろ再形成に近い．ベルナールの詩的な宇宙創成では，物質は活性の源とみなされた．これはキリスト教以前の宇宙進化論と共通する考えである．

オックスフォード大学初代学長で[*183]，特に光学についての研究で知られるロバート・グロステスト[*184]は，1220年代に2冊の宇宙論の解説『光について』[*185]および『運動と光について』[*186]を著し，光の宇宙論を構築した．彼によれば，宇宙は神によって，原初の透明な広がりのない物質の形態である光の点として創世された．光は瞬間的に伝播し，膨張する球となって空間的広がりを持つようになった．そして膨張する光の球から内向きに放射される光により，アリストテレス学派の宇宙論における天体の球殻が形成された．グロステストは彼の宇宙論の本質を次のように述べている：

> 私は物体の最初の形は... 光であると考える．光は自身で増幅し，共に運動する物質なしで伝播することができる．光は透明な媒質を瞬間的に伝わる．これは運動というよりはむしろ状態の変化である．しかし実際は光が様々な方向に広がると

[*178] 訳注: De philosophia mundi.
[*179] 訳注: Bernard Silvester (Bernardus Silvestris).
[*180] 訳注: Cosmographia.
[*181] 訳注: Macrocosmos.
[*182] 訳注: ὕλη (hyle). 質料という語があてられることもある．
[*183] 訳注: これについては証拠があまり残っておらず，確実ではないとされている．
[*184] 訳注: Robert Grosseteste.
[*185] 訳注: De luce.
[*186] 訳注: De motu corporali et luce.

1.3 中世の宇宙論

き，もし物質が光とともに広がっていくならば物質は光と結合し，希薄化しつつ拡大してゆく... このように，物質の運動は光の増幅作用として，物質と自然の欲求として働く*187.

　無論，グロステストの光の宇宙論は思弁的なものであるが，奇跡など神の介在によらないという意味において自然主義的な宇宙創成の説明である．そしてこのシナリオは，もちろん表面的であるとはいえ，インフレーションを含む現代宇宙論の輻射優勢期の宇宙膨張と類似していて興味深い．

　13世紀前半，研究者は徐々にアリストテレス学派の思想体系の威力を認識するようになり，自然哲学の権威はプラトンからアリストテレスに置き換わっていった．その結果，宇宙像は基本的にアリストテレスの体系で，プトレマイオスの離心円，周転円と導円の形式を含むものとなった*188.

　地球が宇宙の中心に位置し，7つの惑星球殻が完全に接触した形で取り巻いているという点において，研究者の意見は一致していた．土星の球殻の外側には「最初に動くもの」*189，つまり恒星の球殻がある．しかし主として神学的な理由から，普通はさらに2つあるいは3つの球殻が加えられた．聖書は天空の上に水があると説いていたので，これは真剣に考慮されねばならなかった．一般には，これは恒星の上に液体あるいは固体の水からなる「結晶の」球と考えられた．9番目の球殻—時として2つの球殻からなるとされることもあった—には恒星はなく，完全に透明である．さらに，究極の宇宙の入れ物であり天使の住処である不動の「最高天」*190 を考える者もいた．天球は液体か固体かという議論がされることもあったが，1300年代には基本的に固体あるいは結晶であるとする説が採用された．天球と天体は不変不滅の完璧な物質，往々にしてアリストテレスのエーテルあるいは第5元素と同一視される物質からできていると考えられた．恒星と惑星は地球と同じく球形で，公転軌道の球殻と物理的には同じ物質からなるがずっと密度の高い形態であると仮定されていた．ほとんどの研究者は恒星と惑星は太陽の光を反射して光っていると信じていたが，少数ながらそれらは自分で光っているとする者もいた．

---

*187 Crombie 1953, p. 107. グロステストのいう光は通常の目に見える光ではなく，むしろ光の本質とみなすべきで，目に見える光はその1つの表現型にすぎない．
*188 中世の宇宙論は Grant 1994 に詳しく解説されている．
*189 訳注: primum mobile.
*190 訳注: empyrean heaven. ギリシャ語で「火の上に」を意味する．

第1章 神話からコペルニクス的宇宙像へ 59

表 1.3 ノヴァーラのカンパヌスの宇宙論的距離スケール. すべての数値はマイル単位.

	距離の最小値	距離の最大値	球殻の厚さ	惑星の直径
月	107,936	209,198	101,261	1,896
水星	209,198	579,321	370,122	230
金星	579,321	3,892,867	3,313,546	2,885
太陽	3,892,867	4,268,629	375,762	35,700
火星	4,268,629	32,352,075	28,083,446	7,573
木星	32,352,075	52,544,702	20,192,626	29,642
土星	52,544,702	73,387,747	20,843,044	29,209

　これらの問いに対する意見はさておき, 天球が 3 次元的であるという点においては意見は一致していた. 天球には厚みがあり, 外表面（凸の面）はそれに続く外側の球の内表面（凹の面）とぴったり一致するようにできている. 天球の隙間や真空の問題はこのようにして避けられた. このモデルによって, プトレマイオスが『惑星の仮説』で用いたのとまったく同じ方法で宇宙の大きさも計算できる. 1260 年代のノヴァーラのカンパヌス[*191] は恐らくプトレマイオスの著作を知らなかったと思われるが, その計算結果はプトレマイオスのそれと驚くほど近い（表 1.3）. カンパヌスの『惑星理論』[*192] によると, 月の球殻の内面は 108,000 マイル, 外面は 209,000 マイル[*193] である. この宇宙で最も遠い土星は地球の中心から 5,200–7,300 万マイル[*194] に位置する. 恒星天には厚さが与えられていないので, カンパヌスの宇宙は半径 7,300 万マイルの巨大な球となり, プトレマイオスの宇宙と同じ規模である. またプトレマイオスと同じく, カンパヌスも惑星の大きさが算出できると考えていた.

　ここで概観した中世の宇宙像は基本的には定性的なもので, 天文学者よりも哲学者の興味を引くものであった. 天文学の大部分は惑星と恒星の位置を計算するための数学的研究であり, この目的のためには天体を構成する物質の性質などといった宇宙論的な問題はあまり関係がなかった. 全員ではないにせよ, 中世の天文学者の一般的な態度は道具主義的[*195] なものであった. 天文学は天体現象の真の解釈を与えるのか, あるいは現象を記述するための数学的モデルを

[*191] 訳注: Johannes Campanus, あるいは Campanus Novariensis.
[*192] 訳注: Theorica planetarum.
[*193] 訳注: それぞれ 173,772 km, 336,281 km.
[*194] 訳注: 8,366 万 8,000–1 億 1745 万 7000 km.
[*195] 訳注: instrumentalist.

1.3 中世の宇宙論

与えるにすぎないのか? 中世にはこの点について統一的見解はなかった. 12 世紀後半のスペインのユダヤ人哲学者マイモニデス[*196] は道具主義的な見方を好んだ. 天文学について, 彼は

> この科学の目的は, 恒星や惑星が一様に円運動することを可能にするための仮説を構成することである... そして観測される運動とこれらの仮定から導かれる示唆を得ることである. 同時に天文学者は可能な限り運動の種類と球殻の数を少なくする方法を考える[*197].

と述べている. マイモニデスによれば, 天の真理を知るものは神のみである. それを知ることは人間には恐らくは不可能で, ただ観測される現象を説明するためのモデル与えられるだけである. しかし, マイモニデスの見方は一般には受け入れられず, 中世の自然哲学者のほとんどは天文学が単なるモデル構築であるという見方には否定的であった. 立場は違えど, 天文学者は宇宙論研究者や自然哲学者と同じ宇宙を扱っていることは認識していた. 中世科学の研究で知られるデヴィッド・リンドバーグは「天文学と宇宙論は方法論的な断絶をはさんで睨み合っていたのではなく, 連続的につながる方法論を用いて交流していたのである」と述べている[*198].

イスラム圏の天文学者はプトレマイオスの『アルマゲスト』を, ヨーロッパの同業者とは異なった, より批判的な目で見ていた. 1000 年頃, ヨーロッパのキリスト教圏ではアルハーゼンとして知られるイブン・アル-ハイサム[*199] は, プトレマイオスの宇宙を物理的実体のない, 抽象的幾何学であると批判した. また 500 年後のコペルニクスと同じく, 彼はエクアントを用いることに反対した. そして, 多大な影響力を持った哲学者アヴェロエス, あるいはムハンマド・イブン・ルシュド[*200] は導円–周転円理論は観測を説明することはできるかもしれないが, 満足のいくものではないと反論した. 彼も単なる数学モデル以上の, 物理的な世界モデルを欲していた. アリストテレスへの注釈で彼は「天文学者は天体の運動がそれによって与えられ, かつ物理的見地から不可能なことが示唆

[*196] 訳注: モーシェ・ベン-マイモーン (Rabbi Mosheh ben Maimon). マイモニデス (Maimonides) はラテン名.
[*197] Crowe 1990, p. 74 から引用.
[*198] Lindberg 1992, p. 292.
[*199] 訳注: Ibn al-Haytham. ラテン名が Alhazen.
[*200] 訳注: Ibn Rushd, ラテン名 Averroes.

第 1 章 神話からコペルニクス的宇宙像へ 61

されないような世界モデルを構築すべきである... プトレマイオスはこの意味で真の天文学の構築に成功していない... 周転円や離心円は実現できない」と述べている[*201].

13 世紀中旬から，プトレマイオスの伝統的宇宙論に注目した惑星の理論モデルを扱う『惑星の理論』[*202] と題した著作が何冊か出版された．これらは数学的で，天体表を作成し，惑星の位置を計算する目的で記されている．ヨハネス・ド・サクロボスコ[*203] が出版した『天球論』[*204] は基礎的でアリストテレスの宇宙像を非常に良く解説した書物であるが，惑星の理論のごく基礎の部分のみを扱っている．サクロボスコは以下のように書いている：

> 我々になじみのある元素の世界の周りは，透き通った，あらゆる変化の影響を受けない不変の物質であるエーテルの世界が取り巻いており，連続的に円運動し続けている．哲学者はこれを「第 5 元素」と呼ぶ．ここに 9 個の天体の球殻が存在している... 月，水星，金星，太陽，火星，木星，土星，恒星，そして最後の天界である．それぞれが 1 つ下の階層の球を取り巻いている[*205].

サクロボスコの『天球論』はほぼ 300 年にわたって教科書として用いられた．

文学的傑作，たとえばダンテ・アリギェーリ[*206] の『神曲』[*207] やジョフリー・チョーサー[*208] の『カンタベリー物語』[*209][*210] の中にはまた異なった宇宙論が見出される．ダンテの『神曲』は 1306 から 1321 年の間に書かれており，7 つの惑星の天球，恒星の巨大な天球（星界）[*211]，そして星のない最後の天界である．ダンテと彼の愛するベアトリーチェが最外殻の天に足を踏み入れたとき，彼はどこに入ったのかわからないほど一様であると驚きを綴っている．ダンテは

[*201] Crowe 1990, p. 74
[*202] 訳注: Theoria planetarum.
[*203] 訳注: Johannes de Sacrobosco または Ioannis de Sacro Bosco. 英名の John of Holywood はラテン語からの訳．
[*204] 訳注: Tractatus de sphaera.
[*205] North 1974, p. 6 を見よ．
[*206] 訳注: Dante Alighieri. イタリアには自国の著名人をファーストネームで呼ぶ習慣があり，ダンテの場合も典型例である（ファミリーネームはアリギェーリ）．またダンテは短縮形で，本名は Durante Alighieri という．
[*207] 訳注: Divina commedia.
[*208] 訳注: Geoffrey Chaucer.
[*209] 訳注: Canterbury Tales.
[*210] チョーサーの宇宙論については North 1990 を見よ．
[*211] 訳注: stellatum.

（外縁部：最高天　神と祝福されたすべての者の居所）

図 1.9 中世キリスト教宇宙観の大衆版．最高天が 10 個の天球を囲んでいる．図はペトルス・アピアヌスが 1533 年に出版した『宇宙誌』[212] より．

「丸められたエーテル」からできた結晶の球の存在を信じていたが，アリストテレスが 9 つの天球を考えたのに対し，彼の天球は 10 個であった．10 番目の天球はしかし，非物理的で広がりも厚みも持たない．これは最高天であり，神の御心と祝福された者の魂が住む楽園である．ダンテは，最後の天界は各部分が聖なる最高天とともにありたいという欲求の結果，理解できないほどの回転速度で回ると述べている．

　この「純粋なる光の天国」には果てがなく，空間の中には位置していない．後の作品『饗宴』[213] では，彼は最高天を「世界の至高の体系であり，世界のすべてが含まれ，その外は無である．空間には存在せず，ギリシャ人がプロトノエーと呼んだ原初の魂でしか感知できない」と表現した [214]．

1.3.3　スコラ哲学論争

　神学者の多くは，キリスト教化された形で示されている限りアリストテレス学派の宇宙論を歓迎していた．しかし，彼らはその危険性，およびアリストテレ

---

[212] 訳注: Cosmographicum liber.
[213] 訳注: Il convivio.
[214] ダンテの宇宙論の詳細な考察については Orr 1956, p. 297 を見よ．

第 1 章　神話からコペルニクス的宇宙像へ 　63

ス学派の哲学と，たとえば神による宇宙創成などのキリスト教の教義とが両立しないことも認識していた．1270 年頃，パリ大学の人文学部教員が，アリストテレス学派の理性主義および自然主義をたとえ宗教的教義と衝突しようとも推し進めようとする急進的思想家の集団を立ち上げた．ブラバントのシゲルス[*215] およびダキアのボエティウス[*216] が中心的人物である．アヴェロエスに刺激され，彼らは理性を基礎に議論できるすべての問いを探求することが哲学者の使命であると主張した．議論は論理的な結論によって導かれるべきであり，信仰とは無関係である．教会の観点からは，これは非常に問題のある，敵対せざるを得ない立場である．1270 年，パリの司教エティエンヌ・タンピエ[*217] は 13 の命題を掲げ，これを誤りで異端であるとした．明らかにこれは不十分で，7 年後にはこのリストは大きく拡張され，219 項目となった．その多くはシゲルスら急進的アリストテレス主義者の見解と関連するものであり，このうちのいずれの命題についても擁護するものは破門となった[*218]．急進的アリストテレス主義者（あるいはアヴェロエス主義者）の見解はパリのみならずイングランドでも有罪となった．イングランドではカンタベリー大司教が 1284 年に，そして 1286 年に再び非難声明を発令した．

　タンピエによって非難された命題のうち 20 以上が宇宙論に関するものである．たとえば，以下のような主張をすることは誤りであるとされた：

6 すべての天体が同じ位置に戻るとき——これは 36,000 年以内に起きる——現在生じているのと同じ効果が繰り返される．

34 造物主（神）は宇宙を複数創造することはできない．

49 神は天界（宇宙）を直線的に運動させることができない．理由は真空が残ってしまうからである．

87 世界はそこに含まれるものすべてにとって永遠である．そして時間も，運動も，物質も，能動的動作体も，受動的動作体も... すべて永遠である．

185 何かが無から生じたことは誤りである，また最初の創造において作られたのではない．

201 神が宇宙全体を創造したとき，そのための場所として真空を創造した．す

[*215] 訳注：Siger of Brabant（ラテン名 Sigerus de Brabantia）．
[*216] 訳注：Boethius of Dacia．
[*217] 訳注：Étienne Tempier．
[*218] 糾弾された命題は Grant 1974, pp. 47–50 に示されている．

1.3 中世の宇宙論

なわち,宇宙創成以前その場所には真空があった.

ここで,中世において議論された宇宙論的問題にのいくつかについて,教会による非難を受けたかどうかとは関係なく考察しよう.まず,宇宙は空間的に有限であることは一般に受け入れられていた.世界が無限である可能性は時として議論されたものの,それは背理でありアリストテレス学派の物理に反するという証明のためであった.たとえば 14 世紀中半のパリにおいて重要な学者であったジャン・ビュリダン[*219]は,無限の物体は円運動することができないと批判した.円運動には中心が必要で,しかし無限の物体に中心はないからである.しかし,このような合意はあったものの,無限の非物質的な宇宙の可能性は残り,頻繁に議論されていた(以下を参照).

これよりずっと難しい問題が時間の有限性についてである.アリストテレスの永遠の宇宙と,世界がある時期に創生されたという基本教義とは真っ向から対立する.項目 87 において時間,運動,そして物質の永遠性が非難されているのも驚くにはあたらない.ブラバントのシゲルスはアリストテレスの議論を真理であると確信していたため,世界は創造されたのではないと結論した.これは明らかに異端の主張であり,シゲルスは注意深く理性に基づいた議論にとどめた.この結論は信仰と対立するが,この場合は理性が信頼できないとしたのである.他の中世の偉大な学者達,たとえばビュリダンやニコル・オレーム[*220]も似た見解を表明していた.論理的かつ自然な結論として,天国は生成も消滅もしない.にもかかわらず,それは創造されたものである.つまり,それは神の意志による超自然的な操作によってのみ可能である.

1270 年頃,トマス・アクィナス[*221] は彼の著作『世界の永遠性について』[*222]において,恒常的に存在していたものが創造されうるかという問題について議論した.これが論理的に破綻するのは,神が永遠なる世界を創造できないと認めた場合のみである.アクィナスは,神学的意味での創造とは変化を作り出すことでも自然哲学者が研究してきたような過程でもないと反駁した.創造は変化ではない[*223].創造とは物事の原因となって存在を与えることである.神は「無」

[*219] 訳注: Jean Buridan.
[*220] 訳注: Nicole Oresme.
[*221] 訳注: Thomas Aquinas.
[*222] 訳注: De aeternitatis mundi.
[*223] 訳注: Creatio non est mutatio.

を採用せず,それを他のものに変化させる.神は物事を永続的に存在させるが,それは「もし創造されたものがその状態のままならば,それは存在しえない.創造されたものはより高い次元の因果によってのみ存在たらしめられる」という意味である[*224].

トマスは宇宙の時間的始まりとその創生を区別した.後者は宇宙が現在の状態で存在することそのものを意味する.宇宙が常に存在してきたとしても,存在そのものについて神への依存は必要である.なぜならば,宇宙が創造されなくてはならないからである.キリスト教徒として,トマスはアリストテレスは間違っていたと信じており,宇宙は有限の年齢を持つと考えていた.一方,哲学者としての彼は宇宙が永遠であると認めることに吝かではなかった.いずれにせよ,この問いに理性のみでは答えることはできない.関心があるのは神が宇宙を存在せしめ,理性的思考とも信仰とも対立しないことである.トマスと同時代人が用いたもう1つの理由づけは,アリストテレスによる宇宙の永遠性についての議論は公式の証明ではなく,よって公式に否定する必要もないということである.つまり,信仰に反するという点において無視すれば十分であった.

他の宇宙の存在については,中世において活発に議論された[*225].アリストテレスはこの可能性を断固として否定したが,中世の哲学者のほとんどが神は望むならば他の宇宙を創造しえたという点で同意していた.さらに,神は唯一の世界を創造することを選んだという点についても意見の一致を見ていた.1277年に公布された教会による非難声明の項目34では,神が他の宇宙を創生しうることを認めるよう要求されていたが,そのような世界が実際に存在すること自体を認めることは求められなかった.パリの哲学者にして数学者ニコル・オレームはこの問いを検証し,唯一の世界のみが可能であるとするアリストテレスの議論の弱点を見出そうとした数人の学者の一人である.アリストテレスの『天について』をフランス語に訳したオレームは,多世界を考えるときの3つの異なった方法を区別した:

> 1つの考え方としては,古代の思想家が考えたように,ある世界が別の世界の後に時間的に続くことである... 他には,思考実験として戯れに提示する可能性がある.1つの世界が同時に別の世界の中にあり,この世界の内側に,類似してはい

[*224] ペトルス・ロンバルドゥスの『命題集』への注釈より.Carrol 1998, p. 88 より引用.

[*225] 詳しい議論は Dick 1982 を見よ.

1.3　中世の宇宙論

るもののより小さい世界が存在すると仮定することである... 3つ目の可能性はアナクサゴラスが考えたような, 1つの世界が別の世界のまったく外側の想像上の空間に存在することである[*226].

これら3つの可能性を長々と議論した後, オレームは神は普遍的に存在できることによって複数の世界を創造できると結論した.「しかし, もちろん物理的な世界は1つ以上存在したこともなければ, 将来存在することもない」.

　宇宙の有限性および多世界性についての問題に関連して, 古代ギリシャに端を発する, 物理的世界は無限の虚空に取り巻かれているかどうかという問いがある (1.2節). 好まれた答えは——再び——神はそのような空間を創造することはできるが, 神がそのようなものを創造したと考える理由がないということである. ビュリダンの結論は当時の大多数の哲学者の意見を代表するものである:「無限宇宙は超自然的に天国やこの世の果てを超えても存在するが, 仮定するべきではない... にもかかわらず, この世界を超えても神は物質世界を創造でき, また物質が何であれそれの創造は神を喜ばしめるものである. しかし, 我々自身はその理由 (のみ) から実際の世界がそうなっていると考えるべきではない[*227].

　スコラ哲学者によって考えられた宇宙の外側にある虚空は, ギリシャの原子論における真空や非存在空間とはずいぶん異なっている. それは魂の天国であり, よって有限の世界に囚われる必要はない. 神は万能であり, 超越的であり, そして無限である (非空間的な意味で) ことが神の多くの特質のうちここで特筆すべきものである. 無限世界——あるいは有限の物質世界と無限の虚空——は有限の世界に比べ神の大いなる力とより整合的であると言われていた. オックスフォード大学の突出した数学者であり自然哲学者であったトマス・ブラドウォーディン[*228] は, 無限の虚空を神の巨大さと同一視した. 彼の考えた虚空は広がりも次元も持たないが, ブラドウォーディンはそれを実体と考えていた. 彼はアリストテレスの真空への反論に長く賛同していたが, 最終的に彼にはそれが反論の余地のないものとは見えなかった. 神は虚空をこの宇宙の内部でも外側にでも, 望む場所どこにでも創造できる.「今でもこの世界の外側には虚空があり, そこには何物もなく, ただ神のみがおわしまする場所である」[*229]. オレームも同様

[*226] Grant 1974, p. 47–50.
[*227] Grant 1994, p. 170.
[*228] 訳注: Thomas Bradwardine.
[*229] Grant 1974, p. 540.

の見方をしていた.

　ここでの短いまとめからも明らかなように，中世の哲学者によって議論された宇宙論的問題の大部分は天文学者の仕事とは無関係であった．宇宙論や宇宙進化論についてのスコラ哲学的な議論はキリスト教神学とアリストテレス学派の哲学の枠組みの中で行われていた．重要なのはこの2本の柱となる見方の間の微妙なバランスで，この文脈では天文学の観測や計算はほとんど，あるいはまったく関係がなかったのである．

1.3.4　新たな視点: ビュリダンからクサーヌスへ

　1277年の教会による非難声明はアリストテレスの著作に対する知的議論をより自由に，批判的に行える雰囲気を作り出した．「その哲学者」は引き続き高い評価を受けてはいたが，彼の自然哲学の体系は批判を十分にかわしうるものではなくなった．この重要な例として，13世紀の地球の不動性についての議論が挙げられる．誰も地球が動いているという結論を導くことはできなかったものの，地球が動いている可能性について議論されたことは，少なくとも一部の哲学者がアリストテレスの伝統から脱却する意思を示したという意味で大変印象的である．

　ジャン・ビュリダンは1350年頃に地球が自転している可能性について議論した．彼はこれが相対運動の問題で，地球が自転するとしても星の日周運動が伝統的に降道の地球の周りを恒星が回るとしても同様にうまく説明できることを指摘した．地球の自転を支持するため，彼は自然の単純さと経済性をもとにした議論を行った．「観測される現象を説明するために多くの仮定を置くよりも少ない仮定のほうが良いという理由から，もし可能ならより困難な方法よりも簡単な方法で説明する方が良い」[*230]．比較的小さな地球がそこそこの速さで回転しているとするほうが，とてつもなく巨大な恒星天が信じられない速さで回転しているとするよりも合理的ではないか？ ビュリダンはこの議論に加え，運動よりも静止のほうがより高貴であると議論した．すなわち，最も高貴な物体である恒星は静止しているべきであり，いずれ壊れゆく運命の卑しい物体である地球は運動しているべきである．

　ところが，地球の自転を支持する議論を示した後，ビュリダンは弁証法的考察によってそれを自身で批判し始めた．最終的に彼は地球は自転していないと

[*230] Grant 1974, p. 501.

いう結論に達した．反証として用いられた議論の1つが，もし地球が高速回転しているなら我々は強い風を感じるはずであるというものである．地球の自転を支持する人々が「地球と水と空気の下層は日周運動とともに同時に運動する」と反駁するであろうことは彼も認識していたものの，その説明は受け入れなかった．ともかく，彼は「天文学者にとっては現象を説明する仮定ができれば十分で，それが現実的であるかどうかは気にしない」という伝統的な態度を受け入れていた．結局，彼は正統派のアリストテレス学派的見方を保った．

ビュリダンと同時代人で少し若いニコル・オレームは，14世紀の自然哲学の古典とされる著書『天と世界についての書』[*231] を記し，その中でビュリダンの議論をさらに発展させた．オレームは大胆にも，地球の自然法則は天界においても成り立つと考えた．これはアリストテレス学派の，月より近い世界と遠い世界の物理法則を区別する古い考えから脱却する一歩目であった．また，やや穏便だがやはりアリストテレスに反して，オレームは天球が知的存在（あるいは天使）によって動いているという考えも否定した．神は最初に天体が運動するよう駆動力を与えたもうたのであり，それ以上の力は生命のあるなしにかかわらず必要ない．後に大変有名になった「それは人が時計を作り，その後は時計それ自体が動いていくのに似ている」という比喩を最初に用いたのはオレームであるとされている[*232]．

地球の日周運動に関する限り，オレームは基本的にはビュリダンと同じ点を議論したが，より詳細に，かつ仮説に対してより強い共感をもっていた．彼は，地球の自転によって常に吹いているはずとされた東風の問題について，空気が地表と同じように回転しているだけであるとして却下した．彼は地球の自転という仮説を経験によって否定することができないことを強調した．ビュリダンと同様，彼も地球が自転しているという考えの方が恒星天が「想像を絶する」速さで回転しているとするよりずっと単純であると考えた．彼はさらに，一般的に仮定されてきた日周運動をするだけの9番目の天球を考えなくてすむというもう1つの利点を指摘した：

　　地球が上記のように回転しているとすれば，8番目の天球は単純にゆっくりした速さで回転していることになり，よって9番目の透明で星のない天球を考える

[*231] 訳注：Le livre de ciel et du mond.
[*232] Grant 1994, p. 478.

第1章 神話からコペルニクス的宇宙像へ

必要はなくなる. 他の方法, つまり地球が自転することですべてがそのまま成り立つということは, 神と自然にとって9番目の天球を作ったことは無駄骨である[*233].

オレームは聖書(ヨシュア記10:12–14)の, 神が太陽に静止するよう命じることで一日の長さを延ばしたという一節を引用し, 同様の劇的な出来事が地球の自転が一時停止するだけでずっと簡単に可能になることを指摘した. 神は常に最も経済的に活動するので, おそらく神はこのようにして奇跡を起こしたのであろう.

オレームはまた, 地球の自転を受け入れない神学的な理由があると判断した. 地球の自転は興味深い仮説だが, 実際の自然はそのようにはできていない. 彼の地球の自転を支持する印象的な議論からすると, 『天と世界についての書』においてオレームが下した結論は実に期待外れである:

> しかし, あらゆる人, そして私自身も, 動くのは天であって地球ではないことを支持する. 逆の合理性もあるものの, それは説得力に欠ける. 神は世界を不動のものとして創りたもうた... 知的訓練として私の述べてきたことは, 我々の信仰を議論によって非難しようとする者に反論し, 批判するための価値ある手段となる.

アリストテレスに反対することと, 聖書の権威に対して疑問を呈することとはまったく違うのである.

クーサのニコラス, あるいはクサーヌス[*234]はドイツの枢機卿にして哲学者である. 彼は神学, 数学, 自然哲学を含む幅広い題材についての書物を著した. 彼は無限という概念に魅了され, 1440年の『学ある無知について』[*235]において哲学的な思想体系(「反対の一致」の原則)を発展させ, 宇宙論を始めとする様々な分野に応用した. その結果, アリストテレス学派の宇宙論から大きく外れる多くの大胆な結論が導かれた. しかし, ルネサンスの哲学者であるクサーヌスは基本的には新プラトン主義者かつキリスト教神秘主義者であり, その議論はいずれも経験的観察や他の科学的な方法にはよっていないことは指摘しておく必要がある. 彼は宇宙は天球で囲まれておらず, したがって中心も外縁もないと

[*233] Grant 1974, p. 509.
[*234] 訳注: Nicholas of Cusa, ラテン名 Nicolaus Cusanus.
[*235] 訳注: De docta ignorantia. 邦訳『学識ある無知について』(山田桂三訳 平凡社).

した.彼の宇宙は「比較的無限」であり,宇宙のどこにいる観測者から見ても基本的に同じように見えるという意味で一様である.宇宙には特別な場所はない:

> 宇宙には合理的に地球,空気,火,あるいは他のあらゆるものを保ちつつ固定された不動の中心が存在することは不可能である... よって,地球が世界の中心でないのと同様,恒星の天球もまた外縁部ではない... どの観測者にとっても,地球であろうと太陽であろうと他の星であろうと,観測者は自分が不動の場所におり,他のすべてが動いているかのように感じるが,しかし常に観測者は異なった基準点,太陽,地球,月,火星などを取ることもできる.すなわち,世界の中心はすべての場所にあり,外縁はどこにもない.いわば宇宙の外縁と中心はどこにでも存在し,どこにも存在しないという神の本質の体現である[*236].

そして,これでクサーヌスの思索すべてを見尽くしたわけではない.彼は地球が実際に動いていると主張した.さらに,彼は重力が局所的な現象であり,それぞれの星や惑星はそれ自身を中心とする重力源である.オレームよりもさらに議論を進め,クサーヌスは天界と月よりも近い世界の物質の違いを完全に否定した.すべての天体は高貴であるものの,地上と同じ4元素からなっている.地球には生命が存在し,そして地球も1つの星であることから,彼は宇宙のあらゆる場所に生命が存在すると考えた.彼は地球外生命を居住場所によって順位付けし,太陽の「明るく照らされた居住者」は地球人よりも優れているとした.

クサーヌスの偉大で大胆な宇宙像は後の宇宙論における発展,特に宇宙は大きなスケールで一様であるという宇宙原理の先駆けとなるものであった.しかし,クサーヌスは科学者ではなく,彼の目的は観測される現象を説明する理論を提供することではなかったことには留意しておかねばならない.

1.4 コペルニクス的転回

> 新しい学問が,すべてのものに懐疑をかけるようになり,
> その結果,火という元素は,すっかり消えてしまった.
> 太陽が失われて,地球が行方不明となり,賢い人でも,

[*236] Cusanus 1997, pp. 158–161. Jasper Hopkins による『学ある無知について』の英訳のオンライン版: www.cla.umn.edu/jhopkins/DI-Intro12-2000.pdf.

第 1 章 神話からコペルニクス的宇宙像へ

誰一人,何処にそれを探したらよいのか,わからない.
人々は,憚ることなく,この世はお終いだと言う.
惑星でも,恒星でも,今までは知られなかったものが,
次々と発見されるからである.人々は,この世は再び
ばらばらの原子の粒子に帰ったと感じているのである.
すべてが粉々の破片となって,あらゆる統一が失われた.
すべての公正な相互援助も,すべての相関関係も喪失した[*237],[*238].

これは 1611 年に出版されたジョン・ダン[*239] の詩『この世の解剖』の一節である.これは,自然哲学者が提示した伝統的世界像に反する疑問に対して,教養ある人々が感じた当惑をよく表している.これらの疑問のうちでも突出しているのが,不動の宇宙の中心であるとみなされていた地球が,実は太陽の周りをかなりの速さで回る単なる惑星の 1 つにすぎないという見方である.恒久不変の天国の消失とともに,心休まる秩序と統一性もまた失われた.天文学における革命は「世界全体の脆弱さと崩壊」を裏付けるように見えた.ダンと同時代に生きたより有名な人物であるウィリアム・シェイクスピア[*240] も『ハムレット』第 II 幕第 2 場において同じテーマを扱っている:

星が火であることを疑っても
太陽が動くことを疑っても
真実が嘘だと疑っても
私の愛を疑うことなかれ

コペルニクスの新しい世界の体系において争点となったのは,多くの人が考えるように地球を宇宙の中心という地位から引きずりおろしたことではない.地球はそもそも尊厳のある地位にいる必要は必ずしもなかったからである.結局のところ,地球は天使や神から最も遠いところに存在したわけである.実際に,地球のあるべき自然な場所は物理的にも道徳的にも「中心,つまり永遠不滅の

[*237] Koyré 1968, p. 29 より引用.コペルニクス的転回については Kuhn 1957 を見よ.
[*238] 訳注:訳文は『ジョン・ダン詩集』(湯浅信之訳 岩波書店)より.
[*239] 訳注: John Donne.
[*240] 訳注: William Shakespeare.

72 1.4 コペルニクス的転回

天体, 天国から最も遠い最悪の場所である」と議論されることもあった[241]. より問題だったのは, 地球が単なる惑星の 1 つになり下がったことで, 他の惑星にも理性を持った生命体が存在することを意味することである. もしそうならば, そこには多数の神学的な問題が入りこむ余地がある.

1.4.1 太陽中心の宇宙論

ニコラウス・コペルニクス[242] は 1473 年に現在のポーランド北部にあるトルンで生まれた. 初等教育をクラクフのヤギェロニアン大学で修め, その後ボローニャおよびパドヴァで学ぶためイタリアに渡った. 彼の主たる研究分野は教会法であったが, 同時に医学および天文学にも興味を持っていた. 彼は 1503 年にポーランドに戻り, ヴァルミアの孤立した地域にある小さな町フロムボルク(フラウエンブルク)に住み, そこで一生を終えた. フロムボルクにおいて彼は天文学の研究に従事し, 彼の主たる研究成果, 太陽中心宇宙の宇宙論という大胆な仮説を提唱した. この考えにたどり着いたのがいつかは定かではないが, 少なくとも 1512 年には『コメンタリオルス』[243] として知られる新しい天文学的体系の概略を著している. これはごく少数の研究者の間に手書きの複製が出回ったのみであった[244]. コペルニクスには一人の弟子ゲオルク・レティクス[245] がいたのみである. 1540 年のレティクスの著作『最初の報告』[246] においてコペルニクスの宇宙体系が初めて出版物として登場する.

それからずいぶん時間が経って, コペルニクスの没年である 1943 年にようやく名著『天体の回転について』[247] が出版された. この遅れの原因が何であったにせよ, 彼がカトリック教会がこの書物に対してどう反応するかを懼れていた

---

[241] Lovejoy 1964, p. 102. ここで引用されているのは John Wilkins の『新しい世界と惑星についての対話』(A discourse concerning a new world and another planet, London 1640) である. ウィルキンスは王立協会の設立を主導した英国の自然哲学者で, コペルニクスの説を支持した.
[242] 訳注: Mikołaj Kopernik. ラテン名 Nicholaus Copernicus.
[243] 訳注: Commentariolus. 邦訳は『コペルニクス・天球回転論』(高橋憲一訳 みすず書房) に収録.
[244] コメンタリオルスは 19 世紀後半になってようやく再発見され, 出版された. ここでは Rosen 1959 による英訳を用いる. この書物にはレティクスの『最初の報告』の翻訳も含まれている. レティクスの著作は
www.lindahall.org/services/digital/ebooks/rheticus
で見られる.
[245] 訳注: Georg Joachim de Porris (Rheticus).
[246] 訳注: Narratio prima.
[247] 訳注: De revolutionibus orbium coelestium. 邦訳は『天体の回転について』(矢島祐利訳 岩波書店).

第 1 章　神話からコペルニクス的宇宙像へ　　　　73

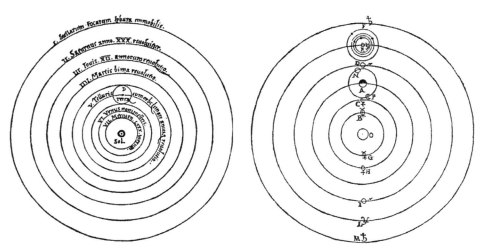

図 1.10　太陽中心の宇宙論体系を描いた 2 つの歴史的に重要な図. 左図はコペルニクスの『天体の回転について』(1543) からの引用で, 世界は恒星の天球で終わっている. 右図はガリレオの『天文対話』(1632) のバージョンである. この 2 つの違いは, ガリレオは木星の 4 個の衛星を導入していることのみである.

ためというのは理由としては非常に考えにくい. 実際, 枢機卿ニコラウス・フォン・シェーンベルク[*248] は 1536 年, コペルニクスにこの書物を出版するよう促しているが, その時は効果がなかった. コペルニクスは彼の理論が神学的論争を引き起こすことは理解していたが, 教皇パウルス III 世に捧げられた『天体の回転について』の前書きではそうではないと述べている.「聖書の一節の意味を彼らの目的のために恥知らずにも歪めることで」数学に疎い人々が本書を異端であるとみなすのみである[*249].

プトレマイオスの『アルマゲスト』と同様, コペルニクスの『天体の回転について』もその書き方は完全に数学的である. 6 巻からなるこの書物は難解で技術的であり, 数学に長けた天文学者のみを対象とし, 占星術師, 哲学者, そして宇宙論研究者は対象としていなかった. 実際, コペルニクスは「数学は数学者のために書かれている」[*250] と誇らしげに強調している.

[*248] 訳注: Nikolaus von Schönberg.
[*249] Copernicus 1995, p. 7. 彼の潜在的な敵の愚かさを描くため, 以前の節で見たように聖書の議論を地球が球形であることを否定したラクタンティウスを引用した.
[*250] 訳注: Mathemata mathematicis scribuntur.

1.4 コペルニクス的転回

　コペルニクスは『コメンタリオルス』において, 伝統的な宇宙論に対する彼の新しい代替案の主要な特徴を7つの前提条件を概観することで導入している. 地球の中心は宇宙の中心ではなく, その位置は代わりに太陽が位置する. 天球上での運動は何であれ天球それ自体ではなく, 地球の運動によって生じる. 太陽の運動についても同様である. 地球は自転するだけでなく, 「太陽の周りを他の惑星と同様に公転している」. コペルニクスはまた, 彼の宇宙が非常に巨大な広がりを持っていることについても指摘している:「太陽から地球までの距離と天空の高さとの比は, 地球の半径と太陽と地球の距離の比に比べ非常に小さく, 地球と太陽の距離は天空の高さと比較して検知できないほどである」[*251]. この前提が置かれたのは, アリスタルコスが太陽中心の系を仮定したときとまったく同様に, 星の視差が観測されない問題があるためである.

　『天体の回転について』は, 短い序章から始まっており, そこでは天文学の目的は単に現象を説明するモデルを提供するだけであると強調されている. コペルニクスが書いたように見えるこの章のメッセージは, 太陽中心理論は単に計算のためのモデルであり, 物理的な意味で正しいことは主張しないということである. しかし, 実はこの章を書いたのはコペルニクスではなく, 『天体の回転について』の校正を任されたルター派の神学者アンドレアス・オジアンダー[*252]であった. コペルニクスは間違いなくオジアンダーとは見解を異にしていたのだが, しばらくの間それは一般には知られていなかった. 1609年になってようやく, ケプラーが著者不明の序章を書いたのがオジアンダーであることを明らかにしたのである. ケプラーは, コペルニクスがこの序章で自身を道具主義的立場に置いたというのは「最も奇妙なことだ」と書いている.

　コペルニクスがプトレマイオスの宇宙を覆し, 伝統や常識と相容れない新しい天文学理論を発展させる必要があったのはなぜだろうか? よく言われているのが, プトレマイオスの宇宙は観測を説明するために周転円に周転円を重ねなくてはならず, どんどん複雑になっていったということである. これが最終的に破綻し, コペルニクスが新しい世界の体系を考案することで対処したと伝えられている. しかし, このコペルニクスの体系の単純さと導円–周転円によるプトレマイオスの体系の複雑さという対比は事実とは異なっている. コペルニクスが彼の代替理論の構築を始めた頃は, プトレマイオスの体系に破綻は見つかっ

[*251] Rosen 1959, p. 58.
[*252] 訳注: Andreas Osiander.

ていなかった*253.

コペルニクスがプトレマイオスの宇宙には満足していなかったのは本当だが，それは周転円の多さや配置が不満だったのでもなければ，観測を説明できなかったからでもない．コペルニクスの主要な反論は，周転円の中心が導円上を一様な速さで運動しているのではなく，作り物じみたエクァントの周りを回っているとしたことについてである．『コメンタリオルス』の最初の行で，コペルニクスはそのような体系は「十分に完全ではなく，我々の知性を十分に満足させるものではない」と強調している．彼にとって，それは天界の運動が一様な円運動に限られるという教義に対する裏切りであり，この欠点を克服することが彼が新理論を打ち立てる動機となったと述べている．コペルニクスはまた，天文学者が「宇宙の体系と，その部分がなす尽数関係」を発見できていなかったことにも頭を悩ませていた．すなわち，惑星の順序と距離の基準となる関係を理論的に正当化することが当時の天文学にはできていなかった．そして3つ目の理由として，方法論的にも美的にも伝統的な世界像よりも単純で，少数の仮定で成り立つ世界のモデルを構築したかった．地球中心の立場では，天文学者は「ほぼ無限個の天球」を導入する必要があるのに対し，コペルニクスは「余分なもの，不要なものを作らず，1つのことで多くの効果をもたらす偉大なる自然の叡智に従う」*254.

これらの方法論的な議論に加え，ルネサンスにおけるピタゴラス学派や新プラトン主義思想の復活を反映した議論もあった．『天体の回転について』にある抒情的な一節で，コペルニクスは太陽——美しい寺院の灯り——を最も高貴な天体と考え，この理由から自然に系の中心に位置するべきであるとみなした．レティクスはコペルニクスの革新によって惑星の数が7個から6個に減ったことがいかにすばらしいかを強く主張している．『最初の報告』において彼は6が神聖な数であると指摘した：「天啓によっても，またピタゴラス学派や他の哲学者たちによっても6という数は他のいかなる数よりも栄誉あるものとされているからである．神の創造物に対し，最初の完全数に要約された最初にして完全な作品ほど好ましいものがあろうか？」*255.

コペルニクスの体系は惑星の逆行と水星および金星の最大離角を非常に簡単

---

*253 Gingerich 1977.
*254 Copernicus 1995, p. 24. 自然の経済性という原則によって，コペルニクスの系は巨大な空間，余分な真空を持つとして間もなく批判されるようになった．
*255 Rosen 1959, p. 147.

1.4 コペルニクス的転回

表 1.4 コペルニクスの計算した惑星までの相対距離および現代の測定値の平均. すべて天文単位.

	距離の最小値	距離の最大値	平均	現代の測定値
水星	0.26	0.45	0.38	0.39
金星	0.70	0.74	0.72	0.72
地星	0.97	1.30	1.00	1.00
火星	1.37	1.67	1.52	1.60
木星	4.98	5.46	5.22	5.20
土星	8.65	9.70	9.17	9.54

に説明できる．これらの現象は何ら特殊な仮定を必要とせず，太陽の周りの地球の公転を考えるだけで自然に導かれるのである．コペルニクスの世界モデルはプトレマイオスのそれといくつかの面で類似しており，地球と太陽の位置を入れ替えただけである．たとえば天球は同心的でなくてはならず，コペルニクスもプトレマイオスのように周転円を導入する必要もあった．しかし，宇宙の構造と広がりに着目すれば，結局それは伝統的な宇宙像と非常に異なっていることがわかる．

プトレマイオスの伝統に従う天文学者とは異なり，コペルニクスは惑星の順序について推測する必要はなかった．彼は太陽から惑星までの距離を太陽と地球の平均距離，つまり天文単位 (AU) で計算することができた．彼は 1 天文単位を 1,142 地球半径と計算したが，これは実際よりもはるかに小さい——正しい数値は 23,600 である．しかし，コペルニクスは賢明にも惑星までの相対距離を用いることにした．これは表 1.4 にまとめられている．

まず，コペルニクスの惑星が占める宇宙の広がりは土星までの距離で与えられ，これはプトレマイオスが『惑星の仮説』で議論した宇宙よりもファクター 2 だけ「小さい」．さらに興味深いこととして，惑星の天球はプトレマイオスよりもずっと薄く，天球間の空間をまったく満たしていない．たとえば火星の最大距離は 1.67 AU だが，木星の最小距離 4.98 AU には遠く及ばない．つまり，コペルニクスの惑星モデルはプトレマイオスの天文学で遵守されていた，宇宙は物質で満たされているという原則を満たしていないのである．さらに衝撃的なことに，恒星の視差が観測されていないことを考慮すると，土星軌道から恒星天までの距離はとてつもなく巨大でなくてはならない．「地球と天界の対比は点と天体のようなもの，または有限と無限のようなものである」とコペルニクスは

第 1 章 神話からコペルニクス的宇宙像へ

書いている[*256]. 宇宙論的な立場からみると，地球は原子のようなものである．「宇宙がどこまで広がっているのかはまったく明らかではない」と彼は続けているが，間違いなく土星の外側には何もない空間が土星軌道半径よりもはるかに大きな距離まで存在していることになる．体積でいうと，コペルニクスの宇宙は少なくとも伝統的な宇宙の 40 万倍もある！ 天球と天球の間の空間の性質や存在意義は何か？ エーテルのような物質で満たされているのか，それとも真空なのか？ 誰も答えることはできなかった．

恒星については，プトレマイオス同様コペルニクスもほとんど何も言及していない．明るさにかかわらず，彼はすべての恒星を太陽から非常に離れた等距離の球面上に置いたとみられる．いずれにせよ彼は恒星天の厚さについては何も示していない．『天体の回転について』I 巻 8 章で，彼は簡単に天界の向こうには何かあるのか，あるいは「天界は無限で... 内側の球内のみ有限であるのか」という問いを提示している．数学的な天文学者であるコペルニクスはこの答えは与えておらず，この問いを自然哲学者に残すことを選んだ．

1.4.2 ティコの代替理論

コペルニクスの理論はすぐには注目されなかった．その重要性と革新性が徐々に認識され，天文学者がその利点と欠点を議論し始めるまでには 20 年ほどの時間を要した．若干の研究者が太陽中心の宇宙を受け入れたものの，『天体の回転について』を研究した者のほとんどは限定的な態度を保った：彼らは利用できる部分，特に惑星の数学理論は利用したが，太陽を中心とする体系を物理的な真実とは認めなかった．イエズス会の数学者にして天文学者であったクリストファー・クラヴィウス[*257] は，1570〜1611 年の間にサクロボスコの『天球について』の詳細な注釈を著した．その中でクラヴィウスは，伝統的なプトレマイオスの体系の代替理論について批判的に総括している．彼はコペルニクスの体系の多くの側面を称賛しているが，しかし太陽中心の宇宙論である点については受け入れていない．逆に，彼はコペルニクスの体系に対し物理的，天文学的，そして方法論的な議論によって反論した．クラヴィウスのプトレマイオス的宇宙には最高天を含む 11 の天球がある．最高天には運動もなく天体も存在しないが，「幸福な座，天使と祝福された者たちの居所」は天空や惑星の空間と同じく

[*256] Copernicus 1995, p. 14. この文は比喩的に捉えるべきで，宇宙が無限であるという主張ではない．
[*257] 訳注：ドイツ出身で，本名は定かではないが Christoph Clau とされる．ラテン名は Christophorus Clavius.

らい現実的な存在だった．クラヴィウスは最高天のさらに外側には無限の空間があり，神が他の世界を創造する場所であろうと述べている．

　クラヴィウスは伝統的な宇宙像を擁護したが，デンマークの貴族ティコ・ブラーエ [*258] はどちらの既存の宇宙論にとっても代替案となるモデルを提示した [*259]．1572 年，26 歳のティコはカシオペア座に新しく現れた星を観測し，後年出版した著書『新しい星について』[*260] において，それが一時的であるにせよ真に新しい恒星であることを示した．これは宇宙論的に見て大変重要な意味を持つ．天界は完全で不変であるという，長年にわたって事実と信じられてきたことが根本的に崩壊したのである．クラヴィウスはティコの解釈を支持したうちの一人である．

　1574–75 年，ティコはコペンハーゲン大学で講義を行い，「プトレマイオスの再来」と呼んだコペルニクスの新しい宇宙モデルを紹介した．彼はこのポーランドの天文学者の理論を讃え，コペルニクスのモデルによって惑星の運動を扱うことができると述べた．しかし，パラメータについては彼は地球が静止しているとして大きな変更をしたうえで用いた．ティコはプトレマイオスの宇宙をもはや信用していなかったが，かといって地球が本当に太陽の周りを回っていると受け入れることもできなかったのである．1577 年の大彗星を観測した後，彼（および他の人々）はおそらくドイツの数学者パウル・ヴィティック [*261] らによって考案された「プロト-ティコ的」宇宙に着想を得て，双方の体系の利点を兼ね備えた代替モデルを考え始めた [*262]．観測データが示すように，彗星が水星と金星の天球を通過したことから，天球は固体ではありえない．よって，惑星の軌道が交差することを避ける理由はなく，たとえば太陽の軌道を火星軌道が交差しているモデルが考えられた．

　ティコは 1588 年に出版した大彗星についての教科書『エーテルの世界について』[*263] の第 8 章で彼の新宇宙モデルを導入した．ティコによると，宇宙は地球を中心とし，太陽と月が不動の地球を公転している．あるいは，他の惑星は太陽を公転するので，より正確には地球–太陽中心の体系である（図 1.11）．これ

[*258] 訳注：Tycho Brahe. 当時のデンマーク領出身で，出生時の姓名は Tyge Ottesen Brahe.
[*259] ティコとその宇宙論については Shofield 1981 および Thoren 1990, pp. 236–264. を見よ．
[*260] 訳注：De nova stella.
[*261] 訳注：Paul Wittich.
[*262] Gingerich & Westman 1988.
[*263] 訳注：De mundi aetherei recentioribus phaenomenis.

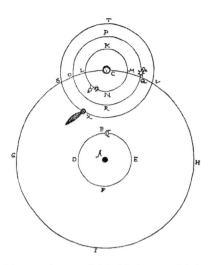

図 1.11 『エーテルの世界について』1958 から再掲したティコの宇宙モデル．太陽 (C) は地球 (A) の周りを公転するが，他の惑星は太陽の周りを回っている．この図では水星と金星のみが示されている．天体 X は彗星で，金星起動の近くを円軌道を描いて公転すると考えられている．

は明らかにプトレマイオスとコペルニクスの宇宙モデルの折衷案で，物理的には前者に，数学的には後者に近い．ティコの宇宙は幾何学的にはコペルニクス宇宙と等価であるから，この 2 つは観測されていなかった星の年収視差以外については同じ予言を与える．ティコの宇宙における土星軌道までの大きさはコペルニクスの宇宙と大きくは変わらない．彼は太陽と地球の距離を月までの距離の 20 倍とした．地球と月の距離は 60 地球半径であるとされた．最も遠い惑星である土星までの距離は 11,000 地球半径である．コペルニクスの宇宙モデルとの大きな違いは，恒星の天球を土星の天球のすぐ外側に置いたことで，その距離の平均は 14,000 地球半径である．

　自ら天文学の革新者となったティコはなぜ完全にコペルニクスの宇宙に移行しなかったのか？なぜ彼は太陽中心の体系が実際の宇宙を表していることを受け入れなかったのか？彼の弁明は多岐にわたり，特別に独創的な部分はない．彼が地球が不動であることの証拠として聖書を挙げている時は，それは保守的な態度としてとらえられる．ティコと手紙の親交があり，1590 年にウラニボリ天

文台*264 を訪れたドイツの天文学者クリストフ・ロートマン*265 は，自然科学の文脈で聖書をいかなる意味でも権威として用いることに反対したが，ティコは慇懃にこれに反対し，コペルニクスの宇宙モデルに反対する証拠としての聖書の記述は真剣に取り入れられるべきとした．自然哲学に関して明らかにより重要なのは，ティコがアリストテレス主義者であったことである．このため，彼は月より近い世界と遠い世界に二分することを受け入れ，（すでにビュリダンやオレームによって批判されていたにもかかわらず）伝統的なアリストテレス学派の背理法を用いて地球が動いていることの反証を行った．

恒星の年周視差が観測されていないことは，コペルニクスの宇宙論を拒否する別の強い根拠となる．彼の最高級の観測装置を用いても，年周視差は発見されなかった．ティコはこれを，年周視差があるとしても 1′（分角）以下であり，つまりコペルニクスの宇宙モデルによれば恒星は少なくとも 700 万地球半径よりも遠いことを意味すると解釈した．この巨大な空隙をティコは単純に受け入れられなかった．彼にとってそれは信じられないだけでなく，不可能であった．土星と恒星の間の真空の空間を不安に思う感覚は当時としては普通のものであった．一般に，宇宙には目的があり，それは人間の利益になるように創造されたと考えられていたからである．ガリレオは 1632 年の著作『天文対話』*266 の中で伝統的世界観を持つ主人公の一人，シンプリチオにコペルニクスの宇宙モデルに反対してこのように言わせている：

> 今，惑星に美しい秩序があるのを見れば，地球の周りに惑星が我々に対する利益の効果につり合った距離にあることから，最も遠い天球（つまり土星の）と恒星の天球との間に何もない巨大なだけの，無意味で無駄な空間を挿入する目的は何だろうか？ 何の目的で，誰の便宜のためだというのか？*267．

後の世代の科学者なら，このような目的論*268 的レトリックを笑って無視するであろうが，ティコやガリレオの時代はまだ科学的な対話の一部であった．さ

---

*264 訳注：デンマーク語では Uranienborg（ウラニェンボー）．現在はスウェーデンであり，スウェーデン語で Uraniborg（ウラニボリ）と書かれることが多い．
*265 訳注：Christoph Rothmann．
*266 訳注：Dialogo sopra i due massimi sistemi del mondo（二大世界体系に関する対話）．邦訳は『天文対話』（青木靖三訳 岩波書店）．
*267 Galilei 1967, p. 367.
*268 訳注：神の存在を論理的に説明する試み．

第 1 章　神話からコペルニクス的宇宙像へ 　　81

らに，ティコや他の天文学者は恒星が目に見える直径を持つと信じていた．ティコが得た星の角直径は 1′–3′ なので，もし恒星がコペルニクスの宇宙モデルで要求されるような遠方に存在するならば，その直径は太陽の数百倍という，話にならないほど巨大なものとなってしまう．ティコはこれをまったくの不条理であり，コペルニクスの誤りへの強い反論となるとみなしたが，コペルニクスの支持者であるロートマンなどはその結果を信じなかった．彼らは古い神学的議論によってこの批判をかわしていた．つまり，コペルニクスの宇宙の巨大さは神の創造力の巨大さの表れであるとした．ティコへの返事として，ロートマンは

> もし 3 等級の星が惑星の軌道全体と同じ大きさだとして，何が奇妙だというのでしょうか?... 一見奇妙なほど大きいと思えたとしても，それを示すことは簡単ではありません．実際，神の叡智と尊厳はそれよりもはるかに偉大であり，あなたがどれだけ世界の巨大さ大きさに譲歩したとしても，無限なる創造主の前にそれは比較対象にすらなりません[*269].

と書いている．

ティコは主として観測と一致する惑星の体系を考案することに興味を持っていたが，同時に天の物理についても興味を惹かれていた．他のほとんどの天文学者と同様，彼は天文学者（ないし数学者）の役割と自然哲学者の役割を区別して考えていた．ロートマンに書いているように，彼にとって宇宙論は哲学の領分に属し，天文学ではなかった:

> 天体を構成する物質が何かは，天文学者への問いとして適切ではありません．天文学者は正確な観測からこれらすべての天体がどのように運動するかを研究するのがその職務であり，天界がどのようなものであるか，どのような原因で崇高な天体が生まれたのかを考えることではないのです．天界の物質についての問いは神学者と物理学者に残された課題で，まだ満足のいく説明は得られていません[*270].

その一方，ルネサンスの全体論者であるティコは，天文学は単に数学ではない，天体物理的な，あるいは宇宙論的な側面を持つと確信しており，このことは地球

[*269] Van Helden 1985, p. 42. 1590 年 4 月 18 日の書簡．
[*270] Howell 1998, p. 526. 1588 年 8 月 17 日の書簡．

1.4 コペルニクス的転回

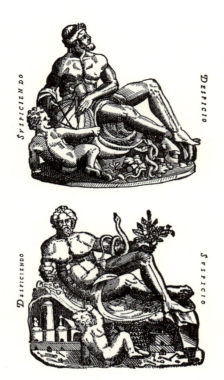

図 1.12 ウラニボリ天文台の 2 つの入り口にティコが設置した天文学と化学を寓意的に表したレリーフ．2 つの碑文はこれら 2 つの自然科学の密接な関係に関連している（「上を見上げれば，下が見える」「下を見れば，上が見える」）．(Astronomiae instauratae mechanica 1958).

上の物質とその変化についての科学と不可分であると考えていた．パラケルスス[*271] 思想の化学の支持者かつ実践者であったティコは，天文学は天界の化学であり，化学は地球上の天文学だと信じていた．天界の研究をすることで自然哲学者は地球上の素過程をよりよく知ることができるようになり，もし彼が化学と錬金術を熟知しているなら，よりよい天文学者になれる（図 1.12）．

ティコはアリストテレスによる月より上と下の世界の区別に従ってはいたが，その区別が絶対的とはみなしていなかった．彼はむしろ，空気が月に向けて徐々に薄くなっていき，アリストテレスのエーテルにつながっていくと信じていた

[*271] 訳注: Philippus von Hohenheim. パラケルスス (Paracelsus) はペンネーム．本文では原文に従い化学としたが，錬金術 (archemy) のほうが適切かもしれない（竹内）.

第1章 神話からコペルニクス的宇宙像へ

（彼は大気の元素に火を認めていない）[*272]．天界はエーテルからなり，天の川でより濃く，そして恒星の中でさらに濃くなっている．この線にそって考えると，1572年の新星はエーテルの一時的な凝縮であると説明できる．ティコの物理的宇宙論の概観は弟子のコート・アスラクセン[*273]によってさらに発展させられた．アスラクセンはエーテルが自然の物質であり，空気が非常に希薄になった状態と考えていた．モーゼの物理と呼ばれるものの代表格として，彼は宇宙を3つの天，待機，天体を内包する空間，そして神の居所である永遠の天界である．ティコとは違い，アスラクセンは地球の自転を認めていた[*274]．

1620～1660年の間の時期，ティコのハイブリッド宇宙論は非常に注目され，イエズス会を始めカトリックの学者に受け入れられた．彼らは神学上の理由から表立ってコペルニクスの宇宙モデルを受け入れることができなかったためである．たとえば突出したフランスの自然哲学者であるピエール・ガッサンディ[*275]は心中ではコペルニクスの宇宙論を認めていたが，彼は同時にカトリックの神父であり，公にはティコの世界モデルを擁護した（そして彼はティコ・ブラーエの伝記を記した．科学者の伝記としてはこれが最初のものである）．ガッサンディはコペルニクスの宇宙モデルの理念をさらに推し進めるためにティコの体系を用いたが，一方イエズス会の天文学者ジョヴァンニ・リッチョーリ[*276]はティコの宇宙のほうがコペルニクスのよりもすぐれていると信じていた（図1.13）．リッチョーリが好んだモデルはティコのものと比べ詳細なところで異なっている．このモデルでは，木星と土星が（太陽とともに）地球の周りを回り，他の惑星は太陽の周りを回っている．17世紀の大部分の時期で，「準ティコ的」宇宙モデルが好まれ，広く議論された[*277]．1651年出版の彼の重要な書籍『新アルマゲスト』[*278]において，リッチョーリは地球が動いている可能性について徹底的に詳しく検討した．スコラ哲学の伝統に則り，彼はこれを支持する議論と反証する議論を示し，そしてもちろん地球が不動であると結論した．特徴的なのは，

[*272] ティコは展開と地球の関係についての彼の見方について，1591年に彼の助手が出版した書物の前書きにおいて述べている．Christianson 1698を見よ．
[*273] 訳注：Cort Aslakssøn．
[*274] Blair 2000．アスラクセンの著作の一部 De natura caeli triplicis 1957 は the Description of Heaven, London, 1623 として英訳されている．
[*275] 訳注：Pierre Gassendi．
[*276] Giovanni Battista Riccioli．
[*277] ティコの宇宙モデルの変種については Schofield 1981 にて議論されている．
[*278] 訳注：Almagestum novum．

1.4 コペルニクス的転回

図 1.13 イタリアのイエズス会の天文学者ジョヴァンニ・リッチョーリが 1651 年に出版した，大胆にも『新アルマゲスト』と題する書籍．その口絵から明らかなように，ティコの体系は（ティコブラーエ本人のそれと似てはいなかったが）コペルニクスの太陽中心宇宙論よりも高く評価されるべきである．プトレマイオスの体系は地面に置かれ，議論に値する競合モデルとはみなされていない．「私は成長したので，私は修正されるべきである」とプトレマイオスがつぶやいている．

この結論を導くのに神学的な議論が自然科学的な議論と同じくらいの重みで用いられていることである．

それから半世紀以上，カトリック教会はコペルニクスの宇宙論に対して特に何も問題であるとしなかったが，1616 年についに公式に禁止し，1633 年のガリレオに対する悪名高い訴訟の後，ヨーロッパのカトリック圏では科学者がコペルニクスの宇宙論を支持することは許されなくなってしまった．コペルニクス

の宇宙論は程度や結果の違いこそあれ，プロテスタント世界でも論争を呼んだ．マルティン・ルター*279 はコペルニクスに天文学全体をひっくり返した愚か者という烙印を押したとされている．しかし，この頻繁に引用される判断は歴史から判断してほとんど無価値であった．ルターはコペルニクス賛成派ではなかったが，かといって反対派でもなかった．我々の知る限り，彼は単に天文学上の革命に興味がなかったか，あるいはほぼ無知であっただけである（ルターの没年は 1546 年で，『天体の回転について』が出版されてわずか 3 年後のことであった）．

1.4.3 無限に向けて

　コペルニクスの宇宙は球状で，プトレマイオスやティコの宇宙と同様，有限の広がりを持つ．ただ，それは伝統的な宇宙よりもはるかに巨大であり，この理由だけで人々を宇宙の無限性についての再考へと駆り立てた．無限の宇宙，あるいは無限に天体が分布する宇宙の可能性は，宇宙全体の外側にある無限の虚空とは区別して考えるべきである．後者の議論は中世の哲学および神学に端を発し，16 世紀から 17 世紀へと続いていったもので，コペルニクスの新しい宇宙モデルにはほとんど影響を受けていない．想像上の巨大な虚空は普通聖なる，広がりのないものと考えられ，物理的に現実的なものではない．しかし，有名なマクデブルク市長にして真空技術のパイオニアであるオットー・フォン・ゲーリケ*280 にとっては，物質世界の彼方にある虚空は実在する 3 次元的広がりを持つ空間であった．広く世に知られた 1672 年のマクデブルクの実験の論文『新たな実験』*281 において，彼は無限の虚空を能動的で活力に満ちた力の源と表現し，「無への頌歌」*282 と表現した*283．

　17 世紀の無限宇宙に関する議論はイングランドのフランシス・ベーコン*284，フランスのピエール・ガッサンディといった自然哲学者による古代の原子論の復活によるところが大きい．デモクリトスと支持者たちによって発展した原子論が新たに脚光を浴びたのは，主として化学との関連においてであったが，宇

---

*279 訳注: Martin Luther.
*280 訳注: Otto von Guericke.
*281 訳注: Experimenta nova.
*282 訳注: ode to nothing.
*283 Grant 1969, 特に pp. 55–57. フォン・ゲーリケの宇宙外の真空についての描写は，興味深いことに現代物理学の量子的真空によく似ている．
*284 訳注: Francis Bacon.

1.4 コペルニクス的転回

論とも関連する部分もあった．イングランドのエドワード・シャーバーン[*285]は1675年の著書で原子論的宇宙論のエッセンスを概観した（図1.4）．「古代の哲学者，特にデモクリトスとその学派，そしてこの時代の数学者のほとんどは宇宙は無限であり，そして2つの主要部分に分けられると主張していた．1つはこの宇宙，むしろ宇宙（複数）であり，体積と広がりは有限だが数は無限である．もう1つはこの世界の向こうに広がる，無限の原子の集まりと想像されていた．すでに創造された世界はそこから物質を受け取り，そしてまたそこから新たな世界も創造された」[*286]．

この宇宙の外にある，多かれ少なかれ神学的な虚空はさておき，この宇宙も天体に対して無限の広がりを持つ可能性はあるか？ティコの同時代人で英国の数学者，天文学者トマス・ディッグス[*287]は1572年の新星を観測した多くの天文学者の一人である．コペルニクス主義の初期の支持者であったディッグスは，その新しい理論の正しさを証明するため恒星の年周視差を測定しようとしたが，無論失敗に終わった．1576年，ディッグスは彼の父親が書いた気象学についての書物に宇宙論の章を書き加えた．それには，コペルニクスの『天体の回転について』の第1部（第1巻），宇宙論的な議論を扱った部分の意訳が含まれていた．この『天体の軌道の完全な記述』[*288]の革新性は，コペルニクスと違い，ディッグスが恒星を単一の天球上ではなく無限の宇宙に分布すると考えたことである（図1.14）．依然として恒星は天球ないし軌道に固定されていると書かれていたが，「天球の高さには終わりがない」とされた．さらに，彼の無限の恒星の天界は「偉大なる神々の栄光ある王宮」，「祝福されし者，天界の天使達の居所」であった．ディッグスの宇宙はこの神学的な意味で無限であるが，物理的，天文学的な意味で最初の無限コペルニクス宇宙モデルであるかどうかは定かではない[*289]．シェイクスピアはおそらくディッグスの研究に精通していたと思われ，彼の宇宙モデルはエイヴォンの詩人[*290]の作品のいくつかにおいて比喩

[*285] 訳注: Edward Sherburne.
[*286] Heninger 1977, p. 193 を見よ．
[*287] 訳注: Thomas Digges.
[*288] 訳注: Perfit Description of the Celestiall Orbes.
[*289] Koyré 1968, pp. 35–39.
[*290] 訳注: the Bard of Avon ないし the Bard はシェイクスピアの通称．

第 1 章 神話からコペルニクス的宇宙像へ 87

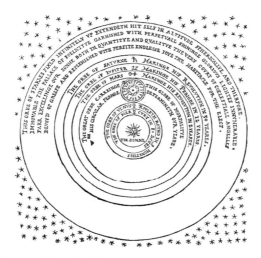

図 1.14 トマス・ディッグスが 1576 年に提唱したコペルニクス的宇宙モデル.

的に用いられている*291.

　イタリアの孤高の哲学者ジョルダーノ・ブルーノ*292 は，異端審問により 1600 年 2 月 17 日，火刑に処された．彼は知的自由の殉教者であるが，自然科学の殉教者ではない．彼は自然科学者ではなかったからである．いずれにせよ，彼の非正統的なコペルニクス宇宙論の部分的支持は異端審問と残酷な刑死の理由ではない*293．才能にあふれ，素行は悪く，そして特にクサーヌスとその神秘主義思想に影響されていたブルーノは宇宙論的な話題を 1584 年の『聖灰水曜日の晩餐』*294，同じく 1584 年の『無限の宇宙と世界について』*295，そして 1591 年のラテン詩『数え切れぬほどの，形なき巨大なものについて』*296 で扱って

---

*291 Usher 1999 を見よ．Usher 1999 では『ハムレット』の真のテーマはプトレマイオス，ティコ，そしてディッグスによる 3 つの競合する宇宙モデル間の論争であると示唆されており，またシェイクスピア自身はおそらくコペルニクス支持者であったと議論している．
*292 訳注: Giordano Bruno（ラテン名: Iordanus Brunus Nolanus）．出生時の名はノーラのフィリッポ・ブルーノ (Filippo Bruno di Nola)．
*293 Singer1950; Koyré 1968, pp. 39–54．一般にブルーノの罪状はコペルニクス宇宙論の支持には関係なく，神学的および政治的なものであったと認識されている．たとえば Lerner & Gosselin 1973 を見よ．
*294 訳注: La Cena de le Ceneri.
*295 訳注: De l'infinito universo et mondi. 邦訳は『無限，宇宙および諸世界について』（清水純一訳 岩波書店）．
*296 訳注: De innumerabilibus, immenso, et infigurabili. （以下『巨大な物について』）

いる.

　ブルーノが真のコペルニクス宇宙支持者であったかどうかについては議論の余地がある. 確実に言えることは, 彼はコペルニクス宇宙論についてあまり理解しておらず, 少なくともある状況では深刻に誤解していた[*297]. 彼は『天体の回転について』を正しく評価できるほどの数学の知識はもっておらず, また興味もなかった. ブルーノは正直に「コペルニクスのことはあまり関心がない」と述べている.『巨大なものについて』で彼が提示した惑星系モデルはコペルニクスのものとほとんど関係なく, 金星と水星を同じ周転円に置き, 反対側には地球と月の周転円を設置していた. このモデルは観測的証拠に一切基づいていなかったが, ブルーノは気に留めなかった. 彼は天文学者による, 惑星の数と順序などという彼にとって重要でない疑問についての考察を軽蔑していただけだった. ブルーノは彗星も惑星だと信じており, ということは太陽の周りを公転する惑星の数など知りようもなく, 彼にとって無意味でしかなかった. コペルニクスの宇宙論体系について彼が親しみを感じていなのは惑星が太陽の周りを回っているという信念によるもので, それだけをもって彼をコペルニクス宇宙論支持者とするのには疑問が残る.

　いずれにせよ, ブルーノは自身をコペルニクス宇宙論の改革者とみなしており, 彼の改訂版はコペルニクスとは異なった, より壮大な視点を与えるものと考えていた. 一例を挙げると, 彼は惑星の軌道が必ず円あるいは円に帰着するものであることを否定した. また, 彼は天界を構成する元素が特別の第5元素であるというアリストテレス学派の主張を否定し, 天体は地上の物質を構成する元素とまったく同じであると宣言した. コペルニクスが恒星が単一の同じ天球に固定されているという考えを踏襲したことについても, 「空想である」として却下した. さらに重要なのは, ブルーノが宇宙——実際の物理的宇宙のことである——の大きさは無限であり, その状態は常に変化し続けていると繰り返し強調したことである. 地球も, また太陽も世界の中心ではない. 宇宙には中心はなく, 局所的中心からみて無限に広がっているのみである.『無限の宇宙および世界について』において「宇宙には無数の太陽があり, 無数の地球がその周りを公転している. 太陽の周りを公転する7個の惑星と同じで, ただそれらは我々に

[*297] McMullin 1987

第 1 章　神話からコペルニクス的宇宙像へ 　89

近いので観測できるのである*298．無数の地球にはそれぞれ住人がいる．詳細は述べていないものの，ブルーノの宇宙観にはコペルニクスが受け入れられなかった大胆な提案が含まれている．ブルーノがコペルニクスよりもずっと先を行っていたことは間違いないが，しかし——コペルニクスやティコと違い——ためらわず観測を無視した．ブルーノの思弁的で非天文学的な詩的宇宙観はさらに，太陽を回る他の地球もあるだろうという彼の示唆に表れている．

　1600 年頃，コペルニクス宇宙論の構成要素は天文学以外の多くの場所に現れるようになった．1 つの例はウィリアム・ギルバート*299 が示している．彼は 1600 年の磁鉄鉱と磁場についての草分け的研究『磁石および磁性体ならびに大磁石としての地球の生理』*300 で知られている英国の医師である．ブルーノに影響を受けたコペルニクス宇宙論支持者であるギルバートは地球が自転していることを受け入れたが，より重要な公転については無視した．しかし，彼が磁場についての著書を書いた時にはコペルニクス（「最も文学的な栄誉に値する人物」）の宇宙論を受け入れていたとする確たる理由がある．彼は恒星が地球からあらゆる距離に分布する無限の宇宙を信じていた．修辞学的な表現で，彼はもし星が単一の球状に見つかったらどうなるかを問いかけた：

　誰もこれを示したものはない．惑星が地球から様々な距離にあることを疑う者もいない．これらの巨大で多数の光る天体が様々な高さにわたって存在し，地球から最も遠い距離にまで届いている．それらは球面上でも天蓋でも，あるいはいかなるドームの中に置かれているのでもない... ならば，我々と遠い恒星の間の想像を絶する巨大な空間とは何だろうか？星が配置されているとされるこの想像上の球の，計り知れないほどの大きさと高さはどれほどのものだろうか？恒星までの距離は地球からどのくらい離れているのか：人の目の届かないほどか，人の道具が届かないほどか，あるいは人の想像が届かないほどか？*301

　実際，彼の新しい自然哲学はすべてに疑問を投げかけた．ジョン・ダンの懸念は理解できる．ギルバートは 2 つの宇宙の力，電気力と磁気力を扱い，前者が物

---

*298 Singer 1959, p. 304．『無限，宇宙および諸世界について』の訳を含む．オンライン版は以下から取得できる：www.positiveatheism.org/host/bruno00.htm．
*299 訳注：William Gilbert.
*300 訳注：De Magnete, Magneticisque Corporibus, et de Magno Magnete Tellure (de Magnete)．
*301 Gilbert 1958, pp. 319–320．ギルバートの磁気宇宙論については Freudenthal 1983 を参照．

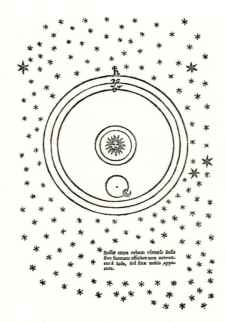

図 1.15 ウィリアム・ギルバートの死後 1561 年に出版された彼の著書『月より近い世界の新しい哲学について』*302 において描いた宇宙像.

質の凝集を担い,したがって,何らかの形で重力と関連していると考えた.彼の重力についての説明はどうみても不明瞭であったものの,重力は地球上に限定されない性質であるということははっきり示唆されていた.つまり他の天体もそれら固有の重力を持つということになり,これはアリストテレス学派による月より近い世界と遠い世界という二分法とは相いれない.

　ルネサンスの宇宙論はコペルニクスや他の職業天文学者が実践した数学的天文学よりもずっと広い範囲を扱っていた.占星術が統合され,この時期の宇宙論の最も重要な地位を占めるようになった.この意味でコペルニクスは例外で,占星術的な意味での天体からの影響に興味を示さなかった.パラケルススの名を冠したいわゆるパラケルスス主義は,16 世紀後半に知的影響力を持ち,ティコ・ブラーエを始めとする人々にインスピレーションを与えた.パラケルスス主義者は主として化学と錬金術に興味を持ち,それによって宇宙の理解を試みた.たとえば彼らは,創世記に語られている宇宙創成を化学変化として詳細に説明し

---

*302 訳注: De Mundo Nostro Sublunari Philosophia Nova.

た. 宇宙は命ある存在で, すべての部分は「共感」と「反感」を通じて相互作用し, それは微視的世界[*303]に「対応」と呼ばれる性質によって表れる. パラケルススと彼の支持者は宇宙を巨大な化学実験室とみなしていたが, 彼らの興味は大部分が地球上の現象に限定され, 宇宙の数学的モデルについては含まれていなかった. パラケルスス主義宇宙論について述べることには意味があるとはいえ, それは天文学者が培ってきたものとは非常に異なった種類の宇宙論である.

パラケルススに傾倒した化学哲学者達は強い反アリストテレス主義であったものの, コペルニクス宇宙論を支持することもなかった. その一人, 英国の医師にして神秘主義者ロバート・フラッド[*304]は, 太陽が最も重要な天体であることは認識していたものの, コペルニクスやギルバートの宇宙像は否定した. フラッドの反論は, 聖書の記述, そして年周視差が観測されないことを含む主に伝統的な立場に則ったものであった. 彼は地球が宇宙で最も重い天体だと信じており, よって不動のものだとした. 彼は 1617 年に「明らかにギルバートの議論は不合理である. 恒星天が無限であるならば, 24 時間で回転することは不可能である[*305]」と書いている.

1.4.4 ガリレオとケプラー

コペルニクス革命はガリレオ・ガリレイ[*306]とヨハネス・ケプラー[*307]による革新的な研究が少なからず貢献し, 17 世紀前半に大体完了した. 若い頃のガリレオは伝統的宇宙論を好んでいたが, その後まもなくコペルニクス宇宙論を支持するようになり, 一生をかけてこれを精力的に擁護し続けた. 彼の天体現象へのアプローチははっきり物理的で, この側面においてコペルニクス, ティコ, ケプラーの天文学的アプローチやブルーノの哲学的アプローチ後は異なっている. このことで, ガリレオが宇宙論には限定的な興味しか持っていなかったことが理解できる. 彼は宇宙論を懐疑と無関心の混ざった感情で見ていたようである.

それでも, 彼が 1610 年に自作の望遠鏡を用いて観測し, 『星界の使者』[*308]

[*303] 訳注: Microcosmos. パラケルスス主義では人間を指す.
[*304] 訳注: Robert Fludd.
[*305] Debus 1977, p. 244 より引用. フラッドは数学の自然現象への応用を巡ってケプラーとの苛烈な論争に巻き込まれていった. 同 pp. 256–260.
[*306] 訳注: Galileo Galilei.
[*307] 訳注: Johannes Kepler.
[*308] 訳注: Sidereus nuncius. 邦訳は『星界の報告』(山田慶兒, 谷泰訳 岩波書店).

図 1.16 ロバート・フラッドの 1617 年の著作『2 つの宇宙』(Utrisque Cosmi) において壮大に描かれたパラケルススの宇宙像. 4 元素からなる月下世界は錬金術の女神によって統べられ, 天界の下層とは隔てられている. 恒星天の外側は天界の上層である. 中央の地球に座っている猿は神について貧弱な思索しか持たない人類を象徴している.

として発表した衝撃的な大発見[*309] は宇宙に対する見方を大きく変えた. 彼がその簡単な望遠鏡を天の川に向けるや否や, 彼は天文学者と自然哲学者を 2000 年間悩ませた問題を即座に解決した. 天の川は「数えきれないほどの星が集団をなして形作った集まりそのものである」ことを見出したのである. ガリレオのこれらの大発見は大いなる興奮をもたらし, そのニュースは全ヨーロッパの学識者の間を駆け巡った. 知識人や芸術家はこのイタリアの熟練の自然哲学者を競って褒め称えた. たとえばドイツ生まれのイタリアの医師にして植物学者ヨハン・ファーバー[*310] は次のような現代詩を詠った:

　　ひれ伏すのだ, ヴェスプッチ, コロンブスにもひれ伏させよ. これらの試みは確

[*309] 訳注: 原文ではなぜか明記されていないが, 木星の 4 個の衛星の発見を指す.
[*310] 訳注: Johann (Giovanni) Faber.

第 1 章 神話からコペルニクス的宇宙像へ

かに未知の海を渡り切った旅路に違いない... しかし汝, ガリレオは人類に星々の連なりを, 新たな天の星座を与えたのだ. [*311]

ガリレオはまた, 伝統的には完璧で聖なる天体であると信じられていた太陽に黒点を発見した. これを用い, 太陽の自転周期が約 28 日であることを導いた (英国のトマス・ハリオット[*312] はこれより少し先に太陽を望遠鏡を用いて研究し, 黒点を観測していた. しかしその観測は出版されていない. また中国では裸眼による黒点観測がこれよりもはるかに早く行われていた). ガリレオが望遠鏡をどこに向けようと, そこには肉眼では見えない星の集団が見えた. そして, 彼の望遠鏡で惑星は拡大されて円盤状に見えるのに対し, 恒星はそう見えないことに気付いた. したがって, 恒星はコペルニクスが主張したように, 地球からとてつもない遠方になくてはならない. コペルニクスの宇宙モデルを支持し, プトレマイオスの宇宙モデルの反証となるもう 1 つの議論はガリレオの発見した金星の満ち欠けによるものである. 金星の満ち欠けを説明するには, それが太陽の周りを公転すると仮定する他ない. プトレマイオスの体系では, 金星の満ち欠けの相が正しく再現できなかった.

星の数と空間分布については, ガリレオは明確な結論を出していない. 彼は恒星が同一の天球上にあることは否定したが, 恒星が限界なくあらゆる距離に存在するとは主張しなかった. 有名な『天文対話』において, 彼は無限宇宙を否定した. 他の著作では, 宇宙が有限か無限かは判断することができないと指摘している. ガリレオは晩年, 悪名高い 1633 年の裁判の後, フィレンツェの郊外アルチェトリの自宅に軟禁されることになった. その頃に, アリストテレス学派に傾倒した哲学教授フォルトゥーニオ・リチェーティ[*313] と文通をしていた. この文通から, ガリレオの宇宙論に対する不可知論的立場が見て取れる. 宇宙が有限か無限かという問いについて, 彼はこう書いている:

> 双方の理由づけはどちらも非常に賢明ですが, 私にとってはどちらも結論を出すのに十分であるとは言えません. 常にどちらの主張が正しいのかあいまいな点が残ります. ただ 1 つの論拠によって, 私は有限よりも無限宇宙のほうにより傾い

[*311] Cohen 1985, p. 74. アメリゴ・ヴェスプッチはイタリアの探検家, 航海者で, 1500 年頃アメリカ大陸に航海した. 彼の名を取って, その大陸はアメリカと名付けられた.
[*312] 訳注: Thomas Harriot.
[*313] 訳注: Fortunio Liceti.

1.4 コペルニクス的転回

ています. それは, 私が宇宙に境界があるか, あるいは境界がなく無限であるかを想像できないということです. 無限はその性質により我々の有限の知性では理解できません. 有限の場合はそうではなく, 境界によって囲まれています. 私は私が理解できない理由を, 必ずしも理解できない理由がない有限の宇宙よりも, 理解できない無限の宇宙に帰するべきでしょう[*314].

リチェーティへの 1641 年の別の書簡では, 宇宙の中心についての疑問を「天文学すべての中で最も考える価値がない」とし, 宇宙の中心や形を探す試みは「余分であり無駄である」と述べている[*315].

ガリレオが宇宙論の大問題について表明を控えていたとしたら, 同時代のケプラーもそうしていただろう. しかしむしろ逆に, このドイツの数学者はそのような疑問に魅了され, あふれんばかりの情熱をもってこれらの問題について言及した[*316]. ケプラーの主な関心は宇宙の空間的広がりについてであったが, 彼はさらに時間的な広がりについても興味を持っていた. 聖書と天文学的な証拠により, 彼は神が宇宙を創生したのは紀元前 3992 年であり, イエス・キリストが生まれたのは紀元前 4 世紀のことであると結論した.

1606 年の著書『新しい星について』[*317] で, ケプラーはその 2 年前に空に出現した新しい星について議論した. その中で, 彼は恒星の天球の大きさについての疑問に取り組んだ. 彼はブルーノやギルバートが宇宙の無限性を擁護していたことを知っていたが, それに対し彼の心は「不思議で隠れた恐怖」に満たされ, 熱心に反証した. 彼はまたブルーノの宇宙原理, つまりどのような星を観測点に取り, いかなる観測者から見ても宇宙は同様に見えるという主張を否定した. ケプラーは有限の宇宙で, 太陽系が特別な地位を占めているというモデルを支持する議論を展開した. それは部分的に哲学的だが, 部分的には観測に基づいたもので, 無限個の星に満たされた宇宙を否定するものであった. 天の川と恒星は我々の宇宙空間を限定しているが, しかしその向こうに真空の虚空であれ, 少数の星でまばらに満たされた空間であれ, 無限の空間がある可能性はないだろうか? ケプラーはこの問いを系統的に議論し, 断固として否定した.

ケプラーが無限宇宙を否定した初期の論拠は哲学的な理由および裸眼による

[*314] Drake 1981, pp. 405–406. Koyréも見よ.
[*315] Drake1981, p. 411.
[*316] Koyré 1968, pp. 58–87.
[*317] 訳注: De stella nova.

天文学であった．星界の描像はガリレオの望遠鏡による発見で塗り替えられたが，この変化はケプラーの有限宇宙への確信をむしろ強固なものにしただけであった．ガリレオの『星界の使者』に対するコメントを急遽まとめた 1610 年の『星界の使者との対話』[*318] において，彼はこの立場を明らかにしている．無限宇宙に反対する一連の議論において，ブルーノの我々のとは異なる無限個の世界[*319] という考えを検証した．ケプラーはこれらの異世界では，5 つの正多面体——1596 年の『宇宙の神秘』[*320] において記述されている彼の宇宙モデルの幾何学的基礎——は同じ形では存在しないだろうと主張した．ケプラーにとっては，この理由は「我々の世界は，世界がたとえ複数あろうとも至高のものである」と結論するのに十分であったのである[*321]．

ケプラーは後の著作，遠くに 1618〜1621 年の間に 3 回にわたって出版された『コペルニクス天文学の概要』[*322] でこの疑問に戻っている．ガリレオが示したように，裸眼では見えない星が多数存在している．これは，それらの星が地球から遠すぎるか，小さすぎて見えないかのどちらかである．ケプラーはためらわず第 2 の説を支持し，「肉眼で観測できる宇宙は... 我々が見上げる頭上どこでもほぼ同じ距離にある．よって恒星の領域の中には巨大な空間があり，目に見える星の集まりはその周りを取り巻いている．我々はそれに囲まれているのだ」．と述べた．彼は無限個の星という考えは論理的に否定できると信じていた．その主張自体が矛盾だからである——「すべての物の数は，それが数であるがゆえに有限である[*323]」．有限の世界が無限の空間に埋め込まれているという可能性については，ケプラーはアリストテレス学派の議論を用いた概念的な根拠に基づいて，そこに置かれた物体がなければ空間はないという理由で否定した．

『コペルニクス天文学の概要』において，ケプラーは宇宙の有限性を再確認しただけでなく，その大きさを計算してみせた[*324]．恒星天の球の半径は 6000 万地球半径，あるいは 400 万太陽半径とされた．これを用いると，星界に囲まれた体積は太陽体積の 64×10^{18} 倍となる．ケプラーは，恒星天の体積自体は 8×10^9 太陽体積としているので，星の占める体積はほとんど無視できることに

[*318] 訳注: Dissertatio cum nuncio sidereo.
[*319] 訳注: この場合はブルーノの考えた居住可能な太陽系外の惑星の意味．
[*320] 訳注: Mysterium cosmographicum 『宇宙の神秘』（大槻真一郎，岸本良彦訳 工作舎）．
[*321] Rosen 1965, p. 44. ケプラーの『星界の使者との対話』の全訳がある．
[*322] 訳注: Epitome astronomiae Copernicanae.
[*323] Koyré 1968, pp. 81, 86
[*324] Van Helden 1985, pp. 87–90.

1.4 コペルニクス的転回

なる．恒星天の天球はおもしろいほどに薄い．その厚さは太陽半径の 1/6000，つまり 9（英国）マイル以下しかない！これは，恒星がとてつもなく小さな天体であり，ケプラーの主張は望遠鏡による観測で支持される（つまり，星は円盤状には見えず，点光源である）．彼はこの星界についての驚くべき描像を，少なくとも 2 つの理由から満足のいくものと考えた．1 つは，これはコペルニクス宇宙モデルへのティコの反論を否定しているからである．もう 1 つは，太陽が他の構成といかに根本的に違っているか，そして中心天体がどれだけ他の天体よりも重要であるかを示しているからである．ケプラーはコペルニクスに劣らず太陽崇拝者であった．「宇宙のあらゆる天体のうち，最も崇高なものが太陽である．その構成要素は最も純粋な光である」と述べている．さらに

> それは光の泉，実り豊かな熱に満ち，目に最も美しく，透明で，純粋な，視覚の源である…その運動から惑星の王と呼ぶにふさわしく，その力から世界の中心にふさわしく，その美から世界の目にふさわしく，そのものが尊敬すべき最高神であり，物質の住処に喜び，祝福された天使とともに住む場所を選ぶ[*325]．

と続く．ケプラーの宇宙はまさに太陽中心であったのである．

[*325] Burtt 1972, p. 48 からの引用．

第2章 ニュートン的宇宙像の時代

2.1 ニュートンの無限宇宙

17世紀,コペルニクス宇宙論への道は往々にしてデカルト主義を経由した.著名なフランスの哲学者,数学者,物理学者であったルネ・デカルト[*1]は物質と運動の野心的な理論を発展させた.それは天界も含むすべての自然現象を説明するとされた.後期のデカルト主義者の誇り高き座右の銘は「我に物質と運動を与えよ,さらば宇宙を作ってみせよう」であった.デカルト主義の天文学および宇宙論は大いに人気を博したが,17世紀の終わりにはアイザック・ニュートン[*2]の構築した,非常に異なる自然哲学の体系の挑戦を受けることになる.ニュートンの物理学は天体力学において偉大なる大勝利をおさめたが,さらに宇宙論にも応用され,その誕生以来初めてこの分野に自然科学的正当化の評価尺度を与えることになった.18世紀前半に現れたニュートンの宇宙は,無限の宇宙空間に広がった無数の星から成り立っている.ニュートンの宇宙を支配するのは重力の法則だが,世界を真に統べる者は神であり,そのことはニュートンとその同時代人の思考から片時も離れたことはなかった.

2.1.1 天の渦

1629年より,デカルトは彼の力学的宇宙論についてのわかりやすい解説書を準備していた.しかし,ガリレオの『天文対話』が禁書となったことを耳にしたデカルトは衝撃を受け,彼のコペルニクスの宇宙原理にしっかりと立脚して構成された宇宙論の書『宇宙論,あるいは光についての解説』[*3]の出版を保留し

[*1] 訳注: René Descartes.
[*2] 訳注: Isaak Newton.
[*3] 訳注: Traité du monde et de la lumière (le monde). 以下『宇宙論』.

2.1 ニュートンの無限宇宙

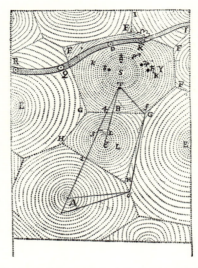

図 2.1 『宇宙論』に描かれているデカルトの宇宙．無数の連続した渦からなっている．それぞれの渦は太陽をその中心に持ち，惑星はその周囲を公転する．シンボル S は我々の太陽を示し，周りに 6 個の惑星がある．太陽系の上に見える道は彗星を表す．

てしまった．敬虔にもデカルトは，彼の教養ある友人であったマラン・メルセンヌ[*4] に「私は教会が同意しない言葉が 1 つでも入った書物を出版したくはない」と告白している．メルセンヌは指導的自然科学者であっただけでなく，コペルニクス宇宙論に共感を持っていた[*5]．

とはいえ，結局デカルトは彼の宇宙論の主要な部分を（匿名ではあるが）彼の有名な 1637 年の著作『方法序説』[*6]，また 1644 年の『哲学の原理』[*7] として出版した．『宇宙論』は彼の死後，1664 年に出版された．彼は，コペルニクスの理論は運動の相対性によって形式的な視点からは受け入れられるが，物理的事実としては認められるべきではないと主張している．

デカルトの物理は幾何学と運動以外の何物でもなく，彼の宇宙論もまた同様である．『哲学の原理』において，彼は自然界を純粋に力学のみによって理解しようと試みた．彼は空間（あるいは延長）と物質は同一のものであるとした．こ

[*4] 訳注：Marin Mersenne.
[*5] Gaukroger 1995, p. 291 より引用．デカルトの宇宙論に関する概要は Baigrie 1993 を見よ．以降のコメントのいくつかは Kragh 2004 より．
[*6] 訳注：Discours de la méthode. 邦訳はたとえば『方法序説』（谷川多佳子訳 岩波書店）．
[*7] 訳注：Principia philosophiae. 邦訳はたとえば『哲学原理』（山田弘明他訳 ちくま学芸文庫）．

第 2 章 ニュートン的宇宙像の時代

の原則は重要な結論を導く．まず，もし物質のない空間が意味を持たないとすると，真の真空は存在しえない．この世界は必然的に物質に満ちたものとなる．そして，空間の密度は場所によって変化しないので，物質も同様であるはずである．しかし我々の世界は密度一様ではなく，ある場所と別の場所で密度が違うことは経験として知っている．天体や構造として現れるこの場所による違いは，よって異なった運動の状態として説明されるべきで，これによってのみ惑星や星はその周囲と区別される．3 つ目として，もし空間が無限であるなら，物質宇宙も無限でなくてはならない．デカルトは，宇宙を構成する物質に境界があるとは考えられないという意味で世界が無限であると信じていた．しかし神のみが真に無限であるので，彼は無限の宇宙というよりも限定されない宇宙と表現することを好んだ．無論これは単に戦略的誘導である．彼は「神がそれ以上作ることができないほどの星の数を想像することは不可能なので，我々はそれを限定されないと考える」[*8] と述べている．

　デカルト的世界の機械的宇宙では，物質粒子が他の粒子に及ぼす力学的作用が原動力となる．これによって，あらゆる大きさ，あらゆる種類の渦状の運動が発生する．デカルトの考えた物質は粒子からなるが，彼は粒子は限りなく分解できると考えており，いわゆる原子論者ではない．彼は物質を光，透明なもの，不透明なものの 3 種類に分類した．地球や惑星は 3 つ目のカテゴリーの物質からなり，太陽や恒星は 1 つ目，そして 2 つ目のカテゴリーに属するエーテルないし天上の物質は，最初の物質とともに天体の間の空間を満たしているが，地上の物質の細孔を通過できる．天の大きな渦，微妙な物質の渦が惑星を運ぶ．これはまた他の天体現象，たとえば彗星の生じるメカニズムにもなる．

　自然法則という考えの発案者の一人であるデカルトは，法則が支配する力学的過程が神の実在論と置き換えられるべきであると信じていた．彼の観点では，宇宙進化論や宇宙論は運動する物質の結果であり，それ以上のものではない．物質世界を創造したのは神であり，よってその法則を定めたのは神だが，その後生じることはすべて厳密に初期条件と運動の法則の結果である．デカルトは『方法序説』や他の著作で，本質的に重要なのは初期条件ではなく法則であると明記している．彼は次のように問いかける．もし神が新しい世界を創造しそして，「もし神が物質をかき回し，まったく秩序のない，かつて詩人がでっちあげたよ

[*8] Descartes 1983, p. 14.

2.1 ニュートンの無限宇宙

うな混沌の状態を作り，その後すべて彼が与えた自然法則にただ従うように自然に委ねたとすると，結果はどうなるだろうか?*9」．デカルトは，力学法則によって我々が住むこの世界とまったく同じ結果になると答えた．宇宙の発展は，我々が観察しているのと同じ物理法則に従って厳密に決まる．神は原初の混沌に物理法則を付与し，混沌がいかなるものであれ，結果同じ世界に行きつくのである*10．

デカルト的宇宙論はおそらく科学的観点というより，社会的かつ世界観的な観点から大成功をおさめた．これはパリ科学アカデミーの終身書記であったベルナール・ル・ボヴィエ・ド・フォントネル*11 が1686年の『世界の複数性についての対話』*12 にて優美で説得力のある文体で示された．フォントネルのこの著書はまたたく間にベストセラーとなり，デカルトの世界像を広めるのに大きく寄与した．多くの科学者が彼の宇宙論を魅力的で，さらに発展させるべきものだと考えた．デカルトの理論は彼の示した形では定性的で思弁的であったが，後のホイヘンス*13，ド・マールブランシュ*14，ライプニッツ*15 といった科学者によってより数学的に，定量的に定式化する努力がなされた．しかし，デカルト的宇宙論の人気も，それが重大な問題を抱えていることは隠せなかった．遅くとも1740年には，フランスにおいてすら，もはや科学的に可能性のある理論とはみなされなくなっていた．

デカルト主義の自然哲学に強い影響を受けたオランダの偉大な科学者クリスティアーン・ホイヘンスは，宇宙論的な問題よりも限定的な問題について扱うことを好んだ．彼の死後1698年に出版された『コスモテオロス』*16 で，ホイヘンスはケプラーの太陽中心宇宙論を厳しく批判し，それまでにも他の研究者が指摘したように，太陽は数多くの星の1つでしかないことを強調した．ちな

---

*9 Descartes 1996), p. 26.
*10 このいわゆる無差別原理は現代宇宙論にも見られる．たとえばカオス的宇宙論やインフレーション宇宙論モデルが該当する．無差別原理については McMullin 1993 を見よ．物理学者ジュリアン・バーバー (Julian Barbour) によれば，デカルトの混沌から秩序が生じるアイディアはインフレーション宇宙論の論文のイントロダクションに見られるのと気味が悪いほど似ている (Barbour 2001, p. 432).
*11 訳注: Bernard le Bovier de Fontenelle.
*12 訳注: Entretiens sur la pluralité des mondes.
*13 訳注: Christiaan Huygens.
*14 訳注: Nicolas de Malebranche.
*15 訳注: Gottfried Wilhelm Leibniz.
*16 訳注: Cosmotheoros.

みに『コスモテオロス』は地球外生命についての詳しい記述によってよく知られている．宇宙に膨大な数の星があることは確かだが，ホイヘンスは「無限についての込み入った論争」に参入することは控えた[*17]．彼は宇宙が無限に広がっていると信じていたが，彼自身はそれが単なる信念であることも自覚していた．彼は，宇宙全体について知ろうとしても，それは人智の及ばないものであると考えていた．

2.1.2 ニュートンの宇宙

アイザック・ニュートンは青年期にデカルトの宇宙の渦動説を学び，それがケプラーの法則を説明できないことから不十分であると結論した（デカルトは1650年没であり，ケプラーの法則は認識していなかったと思われる）．ケプラーの第3法則と円運動における遠心力の研究が，ニュートンを長い研究の末に万有引力の法則に導いた．1680年頃になってようやく彼はケプラーの面積速度の法則に出会い，そこから太陽が惑星に対して距離の逆2乗に比例する力を及ぼしていることに気付いた．その数年後，彼は最高傑作『自然哲学の数学的諸原理』（以下『プリンキピア』）[*18] の執筆を開始し，3年足らずでこの大事業を終えて1687年夏に出版した．

宇宙論的な視点からは，『プリンキピア』はすべての知られている天体現象に対し，一組の物理法則に基づく数学的に定式化された説明を与えたことが本質的に重要である[*19]．ニュートンの理論の核心は普遍的に成り立つ重力の法則である．現代的な用語で言えば2つの質量（あるいは2つの質点）m と M が距離 r だけ離れているとき，互いは以下のように表される力 F で引き合う．

$$F = G\frac{mM}{r^2}. \qquad (2.1.1)$$

ここで G は自然定数[*20] である．地上と天界は同じ法則が支配すると考えられたことは以前にもあったが，ニュートンの主張は数学的に定義された形での法則を与えるもので，このため驚くほどに適用範囲が広い．この意味で，ニュート

[*17] 『コスモテオロス』は Huygens 1722（第2版）として英訳されている．無限についての言及はその pp. 155–157 に見られる．

[*18] 訳注: Philosophiae Naturalis Principia Mathematica. 邦訳はたとえば『プリンシピア　自然哲学の数学的原理』（中野猿人訳 講談社）．

[*19] ニュートンおよびその宇宙観についてはたとえば Koyré 1965, Westfall 1980, Harrison 1986 を見よ．

[*20] 訳注: 重力定数 $G = 6.67384 \times 10^{-11}$ m^{3}kg^{-1}s^{-2}.

2.1 ニュートンの無限宇宙

ンの法則はそれ以前のものよりもはるかに優れている．ニュートンが物体間に仮定した作用は距離を介在して働く「力」[*21] であり，デカルト主義で考えられた物質で満たされた空間での直接接触による作用とは非常に異なっている．

重力の意味と性質はほどなくして論争の的となり，ニュートンはどのように考えるべきか何年間も迷った．1700 年代の自然哲学者にとって彼の重力の概念は「神秘主義的」で，準アリストテレス主義的であり，排除されるべきものであった．力や作用はすべからく力学的に説明されるべきであると考えられていたが，ニュートンはデカルトの渦を否定しており，代わりに提示すべき力学的説明をまだ持っていなかった．『プリンキピア』では彼は道具主義的立場を取り，よく知られているように「私は現象から重力のこれらの性質を導き出すことにはいまだ成功していない．そして私は仮説を作らない… 重力が確かに存在し，我々が説明した法則に従って働くというだけで十分である．天の物体と我々の海の運動をすべて説明できればそれでよい」と述べた [*22]．

『プリンキピア』の 2 巻では，ニュートンはデカルトの理論を徹底批判し，完膚なきまでに叩き潰した．まず彼は，デカルト主義者が仮定したような宇宙を満たす物質的媒体は存在しえないことを示した．そのようなものを仮定すれば，惑星の運動に破滅的な影響が出るはずである．次に，デカルトの渦は自己維持的であると仮定されている．ニュートンはこの主張に反証を与えた．そして 3 つ目として，渦運動はケプラーの提唱した 3 法則を再現しない．天界は物質で満たされている状態からは程遠く，それどころか物質はほとんど完全に存在していない．「渦の仮定は… 天体の運動を明らかにするどころか，かえってわからなくしてしまう [*23]」．

ニュートンのデカルト宇宙論の否定は『プリンキピア』出版の約 20 年前まで遡る．1667 年頃の未出版の論文『重力について』で，25 歳のニュートンは空間と物質は無関係であると述べた．彼は空間は無限であると考えた．「その向こうにある空間を想像することなく，境界を考えることはできないからである」．我々は「空間に何もないという状態は想像できるが，空間自体が存在しないというのは想像できない．ちょうど，時間が存在していないのは想像できない

[*21] 訳注: 遠隔力と呼ぶ．
[*22] Newton 1999, p. 943.
[*23] Newton 1999, p. 790.

第 2 章 ニュートン的宇宙像の時代

が,その間に何も起きないという状況なら想像できるのと同じである*24」. その頃ニュートンは, 宇宙を有限の星の系とその外側に広がる無限の空間からなると考えていた. 彼は天体のない空間——世界の彼方に存在すると仮定する必要がある空間——は, 単なる虚空とは異なると明示的に述べていた. 彼はデカルトの物質で満ちた宇宙を排除したが, それを真空の空間ではなく宇宙に普遍的に広がるエーテル的な媒質で置き換えたのである. しかし, その後彼は天体をその軌道に保持するための物質の存在は否定した. 彼は 1693 年のライプニッツへの書簡で, 惑星間空間には物質が存在せず, 惑星の運動は重力のみが原因であると強調している.

デカルトとは違い, ニュートンは宇宙が力学の法則のみでは完全には理解できないということにこだわった. 彼は「自然の法則のみによって, 混沌からそれ [宇宙] が生じたと見せかけることは... 哲学的ではない」と考えた*25」. これはつまり, デカルトの否定である. 惑星と恒星の系の素晴らしい統一性は, それらが知性ある仲介者によって構築され, 維持されていなければとうてい不可能である. 『プリンキピア』の「一般的注釈」において, ニュートンは「恒星の光は太陽の光と同じ性質を持つ」と述べている. これは重要な天体物理学的見解であるが, ニュートンにとってはより広い意味を持っていた. 彼はこれを一神論を支持する神学的議論であるとみなしていた. 太陽と星が同じ性質の光を放射する類似の天体であることに現れる自然の統一性は, すべての自然界の物は「唯一者に支配されている」ことを確実に示している.

ニュートンの宇宙は力学的であるが, 決定論的でもなければ, 生命力や聖霊を排除してもいなかった. それどころか,「運動は得られるよりは失われがちであり, 常に減衰していく」ことから, そのような非力学的原理は宇宙を維持するうえで本質的である. このニュートンの意見は当時のほとんどの英国の著述家や哲学者に共通の姿勢を反映していた. そこには自然界における浸食が非常に有効に働くことが念頭に置かれている*26. 地球上の地形は徐々に減衰してゆく. この過程は自然であり, そして不可避である. 浸食という概念は主として地表に適用されるが, 宇宙全体に適用すべきでないとする理由はない.

---

*24 『重力について』の英訳は Hall & Hall 1962, pp. 121–156 に見られる. 引用は pp. 137–138 より.
*25 Newton 1952, p. 402. 以下の引用は同じ文献の pp. 399–404 より.
*26 Davies 1966 を見よ.

2.1 ニュートンの無限宇宙

　ニュートンは,ずっと後の時代の,エントロピーを減少させる過程（2.4 節）についての議論を連想させる一節において「もしこのような原理がないならば,地球, 惑星, 彗星, 太陽, それらに含まれるすべての物は冷え, 凍り付き, そして不活性なただの塊になるだろう. 腐敗, 創成, 植物の発生, 生命活動は停止し, 惑星と彗星は軌道から外れるだろう.」と述べている. やはりデカルトとは反対に, ニュートンは自然法則は今ある物理法則は唯一ではなく別の可能性もありうる, そしてそのような別の物理法則が支配する世界も存在しているだろうと考えていた. 全能の神にはこれは可能であると, 彼は『光学』[*27] で説明している:

> 空間は無限に分割でき, 物質は必ずしもあらゆる場所に存在しているわけではないので, 神は様々な大きさ, 形の物質の粒子を様々な割合の空間に, おそらく異なった密度と力で創造することができる. よって神は自然法則も異なり, 宇宙の様々な場所で, 様々な種類の世界を作ることができる.

　ニュートンの宇宙は完全な機関でもなければ時計仕掛けの宇宙でもないことは強調しておくべきである. 時計仕掛けという比喩は 17 世紀によく用いられ, ライプニッツを始めとする人々が頻繁に使ったが, ニュートンは時計のイメージを用いたことはなかった. ライプニッツや他の批判者は, 完全なる神は少なくとも可能なうちで最善のという意味で完全な世界, 維持の必要のない仕組みを創造すると信じていた. 1715 年, ライプニッツはニュートン支持者の「とても奇妙な意見」について書いている:

> 彼らの教条によると, 全能の神は彼の時計のネジをときどき巻き直すらしい. さもなくば止まってしまうそうだ. 神はどうやら, 時計がずっと動くように作るだけの見通しに欠けていたらしい... 私の意見では, 世界には常に同じ力と活力があり, ただ自然の法則と予め定められた美しい秩序に従って物質のある部分から別の部分へと動くのみである.

　しかし, ニュートンと彼の支持者はそのような見方を理神論[*28] や隠れた唯物論に危険なほど近いとみなした. ライプニッツとの論争におけるニュートンの広報担当であったサミュエル・クラークは痛烈に反論した:「世界が巨大な機

[*27] 訳注: Opticks. 邦訳は『光学』(島尾永康訳 岩波書店)
[*28] 訳注: deism. 神の存在は認めるが人格的存在であることは否定し, 啓示を否定する立場.

第 2 章 ニュートン的宇宙像の時代

械であり，時計が時計職人の補助なしで回るように神の介在なしで進むとするのは唯物論的で破滅的な考えであり，（たとえ神が霊性のものであると見せかけても）宇宙における神の摂理と統治を排除するものである[*29]」．

ライプニッツは空間や時間の性質を含む多くの問題でニュートンと対立したが，神の叡智に対して「よりふさわしい」として，物質的に無限の宇宙を信じているという点では同意見であった．彼は宇宙は空間的に限界はないとしたが，時間的な境界，つまり宇宙の始まりがある可能性については受け入れていた．一方クラークは，ライプニッツの空間と時間の関係についての見方を受け入れるなら，時間的にも無限であると考えるべきだという立場を維持した．ライプニッツはこれには同意しなかった．中世における議論を参照し，もし宇宙が永遠に存在していたとしてもやはり神の手に為るはずであり，すなわち創造されたはずであると付け加えた．ライプニッツは，神は無限個の宇宙を必然的に考えたはずで，それら1つひとつは論理的に整合的であるという意味で存在可能であると考えていた．しかし，神は実際には我々の宇宙のみを創造した．それは完璧ではないかもしれないが，可能な限り最善の宇宙である．この考えは後世の多世界仮説とある程度似ている．しかし，ライプニッツは他の可能な宇宙が実際に存在しているとは考えなかった．他の宇宙の可能性についての議論は彼にとってはすべて哲学および神学に属するもので，物理的あるいは天文学的な意味での宇宙論に属するものではなかったのである．

17 世紀，宇宙論は天文学のみならず，地球の形成とその表面の変化について理解するための試みとして地球物理学とも結びついた．この世紀には多くの思弁的な宇宙論シナリオが提唱され，そのうちいくつかは宇宙全体についての仮定に基づいていた．定常宇宙の立場からは非常に驚くべきことに，それらのシナリオでは完全に宇宙は進化すると考えられていた．デカルトは太陽系がいかに形成されたかについての力学的な理論を提唱した．ニュートンと同時代のトマス・バーネット[*30]は，旧約聖書と新しい科学との両方にアピールする宇宙進化論を発表した．1681 年に出版された彼の『地球の神聖な理論』[*31] でバーネットは地球の歴史を再構築し，原初の混沌から 6 つの宇宙論的時代を経てき

[*29] Alexander 1956), pp. 11–12, 14. ライプニッツ–クラークの文通についての分析は Vailati 1997 を見よ．
[*30] 訳注: Thomas Burnet.
[*31] 訳注: Telluris theoria sacra.

たとした．現在の世界はその発展途上の一時的な状態にすぎず，いったん全地球的災害に見舞われた後，楽園が再構築される．バーネットの進化シナリオは多くの論争を引き起こしたが，とはいえこの種の多くの論争の 1 つでしかなかった．1696 年にはウィリアム・ウィストン[*32]が『地球の新しい理論』[*33] を執筆した．こちらはずっとニュートン理論に沿っており，ニュートンにも好まれた．ライプニッツも進化宇宙論に携わったが，彼の『プロトガエア』[*34] が出版されたのは 1749 年で，彼の死後何年も経ってからであった．

2.1.3　ベントリーとの文通

　すでに述べたように，ニュートンは世界をそのままにしておくと，徐々に分解されてゆくと信じていた．しかし，必ず世界は分解して終わるというわけではなく，ニュートンは少なくともそのうちにはこの崩壊は太陽の光からの新たな惑星の形成など，宇宙の補給活動性とつり合うだろうと考えていた．世界が崩壊して混沌に還った場合でも，前の世界の灰から新しい世界が現れる[*35]．古代ギリシャに端を発するこの種の周期的宇宙モデルは，ニュートンの時代の英国の研究者によって地球，あるいは宇宙全体への応用が考えられた．これはニュートンと若き神学者リチャード・ベントリー[*36]との短いながらも重要な文通の中にも現れている．ベントリーは後にオックスフォード大学トリニティーカレッジの校長になった人物で，この文通のあった 1692〜93 年，彼はボイル講座[*37]の最初のシリーズの出版準備をしていた[*38]．ニュートンはベントリーへの 3 通目の書簡で「現在の宇宙以前に別の宇宙の体系があり，またその前にはさらに別の宇宙があり，というように，永遠の過去までずっと続いていたかもしれません．あるいは，この世界は 1 つ前に崩壊した世界の蒸散した物質から創生されたのではなく，空間に均一に広がっている物質の混沌から創生されたのかもしれません．」と考察している．しかし，彼は周期的宇宙論という神学的に危険な考えを擁護することは注意深く避け，「明らかに不合理である」として退けている．

[*32] 訳注: William Whiston.
[*33] 訳注: New Theory of the Earth.
[*34] 訳注: Protogaea.
[*35] Kubrin 1967, Russell 1973, pp. 147–169 に再掲．
[*36] 訳注: Richard Bentley.
[*37] 訳注: 神学に関心の深かった化学者ロバート・ボイル (Robert Boyle) の遺志により，無神論者，啓示否定論者，異教徒に反対してキリスト教の正しさを証明するため 1691 年に創設された．
[*38] ベントリーへの書簡は 1756 年に初めて出版された．Cohen 1978, pp. 279–312 に再掲．

第 2 章 ニュートン的宇宙像の時代 107

　ニュートンの宇宙は崩壊への力と生成への力の微妙なバランスで成り立つ動的な系である．宇宙の各部分は他の部分と力学的に相互作用することで精妙なつり合いを保つ．それは神の慈悲深い意図にその源をたどれるものである．これは太陽系のみならず宇宙全体にも成り立つ，とベントリーは最初の書簡で述べた．木星と土星は他の惑星に比べはるかに巨大であり，そして同時にはるかに遠方に配置されている．ニュートンによれば，これは決して偶然ではない．

> この配置はそれらの惑星が太陽から遠くにあるから生じたのではなく，むしろ造物主がそれらを遠くに配置した理由なのです．これらの重力によって互いの運動を非常に強く乱します... そしてもしそれら巨大惑星が太陽にずっと近い位置に配置されたとしたら，同じ重力でもずっと強い影響を与え，系全体に対して大変な擾乱を与えることになったでしょう．

　ベントリーとの文通の中で，ニュートンは有限の星の系が無限の空間に入っているという考えをやめ，無限の宇宙に星が分布しているモデルを採用するようになった．彼は，もし宇宙が有限であれば，すべての物質は最終的には凝集してしまい，1 つの巨大な質量中心となってしまうため，星の系は無限でなければならないと議論した．彼の選んだ無限宇宙モデルの場合でも，星が「他の星と互いにここまで正確につり合い，完璧な平衡状態を作り出している」ことは大変考えにくい（彼は星が固有運動をしている可能性については考慮していなかった）．彼自身がそのような宇宙は重力的に不安定であると見抜いていたものの，ニュートンは「神の御力により」それは可能であると考えた[*39]．ベントリーは 1693 年に出版した『世界の起源と構成による無神論の論破』において，ニュートンが彼にこう語ったと述べている：「この系の配置と秩序がこの宇宙の年齢の間永続的であることは，確実に神が存在することを示している．宇宙が無限であっても，恒星は静止できず自然に集まってしまうはずで，系は破滅してしまうはずだからである[*40]」．

　これはいわゆる「重力のパラドックス」が出現した最初である．現代的な定式化では，一様な質量密度分布を持つ無限の宇宙では，重力ポテンシャルが定義

[*39] Cohen 1978, p. 287. 彼のベントリーへの最初の書簡では，ニュートンは神を「力学と幾何学に大変長けている」と表現している．

[*40] Cohen 1978 は『世界の起源と構成による無神論の論破』の第 II 部と第 III 部を含んでいる．引用は p. 351 より．

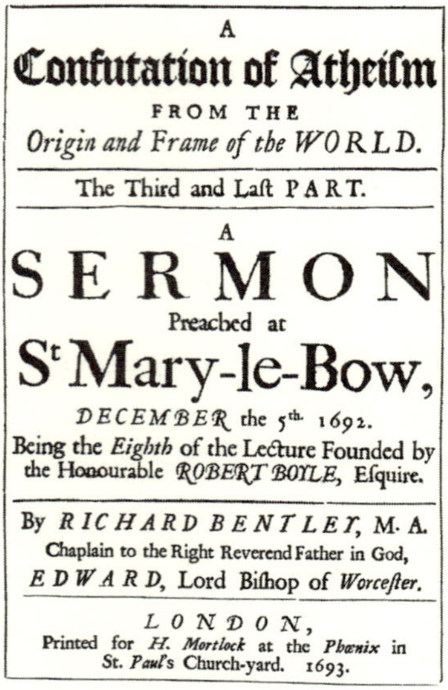

A
Confutation of Atheiſm
FROM THE
Origin and Frame of the WORLD.

The Third and Laſt PART.

A
SERMON
Preached at
St Mary-le-Bow,
DECEMBER the 5th. 1692.
Being the *Eighth* of the Lecture Founded by the Honourable *ROBERT BOYLE*, Eſquire.

By *RICHARD BENTLEY*, M. A.
Chaplain to the Right Reverend Father in God,
EDWARD, Lord Biſhop of *Worceſter.*

LONDON,
Printed for *H. Mortlock* at the *Phœnix* in St. *Paul's* Church-yard. 1693.

図 2.2 リチャード・ベントリーの『世界の起源と構成による無神論の論破』はニュートンによる重力で支配された無限宇宙という考えを広めるのに大きく貢献した.

できないと表現される. この問題は理論的宇宙論においてアインシュタイン の登場まで重要な役割を持ち続けた. 後の章で詳しく見ることになる. ニュートンはこの問題をさらに詳細に考察しようとしたが, 成果は得られなかった. 『プリンキピア』の 1726 年版における宇宙論についての最後のコメントで, 彼は神が恒星を重力的に崩壊しないよう互いに非常に離れた距離に配置したと述べたが, まったく納得のいく議論ではない. 彼は一様に星が分布した無限の宇宙の安定性について物理的な説明を与えることはできなかった.

エドモンド・ハレー [*41] はニュートンがベントリーに語った考察を知らなかった. 1720 年に王立協会に提出された論文で, ハレーは無限の宇宙では星はあらゆる方向に同じ力で引き寄せられるため, 平衡状態になると述べた. しかし, これはニュートンがベントリーへの書簡で訂正した誤解そのものである. 2 つの無限は互いに打ち消し合わない. ハレーやその時代の研究者にとって, 無限個の星というのは極めて奇妙な概念だった. あらゆる数よりも多くの星があるということは, そのような数をどう解釈すればよいのか? それでも, ハレーはそれが

*41 訳注: Edmond Halley. 音写はハリーとするほうが原語に忠実だが, ここでは慣例に従った.

第 2 章 ニュートン的宇宙像の時代

無限の星で満たされた宇宙にとって致命的な反論になるとは考えていなかった．「同じ議論によって，我々は永遠の時間についても反証することができる．あらゆる日，年，年齢も無限の時間とは比較できない*42」．

　ニュートンの自然哲学は始めイングランドで，そしてヨーロッパ大陸で徐々に受け入れられてゆき，そして重力で支配された無限の星で満たされた宇宙像も認められていった．18 世紀半ばまでには，多くの自然科学者が重力が不変である限り（そして神の介在がなければ），宇宙は不安定になり，最終的に破局的終末を迎えるというニュートンの議論を受け入れた．少なくともニュートン支持者の天文学者ジェームス・ファーガソン*43 はこのシナリオが世界の永遠性の反証に使えることに気付いた．

> それ [世界] が永遠に存在しており，神が上記の [ニュートンの] 力に伴う作用，いわゆる法則の支配にまかせていたとすれば，それははるか昔に終焉を迎えていたはずである…しかし主が望む限り世界が存在し続けることは我々はほぼ確実だと考えている．主は人間を死すべきものとして創造されたように，世界も崩壊すべきものとして創造されるなどという過ちを犯したと考えるべきではない*44．

　約 1 世紀の後，ファーガソンの宇宙年齢の有限性についての議論は力学的崩壊をエントロピーに置き換え，熱力学的な文脈で再定式化された．この話題は 2.4 節で再び議論する．ニュートン力学の装いを帯びてはいるものの，この議論はより一般的な思考によっており，17 世紀後半によく議論された浸食の概念の新しいバージョンにも見受けられる．実際，英国の裁判官マシュー・ヘール*45 は 1677 年に出版した『人類の原初の秩序』*46 において似た議論をしている：「もし世界が永遠なら，水が間断なく流れ落ち，削ってゆく作用によって，無限の時間とともに地上の隆起は跡形もなく平らになり，地表は完全に平坦で，山も谷もあらゆる凹凸も無くなり果て，そして地面の高さは水面の高さと同じになっているはずである*47」．

---

*42 Halley 1720–21, p. 23.
*43 訳注: James Ferguson.
*44 Ferguson 1778（第 6 版），p. 84.
*45 訳注: Matthew Hale.
*46 訳注: The Primitive Origination of Mankind: Considered and Examined According to the Light of Nature.
*47 Davies 1966, p. 278 に引用されている．1.2 節で言及されているように，この議論はストア哲学にまで遡る．

2.2 啓蒙時代の宇宙論

　理性の時代[*48]の宇宙論は異なった性質の 2 つの傾向で特徴づけられる．1 つはより大きな，高性能の望遠鏡の建造により，天文学者は宇宙のより遠方を見通すことができるようになり，そこには星雲などのような新たな，奇妙な天体があることを発見したことである．これこそが 18 世紀の終わり，ウィリアム・ハーシェル[*49]が新たな宇宙論を提唱する基礎となった天文観測であった．もう 1 つの潮流は観測とはほとんど無関係の，思弁的な哲学に関するものである．星の天文学の進歩にインスピレーションを受け，しかしそれに限定されることなく，自然科学者と哲学者は数多くの宇宙全体についての理論を発展させた．カント[*50]の理論などいくつかは，宇宙の進化に関する視点を含んでいた．

　往々にして，無限宇宙という概念が受け入れられたのは 18 世紀，ニュートンの物理学の勝利によるものだと述べられている．しかし，啓蒙思想が閉じた世界から無限宇宙への変遷を特徴づけたとするのは一般には正しくない．それどころか，無限は物理的な意味づけのできない，よって宇宙論の根拠づけには使われるべきでない奇怪で歓迎されざる概念と見られ続けていたのである．カントはじめ少数の人々はこれに反対したが，彼らはむしろ例外的であった[*51]．

　光速が有限であるという発見は 18 世紀初期には一般に受け入れられていたが，天文学者は遠方宇宙を観測すると時間的に遡った姿がみえるという事実を受け入れることには奇妙なくらいためらった．このことは周知ではあったものの，18 世紀の終わり，ウィリアム・ハーシェルの宇宙論的思索に影響を与えたのみであった．恒星の宇宙の「とてつもない広大さ」を表現するのに，英国のフランシス・ロバーツ[*52]は 1964 年に「星からの光が我々に届くまでにかかる時間は，我々が西インドへの航海（当時は一般に 6 週間かかっていた）をする以上の時間がかかる…［そして］音が届くまでには 50,000 年もの時間がかかり，大砲の砲弾はそれよりもはるかに長い時間かからなければ我々には到達しない」と

[*48] 訳注：啓蒙時代，すなわち聖書や神学の権威を離れ，理性による知によって世界を理解することを目指した時代を指す．
[*49] 訳注：Sir Frederick William Herschel，出生時の名は Friedrich Wilhelm Herschel．
[*50] 訳注：Immanuel Kant．
[*51] ドゥニ・ディドロー (Denis Diderot) とジャン・ダランベール (Jean Le Rond d'Alembert) 編纂の有名な『百科全書』には，宇宙論関連の論文がいくつか掲載されているが，いずれも宇宙を無限であるとは述べていない (Jaki 1990, p. 52)．
[*52] 訳注：Francis Roberts．

述べている*53. ロバーツは光速としてニュートンが『プリンキピア』で採用した値を採用していた. これは太陽から地球まで 10 分かかる速さに対応する.

2.2.1 天文学の発達

18 世紀の望遠鏡技術の発達, 大望遠鏡だけではなく焦点合わせ線つき顕微鏡の洗練された応用も含む発達は恒星の観測を天文学研究の最前線へと押し出した*54. ヒッパルコスの時代より, 恒星は不動——つまり互いに天球上の同じ位置を保ち続ける——とみなされていた. これはニュートンもまだ当然と考えていた. この通説に初めて疑問を呈したのはハレーである. ハレーは『アルマゲスト』などに残る古代ギリシャ人が記録した星の位置と現在の星の位置を比較し, 1718 年にその結果を発表した. 彼は恒星の位置の不一致に対する唯一可能な説明は, 3 個の明るい星 (アルデバラン, シリウス, アークトゥルス) が南向きに動いたということであると結論した. より暗い星については彼のデータでは結論を出すことはできなかったが, 彼はこれらも固有運動を持つと信じていた.

ハレーの主張は 1738 年にアークトゥルスについてジャック・カッシーニ*55 によって確かめられた. しかし, 一般に受け入れられるようになったのは, ゲッティンゲンの天文学者ヨハン・トビアス・マイヤー*56 によるこの問題の系統的検証が行われてからである. 古代ギリシャのデータを比較に使う代わりに, 彼は半世紀前にデンマークの天文学者オーレ・レーマー*57 が行った近代的観測を比較に用いた. 1760 年の『恒星の固有運動について』*58 において, マイヤーは明るい方から 80 個の星が赤道座標上でその位置を変えている疑問の余地のない証拠を提示した. マイヤーのこの重要な業績の後, 恒星の固有運動は現実のものと受け入れられ, 「恒星」という名前はもはや歴史の名残となってしまった.

恒星の固有運動の探索は地球が太陽の周りを公転していることの観測的検証とも関連していた. ニュートンの没年までには, 天文学者で地球の公転について疑問をはさむものは (少なくとも私的には) いなくなっていたが, 確実な証拠はまだ得られていなかった. そのような証拠, あるいはそれに非常に近いものは,

---

*53 Roberts 1694, p. 103.
*54 詳細については Hoskin 1982 および 1999 を見よ.
*55 訳注: Jacques Cassini. イタリア出身の天文学者. Giovanni Domenico Cassini (後の Jean-Dominique Cassini) は父.
*56 訳注: Johann Tobias Mayer.
*57 訳注: Ole Christensen Rømer.
*58 訳注: De motu fixrum proprio.

光行差の発見によってもたらされた．りゅう座 γ 星の視差の測定において，若き司教代理で後に王室天文官^{*59} となったジェームズ・ブラッドリー^{*60} はこの星の異常な運動に悩まされていた．大混乱の後，彼が達した結論は星の視差ではなく，地球の公転による光行差の効果だということであった．彼が 1728 年に王立協会哲学紀要^{*61} に発表した論文『新たに発見された恒星の運動』で，彼は星の正確な位置は有限の光速と地球の公転速度の比に依存すると説明した．

ブラッドリーの発見は天文学のみではなく，間接的ではあるにせよ宇宙論にも重大な衝撃を与えた．まず，これはコペルニクス宇宙のほぼ直接的証明となった．1728 年以降，地球の公転に反論する唯一の道は 1676 年レーマーの発見した光速の有限性を否定することであった．さらに，すべての星が同じ光行差を示すことから，光速は空間をどのくらい伝播してきたかによらず一定である．光速はニュートンの重力定数と同じく自然定数の 1 つである．1 天文単位として 137.73×10^6 km を採用し，ブラッドリーは光速を $c = 279{,}939$ km s^{-1} と算出した．これは現在採用されている値より 7 ％小さいだけの非常に正確な値である．

ブラッドリーは $1''$ の精度で星の位置を決定できると信じており，りゅう座 γ 星に視差を発見できなかったことから，この星までの距離を 400,000 AU 以上でなくてはならないと結論した．彼の結果は，ニュートンが等級を用いて，最も近い星は大体 100 万 AU の距離にあるとした議論とよく一致している．これら 2 つの方法は完全に独立なので，星と星の距離は 100 万 AU 程度であるという信頼できる証拠を与えている．言うまでもなく，この結果は極めて重要であった．

すでに述べたように，光行差の発見は地球が太陽の周りを公転している証明であるが，しかしこれは間接的な証拠でしかない．欠けていたのは，星の年収視差という古典的問題，ティコ・ブラーエの時代（そしてさらに昔に遡る）からずっと追い続けられ，そして観測の角分解能のため，いまだ手の届いていない現象であった．ついに星の年周視差が検出されたとあまたの天文学者が報告し，そして同じ数だけ，結局間違いであったという落胆が報告された．1830 年代の終わり—コペルニクスの『天体の回転について』の出版から実にほぼ 300 年後—この厄介な問題はついに解決を見る．プロイセンの天文学者フリードリッヒ・

---

^{*59} 訳注: グリニッジ天文台長を意味する．
^{*60} 訳注: James Bradley.
^{*61} 訳注: The Philosophical Transactions of the Royal Society.

第 2 章 ニュートン的宇宙像の時代 113

ヴィルヘルム・ベッセル はヘリオメータという分解能 1″.2 で天体の各部分を分解できる観測装置を用い，連星系はくちょう座 61 番星を研究した．1838 年，彼はこの星の年周視差を 0″.3136，つまり距離 657,000 AU であると発表した [*62]．今回は，この報告は取り消されることはなかった．

星の年周視差の測定の発見は無論大変な重要性を持つが，それは星の視差を測定したいという本来の動機に由来するものに他ならなかった．結局のところ，コペルニクス宇宙論は事実上はるか以前に受け入れられていたのであり，最終的な立証の必要はほとんどなかったのである．ベッセルとその時代の天文学者による結果は宇宙論には何ら衝撃を与えなかったが，星までの距離が観測的な方法で決定できることを証明した．最も近い星までの距離はニュートンが予言し，ブラッドリーが見積もった値とよく一致することもわかった．無論より暗い星までの距離はさらにずっと遠いと仮定されたが，どのくらい遠いのかは誰も答えることはできなかった．

2.2.2　ライトからビュフォンへ

理性の時代はまた，それまでは天文学や物理学に対して単に賛同するだけで実践を伴うことのなかった宇宙全体の構造についての考察，すなわち思弁的，哲学的宇宙論が大発展した時代でもある．これらのうちには宇宙論的な考察の方向性を変えた明晰なアイディアもあった．18 世紀初頭に提示された哲学的宇宙論の 1 つに，1731 年に出版されたクリスティアン・ヴォルフ [*63] の『一般宇宙論』[*64] がある．自然科学的価値はさておき，『一般宇宙論』は標題の「宇宙論」が神学のみに限らない意味を持つ最初の文献であることは言及に値する．英国の著述家にして教師であったトーマス・ライト [*65] は宇宙の構造とその神との関係について考察した．彼が 1750 年に出版した『宇宙についての新理論あるいは新仮説』[*66] では，我々の銀河系を構成する，太陽を含む恒星のすべては銀河

[*62] スコットランドの天文学者トマス・ヘンダーソン (Thomas James Henderson) は南天の星を研究しており，同時期にケンタウルス座 α 星の視差を 1″ 以上と見積もった．ヘンダーソンはベッセルに先んじてこの解析を完了していたが，発表は遅れを取った．これら 2 つの星の視差の現在の値はそれぞれ 0″.29 （はくちょう座 61 番星）および 0″.74 （ケンタウルス座 α 星）と見積もられている．

[*63] 訳注: Christian Wolff.

[*64] 訳注: Cosmologia generalis.

[*65] 訳注: Thomas Wright.

[*66] 当時の慣習にならい，この書物の標題も『自然界の法則に基づき，目に見える創造，特に銀河系についての一般的現象を数学的手法により解き明かすための宇宙についての新理論あるいは新仮説』と

2.2 啓蒙時代の宇宙論

系中心の周りを公転しているという説を提唱した.この中心は神聖な,神の無限の力が放射される場所である.ライトはさらに,宇宙には我々の銀河系に似た他の星の系が存在し,その系の星はそれぞれの神聖な中心を取り巻いていると述べた.

星が球形に分布した宇宙モデルと,銀河系の星が天の川の周りに集中している観測とを一致させるため,ライトは星の分布する球殻は薄く,そして非常に巨大であるためその曲率は極めて小さいと考えた.太陽系はこの球殻の一部であり,球殻の接平面に沿って観測すれば多くの星が天の川のように分布して見えるはずである(そして接平面の法線方向を観測すれば,ずっと少ない数の明るい星のみが観測されることになる).よく見られる主張とは異なり,ライトは銀河系が太陽付近を中心とする円盤状の星の集団であるとは提唱していない.そのような銀河系像は彼の神学に基づく宇宙論の視点とはまったくなじまなかったのである.『宇宙についての新理論あるいは新仮説』におけるライトの宇宙論は全体として安定で定常的なものであったが,後の『宇宙の理論についての第2の,あるいは奇妙な考察』[*67] と題する小論の草稿では,彼は宇宙は進化している状態にあると述べている.彼の新しいバージョンの宇宙論は太陽中心で,太陽は世界の動的性質の源となる,循環する炎と結びついている.ライトの宇宙論はどのバージョンであれ完全に道徳的神学的なもので,観測される宇宙について科学的に考察することは主たる目的ではなかった.

『宇宙についての新理論あるいは新仮説』はあまり広く人々に読まれることはなかったが,主に著名な哲学者イマヌエル・カントを通じて宇宙論の議論の流れに影響を与えることになった.当時プロイセンのケーニヒスベルク大学の無名の私講師[*68]にすぎなかったカントはこの文献を読んだことはなかったが,主な内容については Hamburg journal(ハンブルクジャーナル)誌に 1751 年に出版された詳細な総論を通じて精通していた.本人の言うところによると,この総論は彼自身の宇宙論を考案するきっかけとなり,1755 年に『天界の一般的

非常に長い.マイケル・ホスキン (Michael Hoskin) による詳細な序章を加えた復刻版は Wright 1971 として出版されている.ライトの宇宙論は多くの人々の興味を集めた.Shaffer 1978, Hoskin 1982, pp. 101–116, Jaki 1990, pp. 81–106 を見よ.また,より通俗的な側面については Belkora 2003, pp. 35–73 を見よ.

[*67] 訳注: Second or Singular Thoughts upon the Theory of the Universe.
[*68] 訳注: Privatdozent.

第 2 章 ニュートン的宇宙像の時代

自然史と理論』*69*70 という小冊子として発行された．カントは思弁的宇宙論においては新参ではない．1749 年出版の彼自身の最初の書物において，当時若干 25 歳の哲学者は神学的考察から宇宙の空間的次元は我々の住む 3 次元に限らず，あらゆる次元が存在するに違いないと主張した．カントの 1755 年の書物は完全に自然主義的であり，かつ宇宙全体の進化を扱っているという意味で宇宙論の歴史に新たな展開をもたらした．カントの宇宙論は古代の原子論者の伝統を汲むもので，そのタイトルは『天界の一般的自然史と理論』というタイトルそのままの偉大な試みである．カントはしばしば神について言及し，彼の理論を神学的なものとして提示してはいたが，実際は物質の最初の生成を除けば造物主という言葉はほとんど修辞的な意味で使われていた．ニュートンとは異なり，そしてデカルトやライプニッツと同様に，彼は宇宙に神の奇跡の入る余地はないと考えていた．彼は「奇跡がなければそれ自体が維持されないような宇宙の構造は，神の選択の証明である定常性を持っていない」と述べている*71．

　カントの宇宙論は，無限の虚空全体に神が一様に静止した粒子の混沌を創造したことから始まる．この原初の混沌は不安定で，より粒子の濃い部分は薄い部分を引き寄せ，凝集が生じる．デカルト同様，カントは原初の混沌は自然法則によって必然的に秩序ある構造——明確な秩序——へと進化するとした．すべての粒子が 1 つの質量塊に崩壊することを避けるため，カントは粒子間に働く斥力を導入した．しかし彼は斥力には何ら法則を与えず，引力と斥力（後に衝突も加えられた）がどのような機構で回転する系の角運動量を生じるのか説明しなかった．「この斥力によって，… 引力中心へと沈んでゆく物質は横方向の運動に向きを変えられ，その結果垂直方向の落下から落下中心周りの回転運動が生じる」と主張しているだけである*72．カントの宇宙論は角運動量保存則を破っているが，それを根拠にしてこの理論を却下するのは時代錯誤である．1755 年頃はまだこの法則の一般的な定式化はできておらず，法則として受け入れられる前であった．

---

*69 訳注: Allgemeine Naturgeschichte und Theorie des Himmels. 邦訳は『カント・宇宙論——天界の一般自然史と理論』（荒木俊馬訳 恒星社厚生閣）．
*70 英訳は Kant 1981. 英訳版にはヤキ・サニスロー (Jáki Szaniszló) による貴重で批判的な序章が付け加えられている．ヤキはカントの宇宙論は過大評価されており，基本的に科学的価値はないとしている．
*71 Kant 1981, p. 152.
*72 Kant 1981, p. 115.

2.2 啓蒙時代の宇宙論

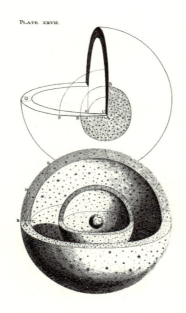

図 2.3 1750年に発表されたトーマス・ライトの宇宙. 太陽と地球は他の多くの恒星とともに外側の球殻に位置する. 中心には神の「神聖なる王座」があり, それは銀河系の銀極方向のうちの一方に位置している. Wright 1971, plate 27 より.

詳細はともかく, カントは太陽系の形成を説明できると主張し, そしてこの形成理論をより大きな構造にも一般化して適用できると考えた. カントはどのような大きさの構造であろうと, それらは共通の中心の周りを回転するとしたが, それは彼のもう1つの基本的仮定, 宇宙が無限であることと矛盾する. 無限の宇宙に中心など存在できようか? カントはこれについて触れ, 幾何学的にはそのような中心は存在しないが, 物理的観点から宇宙進化の始まりの種には「中心と呼ぶにふさわしい特別な点は存在しうる」と強弁した.

カントの卓越した洞察の1つが, 銀河系が円盤状の構造であり, 銀河系中心の周りを回転する膨大な数の恒星の平たい集まりであると考えたことである. さらに革新的に, 彼は星雲状の星は個別の星のような天体ではなく, 銀河系のような星の巨大な集合体であると示唆した. 彼は星雲は「宇宙, つまり銀河系のような天体である」と明確に述べた. この世界は島宇宙で, 巨大な虚空の中に星雲状の島宇宙が浮かんでいる. そして島宇宙は孤立した単独の存在ではなく, より大きな構造の構成要素をなす. この階層構造は無限であり, 宇宙の無限の彼方ま

第 2 章　ニュートン的宇宙像の時代 　　117

Allgemeine
Naturgeschichte
und
Theorie des Himmels,
oder
Versuch
von der Verfassung und dem mecha-
nischen Ursprunge
des ganzen Weltgebäudes
nach
Newtonischen Grundsätzen
abgehandelt.

* * * * * * * * * * * *
Königsberg und Leipzig,
bey Johann Friederich Petersen, 1755.

図 2.4　カントの世界の構造と進化についての解説のタイトルページ．完全なタイトルは『天界の一般的自然史と理論，あるいはニュートンの原理に立脚する宇宙全体の構造と力学的進化についての試論』．

で広がっているのである．カントの洞察にはフランスの碩学ピエール-ルイ・モロー・ド・モーペルテュイ[*73]がある程度伏線を与えていた．モーペルテュイは 1732 年の『天体の様々な形状についての論説』[*74]において，星雲状の星の形状について議論した．モーペルテュイはこれらの天体を渦巻く流体によって造られた天界の道標に喩え，また観測する視線方向の角度によって球にも平たい楕円にも見えるであろうと指摘した．しかし，彼は星雲が星の巨大な集団であるとは考えていなかった．

　無限，進化，創造がカントの動的宇宙論の鍵となる概念である．彼は世界は空間的に無限でなくてはならないと考えた．なぜならば，無限の宇宙こそが神の属性にふさわしいからである．しかし神は宇宙を現在の状態で創造したのではなく，宇宙は原初の混沌から自然法則に支配されてゆっくりと現在の姿を現した：「よって，宇宙の大建造物がなす秩序と配置は，創造された自然そのものの力に

[*73] 訳注: Pierre-Louis Moreau de Maupertuis.
[*74] 訳注: Discours sur les différents figures des astres.

2.2 啓蒙時代の宇宙論

よって，徐々に生じたと考えるに足る信頼できる根拠がある」．カントの宇宙創成は従って，一度きりの創造である．彼は創造の過程を（無限の!）宇宙の中心から広がる波，生命と活力と秩序をもたらす波と表現した:

> 進化した自然の球はそれ自体が絶え間なく膨張していく．宇宙創成は瞬間的な出来事ではない... 百万といくつもの山 [束] の百万の世紀が流れ，その中で新たな世界と世界の秩序がそれ自身から次々と生じ，自然の中心から離れた場所へと完全なる秩序が形成されてゆく... 創造は終わることはない．それはひとたび始まれば止まることはない．それは自然に新たな物，新たな世界を常にもたらし続けるのである[*75].

カントの観点では，破壊は創造と同じくらい重要であった．世界のすべては死に，「永遠の深淵に貪り食われる」が，同時に新たな宇宙の創造によって生じる生成過程がこれに対抗するのである．有限なるものはすべて，どれだけ大きかろうとも，いずれ崩壊する運命にある．「我々はしかし，世界の構造の崩壊を自然の真の喪失と嘆いてはならない... 創造の限りない巨大さに比較すれば，島宇宙や銀河系とて地球と比べたときの花や虫のようなものである[*76]」．宇宙における創造と破壊の力は明確な自然法則によって支配されている．たとえば，宇宙の中心に最も近い天体は最初に崩壊する．カントはこれらの自然法則の形について正確には述べておらず，そしてそもそも検証も不可能であるが，発達した世界はすでに滅んだ世界の残骸といまだ創造の起きていない自然の混沌との間に存在すると主張した．

カントは宇宙全体，あるいは一部は混沌の状態に戻り，再び現れる，そしておそらくは無限にこれを繰り返すと考えた．「混沌から秩序を持ち成熟した系に発展することができる自然が，ひとたび運動が減衰し，衰退することで新たな混沌の状態に戻り，そしてそこから最初の創造のように復活できるとは考えられないだろうか?」カントにとって「不死鳥の宇宙がその灰から若返って蘇生し，それを無限の時間と空間にわたって繰り返す」というシナリオは何ら受け入れがたいものではなかった[*77].

[*75] Kant 1981, p. 151 および pp. 154–155.
[*76] Kant 1981, pp. 157–158. ライトは『宇宙についての新理論あるいは新仮説』において同様のことを述べている．Wright 1971, p. 76 を見よ．
[*77] Kant 1981, pp. 159–160. Schaffer 1978 も見よ．

第 2 章 ニュートン的宇宙像の時代

『天界の一般的自然史と理論』は長い間ほとんど無名のままであった．このためカント自身が彼の宇宙進化論について考え直したことがあったらしく，ある時彼はそれを「根拠薄弱な素描」と表現している．ともあれ，有名な『純粋理性批判』[*78] を記した 1781 年には，彼は宇宙全体について考える場合はその年齢や広がりという概念は無意味であると結論していた．宇宙は認識可能な対象でもなければ客観的存在でもなく，ただ経験値を統制する素因であった．いわゆる「第一のアンチノミー」[*79] において，彼は背理法を用いて「宇宙には時間的始点があり，また空間的にも有限である」という命題を証明した．続いて彼は反命題「宇宙には時間的始点はなく，空間的にも無限である」を証明した．宇宙という概念はこのように矛盾を含むもので，よって物理的実在ではありえない[*80]．彼はこれらの議論においてニュートンの物理学，たとえば力学的決定論やユークリッド空間などに決定的な論拠を置いていた．これらの仮定は後に保証されないものであると判明するものの，カントの時代，そしてそれから 1 世紀以上の間当然のこととみなされていた．カントの『純粋理性批判』は宇宙論的問題について深い洞察による分析を与えたが，それは哲学的な意味での「宇宙論」であり，科学的な意味ではなかった．

ドイツの数学者にして哲学者であった碩学ヨハン・ハインリッヒ・ランベルトは 1761 年の『世界の創生についての宇宙論に関する書簡』[*81] において，いくつかの面でカントのものに似た宇宙論の理論を提唱した．この文献は，宇宙全体の系について科学的に扱うための，決して明快ではないにせよ公正な試みである．しかし無論神学と哲学の比重が非常に高いことは避けられないことであった．ニュートンの物理学とライプニッツおよびヴォルフの神学的哲学の混合に基づき，ランベルトはカントが提唱したのと似た星雲の描像を採用した．彼はまた，円盤状のパターンがあらゆるスケールで出現する階層構造になった宇宙を支持した．しかし，彼の宇宙は想像を絶するほど巨大ではあるものの有限であった．またカントの動的宇宙とは対照的に，彼の宇宙は時間的に進化しなかった．「天界は持続するように，地上の物は滅びるように創られている」からである．『世界の創生についての宇宙論に関する書簡』の結びの章でランベルトは

[*78] 訳注: Kritik der reinen Vernunft（カントによる原著の綴りは Critik der reinen Vernunft）．邦訳は数多くある．たとえば『純粋理性批判』（篠田英雄訳 岩波書店）．
[*79] 訳注: antinomy. 証明も反証も可能な命題，二律背反を指す．
[*80] 『純粋理性批判』第 II 章，第 II 節を見よ．
[*81] 訳注: Cosmologische Briefe über die Einrichtung des Weltbaues.

2.2 啓蒙時代の宇宙論

「多くの恒星の 1 つである太陽は他の星と同じく中心の周りを公転する．それぞれの系はそれぞれの中心を持ち，そしてそのような系の集団は共通の中心を持つ．さらにそれら集団の集団も同様である．最終的に，宇宙全体の共通中心が存在し，すべての物はその周りを回転する．これらの中心は虚空ではなく，不透明な天体が存在している」と述べている[82]．

これまでですでに述べた人々以外にも，何人かの啓蒙自然哲学者が宇宙論の問題に取り組んだ．そのうちの一人，当時のラグーサ共和国（現在クロアチアのドゥブロヴニク）の天文学者・物理学者にしてイエズス会司祭であったルジェル・ボシュコヴィッチ[83] は 1758 年に彼の主たる著作『自然哲学の理論』[84] を出版した．この文献の最も有名な寄与は力学的原子論と物質の理論だが，宇宙論的な考察も含まれている．たとえばボシュコヴィッチは我々の住む宇宙空間以外に，因果的につながっていない別の宇宙空間が存在するだろうと想像した．彼の宇宙についての認識は相対論的で，『自然哲学の理論』の終わりの文はずっと後の宇宙論にみられるアイディアを思わせる．

> もし我々の見る宇宙全体がいずれかの方向に平行移動し，同時に何らかの角度で回転しているとすると，我々はその運動や回転を認識することはない... さらに，我々の見る宇宙が絶えず収縮あるいは膨張していたとして，もし力のスケールが同じ比で減少あるいは増大していれば，同様に我々はそれを認識しえない．もしそのようなことが起きれば，我々の宇宙に対する認識は不変であり，よってそのような変化について我々は感知しないはずである[85]．

ボシュコヴィッチは，すべての物質はニュートン的な引力および斥力によって束縛された点原子から成り立つと考えた．力が存在しなければ，ある物体は他の物体を自由にすり抜けられ，衝突は起きないはずである（点は空間的広がりを持たないため）．この可能性が，彼を非常に大胆な宇宙論的考察へと導いた：「同じ空間に，我々が見ているよりもずっと多くの物質や意味のある宇宙が存在しているかもしれない．それらは互いとは完全に独立であり，一方が他方の存在を

---

[82] Munitz 1957, p. 263 より引用．ランベルトの宇宙論については，Lambert 1976 のイントロダクション，あるいは Jaki 1990, pp. 39–80, Hoskin 1982, pp. 117–123 を見よ．
[83] 訳注: Ruđer Bošković．
[84] 訳注: Theoria philosophiae naturalis．
[85] Boscovich 1966, p. 203. 1763 年の英語版初版の再版．

認識することもない*86」. ボシュコヴィッチは詳細を述べていないものの, これで 1758 年の多世界シナリオの新しいバージョンが得られたことになる：異なった宇宙は空間と時間の違う点を占めるのではなく, この場所の同じ時間に複数の宇宙が共存しているのである. これはその 200 年以上後に何人かの宇宙論研究者が提唱することになる学説と考え方において一致している.

　カントの宇宙論において最も革新的であったのは, 恐らく宇宙論に進化という側面を考えたことである. 時間発展について重点を置く視点は斬新なもので, 18 世紀の後半に入ってから天文学, 地質学, 自然史の分野で多くの文献にみられるようになった. 宇宙が歴史を持ち, 創造されたものならば（もちろん創造されたものである）, 年齢があるはずである*87. 伝統的には, 宇宙年齢は聖書から推測された値, 約 6000 年とされてきたが, この時間スケールはほどなくしてまったく不適当なものとみなされるようになった. フランスの外交官ブノワ・ド・メイエ*88 は 1720 年頃, 地球は一度完全に水で覆われた時期があり, 水の減少率と蒸発率から見積もって地球は少なくとも 200 万年以上は存在していたはずであると主張した. ド・メイエはこの議論を草稿として準備し, それは彼の死後 1748 年に匿名で『テリアメド』（Telliamed: 彼の名前を逆に綴ったもの）という題目の書物として出版された.

　フランスの偉大な博物学者ビュフォン伯ジョルジュ–ルイ・ルクレール*89 は聖書に基づく年代学に満足せず, 1778 年の『自然の諸時期』*90 において彼は地球の年齢を実験から決定しようとした. 地球が熱く融解した状態から始まったと仮定し, 彼は熱く熱した鉄球や石球を用いて数多くの実験を行い, 室温まで冷却する時間を測定した. 実験用の球から現実の地球に外挿し, ビュフォンは地球の年齢として 75,000 年という信じがたい数字に到達した. 非公式には, 彼はこの数字は小さすぎ, 実際の地球の年齢はおそらく 200 万年程度であろうと結論している. これは現代的には大した値ではないと思えるであろうが, 当時としてはとうてい把握できないような年齢であり, カントが思い描いた「数百万と無数の百万の世紀」と大差はない. ビュフォンは天文学者でも宇宙論研究者でもないが, 彼が実験から求めた地球の年齢は宇宙論的には重要な示唆となった.

---

*86 Boscovich 1966, p. 184.
*87 Haber 1959, Gorst 2002.
*88 訳注: Benoît de Maillet.
*89 訳注: Georges-Louis Leclerc, Comte de Buffon.
*90 訳注: Époque de la nature. 邦訳は『自然の諸時期』（菅谷暁訳 法政大学出版局）

宇宙は無論地球よりも（あるいは同じくらい）古くなければならないので，ビュフォンの値は歴史上初めて科学的議論に立脚して与えられた宇宙年齢の下限値である[91]．

2.2.3 オルバースのパラドックス

夜空が暗いという事実は，無限の宇宙が一様に星で満たされているという仮定と結びつけて考えると宇宙論的な問題を引き起こす．星から受ける光は距離の逆2乗に比例して変化するので，遠い星からの光はほとんど見えなくなる．ところが，ある距離にある星の数は距離の2乗に比例して増加する．つまり，我々は夜空から晴れた日の昼間と同じくらい明るい星の光を受け取るはずである．現実にはもちろんそうなっておらず，これがオルバースのパラドックスの核心である[92]．この問題あるいはパラドックスは興味深い歴史をたどった．ほぼ400年にわたって知られているにもかかわらず，そのほとんどの期間において逆説的あるいは興味深いとみなされてこなかった．今日では夜空の暗さは重要な宇宙論的観測事実とみなされているが，オルバースのパラドックスが宇宙論の分野で議論の俎上にのぼったのはごく最近になってからである．第一次大戦以前には，このパラドックスは宇宙全体と関係づけて議論されることはほとんどなかった[93]．

このパラドックスを最初に言及したのはおそらくケプラーである．すでに見たように，彼は宇宙が有限と信じており，1610年の『星界の使者との対話』において「無限の宇宙では，星は我々に見えるように天界を満たすはずである」と述べている．内科医にして古物研究家であったウィリアム・スタクリー[94] は1718年初頭にニュートンと知己になった．彼らは最初の対談で，いくつかの天文学と宇宙論についての話題も議論した．スタクリーは星で満たされた無限宇宙についての疑問を挙げ，そのような場合「天の半球が天の川のような薄明りに見えるはずです．我々が見るこの星の帯の美と栄光は持っていなかったはず

---

[91] Toulmin & Goodfield 1982, pp. 142–150.
[92] オルバースのパラドックスに関する詳細な歴史的考察は Jaki 1969 および Harrison 1987 に見られる．
[93] 「オルバースのパラドックス」という用語はおそらく Bondi 1952 によって最初に用いられた．Bondi 1952 では詳細な（しかし歴史的には誤った）解説がされている．
[94] 訳注: William Stukeley.

第 2 章 ニュートン的宇宙像の時代

なのです」と述べている*95. スタクリーによれば, ハレーはこのパラドックスを好み, 1720 年に哲学紀要に出版された『恒星の天球の無限性について』という短い論文でこの問題を検証した. ハレーは無限宇宙を確固として信じており, 彼の論文の目的はオルバースのパラドックスが無限宇宙に対する正しい反論になっていないことを示すことだった. この論文の短くやや不明瞭な議論において, 彼は無限宇宙での星と星の間隔は距離に反比例して減少し, 一方, 星からの光の強度は距離の逆 2 乗に比例すると主張したにとどまった.

26 歳のスイスの天文学者ジャン-フィリップ・ロワ・ド・シェゾー*96 は 1744 年, 当時出現した彗星についての小論を出版した. この論文の補遺において, 彼は夜空のパラドックスについて詳細に分析した. ハレーと同じく星は同心球殻上に分布しているとし, それぞれの球殻が放射する光の量は球殻にある星のみかけの直径の 2 乗の和に比例すると述べた. ここで, 彼は (ハレーも) 星が地球から見た視線上で重なる遮蔽の可能性については考慮していない. シェゾーは, パラドックスは星の数が無限の場合だけでなく, (有限でも) 非常に大きい場合, 具体的には星の天球 76×10^{13} 個に相当する数を超えた場合に生じると結論した. 彼が提示したパラドックスの解決はそれまでにないものであった. 有限の, 比較的小さな恒星宇宙を選ぶ代わりに, 彼は星の光が逆 2 乗則よりも早く減衰するという案を示唆したのである. シェゾーはピエール・ブーゲ*97 の測光と媒質による光の吸収についての研究に精通しており, 彼の解決案は星間空間には光を吸収するエーテル流体が存在するというものであった. 彼はこの媒質が水の 33×10^{16} 倍透明であるなら, パラドックスが解決すると述べた. これは, 太陽系の直径と同じ厚さの層を通過する際, 光の強度が 3 ％減衰するくらいの不透明度に対応する.

シェゾーが初めて提唱した光を吸収する媒質という仮説は 19 世紀にはオルバースのパラドックスの標準的解決法とされた. しかし, 18 世紀にはシェゾーの研究はほとんど無視された. 夜空の暗さについて解答した数少ない啓蒙学者の一人ランベルトは, シェゾーが宇宙の無限性を信じているのと同じくらい宇宙の有限性を確信していた. このパラドックスは星が宇宙空間に一様に分布し

---

*95 Stukeley 1936, p. 75 (原版は 1752 年出版) を見よ. スタクリーはストーンヘンジが天文学的な礼拝堂であると示唆した最初の研究者の一人である (North 1996).
*96 訳注: Jean-Philippe Loys de Cheseaux. de Chéseaux と綴られることも.
*97 Pierre Bouguer.

2.2 啓蒙時代の宇宙論

ているという基本的仮定に依存しているが，それは受け入れられる必要はないとランベルトは指摘し，そしてこの仮定を否定した．

「宇宙は無限ではないのか？ その限界を検知することは可能か？ 全能の造物主は無限の空間を空虚のままにしたと信じられるか？[*98]」．はじめの2つの疑問は修辞的である—空間が無限であることは一般に受け入れられていた—が，3つ目はそれらとは異なる．オルバースがこれらの文を書いたとき，時代の振子は恒星で満たされた無限の宇宙へと振れていた．内科医として生計を立てていた著名な天文学者ハインリッヒ・ヴィルヘルム・オルバース[*99]は，この疑問が観測に基づいて解決することはできないことを認識していたものの，哲学的な理由から無限のニュートン的宇宙を信じていた．1826年の彼の論文（投稿されたのはその3年前だった）の文脈が宇宙論的であることは，その序章にカントの『天界の一般的自然史と理論』からの長い引用があることからも伺い知ることができる．オルバースの動機はシェゾーと同じく，夜空が暗いという謎は本当はパラドックスではないと示すことであった．彼はこの問題を「無限の宇宙全体にわたって太陽が存在するならば... 全天は太陽と同じくらい明るくなる」という形で定式化した．彼は問題を解決するため，シェゾーと同じく星間空間は完全に透明ではないという仮定に基づいて議論した．この仮定が彼にとって最も自然と考えられたからである．オルバースのパラドックスとして知られるようになったこの問題は，オルバースにとってはまったくパラドックスではなかったのである．

シェゾー–オルバースの星間吸収仮説は広く受け入れられた—たとえば1837年にはフリードリッヒ・シュトルーヴェ[*100]が支持している—ものの，問題がなかったわけではない．熱力学の第1法則が完全に定式化され，受け入れられた1848年，ジョン・ハーシェル[*101]はエディンバラ・レビュー誌において，星から放射され，星間物質に吸収された熱は熱平衡状態になるまで星間物質を熱し，最終的にそれ自体が放射し始めることを指摘した[*102]．その一方で，ハーシェルは光の吸収を仮定しなくても，無限宇宙と暗い夜空は両立しうることを見出

[*98] Olbers 1826, p. 111.
[*99] 訳注: Heinrich Wilhelm Matthäus Olbers.
[*100] 訳注: Friedrich Georg Wilhelm von Struve.
[*101] 訳注: Sir John Frederick William Herschel, 1st Baronet.
[*102] 奇妙なことに，ハーシェルは通常の光は吸収する媒体の温度上昇を伴わずに吸収されると考えていた．

第 2 章　ニュートン的宇宙像の時代 125

していた．星が無限宇宙の中で一様ではなく，適切な形で非一様に分布しているとすればよい．彼は「星が宇宙に系統的な配置をしていると考えるより簡単なことはない...そうすればこの問題が存在するもとになっている唯一の根拠を取り除くことができ，同時に宇宙の絶対的無限性を完全に正当化できる」と書いている[*103]．ハーシェルはこの提案について詳細な議論はしていないが，彼が予想したタイプの宇宙論モデルは 60 年後にスウェーデンの天文学者カール・シャルリエ[*104] によって構築された．

　光の吸収を諦め，階層構造が人工的すぎるとなると，ではどうすればよいのか？　その場合でもオルバースのパラドックスには解決法がある．それはドイツの天文学者ヨハン・フォン・メドラー[*105] によって提唱された．1858 年，彼は以下のような議論によって注目を浴びた．

　　宇宙は創造されたもので，したがって永遠ではない．よって宇宙のいかなる運動も永遠に続いてきたものではありえない．特に光についてもこれは当てはまる．光の速度がどれほど大きくても，有限の時間内に光は我々の目に届くまでに有限の距離しか通過できない．創造の時刻がわかれば，我々はその境界を計算できる[*106]．

もし我々が有限の地平面内にある星からの光だけ受け取るなら，明らかにオルバースのパラドックスは発生しない．フォン・メドラーはその 3 年後に一般向けの書物でこの提案を繰り返したが，彼の周囲の天文学者に強い印象は残せなかった．しかし 1872 年にドイツの宇宙物理学者カール・フリードリッヒ・ツェルナー[*107] が著した小論『無限宇宙における物質分布の有限性について』に取り上げられ，そして 1888 年にアイルランドの天文学ライターのジョージ・エラード・ゴア[*108] によって類似した案が示された．ツェルナーの小論は宇宙論研究者の興味を相当に集めたが，彼はその可能性について言及したものの支持

[*103] Jaki 1969, p. 147 より引用．
[*104] 訳注: Carl Charlier. 現代のスウェーデン語での発音はカルル・ハルリエだが，ここでは慣習表記に従った．
[*105] 訳注: Johann Heinrich von Mädler．
[*106] von Mädler 『恒星宇宙』(der Fixsternhimmel, Leipzig, 1858) より, Tipler 1988, p. 320 の引用から．詩人で小説家であったエドガー・アラン・ポー (Edgar Allan Poe) も 1848 年にほぼ同様のことを述べている．Cappi 1994 と比較せよ．
[*107] 訳注: Karl Friedrich Zöllner．
[*108] 訳注: George Ellard Gore．

2.2 啓蒙時代の宇宙論

はしなかった.哲学的理由から彼はこの解決で満足せず,その代わりにさらに別の,非常に独創的な解決法に行きついた.すなわち,宇宙空間がユークリッド的であるという標準的仮定を変更したのである.ガウス,リーマン,そして他のパイオニアたちによる非ユークリッド幾何学の研究を熟知していたツェルナーは,宇宙空間は正の曲率を持って曲がっていると考えた.彼は「もし宇宙空間の定曲率が 0 でなく,小さくても正の値を持てば」オルバースのパラドックスは解決すると書いた[*109].著者の知る限り,これが宇宙論に非ユークリッド幾何学が応用された最初の例である.

ツェルナーの提案はフォン・メドラーのものと同じく注目を集めなかった.1901 年にウィリアム・トムソン(この時はケルヴィン卿)[*110] がこの問題を取り上げたとき,彼はフォン・メドラーの寄与もツェルナーの寄与も認識しておらず,さらにオルバースの研究も恐らく知らなかった[*111].しかし,トムソンのオルバースのパラドックスの解決法はフォン・メドラーの提案と似ていた.トムソンは半径 3.3×10^{14} 光年という巨大な距離まで一様に星で満たされた銀河系宇宙を考え,それぞれの星が有限の寿命を持つことを考慮に入れた.彼は星はせいぜい 1 億年間しか輝けないと信じていた.よって,ある星から放射された光がこの系における最大距離を伝わるのに必要な時間は星の寿命の 3.3×10^6 倍となる.すると「星の光によって全天が輝くようにするためには」星の輝ける時間が地球からの距離と正確に相関していることが必要である.これはまったく考えられない状況であり,すなわちトムソンが有限で比較的短い星の寿命を考えたことによってオルバースのパラドックスが回避される.

19 世紀には星間吸収による解決が信じられていたため,オルバースのパラドックスは深刻に捉えられてこなかった.20 世紀初頭,宇宙がそれまで仮定されていたよりもずっと透明であることの証拠が見つかったことにより,オルバースのパラドックスは依然あまり知られていないとはいえ,真のパラドックスとなったのである.1917 年,米国の天文学者ハーロウ・シャプレー[*112] は,このパラドックスについてハレーが 2 世紀前に行ったのと基本的に同様の定式化を行い,しかし異なった結論に達した:「星が占めている空間が有限か,あるいは「天

[*109] Zöllner 1872, p. 308. Jaki 1969, pp. 158–164 および Kragh 2004, pp. 24–25 を見よ.
[*110] 訳注: William Thomson, 1st Baron Kelvin.
[*111] Thomson 1901. トムソンは彼の議論でオルバースの名前は出していない.
[*112] 訳注: Harlow Shapley.

界が輝かしい世界であるか」... そして天界が輝いておらず，宇宙空間の吸収は我々の銀河系の関係する範囲全体にわたってほとんど重要でないことから，星の系は有限であることが導かれる[*113]」．

2.2.4 天界の構造

恒星の固有運動の発見により，必然的に太陽系も周囲の星に対して何らかの運動をしているかどうかという疑問が生じた．もしそうならば，太陽系はどのくらいの速さでどの方向に運動しているのだろうか? ブラッドリーが 1748 年には明快に理解していたように，問題は地球を擁する太陽系の運動による恒星の運動と，真の固有運動を切り分けることであった．1760 年，ヨハン・トビアス・マイヤーは，太陽系がもしどこかの方向（向点と呼ぶ）に運動しているなら，「その領域にあるすべての恒星は徐々に互いに離れていくように見え，反対側の領域の星は集まってくるように見える」と説明した[*114]．そのような運動のパターンは識別できるだろうか? マイヤーは彼の固有運動のデータからそのような運動を探したが，見つけられなかった．彼は悲観的に，この問題が説かれるのは何世紀も後のことだろうと結論した．フランスの偉大な天文学者ジョセフ-ジェローム・ド・ラランド[*115]も 1779 年の紀要の中でこれに賛同したが，ウィリアム・ハーシェルが少数の星の固有運動の中からこの運動パターンを発見したのはそのわずか 4 年後であった．

史上最も偉大な天文学者の一人ウィリアム・ハーシェルは，天文学，あるいは他の自然科学の公式の訓練は一切受けていない．彼はハノーバーで，フリードリッヒ・ヴィルヘルム・ハーシェルとして生まれた．イングランドに移った頃は彼が最も得意であった音楽の教師として生計を立てていた（彼はハノーバー儀仗兵のオーボエ奏者で，熟練のオルガン奏者であり，交響曲や合唱の作曲をこなしていた）．イングランドでは，ハーシェルは独学で，ときに文献を読み，ときには高性能の望遠鏡を自作することですべてを飲み込むように天文学を習得していった．大口径反射望遠鏡の作成において，また一般の自然科学において，彼は妹のキャロライン・ハーシェルのかけがえのない助力を受けた．キャロライン

[*113] Berendzen, Hart & Seeley 1976, p. 183 より引用．
[*114] Hoskin 1982, p. 56 より引用．
[*115] 訳注: Joseph-Jérôme Lefrançais de Lalande．

も非常に才能のあるアマチュア天文家であった[116]．ウィリアム・ハーシェルの運命は 1781 年，彼が最初彗星と思い，そしてすぐに惑星と判明した新天体を発見したことで激変する——その天体は天王星であった．この重大発見の後，彼はウインザー城の近くに引っ越し，国王ジョージ III 世の個人天文学者となった．また，彼は間もなく王立協会フェローに選ばれ，コプリメダルを受賞した．

ハーシェルの天文学的興味は極めて広範にわたり，さらに宇宙論を含む多くの自然科学の分野に貢献した．1783 年の論文『太陽と太陽系の固有運動』では，太陽の宇宙空間での固有運動の方向を定め，その向点はヘルクレス座，より正確にはヘルクレス座 λ 星の方向であることを明らかにした[117]．彼の天体位置測定は極めて正確で，大部分が 1783 年にピエール・プレヴォー[118]により，そして 1789 年にはさらに徹底的にゲオルグ・シモン・クリューゲル[119]によって確かめられた．その後ハーシェルは，1805 年から 06 年にかけて太陽の速度を決定することを目的とした研究を行ったが，確たる結果は得られなかった．この頃もなお，太陽系の固有運動は大きな不定性を伴っていたのである．ようやく 1837 年になって，ドイツの天文学者フリードリヒ・ヴィルヘルム・アルゲランダー[120] が，太陽がヘルクレス座 λ 星の 6° 北，ハーシェルが 54 年前に見出したのと，さほど変わらない方向に運動していることを明確に示した．

ハーシェルの固有運動についての研究は主として理論的であったが，後年彼は夜空の星と星雲を彼の新しい 20 フィート口径の反射望遠鏡で走査あるいは「掃天」するという野心的な観測プログラムに集中した．彼の主たる研究目的の 1 つである銀河系の構造決定のため，彼は 2 つの仮定を設定した．1 つは星は銀河系がカバーする空間領域ではほぼ一様に分布すること，そして 2 つ目は彼の望遠鏡はすべての方向で星の系の端までを見通すことができるということである．これらの仮定によれば，ある方向により多くの星が見えるならば，それは星の系がその方向に遠くまで分布していることを意味する．これによって，望遠鏡の視野に見える星の数の 3 乗根によって星までの相対距離を見積もる方法が得られる．この考察によって，ハーシェルは銀河系の全貌を描き出した．カントや

---

[116] ウィリアムとキャロライン・ハーシェルの驚くべきパートナーシップについては Hoskin 2003 に記述されている．
[117] この論文はハーシェルの他の論文とともに Hoskin 1963 に再掲されている．
[118] 訳注: Pierre Prévost．
[119] 訳注: Georg Simon Krügel．
[120] 訳注: Friedrich Wilhelm August Argelander．

第 2 章 ニュートン的宇宙像の時代

幾人かの先人たちと同様,彼は銀河系は多くの星雲のうちの1つであると結論した.島宇宙を提唱したのはハーシェルが最初ではないが,観測的証拠に基づいてこの理論を支持したのは彼が最初である.

ハーツェルは1785年の重要な論文『天界の構造』を,星の系の一般的な安定性についての議論から始めている.これはニュートン,ベントリー,ハレーの伝統に則っている.ニュートンが保証しようとしたように,ハーシェルも「偉大なる造物主」は系が重力崩壊しない,あるいはするとしてもはるか未来のことであると確信していた.その一方で,宇宙において大規模な崩壊が起きるとしても,それは神が宇宙を永遠に保つための方法であると考えた:「悠久の時間の間に生じた星の集団,そして過去から現在に起きた星の崩壊は,宇宙が保存され,蘇生するための方法とみなすべきである.星の集団はすべての崩壊についての重要な回避方法の準備のための宇宙の「実験室」である」[121].この一節はカントがそれ以前に述べた記述と驚くほど似ている(ハーシェルはカントの『天界の一般的自然史と理論』を知らなかった.またライトの『宇宙についての新理論あるいは新仮説』の複製は所持していたものの,ハーシェルはその影響をまったく受けていなかった).

後に明らかになったように,ハーシェルの宇宙像は幾たびかの変遷を経ている.彼は「私はこれまであらゆる人類が宇宙を観測したよりも深く遠くの宇宙を目の当たりにした」と友人に語り,200万光年よりも遠い星を観測したと述べた.「もしこれら遠方の天体が数百万年前に死滅したとしても,我々は依然としてそれらを観測するはずである.光はそれを放射した天体がなくなっても伝わり続けるからである」[122].ハーシェルの解析により,銀河系は「数百万の星から構成される非常に広がった,多くの分岐を持つ,複雑な構造」であり,太陽系はその巨大な構造の中心付近に存在するというモデルが得られた.すでに述べたように,この描像はいくつかの前提に基づいている.そのうち最も問題があるのは,彼の20フィート反射鏡が銀河系の最も遠い天体までを見通すことができるというものである.彼は後年,これは正しくないと認識した.新しい40フィート望遠鏡を用いると,それまでよりもはるかに多くの星が観測された.このことで,ハーシェルは星の数と距離は望遠鏡の能力に依存してしまうのではないかという疑問を持つようになった.晩年のハーシェルは以前のモデルを修

---

[121] Hoskin 1963, p. 85.
[122] Lubbock 1933, p. 336.

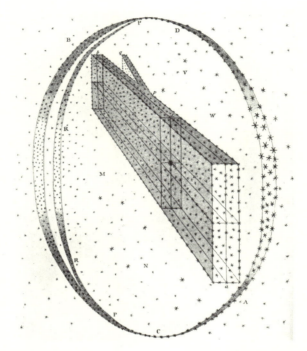

図 2.5 1784 年の論文で示されたウィリアム・ハーシェルによる銀河系の構造の解説. 太陽は系の中央付近に存在する. The Scientific Papers of Sir William Herschel (『ウィリアム・ハーシェル卿の科学的論文』), vol. 1 (London, Royal Society, 1912), plate 8 より.

正し, いささか不可知論者的に, 銀河系は「計り知れない」存在でその広がりも未知であると結論している.

1789 年出版の天界の構造についての別の論文では, ハーシェルは天体のゆっくりした進化が経験的にどう認識できるかについて詳細に考察している. 明らかに, 天文学者は 1 つの星雲に注目してその時間発展を追うことはできない. しかし, 異なった領域, たとえば非常に遠方のものと, 地球に近いもののデータを集めることで, 天文学者は宇宙の進化的描像を構築することができる. ハーシェルはその方法を—実に—きらびやかな言葉で表現した:

> 天界は今や, 豪奢な庭園のように見える. あらゆる創造の可能性が, 様々な花壇に花開いている. そしてそこから我々が収穫するのは, 我々の経験をとてつもなく長い時間に拡張できるという利点である. 植物界から借りた比喩を続けるなら,

第2章 ニュートン的宇宙像の時代

植物の芽が出て, 花開き, 葉が茂り, 種が実り, しおれ, しぼみ, 腐敗してゆく様子を続けて目の当たりにするのと, 植物が経験したそれぞれの段階から抽出した大量の標本が一度に手に入るのとは決して同じではない![*123].

19 世紀中葉からは, 無数の星を気体中の分子と比較するのが一般的になり, この比喩はそして銀河へと拡張された. この比喩は気体が運動する分子からなるという描像によるものだが, 実はそれ以前から用いられていた. 化学的原子説の創設者で, ウィリアム・ハーシェルの年少の同時代人であるジョン・ドルトン[*124] は, 分子はとても小さく, 「かなりの距離」離れていると認識してはいたものの, 気体が高速運動する分子からなるとは考えていなかった. 1808 年出版の彼の主たる著作『化学哲学の新体系』[*125] において, 星が宇宙における分子とみなせるという, おそらくは最初の比喩が見出される. 彼は「大気中の粒子の数を理解しようというのは, 宇宙における星の数を理解しようという試みに似ている」と述べている[*126].

2.3 宇宙物理学と星雲

19 世紀に確立した宇宙物理学という学問は, 天文学の議論を大きく変えた. そしてさらに宇宙論にも重要な影響を与えることになったが, そのことが完全に認識されたのは 20 世紀になってからである. この分野の誕生は分光学の導入と密接に関係している. 分光学は初期は星に適用された. 実際, 最初の 20 年ほどは宇宙物理学と天体分光学はほぼ同義語であった.

1800 年くらいまで, 天体からの光は単なる光の信号で特別な構造を持たず, よってこれといった特別な情報は隠されていないと思われていた. 光学機器の発達によって, 光のスペクトルは可視光の両側にある不可視の波長域まで広がっていること, そしてより重要なこととして, 星からの光を解析することで星の物理的, 化学的組成についての情報が得られることがわかってきた. 「星」という言葉の指す意味は幾何学的なものから物理的な概念へと変わった. この変化は天文学に置いて深淵な変化を意味する. 古代より, 天文学は数学的な手法を用い

[*123] Hoskin 1963, p. 115.
[*124] 訳注: John Dalton.
[*125] 訳注: The New System of Chemical Philosophy.
[*126] Dalton 1808, p. 212.

2.3 宇宙物理学と星雲

た観測的科学とみなされており，それ以上のものではなかった．それは天体の運行を観測あるいは仮想的に考える科学であり，天体の性質を扱うことのできるものとは考えられていなかったのである．1.4節で述べたように，ティコ・ブラーエは1588年に伝統的見方を支持して「天とは何か，そして素晴らしき天体がいかにして存在にいたったのか」を考えるのは天文学の分野ではないと述べている．

1832年になっても，ベッセルは天文学の仕事は天体の正確な位置と軌道を決定することに限定されると彼の講義で強調していた．偉大なる自然史家アレクサンダー・フォン・フンボルト[*127]への書簡で，彼は「天体について考えられるその他の性質，たとえば外観や表面構造について考えることは無価値ではないものの，天文学の適切な興味とは言えません」と述べている[*128]．ほぼ同時期，フランスの哲学者オーギュスト・コント[*129]は大部の書物『実証哲学講義』[*130]を記した．これは自然科学における実証主義についての先駆的著作である．コントは天文学に精通していたが，同時代の人々と同様に星の物理や化学が科学的研究の俎上に乗せられるとは想像もしていなかった．よく引用される一節で，彼は星について

> 我々は星の形，距離，等級，そして運動について決定することについて思い描くことができるが，化学組成や鉱物学的構造，ましてやその表面に住む生命体の性質などはいかなる研究方法をもってしても想像もつかない．端的に言えば，自然科学の訴状に乗せるために星について得られる実証的知識はせいぜいその幾何学的，力学的現象のみであって，物理的，科学的，生理学的，あるいは社会学的研究へと拡張することはできない．格調が可能なのは，様々な方法による観測で得られるような量のみである[*131]．

と述べている．コントはさらに，天文学者は興味を太陽系，コントの言葉を借りれば「世界」に限るべきであると述べた．太陽あるいは惑星の世界は「宇宙」と

[*127] 訳注: Alexander von Humbolt.
[*128] Felber 1994, p. 14. 18世紀終盤になるとラプラスや他の研究者は「物理的天文学」という用語を用い始めたが，これは天体力学を指し，天体物理学的な意味ではなかった．
[*129] 訳注: Auguste Compte.
[*130] 訳注: Cours de pholosophie positive.
[*131] Crowe 1994, p. 147 より引用．「生理学や社会学」という言及は現代の読者には奇妙に映るだろうが，宇宙の別の場所には発達した生命が存在しているというコントの信念によるものである．

第 2 章　ニュートン的宇宙像の時代 　133

いう概念からは切り離されるべきである．知識が得られると期待できるのは前者のみだからである．「空にちりばめられた無数の星については，観測のための目印とする以外の天文学的興味はほとんどない．星の位置は不変であることから，我々の世界の天体の運動を正確に測定できる．それのみが我々の関心である[132]」．コントが間違っていた，しかも甚だしく間違っていたと判明するのはそれから間もなくのことである．

2.3.1　天体分光学

　振り返ると，天体物理学の誕生は 19 世紀初頭の光学における発見に遡ることがわかるだろう．1800 年頃，太陽のスペクトルの様々な場所に温度計を置いて温度上昇を測定していたウィリアム・ハーシェルは，温度上昇が赤色の外側で最大 (5 °C) になることを見出した．太陽が可視光線に加え，目に見えない熱線—赤外線—を放射していることは明白であった．ハーシェルがこの新しい放射も通常の光と同じく反射や屈折といった光学の身近な現象を起こすことを示したものの，熱の放射が通常の光にも伴うのか，この長波長の放射に限られるのかについては論争が続いた．ハーシェルの発見に続き，ドイツの「自然哲学者」[133]にして有数の電気化学者ヨハン・ヴィルヘルム・リッター[134]は紫よりも短波長側にも光線が存在することを示した．ハーシェルはこの波長に加熱効果は見出さなかったが，リッターは 1801 年に，塩化銀を浸透させた紙を黒くする効果（光化学効果）を用いてこの波長の「化学放射」あるいは紫外線の存在を証明したのである．ハーシェルとリッターによる光の波長の拡張はすぐさま天文学の発展にはつながらなかったが，長い目で見ると天文学および天体物理学において最も重要な出来事であったと言えよう．

　ウィリアム・ウォラストン[135]は一度内科医となったが，後に化学研究に転じた化学者である．彼は 1802 年，太陽のスペクトルに 7 本の暗線を見出した．しかし，彼はそれを色の帯域の自然な境界と誤解し，放射物質によって生じた暗線とは考えなかった．この誤解が修正されたのは 1714 年，バイエルンの光学技師にして光学機器製作者ヨゼフ・フォン・フラウンホーファー[136]が太陽のス

---

[132] Crowe 1994, p. 148.
[133] 訳注: Naturphilosoph.
[134] 訳注: Johann Wilhelm Ritter.
[135] 訳注: William Hyde Wollaston.
[136] 訳注: Joseph von Fraunhofer.

ペクトルを注意深く系統的に分析したことによる*137. フラウンホーファーはウォラストンと同様太陽のスペクトルに暗線を発見したが，彼の解釈は異なっていた．また彼はウォラストンよりずっと多くの線を発見した．この 600 本にも及ぶ神秘的な暗線について説明は与えなかったものの，フラウンホーファーはこの原因が太陽内部の何らかの物理過程によって生じた，太陽光自身の性質だと確信していた．これらの暗線，「フラウンホーファー線」が特に太陽に限らないということは 1830 年代，スコットランドのディヴィッド・ブルースター*138 によって示された．彼は気体に光を透過させることで，フラウンホーファー線を実験室で人工的に再現してみせた．

フラウンホーファーの発見は当時さほど注目を集めることはなく，謎の暗線が天文学者や物理学者の興味を引いたのはそれから 30 年以上経ってからであった*139. 元素はその輝線スペクトルによって同定できること，そして白熱した固体や液体からの連続光をある元素の低温の気体を通したときにできる暗線が，その元素の輝線と位置することが徐々に認識されてきた．たとえば，ナトリウムは気体の状態で連続光の特定の波長を吸収し，このときの吸収線はナトリウムの黄色いダブレットの輝線と一致する．分光解析は 1859–60 年にプロイセン（現在はロシアのカリーニングラード）の物理学者グスタフ・ローベルト・キルヒホッフ*140 がハイデルベルク大学での同僚の化学者ヴィルヘルム・ブンゼン*141 と協力して確固たる基礎を築いた．ブンゼンの新しいガスバーナーを用いた実験により，2 人のドイツの自然科学者は化学元素の輝線スペクトルが吸収線スペクトルと一致し，これが元素の同定に使えることを示した．キルヒホッフはすぐにこれが天文学に置いて重要な結論を導くことを指摘した:「太陽のスペクトルに見られる暗線は... 明るい太陽の大気にその物質が存在することによって生じる．炎のスペクトルならば同じ物質によってその波長に輝線が現れ

---

*137 線スペクトルの初期の歴史については James 1985 を見よ．フラウンホーファーは太陽儀を制作し，ベッセルがこれを用いてはくちょう座 61 番星の年周視差を求めた．

*138 訳注: David Brewster.

*139 この過程に関与した自然科学者にジョン・ドレーパー，ウィリアム・フォックス・タルボット，ジョン・ハーシェル，ディヴィッド・ブルースター，そしてジャン・フーコーがいる．スペクトル線が化学組成の解析に使えることを示唆したのはフォックス・タルボットで，1826 年という早い時期だった．とはいえ実験的技術が伴うようになったのはずっと後のことである．詳細は McGrucken 1969 あるいは Hearnshaw 1986 を参照．

*140 訳注: Gustav Robert Kirchhoff.

*141 訳注: Robert Wilhelm Bunsen.

る... 太陽のスペクトルにある D 吸収線により，太陽大気にはナトリウムが存在するはずだと結論できるのである[142]」．

事実上，キルヒホッフとブンゼンの研究によって太陽と恒星の化学組成研究の基礎が築かれた．そしてこの研究によって，キルヒホッフは放射熱の熱力学の理論的研究へと向かい，その分野が最終的に量子論の礎となっていったのである．キルヒホッフは熱力学的議論を用いて彼が黒体放射と呼んだものの性質を研究し，理想的な黒体から放射されるエネルギーは，黒体に吸収されたエネルギーに等しいことを示した．19 世紀末には，キルヒホッフの黒体放射は徹底した実験的および理論的な研究の対象となり，1900 年のマックス・プランク[143]による放射の法則として結実した．これは，量子論と現代的原子物理学の幕開けであった．

キルヒホッフとブンゼンのオリジナル設計に基づく最初のプリズム分光器は主として太陽，水星，そして他の天体の化学組成を分析するのに用いられたが，ほどなくしてこの質素な光学機器はより広い範囲の問題に応用できることがわかってきた．1842 年，オーストリアの物理学者クリスティアン・ドップラー[144]は光源が観測者に対して速度 v で運動しているとき，光の波長が

$$z = \frac{\Delta\lambda}{\lambda} = \frac{\lambda' - \lambda}{\lambda} = \frac{v}{c} \tag{2.3.1}$$

で表される分だけ変化する効果を発表した．ここで c は光速，λ' は測定された波長で，放射された波長 λ に対して偏移している．この効果は後に彼の名を冠して「ドップラー効果」と呼ばれることになる．アインシュタイン[145]が特殊相対論を発表した 1905 年の論文で示したように，もし運動速度が光速に対して無視できない程度に大きければ，この式は

$$1 + z = \sqrt{\frac{1 + v/c}{1 - v/c}}. \tag{2.3.2}$$

となる．アインシュタインの式は $v \ll c$ のときドップラーの式に帰着する．

この効果は間もなく音波に対して確かめられたが，これが光に対しても成り立

---

[142] Hearnshaw 1986, p. 42 より引用．
[143] 訳注: Max Karl Ernst Ludwig Planck.
[144] 訳注: Christian Doppler.
[145] 訳注: Albert Einstein.

つというドップラーの主張は長年にわたり決着がつかなかった[*146]. 1860年代には星のドップラー効果を分光的に検出する試みがいくつか行われ，1868年に英国貴族の天文学者にして天体分光学の創始者であるウィリアム・ハギンズ[*147]が検出に成功したと報告した．シリウスのスペクトルにある$H\beta$線と水素を充填したガイスラー管で発生させた線を比較し，彼は1 Åの偏移を見出した[*148]．この偏移がドップラー効果であると仮定すると，これはシリウスが$47.3\ \mathrm{km\ s^{-1}}$で後退していることを意味する．この結果は値も符号も正しくなかったが，にもかかわらず星のドップラー偏移の証拠として広く受け入れられた．ハギンズはこの結果が一般的な定常宇宙像とは相いれないことから，これが論争を引き起こすと認識していた．このため彼はこの主張の説明にはかなり慎重な態度を取っていた．

　この状況はしばらくの間続き，光のドップラー効果は1880年代になってようやく，星の運動ではなく太陽の自転の検証によってその正しさが示された．星の動径速度の正確な測定は，ポツダム天体物理学研究所の所長であったドイツの天文学者ヘルマン・フォーゲル[*149]によって始められた．この研究は1888～1891年にかけて彼の同僚のユリウス・シャイナー[*150]とともに行われ，その結果は測定誤差$3\ \mathrm{km\ s^{-1}}$の精度で得られた．この精度のおかげで，彼は太陽の周りを地球が公転する速さを明確に示すことができた．光のドップラー効果が実験室で実証されるまでには，さらに20年を要した．1905年，ドイツの物理学者ヨハネス・シュタルク[*151]による結果である．

2.3.2　星の化学

　1807年，電磁気の発見者であるデンマークの物理学者ハンス・クリスティアン・エルステッド[*152]は，彼の講義の中で「いつか，化学はこれまで力学が与

[*146] ドップラーが定式化した法則は色の変化についてであり，特定の波長についてではない．この効果をスペクトル線の波長の変化として解釈したのはフランスのイッポリート・フィゾー (Armand Hippolyte Louis Fizeau) で，1848年のことである．ドップラーは星の色が地球に対する相対運動によって検知できるレベルの変化をすると誤解していた．彼は連星の色を説明する根拠として，星の速度が速い場合は星が見えなくなるくらいまで光の波長が偏移すると考えていた．

[*147] 訳注: Sir William Huggins.
[*148] Huggins & Huggins 1909, pp. 197–215.
[*149] 訳注: Hermann Carl Vogel.
[*150] 訳注: Julius Scheiner.
[*151] 訳注: Johannes Stark.
[*152] 訳注: Hans Christian Ørsted.

第 2 章 ニュートン的宇宙像の時代 137

えたのと同じくらいの影響を宇宙論に与えることになるだろう... そしてすべての自然科学はいつか宇宙進化論になる」と予言した*153. エルステッドの予言は分光器が星や星雲の化学組成の情報を得るのに使われるようになったことで最終的に実現した. 天体分光学は化学により大きな応用範囲を与え, 地球上の化学を宇宙の, あるいは天界の化学へと拡張した. 英国の科学者ヘンリー・ロスコー*154 が 1875 年の講義で述べたように, 「[我々は] 今や我々の化学についての知識を我々の小さな惑星をはるかに超え, 宇宙へと拡張する手段を持っている... 太陽や構成が放射する特殊な光により, これらの天体の化学組成を決めることができ, 天体化学の基礎を築くことができる*155」.

1860 年代に誕生した天体化学は分光器を用いて検証すべき新たな, 刺激的な問題を開拓した. 太陽や星の化学組成はどのようなものか？ 星には地球で見つかっていない化学元素が存在するか？ 星のスペクトルは原初の物質の状態や原子の複雑さの証拠を提供するか？ これらはウィリアム・クルックス*156, ノーマン・ロッキャー, アンジェロ・セッキ*157, および他の宇宙物理学や化学の研究者が提示した疑問の一部である. 天体分光学者の大目標はハギンズの言葉を借りれば「我々の地球上にある化学元素は果たして宇宙のあらゆる場所に存在するのかどうかを見出す」ことであった. 彼は実際にそうであり, 「宇宙全体において... 共通の化学が存在する」と結論した*158. 一方クルックスやロッキャーを含む何人かの自然科学者は, 天界には地上に存在しない元素があると信じていた. 分光学は宇宙の物質を研究する最も重要な手段であったが, しかし唯一の方法というわけではなかった. 隕石によって宇宙の物質の化学組成を分析できると考えられており, この分析から隕石の構成元素は地球上のものと同じであるということ, しかし化学組成比は地球上の鉱物と異なっていることが示された.

特に英国において, 一部の研究者は星のスペクトルは原子の複雑さを示しており, 星には地球上には存在しない物質が存在すると信じていた. 1886 年の英国科学発展協会*159 の会合で, クルックスは元素の性質と起源について明晰な

---

*153 Krach 2001a, p. 161 より引用. Krach 2000 も見よ. 本章の内容はこれらの文献に基づいている.
*154 訳注: Henry Enfield Roscoe.
*155 Roscoe 1875, p. 22.
*156 訳注: William Crookes.
*157 訳注: Pietro Angelo Secchi.
*158 Huggins & Huggins 1909, p. 49.
*159 訳注: British Association for the Advancement of Science. 現在の名称は British Science Association.

2.3 宇宙物理学と星雲

考察を行った．後の宇宙論におけるアイディアを先取りし，彼は聴衆を「時間の始まり，地質学的年代よりも前，地球が溶解した液体の中心核から放出される前についてを描き出し」，そして「この原初の段階では，すべては観測可能な宇宙のあらゆるものよりもはるかに高温の「超気体」(ultragaseous) の状態で，解離温度よりもずっと温度が高いため原子はまだ形成されていなかったと想像する」よう誘った．クルックスによれば，元素は「無機的ダーウィン進化論」的な過程を経て宇宙論的に形成された[*160]．さらに大胆に，彼はあらゆる物質が存在する以前の遠い過去に注目した：

> 最初の元素が作られた瞬間から始めよう．このとき以前は，我々の知る物質は存在していなかった．エネルギーなしに物質を理解すること，そして物質なしにエネルギーを理解することは同じように不可能である；ある視点からは，これらは互換なものである... 原子の生成の際に，元素を互いに区別する手段となる属性や性質もエネルギーとともに存在するようになる．

元素の進化を宇宙論的考察と結びつけたヴィクトリア朝時代の化学者はクルックスだけではない．オックスフォードの化学の教授ベンジャミン・ブロディ[*161]は，「理想化学」と彼が名付けた非標準的な体系を発展させ，1867年にこれについて講義を行った．この講義内容には，これよりずっと後の宇宙論的元素合成のアイディアを見越した驚くべき内容が盛り込まれていた：

> はるか昔の時間，あるいははるかかなたの宇宙では，その頃（あるいは現在も）物質には地球上で見つかるよりも単純なある状態が存在していた... はるか昔は物質の温度は現在よりもずっと高く，これらの物は完全な気体の状態で存在していた... 宇宙の温度はやがて下がり始め，これらの基本的物質は互いに結びつき，新たな存在形態へと移っていった... さらに，温度が下がり続ければ，ある物質の状態はより永続的かつ安定になり，他の状態には移ることはなくなる... 温度が下がることで，これらの物質の状態はひとたび現れれば，分解することはない—事実上これらの物体はその構成要素には二度と分解しない．それが我々が現在の自然界において持っているものである[*162]．

[*160] Crookes 1886, pp. 558 および 568. ダーウィン的進化論への言及は無機的な科学分野においても一般的であった．
[*161] 訳注: Sir Benjamin Collins Brodie, 2nd Baronet.
[*162] Crookes 1886, pp. 559–560 で引用されている．

第 2 章　ニュートン的宇宙像の時代

化学元素の検出器としての分光器の威力は，キルヒホッフとブンゼンが新たな金属元素セシウムを発見した 1860 年に説得力をもって示された．そしてこの大成功はさらに続く年のルビジウム，そしてクルックスによるタリウムの発見によって繰り返された．星のほとんどのスペクトル線は実験室で同定されたものに一致していたが，いくつか同定されていないものがあり，星に固有の元素あるいは元素の状態が存在することを示唆していた．星のスペクトルに基づいて，たとえば「コロニウム」(1871)，「ネビュリウム」(1898)，「アステリウム」1900) といったいくつかの偽元素の存在を主張する自然科学者もいた．しかし，これら天体固有の元素についての主張は，実はすべてが誤りというわけではなかったのである．

1868 年，ロッキャーは太陽のプロミネンスの輝線を観測し，波長 5876 Å の黄色の領域にある輝線を見出した．これはナトリウム D 線のダブレットよりも短波長である．彼が D_3 と名付けたこの新しいスペクトル線は既知の元素のあらゆる線スペクトルとも，太陽スペクトルのどのフラウンホーファー線とも一致しなかった．これによりロッキャーは，彼が見つけたのは太陽のみに存在するであろう新しい元素であると考え「ヘリウム」と命名した．それから 20 年ほどの間，ヘリウムは大多数の化学者がその存在を否定した幽霊元素であり続けたが，1895 年にウィリアム・ラムゼー[*163] によって地球上の鉱物「クレーヴ石」中のガスと同定されたことで，その地位は唐突に変化した．その間に，ロッキャーは星のスペクトル吸収線の中に D_3 線を同定していた．ヘリウムはもともとは極めてまれな元素であると思われていたこと，また化学的に不活性なことから，単純な好奇心から考察される以上のものではなかった．当時はヘリウムが宇宙に置いて中心的役割を果たすこと，そしてヘリウムについての性質と宇宙での存在量が宇宙論にどれだけの影響を与えるかについて予見した者はいなかった．

ロッキャーは独学のヴィクトリア朝時代の知識人で，「ネイチャー」誌の創始者である．彼はいわゆる分解仮説[*164]，すなわち星の化学元素は崩壊してより小さな，簡単な物質の存在形態になるという説の主要な支持者であった[*165]．彼が最初にこの仮説を提唱したのは 1873 年で，その後 1887 年の『太陽の化学』において詳しく解説している．それから 20 年にわたり，彼はこの仮説を擁護し，

[*163] 訳注: Sir William Ramsay.
[*164] 訳注: dissociation hypothesis.
[*165] Meadows 1972.

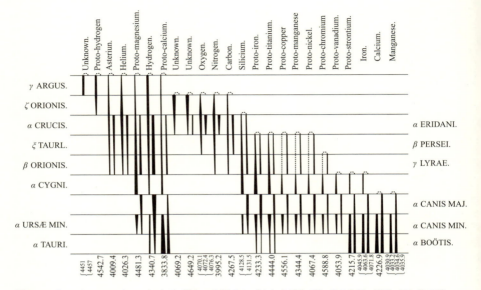

図 2.6 ノーマン・ロッキャーによる,異なった星のスペクトル線とバンドの比較.彼は,これらの線のうちいくつかは地球上に存在しない元素(アステリウム,ヘリウム,原始水素,そしていくつかの原始元素)からのものだと信じていた.Lockyer, Inorganic Evolution as Studied by Spectrum Analysis (London: Macmillan, 1190), p. 62 より.

発展させ続けた.ロッキャーは,もし化学的複合物質がガスバーナーの中で分解するならば,はるかに高温の星の中では元素そのものも恐らく分解してしまうと考えた.元素の分解と複雑な原子についての情熱は,彼を元素の放電分解の実験へと駆り立てた.1879 年,彼はいくつかの元素を水素に分解することに成功したと報告した(この大失敗の原因は不純物である).

分解仮説は何種類かあり,英国の自然科学者の間で特に人気があった.たとえば,J. J. トムソン[*166] が最初の基本粒子である電子を発見した有名な 1897 年の実験において,直接的影響を与えている.実際,トムソンは電子を化学的な原始元素であると考えており,1897 年の演説においてロッキャーが原子を構造を持った複合体であるとする「極めて重要な議論」について触れている.1903 年,なぜ知られている原子の中で水素原子が最も軽いのか,そして化学元素の数がどうして限られているのかについて議論した.トムソンによれば,宇宙の長い歴史の中で,元素は徐々に進化してきた.水素より軽い元素もかつて存在してい

[*166] 訳注: Sir Joseph John Thomson.

たが，後にそれらは複合体を形成し，最も軽いものが水素となったというわけである．その後，彼は正反対の仮説について議論した．宇宙の最終的な状態は，最も簡単な原子のみから構成される．そして，彼はそれを電子（あるいは，彼がこだわった名称を用いるなら「微粒子」）であると考えていた．

米国の地質学者ジョージ・ファーディナンド・ベッカー[*167]もまた，化学元素の分解と進化についての考察を行った一人である．電子と放射能の発見に感銘を受け，ベッカーは1908年に「宇宙の元素分布」に基づく周期的体系を提唱した．恐らくはこの種のものとして最初の試みである．ベッカーは地球上で見つかった元素と隕石，太陽，星，および星雲で見つかった元素を区別して扱った．元素の分布をこのように示してみると「元素の進化の可能性が高いことを示す」と結論した．そして，元素の表が「元素が進化してきたという仮説が真実であり，最も高い分子量のものが最も若く，そして冷却してゆく星や惑星の中に閉じ込められていること」を示しているとした[*168]．ほぼ同じ時期，英国の物理学者ジョン・ニコルソン[*169]は天体化学の伝統に寄与し，コロニウムやネビュリウムなどの原始元素が星の中に存在し，そして原子が複雑な構造を持つ証拠が天体物理学的データによって示されていると示唆した．ずっと後の素粒子物理学の発展の前兆となるかのように，彼は未来には基礎物理は宇宙物理学に頼ることになると述べた：

> 今日では一般的なように，広い意味で考えた天文学は物理学に大きな借りがある... 天文学はついにその借りを返し，物理科学をその債務とすることができるところまで発展した... 宇宙物理学がこの地位を得たのはおそらく—究極の物理理論の運命の裁定者として—地球上の元素は明らかに複雑すぎ，第一原理によって扱うことができない．．しかし，天文学者がスペクトルに水素を発見して以降，彼は地球上のあらゆる元素よりも単純かつより原始的な水素を扱うことができたためである．」

さらに，ニコルソンや他の天文学者が星には存在し，しかし地球上にはもはや存在しない原初の元素について，彼は「天文学者は... 化学者には立ち入れない

[*167] 訳注: George Ferdinand Becker.
[*168] Becker 1908, pp. 125 および 145. ベッカーは太陽コロナに存在する根本的物質で，おそらくは水素よりも原子量の小さい元素コロニウムの存在を認めていた．
[*169] 訳注: John William Nicholson.

化学研究の領域を持っている」と述べた[*170].ニコルソンは星が天界の実験室であるという比喩を用いた最初の人物ではなく——すでに見たように,それはウィリアム・ハーシェルまで遡る——そして最後でもない.

2.3.3 星雲の謎

ウィリアム・ハーシェル は 1781 年に星雲の観測を始め,5 年後に『1000 の星雲と星団のカタログ』を公表した.彼の観測プログラムの主な目的はこれらの天体の性質を詳細に研究することだったが,簡単な回答は得られなかった.彼はオリオン座の星雲の時間変化を発見したと信じていた.よってそれは星の系ではありえない.しかしもう一方で,彼は多くの星雲が星に分解でき,よって星雲のすべてが星に分解されるわけではないのは単に距離が遠いからではないかと考えた.数年間,彼は星雲はすべて星の集団であると考えていたが,彼は断定的に結論することは注意深く避けた.これは賢明な判断であった.1790 年,彼は「星雲的星」を発見し,よって彼は最終的に,本当に星雲的な天体——オーロラと同等な「輝く流体」——が宇宙に存在すると結論した.彼はこの観点を持ち続け,その後星雲から星団への進化に関する宇宙論的考察の中核となる.これは 1811 年の宇宙の構造に関する論文で議論された.ハーシェルの星雲仮説では,星雲のいくつかは高温のガス雲からなり,何段階かの異なった凝集過程を経て星からなる天体となってゆく[*171].

1830 年までに,星雲説は広く受け入れられた.とりわけ,フランスの傑出した物理学者ピエール-シモン・ラプラス[*172] が 1796 年に『宇宙の体系に関する解説』[*173] で提唱した太陽系形成理論を支持し,拡張するものとみなされたことによる.ラプラスはカントやハーシェルの意味で宇宙論研究者ではなかった——彼の天体力学の応用はほとんど太陽系に限られていた——が,その業績は彼の時代には宇宙論と考えられていた分野にとって大きな意味があった[*174].たとえばラプラスは,「世界」は力学的に安定な系で,ニュートンが信じていたように摂

[*170] Nicholson 1913, pp. 103–105. 米国の天文学者ジョージ・ヘール は 1904 年に,太陽は「実験室で行えるのをはるかに超えるスケールの実験が生じる巨大なるつぼ」であると述べている.Kargon 1982, p. 95 より引用.

[*171] Hoskin 1982, pp. 125–153 を見よ.星雲についての他の仮説については Brush 1987) を見よ.

[*172] 訳注:Pierre-Simon, marquis de Laplace.

[*173] 訳注:Exposition du système du monde.

[*174] ラプラスの理論は往々にしてカントの宇宙論と結びつけられているが,「カント–ラプラスの星雲仮説」という用語が広く用いられるのは不幸なことである.これら 2 つの理論は共通点がほとんどないからである.そもそも,カントが宇宙全体の理論を提示したのに対し,ラプラスが関心を持って

第 2 章　ニュートン的宇宙像の時代

動や摩擦力によっていつか系が崩壊することを心配する必要はないと証明した．

19 世紀の間，星雲説は当時流行の進化する自然像と結びつけられ，これによってダーウィン[*175]が新しい進化の意味を提示する何年も前から進化論者に高く評価されていた．グラスゴー大学の天文学教授ジョン・プリングル・ニコル[*176]は進化的天文学の熱心な推進派の一人である．彼は同業者のほとんどと対照的に，天文学は地球上から望遠鏡で観測できることのみに関心を持つべきではないと信じていた．彼の進化宇宙像は星や星雲のみならず宇宙全体にも及んだ．彼の場合，この描像は自身の進歩的，目的論的発展への宗教的信仰と強く結びついていた[*177]．宇宙論的進歩主義者としてのニコルはしかし，多くの同時代人と同様に太陽系や，おそらくは宇宙全体も崩壊してゆくだろうという見方をしていた．しかし，彼は太陽系が最終的に分解してしまうことを悲観する必要はないと考えた．彼は進化とは宇宙の壮大なる構想 (the grand design) の一部であり，全体としての傾向は進歩に向かっていると信じていたからである．これは 1851 年の彼の人気の著作『天界の構造』によって広く流布した．

星雲説や宇宙の進化的側面への興味にもかかわらず，ニコルは「宇宙論研究者」ではなかった．当時の基準にならい，彼は宇宙全体を天文学の対象として扱うことは控えた．1857 年初版の 900 ページに及ぶ大成功した著作『物理化学百科事典』でもこのことが見て取れる．この 1 巻の百科事典では「星雲」および「星雲説」について詳細な解説があるが，「宇宙論」や「宇宙進化論」，あるいは「宇宙」の項目は見つからない．

ロス卿ウィリアム・パーソンズ[*178]がアイルランドのバール城に焦点距離 16.5 m の巨大な反射望遠鏡を建設して以降，星雲説は崩れ始めた．ロス卿の望遠鏡は 1845 年に稼働を始めた．この望遠鏡による最初の観測者にダブリン近郊にあるアーマー天文台のトマス・ロビンソン[*179]がいる．ニコルとは異なり，ロビンソンは進化主義，物質主義に結びつく危険な概念であるとして星雲説に断固として反対していた．彼は星雲の観測からすべて星に分解できると結論し，

　　いたのは太陽系のみであった．宇宙論研究者としてのラプラスの評価については Merleau-Ponty 1977 を見よ．
[*175] 訳注: Charles Robert Darwin
[*176] 訳注: John Pringle Nichol.
[*177] Scheuer 1997 および Krach 2004, pp. 30–32.
[*178] 訳注: 第 3 代ロス伯爵ウィリアム・パーソンズ, William Parsons, 3rd Earl of Rosse.
[*179] 訳注: Thomas Romney Robinson.

2.3 宇宙物理学と星雲

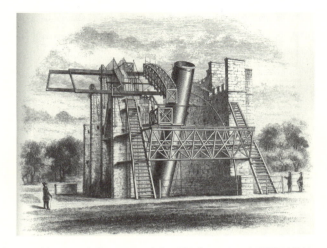

図 2.7 「パーソンズタウンのリヴァイアサン」と呼ばれたロス卿の大反射望遠鏡は，1845 年に完成した．これは 70 年もの間世界最大の望遠鏡であった．

よって彼の星雲説への先入観的嫌悪に一致することに満足を覚えていた．

ロス卿は同じ年，M51 星雲に渦巻構造を発見した．渦状星雲として知られるようになった最初の例である．翌年彼はオリオン大星雲が星に分解できることを発見した．ロス卿は「パーソンズタウンのリヴァイアサン」として知られるようになった彼の巨大な望遠鏡でさらに多くの星雲を観測し，多くが離散的な星団に分解することができた．ロビンソンが結論したように，この観測からすべての星雲は星団であると考えるのは魅力的であったが，ロス卿は彼の観測結果が「すべての星雲状の構造は，観測装置の最大限の分解能をもってしても星に分解できないほど遠方にある星団の光である」というより広い主張を正当化することはできないと認識していた[180]．とはいえ，これはほとんどの天文学者に受け入れられた説であった．たとえば，1849 年の『天文学概論』でジョン・ハーシェル は星雲的物質の存在を諦めるに足る帰納的推論ができると認めている．「星雲と星団の本質的な物理的区別があることを疑うのが非常に理性的である」と述べている．ニコルも同様の結論に達していた．

ジョン・ハーシェルは他の 19 世紀の天文学者と同じく，星雲の構造や分布に関する宇宙論的考察や大いなる理論体系を天文学で扱うことには慎重な態度を

---

[180] Hoskin 1982, p. 143 より引用．

図 2.8 ロス卿と共同研究者は彼の大反射望遠鏡を用いて多くの星雲の渦巻構造を発見した．これら 2 つのスケッチは 1850 年からの観測に基づき，王立協会哲学紀要に発表されたものである．The Scientific Papers of William Parsons (London, 1926), p. 111 より再掲．

取っていた．多くの裏付けが得られている場合に限って，彼は宇宙論的描像の解説をしたが，通常は出版論文や公の講演などにそれを含めることはなかった．晩年，天文普及家リチャード・プロクター[*181] との書簡において，彼は無限の階層的宇宙について述べた．それは 1755 年，カントが示唆したものとさほど離れたものではなかった．星雲や星雲の集団の形態について，ジョン・ハーシェルは以下のように考えた：

[*181] 訳注: Richard Anthony Proctor.

2.3 宇宙物理学と星雲

銀河の部分あるいはその集団の形は，系がその縮小をその内部に含み，その階層構造はほぼ無限に続きます．では，この宇宙のさらに上の階層が存在する証拠はあるでしょうか？―比喩的な議論でなければ，その内部構造のすべてを含む銀河は巨大な宇宙の縮小版の1つであり，その階層が無限に続きます．その宇宙には我々の銀河系と同じくらい巨大なスケールの他の系が存在するのです．それは他の星雲状でクラスタリングしている天体と類似しており，我々の銀河系の縮小版ではありません[*182]．

ハーシェルの書簡が書かれた頃，星雲説は灰から飛び立つ不死鳥のように劇的に復活した．この復活の主な理由は分光器の発明であった．しかしこの発明以前から，星雲説を支持する観測もいくつかあった．1852年，英国の天文学者ジョン・ハインド[*183] はおうし座に小さな星雲を発見した．この星雲はそれから2年の間に光度を上げ，それから暗くなり，1861年には消えてしまった．このような現象を示す以上，この星雲は巨大な星の系ではありえない[*184]．

ハギンズはキルヒホッフの研究から，線スペクトルはガス状の物体のみから放射され，一方固体からは連続光が放射されることを知っていた．1897年，彼はりゅう座の惑星状星雲を1864年8月のある夜に観測した時のことを思い出した．「私は分光器を覗き込んだ．そこには私が予想したスペクトルはなかった．1本の明るい輝線があるのみであったのだ！」．ハギンズにとって，この観測の重要性は疑う余地のないものであった：「星雲の謎は解けた．答えはそれから来る光の中にあった．それは星の集団ではなく，光を放つガスであった... 我々の望遠鏡が明らかにしたように，星雲は星雲説のどれかによって要求されることに広い意味で対応する，長い時間をかけた宇宙の過程のごく初期の段階であることは疑いない[*185]」．

ハギンズが発見した緑色の明るい輝線（他にもいくつか輝線があった）の起源については混乱と論争があった．ハギンズも他の研究者も実験室でこの輝線を再現することができなかったのである．しばらくの間彼はこれが窒素による

[*182] 1869年8月1日の書簡．Hoskin 1987, p. 28 より引用．
[*183] 訳注：John Russell Hind.
[*184] 訳注：もしこれが巨大な星の系であれば，年単位の変動は個々の星の間で均されてしまい，全体がそろった変動を示すことはない．典型的には変動の時間スケール × 光速が系のサイズと見積もれる．
[*185] Huggins & Huggins 1909, pp. 106–107. 1897年に最初に出版されたハギンズの『新しい天文学』についての懐古的小論は批判的に読むべきで，古い時代の天文学の信頼できる文献とみるべきではない．Becker 2001 を見よ．

第 2 章 ニュートン的宇宙像の時代

ものだと考えたが，断念せざるを得なかった．彼は 1898 年，この未知の輝線を放射する星雲のガスは「ネビュリウム」であると主張した．この仮想的元素は 10 年以上，かなり真剣に受け止められていた．ネビュリウム輝線の正体が判明したのはハギンズの死後長い時間が経ってからである．1927 年，米国の物理学者アイラ・ボーエン[*186] が量子論を用い，この輝線が 2 階電離酸素と窒素の準安定状態間の遷移と同定したのである[*187]．ネビュリウムからの脱却であった．

星雲の謎はまた別の宇宙の謎を解く重要な鍵であった．星雲は銀河系と似た構造なのか，銀河系内のはるかに小さな天体なのか，という疑問である．すべての星雲が個別の星に分解できたなら，これは前者の描像，カントらによって提唱された島宇宙理論の証明になる．ハギンズが 1864 年に 6 個の惑星状星雲のスペクトルに輝線を発見した時，彼はそれが星雲説，そしてこれに付随する島宇宙説に対する反証であると考えた．彼のさらなる検証は，彼のこの見方を補強したのみであった．ハギンズらが星雲がガス的性質を持つことを分光観測で示したことが主な理由で，島宇宙説は 19 世紀末には好まれなくなっていった．さらに 1885 年，明るい新星（実際は超新星であった）がアンドロメダ星雲の中心付近に観測された．この「新しい星」は星雲全体と同じくらいの明るさを持っていた．アンドロメダ星雲が数多くの星からなるのなら，どうしたらそのうちのたった 1 つの星がそこまで明るくなれるだろうか？

その一方で，アンドロメダ星雲を含むいくつかの星雲は連続放射を示した．これは島宇宙が少なくとも可能性として残ることを意味する．ハギンズはこの議論はしかし説得力のあるものとはみなしていなかった．1889 年，彼はアンドロメダ星雲のスペクトルを星雲を伴った単一星からの放射であり，銀河系の外にある星の集団ではないと解釈するほうを選んだ．彼は「この星雲は全体として，そのような星が天界に存在するとして，この種の星の距離以上に遠いところにあることはないだろう[*188]」と信じていた．

ドイツのベルリン近郊にある，ポツダム天体物理観測所の天文学者ユリウス・シャイナーは，1899 年にアンドロメダ星雲のスペクトルを取得することに成功した．彼はスペクトルを精査し，太陽のスペクトルに驚くほど似ていることを発見した．これにより，彼はこの星雲が我々の銀河系に匹敵するような巨大な

[*186] 訳注: Ira Sprague Bowen.
[*187] Hirsh 1979 を見よ．
[*188] Huggins & Huggins 1909, p. 154.

星の集団であると示唆した．彼は「渦状星雲は星の集団ではないかという考えは今や確実なものとなり，我々の銀河系がアンドロメダ星雲と非常に似通っていることを特に念頭に置き，このような系と比較することが考えられる[*189]」．シャイナーの観測は明らかに島宇宙理論を支持するものだったが，これとそのライバルである銀河系内天体説とのバランスを変えるほどの効果は持たなかった．1910年頃までに，島宇宙理論は以前の勢いを盛り返した．これは主に壮大さと美学的魅力からくるもので，観測的支持によるものではなかった．島宇宙理論に関するすべての疑問は1920年代半ばまで未解決のまま残った．この点については後の章でもう一度触れる．

2.4 熱力学と重力

19世紀半ばの宇宙論の大半は天文学ではなかった．宇宙物理学や天文学的な考察も影響を与えたが，宇宙論の興味の大半は相変わらず厳密に自然科学に根ざすものよりは哲学や神学的文脈に端を発するものであった．天文学者の大半が宇宙論的問題に対して消極的態度を取ったのとは対照的に，物理学者，哲学者，そしてアマチュア宇宙論家はこの種の問題，たとえば宇宙は空間的あるいは時間的に有限か無限かという問題に対してに果敢に取り組んだ．その結果多くの興味深い考察が生まれたものの，経験的検証によって正当化できるものがほとんどなかったことも恐らく驚くには値しないであろう．自然科学の2つの基本法則がこれらの議論の中心的役割を果たした．1つ目はニュートンの古典重力理論で，もう1つ19世紀中半に生まれた熱力学第2法則である．これらの法則は異なった側面，異なった現象に関係するが，2つとも宇宙のいずれの場所でも成立すると信じられていた点は共通していた．

2.4.1 熱的死

19世紀半ばに登場した熱力学理論は普遍的に成立すると主張されていた．この理由によって，宇宙論的に重要な示唆を持っていた．理論が立脚するこれらの2つの法則は蒸気機関や試験管の反応中のみならず，太陽系や宇宙全体についても成立すると考えられていた．1つ目の法則は閉じた系のエネルギーは保存することを述べている．あるいは宇宙論的バージョンでは，宇宙全体のエネルギー

[*189] Scheiner 1899, p. 150.

第 2 章　ニュートン的宇宙像の時代

はその存在形態は変えても総量は一定であると表現される．2つ目の法則は，進化する世界像に合致して，あらゆる自然界の過程は一方向に進んでゆくことを主張する．これは宇宙の時間の 2 つの極限について影響を与える．遠い未来に外挿すると，この法則は世界に終わりがあることを予言する．一方遠い過去に外挿するなら，世界は常に存在していたのではなく，時間的始まりを持つことになる．これらの予言はいずれも批判の余地がないものでもなければ，実験的検証が可能なものでもない．しかし，このような問題は議論の対象としてより人気を集める方向に働いただけであった．

　熱現象の宇宙論的重要性は 1840 年以前から，特にジャン・バティスト・ジョゼフ・フーリエ[*190] が熱の解析的理論において折に触れて議論していた．彼はこれを地球と太陽の物理学に応用した[*191]．太陽の熱の問題はエネルギー保存則（熱力学第 1 法則）が 1840 年代にユリウス・ロベルト・フォン・マイヤー[*192]，ジェームズ・ジュール[*193]，ヘルマン・フォン・ヘルムホルツ[*194] らによって明確に説明され，新たな基盤を得ることになった．実際，この法則から 1848 年という早い時期にマイヤーは「隕石仮説」[*195] を発展させることになり，ヘルムホルツは 1854 年に太陽が徐々に収縮しているためであるという別の仮説を唱えた．これらのアイディアはスコットランドの技術者ジョン・ジェームス・ウォーターストン[*196] によっても独立に提唱された[*197]．これらはエネルギー保存則の太陽物理への初期の応用であるが，広い意味で宇宙論への応用とは言えない．宇宙全体に関して用いられたのは，熱力学第 1 法則ではなく第 2 法則のほうであった．

　熱力学第 2 法則が定式化されたのは，ヘルムホルツが 1847 年にエネルギー保存則についての決定的小論を著してからわずか 2 年後のことである．ルドルフ・クラウジウス[*198] は，1850 年の多大な影響力を持つ論文において，熱が温度を

[*190] 訳注: Jean Baptiste Joseph Fourier.
[*191] フーリエの「宇宙論的」熱理論は Merleau-Ponty 1983, pp. 212–225 で分析されている．
[*192] 訳注: Julius Robert von Mayer.
[*193] 訳注: James Prescott Joule.
[*194] 訳注: Hermann Ludwig Ferdinand von Helmholtz.
[*195] 訳注: 仮に太陽のエネルギーが石炭であるとすると，太陽の寿命は 2000–3000 年で尽きてしまうことになる．マイヤーは，それにもかかわらず太陽が輝き続けているのは，太陽に隕石や彗星が衝突してエネルギーを与えているからだ考えた．
[*196] 訳注: John James Waterston.
[*197] 太陽の熱発生についての初期の他のアイディアについては James 1982 を参照．
[*198] 訳注: Rudolf Julius Emmanuel Clausius.

2.4 熱力学と重力

等しくしていく傾向を強調した．そしてその4年後，1865年に「エントロピー」と名付けられる関数に基づき，彼はその理論を再定式化した．よく知られているように，エントロピーという概念を用い，クラウジウスは熱力学第2法則を「世界のエントロピーは最大値に向かう」と述べた．また第1法則についても同様に，「世界のエネルギーは一定である」と表現した．クラウジウスの定式化には世界あるいは宇宙[*199]という言葉が使われているが，後の研究で彼がそのような大局的見方で熱力学の原理を述べることはまれであった．

この宇宙論との関係はウィリアム・トムソンによる第2法則への別のアプローチによってより完全な形で洗練されていった．最初の結果は1851年の『熱の力学的理論』にまとめられている．トムソンはエントロピー概念を用いることはなく，代わりに熱あるいはエネルギーの散逸について述べることを好んだ．これはクラウジウスがエントロピー変化量と理解していた概念とおおむね対応する．1852年の別の論文でトムソンは「現在，物質世界には力学的エネルギーの散逸傾向が存在する」とまとめている．その結果，彼は「有限の過去，地球はかつて現在のような人類の居住に適した環境ではなかった．そして有限の未来，地球は再び人類の居住に適さなくなる．世界を居住可能にするには，現在の物質世界が支配されている法則では不可能な作用が必要である[*200]」．

1854年にリバプールで開催された英国科学発展協会の会合で，トムソンは議論をさらに一歩先に進めた．物理法則の作用について時間を遡り，彼は宇宙の力学エネルギーの根源は「ある限られた時期，自然法則から誘導される前例のない物質の状態」に見出されるであろうと考察した．しかし，物質と運動のそのような起源は力学的に説明不可能で，既知のいかなる過程とも異なっており，彼の因果律や斉一説[*201]的見方にも反していた．「そのような物質の状態を理解できるとはいえ，我々は自然界にどのような例があるかすら知らず，現在の科学でできるのは，たとえはるか昔であっても我々が知っている，あるいは理解できる自然の物質の状態のうちにその力学的な祖先を探すことである[*202]」．ここでは，熱力学第2法則は遠い未来を予言するのではなく，はるか過去の特異な状態について考察するのに使われている．

[*199] 訳注: die Welt.
[*200] Thomson 1992–1911, vol. 1, p. 514.
[*201] 訳注: uniformitarianism. 自然において，過去に作用した過程は現在観察されている過程と同じとする考え方．天変地異説に対立する説．
[*202] Thomson 1882–1911, vol. 2, pp. 37–38.

トムソンは 1852 年の論文では宇宙の「熱的死」を提唱していない（しかし地球の熱的死については示唆している）. しかしその 2 年後, ヘルムホルツは彼のアイディアを拡張し, 時間の経過とともに宇宙は平衡状態に近づき, そして平衡状態がひとたび達成してしまえば, 宇宙は永遠の停止状態に処せられると予言した. 1860 年代, 熱的死のシナリオは多くの第一級の研究者によって解説され, 明示的にせよ暗示的にせよ, 物理学の文献に登場することになった.「熱的死」[*203] という言葉を作ったクラウジウスは, エントロピー概念を用いてこれを以下のように定義した:「宇宙がエントロピー最大になるような限られた状態に近づくほどに, さらなる変化の機会は減ってゆく. 最終的にこの条件が完全に達成されたとすると, それ以上の変化は永遠に生じなくなり, 宇宙は変化のまったくない永遠の死を迎える[*204]」. クラウジウスはさらに, 熱力学第 2 法則は周期的宇宙の概念とも矛盾することを強調した. クラウジウスのみならず, トムソンや周囲のキリスト教徒の自然科学者（マクスウェル[*205] やピーター・テート[*206] を含む）にとっては, それは彼らが物質主義的かつ非キリスト教的であるとみなす周期的宇宙の概念に反対する, 第 2 法則の魅力的な特徴だったのである.

熱的死の主張は敵なしであったわけではない. むしろそれには程遠かった. 多くの研究者, そして非研究者にとって, 宇宙の生命が（宇宙そのものでなかったとしても）いつか存在しなくなるなどというのは耐えがたいことだった. 彼らはこのシナリオを回避するため, エントロピーを減少させるような過程を考案したり, 熱的死の議論が立脚する前提に疑問を呈したりと, 様々な示唆を行った. 驚くべきことに, 天文学者はこの議論にほとんど参加していない. おそらくこれは,「宇宙」そのものという形而上的概念を扱うことに抵抗を感じていたことの反映であろう. 天文学および宇宙物理学研究において, 熱力学第 2 法則やその宇宙論的帰結についての議論が含まれるのは稀であったというのは印象的である[*207].

[*203] 訳注: Wärmetod.
[*204] Clausius 1868, p. 405.
[*205] 訳注: James Clerk Maxwell
[*206] 訳注: Peter Guthrie Tait.
[*207] アグネス・クラーク (Agnes Clerke) の 1903 年の優れた天文学解説書『宇宙物理学の諸問題』では, 第 2 法則についての言及はなく, エネルギー保存則についてもヘルムホルツの太陽エネルギーについての理論との関連で言及されているにすぎない. 1886 年出版の『19 世紀天文学史』においても同様である.

152　2.4 熱力学と重力

図 2.9　宇宙と，そして生命を含むその構成天体は永遠に続くことはないと認識されたことで，地球と宇宙の運命は 19 世紀末に活発な議論の対象となった．カミーユ・フラマリオン*208 が 1880 年に出版した『一般天文学』*209 の挿絵にもこの主題が描かれている．

　1852 年，熱的死仮説が完全に定義される以前，スコットランドの技術者兼物理学者ウィリアム・ランキン*210 は，放射される熱はある条件のもとではエネルギー（よって物理的活動性）は再び集中することができ，それは永遠に続くと示唆した．彼は放射熱は束縛された星間物質によって伝えられ，その外側には空の空間が広がっていると推測した．この場合，熱は星間物質の境界に達すると反射し，最終的にいくつかの焦点に再凝集する．ある命の絶えた天体がそのような焦点を通過すれば「それは蒸発し，元素に分解され」，熱の一部は化学エネルギーに変換されて天体は再び命を得る．「現在の創造された世界はおそらくそれ自身の中で物理的エネルギーが再凝集し，そして活動性と生命を新たに得る手段が与えられているのである．」拡散的および発展的過程はおそらく永遠に続く．「そして我々が遠方の宇宙に観測する明るい天体のいくつかは星ではなく

---

*208 訳注: Nicolas Camille Flammarion.
*209 訳注: Astronomie populaire.
*210 訳注: William John Macquorn Rankine.

星間エーテルの焦点である*211」．クラウジウスはランキンの卓越した，しかし不自然な考察とはおそらく無関係に，1864 年にキルヒホッフによる黒体放射についての最新の研究を用いた長大な論文でこれに応えた．クラウジウスは曖昧さなく，放射熱とて熱力学第 2 法則の例外ではなく，よって熱的死を逃れることはできないと結論した．

　熱的死ほど議論されてはいないものの，宇宙論的には同じくらい重要な熱力学第 2 法則は，宇宙が有限の年齢を持つことを示していると受け止められていた．「エントロピー的論証」は必ずしも説得力を持つものではないがシンプルである：クラウジウスの法則によれば，世界のエントロピーは平衡状態に向けて常に増大するが，現在の世界は明らかに平衡からは程遠く，よって無限の年齢を持っていることはありえない．ヴィクトリア朝時代の評論家には，これを世界が超自然的に創造されたことを示すと受け止めた者もいた．これがエントロピー的議論が神学者やキリスト教徒の研究者の（そして別の理由で，無神論者の研究者の）興味を引いた理由である．エントロピー的論証は 1860 年代後半，ヴュルツブルクの生理学者にして物理学者であったアドルフ・フィック*212 によって一般向けに明確に述べられた．彼は 1869 年に講義の中で以下のような二律背反を示した：

> 科学における最も重要で，最も一般的，そして最も基本的な抽象化において我々はいくつかの重要なことを見落としたのか，あるいは―もしこれらの抽象化が厳密に，そして一般的に正しいとしたら―世界は永遠に存在することはできず，今日から見て有限の時間遡ったある時点で，自然界の素過程の連鎖の一部とはみなせないある出来事によって誕生したはずである．すなわち，宇宙の創成が必要であった*213．

　英国では，このような方向の議論は独立に，マクスウェル，テートらによって先鞭がつけられていた．1871 年の英国科学振興協会における講演で，テートは「現在の物事の秩序は現在働いている自然法則が無限の時間作用した結果生じたのではなく，明確な始点があった．始まりはそれより前に遡れない状態，現在の

---

*211 Rankine 1881, pp. 200–202.
*212 訳注: Adolf Eugen Fick.
*213 Fick 1869, p. 70. エントロピーについての議論と宇宙論および神学との関連は Krach 2004, pp. 50–66 に詳述されている．Landsberg 1991 も見よ．

自然法則以外の原因で生じた状態である[*214]」. テートのいう「別の作用」とはもちろん神のことである. それから50年くらいの間, 有限年齢の宇宙についてのエントロピー的論証は非常に活発に議論された. ただし, 物理学や天文学の訓練を受けた自然科学者によってではなく, むしろ主として神学者, 哲学者, 社会批評家によってであった. 著名天文学者によるこの論証についての言及は著者の知る限りない.

エントロピーが宇宙の有限の年齢についての論証において用いるのに問題があるとするなら, 1900年代以降はそれを別の宇宙論的時計, 新たに発見された元素の放射性に置き換える可能性が考えられた. オーストリアの物理学者アルトゥール・ハース[*215]は1911年の一般向け講義で, 物理法則はリーマン幾何学で許されるような有限で境界のない宇宙が示唆されると述べた. このような場合, オルバースのパラドックス, そしてニュートンの重力法則を修正することなく重力のパラドックスが回避できる. 時間スケールについては, 彼はウランやトリウムなどといった放射性元素は寿命が（非常に長いとはいえ）有限であるにもかかわらず, 現在もなお地球の地殻に存在していることを指摘した. 世界が無限の昔から存在しているなら, 放射性元素がどうして存在できるだろうか？ ハースによる放射性と宇宙論を結びつけた議論はこの種のものとして初めてではないかもしれないが, 後のより科学的な議論に基づく有限の宇宙年齢の概念についての文脈で注目された論証としては最初の例の1つである.

2.4.2 宇宙—有限か無限か？

熱力学第2法則そのものの妥当性を否定する以外に（あえてこれを提示する物理学者はいない）, 熱的死を否定する2つの議論が盛り上がってきた: 宇宙のエントロピーを減少させる過程の存在可能性, そして熱力学第2法則は無限大の宇宙には適用されないという可能性である. 証明は与えられていなかったものの, 宇宙に有限の量の物質がある場合にのみ, 熱力学第2法則は宇宙全体に適用する意味があると広く信じられていた. この理由により, 宇宙のエネルギーに関する議論は宇宙論の古典的な問題, つまり宇宙が空間的, もしくは物質の量が, あるいは時間的に有限か無限かという問題を含んでいた. この議論においてはしかし, 科学的枠組みとして構成されてはいたものの, 主たる役割を果たした

[*214] Tait 1871, p. 6.
[*215] 訳注: Arthur Erich Haas.

のはイデオロギーであり，信仰であった．

熱力学第 2 法則の主たる建設者であったにもかかわらず，ウィリアム・トムソンは宇宙の熱的死を物理的に現実のものとして受け入れなかった．彼は，宇宙の果てしない空間に物質が分布しているので，エネルギー散逸の法則は成り立たないと議論した．トムソンはいかにして宇宙空間が無限だと知ったのか？ 無論，彼は知らなかった．単に空間に境界があるということは理解しがたいとしただけである．1884 年の有名な講義においてトムソンは「有限性は理解しがたい．宇宙が無限であることは理解できる」と述べた．彼の主張に関する描写は説得力に欠ける:「1, 10 あるいは 100 マイル，さらにはカリフォルニアまで旅することができ，そして終わりがあるような宇宙を想像できるでしょうか？ 物質の果て，空間の果てを考えられるでしょうか？[*216]」．トムソンにはできなかった．ルント大学の教授であったスウェーデンの天文学者カール・シャルリエは，異なった見方の組み合わせを好んだ．1896 年の論文において，彼は宇宙は空間的に有限で，時間的に無限であると議論した:「有限の時間というのは矛盾である… 無限の時間のほうは理解は難しくても矛盾はない[*217]」．この種の主観的—研究者個人が理解できるかできないかに基づく—議論がこの種の議論に強く影響を与えていた．

ウィーンの物理学者にして科学哲学者エルンスト・マッハ[*218]は実証主義の立場に基づき，熱的死とその帰結であるエントロピー生成の議論を科学的に無意味な概念であると強く批判した．彼は 1872 年に出版された講義の中で，宇宙に熱力学を適用しても宇宙全体について意味のある言及はできず，幻想でしかないと述べた．宇宙についての科学的言及は「哲学の最低の定理にも劣るように思える」というのが物理学者兼哲学者の意見であった[*219]．たとえばクラウジウスの「世界のエネルギー」や「世界のエントロピー」などといった表現はまったく科学的意義を持たない．それらは測定量ではないからである．マッハの批判は他の科学者や実証主義の立場に立つ哲学者，たとえば米国のジョン・ス

[*216] Thomson 1891, p. 332.
[*217] Charlier 1896, p. 481. シャルリエは物質保存の原理によって有限の寿命の宇宙は除外されると主張していた．
[*218] 訳注: Ernst Waldfried Josef Wenzel Mach.
[*219] Mach 1909, pp. 36–37.

2.4 熱力学と重力

ターロ*220 やドイツのゲオルク・ヘルム*221 とも立場を同じくした．彼らの見地からは，宇宙の物理などというものは存在せず，ただ形而上学のみである．すなわち物理的宇宙論などというものは最初から不可能である．フランスの物理学者，歴史家，そして哲学者であったピエール・デュエム*222 はマッハ実証主義の影響を受け，少し異なった立場から熱的死の妥当性を否定した．彼はエントロピーの法則を世界のエントロピーが常に増大し続け，下限も上限もないと解釈した．もしそうなら，熱的死あるいは熱力学に基づく他の宇宙論的帰結を受け入れる必要はない．

サンクトペテルブルグ大学教授であったロシアの偉大な物理学者オレスト・フヴォルソン*223 は 1908 年および 1910 年の論文においてこの問題を取り扱った．彼は観測可能な「世界」とそれよりもはるかに大きな「宇宙」をはっきりと区別し，有限で境界のある宇宙はトムソン同様不可能であると結論した．しかしトムソンとは違い，彼は無限宇宙の概念には行かなかった．彼の言葉によれば「それは空虚な単語の無意味な連結」にすぎない．彼はまた，エントロピーの法則を含む物理法則が宇宙全体を通じて妥当であることも，無限宇宙がいかなる意味を持つことも否定した．フヴォルソンは，科学の扱う領域は厳密に観測可能な世界あるいはその一部に限られるべきであると強く固執した：「物理学は宇宙全体とは無関係である．それは科学的研究の対象とはなりえず，またいかなる手段によっても観測可能ではないからである…物理学者が「世界」というときは，それは彼にとっての限定された世界を意味する…この限定された世界を宇宙全体と同一視することは思慮の欠如あるいは狂気，そしていずれの場合でも科学的理解の欠如の証明でしかない*224」．

マッハや彼の賛同者は熱的死を方法論的な観点から攻撃していたが，スウェーデンのノーベル賞化学者にして物理学者スヴァンテ・アレニウスは熱力学第 2 法則は宇宙全体にも適用可能であることを認識していた．とはいえ彼は，宇宙は無限で自己永続的であり，永遠の進化の中で定常状態にあると信じていた．彼

---

*220 訳注: John (Johann) Bernhard Stallo. ドイツ出身で，後に米国に移民した．
*221 訳注: Georg Ferdinand Helm.
*222 訳注: Pierre Maurice Marie Duhem.
*223 訳注: Орест Данилович Хвольсон (Orest Danilovich Khvolson). Chwolson とも綴られる．
*224 Kragh 2004, p. 57 に引用されている．

第 2 章　ニュートン的宇宙像の時代　　157

の最も売れた著作『世界の創生』*225 において「私の指導原理は... 宇宙はその本質において常に現在と同じであるという信念である. 物質, エネルギー, そして生命は形や空間的位置を変えているにすぎない*226」と書いた. アレニウスは 1909 年の論文において, 宇宙は全体として空間的に無限であるだけでなく, 星と星雲が一様に分布していると述べた. 彼はこれを観測可能な宇宙（フヴォルソンの用語で言えば「世界」）との類似を用いて正当化した*227. 彼は熱的死も宇宙創成シナリオも間違っていると信じており——「絶対にありえない」と述べている——半世紀以上前にランキンがしたように, エントロピーを減少させる過程を追い求めた. 1903〜1913 年の間の研究において, 彼は輻射圧がエントロピー増大を相殺し, 宇宙が永続的に発展していく理論を構築した. しかし, アレニウスの考えは受け入れられず, アンリ・ポアンカレ*228 が熱力学第 2 法則を逆行させることは不可能であることを示して以降, このアイディアについて耳にすることはほとんどなくなった*229.

　米国の数学者, 物理学者, 哲学者であったチャールズ・サンダース・パース*230 は宇宙全体の熱的死を, そして自然界の不変の法則というものも信じていなかったようである. 彼は宇宙は偶然と自発性のみで特徴づけられる混沌の初期状態から進化し, 後の段階で法則に支配される秩序を持つようになったと考えた. パースは宇宙の終焉は複雑さが最大となる状態であると述べたが, これはクラウジウスの熱的死とはまったく異なっている*231.

　熱力学に基づいて宇宙論的な問題を考察した 19 世紀末の物理学者の最後の例としてルートヴィヒ・ボルツマン*232 を挙げよう. ボルツマンは統計力学を基礎として熱力学を構築した傑出したオーストリアの物理学者である. 力学法則は時間反転に対して対称であるのに対し, エントロピー増大原理は本質的に不可逆である. これは明らかな矛盾であり, 1890 年代に活発に議論された. ボ

---

*225 訳注: Världarnas utveckling (Worlds in the Making).
*226 Arrhenius 1908, p. xiv.
*227 Arrhenius 1909.
*228 訳注: Jules-Henri Poincaré.
*229 Poincaré 1911, pp. 240–265.
*230 訳注: Charles Sanders Peirce
*231 パースは宇宙が「絶対的に完璧で, 秩序だった, 対称な系」として終わると考えた. これは明らかにエントロピー増大則の一般的解釈に反する. 1890 年代のパースの宇宙論については Reynolds 1996 を見よ.
*232 訳注: Ludwig Eduard Boltzmann.

ルツマンは熱力学第2法則が時間反転可能である理論的可能性（ある時点，ある宇宙の領域において）を認識しており，1895 年に宇宙に全体として熱平衡にあるような反エントロピー的領域が存在するという驚くべきシナリオを考案した．エントロピーの確率的性質のため，たとえ宇宙全体が熱平衡状態にあっても我々の世界が現在低エントロピー状態にある確率は0ではない：

> しかしその一方で，宇宙全体に対して世界がどのくらい小さな領域なのかを想像できるだろうか？ 宇宙が十分大きければ，我々の世界のような小さな領域が現在のような状態にある確率はもはや小さくない．もしこの仮定が正しいなら，我々の世界は徐々に熱平衡へと回帰してゆく．しかし宇宙全体がこれだけ大きいので，未来のいつかの時点で宇宙の別の領域が現在の我々の世界のように熱平衡から遠く離れた状態になりうる[233]．

ボルツマンはしばらくの間，エントロピーの大きな宇宙におけるエントロピーゆらぎというシナリオを考え続けた．1898 年出版の気体理論についての古典的教科書『気体理論講義』[234] の第2巻において，ボルツマンは多世界，エントロピーゆらぎ，そして時間反転についてのアイディアを再登場させ，そして発展させた章を記している．彼はこれらの宇宙論的考察が非常に思弁的であることは十分認識していたが，彼の著作に含めるのに十分くらい整合的で重要であると考えていた．天文学者はこれらのアイディアを無視したが，ずっと後になってこの種の多世界あるいは「マルチバース」の概念は理論的宇宙論の中心的地位を占めることになる．

19 世紀末の宇宙論的考察のすべてが熱力学に関連していたわけではない．英国の物理学者アーサー・シュスター[235] は 1898 年に，それまで知られていない――彼が「反物質」と呼んだ――未知の物質の状態が存在すると示唆した．これは通常物質の重力によって反発を受ける性質を持っている．「世界はこの物質からできており，元素や複合体は我々のものと同一の性質を持ち，互いのすぐ傍に持ってこない限り区別することはできない」．そのような反物質が検出されていないことはこの仮説に対する強い反論とはならない．「それらが我々の地球

---

[233] Boltzmann 1895, p. 415. ボルツマンは彼のいう「世界」が何を指すのか，太陽系なのか，恒星の空間を含むより大きな領域なのか，あるいは銀河系全体なのかを明確には示さなかった．物理学者と哲学者をずっと魅了してきたボルツマンの議論については Ćirković 2003a を見よ．

[234] 訳注：Vorlesungen über Gastheorie (Lectures on Gas Theory).

[235] 訳注：Franz Arthur Friedrich Schuster. 出生はドイツ．

第 2 章 ニュートン的宇宙像の時代

上にあったとしても,はるか昔に地球から反発力を受け,地上から放出されてしまっているはずだからである」.シュスターは,単距離で働く引力が重力の反発に打ち勝って,原子と反原子は化学結合することができると考えた.「宇宙の広大な空間は,たまたま何らかの理由がない限り,事実上重力の影響を受けない物質によって満たされている... 不安定平衡が成り立っていて,物質は引き寄せあい,反物質は退けあうことで 2 つの世界が形成され,互いに離れて二度と結びつくことはない」.シュスター自身が十分承知していたように,これは想像以外の何物でもなく「休日の夢」であり,彼はそれ以上追及もしなかった[*236].

1890 年代の X 線と放射能の発見はすべての物質が不安定なのではないかという想像を刺激した.物質は計測不能なエーテルから生じ,そしてエーテルに還る過程の途上にあるのではないかという考えである.フランスの心理学者でアマチュア物理学者であったギュスターヴ・ル・ボンによれば,物質とエネルギーは宇宙進化の過程の 2 つの異なった段階を示しており,最終的には純粋なエーテルからなる状態になる.彼の説は宇宙の死についてではあるが,熱力学に根拠を持つ熱的死ではない.44000 部を売った彼のヒット作『物質の進化』[*237] において,ル・ボンは彼の宇宙論的シナリオを要約している.宇宙は「形のないエーテルの雲」から始まる.そして「我々の知らない力」を通じて,この原初のエーテルは大きなエネルギーを持つ原子へと組織化される.しかしこれらは不安定で放射性を持ち,エネルギーをゆっくりと放出する.「ひとたび持っていたエネルギーすべてを光,熱,あるいは他の振動として放出すると,それらは...もともと生まれた原初のエーテルへと還る.この終焉は,いずれにせよ儚い存在の跡すべての物が還ってゆく最期の涅槃を示している[*238]」.ここに,我々は物理的終末論のまた違った例を見ることができる.

このような方向の想像は物理学者の関心を引いた.彼らの多くはル・ボンのシナリオを魅力的で,あまつさえ合理的であるとみなしていた.たとえば尊敬を集めた英国の物理学者オリバー・ロッジ[*239] はル・ボンとさほど違わない

[*236] Shuster 1898. シュスターは「反物質」「反原子」という言葉を導入しただけでなく,彼の考察には不明瞭ながらダークマターやダークエネルギーに似た概念も含まれていた.彼は原子や反原子が結合して「ポテンシャル物質」を形成すると考え,「この原初の混沌で満たされた巨大な空間を想像できるだろうか? この混合物は存在とは言えない.それは創造の火花によって生まれた物質としての特性を何ら持っていないからである.これが世界の始まりだったのだろうか?」と問いかけている.
[*237] 訳注: L'Évolution de la Matière
[*238] Le Bon 1907, p. 315.
[*239] 訳注: Sir Oliver Joseph Lodge.

2.4 熱力学と重力

アイディアを持っていた．もう一人の英国の化学者フレデリック・ソディ[*240]（1921年のノーベル賞受賞者）は同様に放射性が宇宙論的に重要であると考えたが，彼は循環宇宙シナリオを好んだ．「物質は崩壊し，そのエネルギーはある段階の宇宙進化の中で進化し，分解してゆく．そして別の，我々には未知の段階では物質は余剰エネルギーを用いて合成されてゆく」．よって「絶え間ない変化にもかかわらず，平衡条件に達し，永遠に続くのである[*241]」．

2.4.3 重力のパラドックス

ベントリーとの文通において，ニュートンは無限で星が一様に分布した宇宙が可能であることを定性的に議論した．ベントリーが考えていたように，ある質量に働く2つの無限大の重力は相殺しないが，ニュートンはそれにもかかわらず質量は平衡状態になることができると主張した．おもしろいことに，ニュートンの主張が厳密な検証の対象となるまでには，ほぼ正確に200年の時間を要した．

1895年，ミュンヘン大学教授でドイツ天文学会の秘書官であった（1896年からは会長を務めた）ドイツの天文学者フーゴ・フォン・ゼーリガー[*242]は，質量分布がほぼ一様の無限ユークリッド宇宙はニュートンの重力法則の予言とは一致しないことを示した．彼は，ある天体に働く重力を無限宇宙全体の質量について積分すると発散してしまい，解が一意に定まらないことを証明したのである．よって，「ニュートンの重力法則は，物質が無限に分布した無限宇宙に適用すると克服不能の困難，解決不能の矛盾を生じてしまう[*243]」．ゼーリガーの目的は，しかしニュートンの無限の星の系を救うことではなかった．彼は現実としての無限という概念を否定しており，宇宙は有限であると考えていたからである．

その後フォン・ゼーリガーは，ニュートン宇宙は有限の初速から始まって，有限時間で無限の速さに加速されてしまう運動を許容してしまうことを示すことで，ニュートン宇宙の重力のパラドックスを異なった形で定式化した．彼が指摘したように，そのような運動は宇宙の崩壊と同様受け入れがたい．一般向け講演において，彼は宇宙の質量がどのように分布していても，無限大の加速度が必ず生じることを示した．「有限の初速から始まって，有限時間で無限の速さまで加

[*240] 訳注: Frederick Soddy.
[*241] Soddy 1909, pp. 241–242.
[*242] 訳注: Hugo von Seeliger.
[*243] von Seeliger 1895, p. 132. Norton 1999 による明快な分析を見よ．フォン・ゼーリガーと彼の宇宙論については Paul 1993 も参照．ニュートンの重力法則を修正する試みについては North 1990, pp. 30–49 を参照．

速される運動」となる.この結論は「自己矛盾を含む,つまり力学理論を直接的に破っている[*244]」.フォン・ゼーリガーはニュートンの法則は非常に大きな距離では修正されるべきであると示唆した.中心質量 M による重力場宙を運動する天体はニュートンによると重力ポテンシャル $\phi(r) = GM/r$ を感じる.よって質量 m の天体が感じる重力は $-GMm/r^2$ である.フォン・ゼーリガーは非常に大きな距離では天体は重力による引力に加え,反発力を感じるかのように運動すると示唆した.重力の希釈ファクター $e^{-\Lambda r}$ を導入することで,新たな力の法則は

$$F(r) = \frac{GMm}{r^2} e^{-\Lambda r} \tag{2.4.1}$$

となる.

　フォン・ゼーリガーは定数 Λ は惑星天文学で重要になると考えたが,このアイディアを真剣に検討することはなかった.この修正された力の法則はいわば場当たり的で,恣意的である.重力のパラドックスの問題を同様に解決できる法則の形は他にいくらでも考えられる.またニュートンの逆2乗則を修正するという考えそのものも19世紀に多く提示されており,独創的とは言えない.指数関数の修正ファクターは1825年のラプラスの『天体力学』[*245] に示されており,フォン・ゼーリガーがこれを知らなかったとは考えられない.しかし,フォン・ゼーリガーのアプローチの独創的な点は,他の多くの提案が惑星天文学の諸問題(たとえば水星の公転の異常)を解決するためだったのに対し,彼はこの修正を宇宙論的文脈で用いたことである.

　ウィリアム・トムソンは明らかにフォン・ゼーリガーの業績を認識しておらず,1901〜1902年にかけての2編の論文においてほぼ同一の結論に到達した.最初の論文でトムソンは,無限宇宙が0でない物質密度を持つならば「宇宙の大多数の天体がそれぞれ無限大の重力を感じる」ことを証明した.半径 3×10^{16} km の一様宇宙モデルを考えると,星の質量が平均して太陽程度とするならば,星の数は多すぎても,また少なすぎてもいけない.トムソンはこの球内にある星の数が20億個よりは少なく,1億個よりは多いことが「極めて確からしい」と結論した.トムソンはまた,星の系が半径0まで崩壊する時間を計算した.この崩壊

[*244] von Seeliger 1897–98, p. 546.
[*245] 訳注: Mécanique céleste.

2.4 熱力学と重力

時間は宇宙のサイズの初期値によらず，密度 ρ_0 のみに依存する [246]:

$$t_{\text{collapse}} = \sqrt{\frac{3\pi}{32G\rho_0}}. \tag{2.4.2}$$

10 億個の星を内包する宇宙では崩壊時間は 1700 万年となる．これはトムソンが熱力学的論証によって求めた地球の年齢と同じ桁になっている（彼が好んだ値は 2000 万年であった）．フォン・ゼーリガーとは違い，トムソンはこの研究を無限のニュートン的宇宙の問題とは明示的には示しておらず，よってこの問題を回避する方法も提示していない．

ニュートンの重力法則を修正する以外にも，重力崩壊を回避する方法はある．重力法則は保ったまま，ニュートン宇宙の宇宙論的仮定のいくつかを変更すればよい．たとえば物質の一様分布の仮定を変更することを考える．これはリチャード・プロクター [247] が広く読まれている彼の 1870 年の著作『我々の世界以外の世界』[248] で述べている．ただし，彼はこれをオルバースのパラドックスの回避のために用いており，重力崩壊のパラドックスのためではない．プロクターはより大きな星の系は小さな系よりも互いにより離れているような階層的宇宙モデルを考えた．この場合，連続した球殻に含まれる星の光の寄与は一定ではなく，徐々に小さくなる．このことにより，無限の星から受ける光の量はかなり小さくなりうる [249]．

1908 年，カール・シャルリエは『いかにして無限の世界を構築できるか』[250] と題する論文において，数学的に詳細な階層的宇宙モデルを構築した [251]．これはしかし，彼が宇宙論の大規模な側面に関して興味を示した最初ではない．当時の職業的天文学者としては珍しく，シャルリエは宇宙論の科学的な天文学的側面と，より思弁的な哲学的思索の分離をきちんと行っていた．1896 年，彼はオルバースおよびフォン・ゼーリガーのパラドックスは宇宙の有限性を示していると主張し，フォン・ゼーリガーによるニュートンの重力法則の修正よりもこちらの解を支持した．しかし彼はまた，これらのパラドックスは星の分布が一様で

---

[246] 訳注: これは現代物理学では自由落下時間として知られる重要なタイムスケールである．
[247] 訳注: Richard Proctor.
[248] 訳注: Other Worlds than Ours.
[249] Proctor 1896, p. 285.
[250] 訳注: Wie eine unendliche Welt aufgebaut kann.
[251] Charlier 1908. 英語での増補版は 1922 年に Arkiv för Matematik, Astronomi och Fysik（vol. 16, pp. 1–34: 原論文と同じ学術誌）に出版されている．シャルリエの宇宙については Jaki 1969, pp. 198–204 および Holmberg 1999, pp. 73–78 を見よ．

あるという,それ自体が検証されるべき仮定に端を発していることも指摘した.星の分布が「我々が空間の外側へと移動するに従って星の密度がより早く減衰するような」法則に従うなら,このパラドックスは生じない[*252]. すでに触れたように,オルバースのパラドックスに関する限り,このアイディアは1848年のジョン・ハーシェルまで遡り,そして1870年にプロクターによって復活した.

　初期にシャルリエが支持していた有限宇宙は,彼自身の後の研究によって反論されることになった. 彼は,少なくとも重力のパラドックスが回避できるという意味において,宇宙の無限性は最終的に弁護できると結論した. 彼のアイディアは,球対称に分布した星雲と星雲の集団を特別な形に配置することで構成される,フラクタルな階層的宇宙である. 銀河系 S_1 が N_1 個の星からなるとする. そして N_2 個の銀河系のような銀河が次の階層の銀河 S_2 を構成すると考える. そして N_3 個の S_2 階層の銀河がさらに上の階層の銀河 S_3 を構成し,以下これが無限に続く. 系 S_i は半径 R_i を持つ. シャルリエは,もし物質の平均密度が $R_{i+1}/R_i \geq N_{i+1}$ を満たすように減衰するなら,フォン・ゼーリガーのパラドックスはなくなり,無限の速度は現れないことを示した. ウィーンの物理学者フランツ・セレティ[*253]は,アインシュタインが1917年に導入した相対論的宇宙論に対し,1922年にそのニュートン的代替モデルを構築した. セレティはシャルリエのアイディアを支持し,アインシュタインの理論を批判して,もし物質密度が距離に対して適切な減衰をする($1/r^2$ より速い)なら,ニュートン理論でも物質で満たされた無限の宇宙が許容されると反論した. アインシュタインとセレティの論争は Annalen der Physik (物理学年報) 誌上で展開されたが,1922年の最初の返答以降,アインシュタインはセレティの論文には回答しなかった.

　シャルリエの論文掲載から1年後,もう一人のスウェーデンの研究者アレニウスは上記の文献の中で重力のパラドックスを検証した. すでに述べたように,一様無限宇宙の熱心な支持者であったアレニウスは,当然シャルリエの階層的宇宙モデルを批判せざるを得ないと考えた. 彼はフォン・ゼーリガーの解を支持したと考えるかもしれないが,しかし現実は違った. 彼はニュートンの宇宙に何の問題もないと考え,よってフォン・ゼーリガーの研究は見当違いであるとした(フォン・ゼーリガーがすぐさま指摘したように,アレニウスは彼の研究を

[*252] Charlier 1896, p. 486.
[*253] 訳注: Franz Selety.

部分的に誤解していた).「宇宙に星が一様にちりばめられていないとする深刻な理由はない」と彼は結論した[*254]. 一様無限宇宙には何の問題もないとするアレニウスの主張は, 彼自身を除いてほとんど誰も信じなかった.

2.5 天の川

19世紀末, 観測に基づく宇宙論がもし実現できるなら, 最初の一歩は天の川銀河の大きさと構造の理解であると認識されるようになってきた. 空間は一般に無限であるとみなされていたが, 星や星雲の宇宙における分布については意見の一致はまったく見られていなかった——多くの天文学者は, それが科学的に決着できる問題であると認めるのを躊躇っていた. 1878年の著作において, プロクターはこの二律背反を「我々の唯一の疑問は, 無限に満たされた宇宙なのか, あるいは有限の[物質]宇宙を取り巻く無限の空虚な空間なのかということである」と表現した[*255]. その数年後, 天文学者で天文学著述家のアグネス・クラークは, その頃までに本質的疑問となっていた問題, つまり星雲は天の川銀河の内側と外側のどちらにあるのかという問題を取り上げた. 言い換えれば, 観測できるすべてが銀河系に属するのか否かということである. クラークは自信をもって次のように主張した:

> いかなる偉大な思想家とて, 現在までに得られているすべての証拠をもって, 星雲のどれ1つとて天の川銀河のような大きさの系であると主張することはできないといっても間違いではない. 星も星雲も含むこの天球のすべての構成要素が壮大なる1つの集団に属し, 包括的な1つの天体図の果てまでの中に秩序をもって配置されていると考えて事実上間違いない——包括的, つまり我々の知識の限界が及ぶ限りにおいてということである. それを超えた無限の可能性については, もはや科学の関与するところではない[*256].

すべての天文学者がこれに賛同したわけではないものの, 天の川銀河が物質宇宙そのものと近似的に同一視できるという見方は彼らの大部分が共有してい

[*254] Arrhenius 1909, p. 226.
[*255] Jaki 1969, p. 183 に引用されている.
[*256] Clerke 1890, p. 368. シャルリエはクラークの見方に賛成する立場で紹介している (Charlier 1896, p. 489).

第 2 章　ニュートン的宇宙像の時代

たことは間違いない．1906 年出版の天文学における未解決問題についての随筆で，米国の代表的天文学者サイモン・ニューカム[*257]は宇宙全体に星が分布するのか，それとも天の川銀河系に大部分が含まれるのかという同じ問題について言及した．彼は，この問題は「死すべき者たる我々には永遠に答えられることはない... 我々が宇宙と呼ぶもののはるか外側にはさらに別の宇宙が存在するかもしれないが，我々がそれらを観測することは永遠にない」と述べた．あらゆる実質上の目的において，天の川銀河は「宇宙の構造の基礎であるように見え，すべての星はその系の中に束縛されている[*258]」．実証主義の思想により，ニューカムは理論と仮説は事実を説明するために提案すべきものであり，説明すべき事実が存在しない場合は理論も必要ないと強く主張した．「最も遠い星の向こうには何が存在するかという観測事実は存在しないので，天文学者の心はこの問題について完全に空白である．人気のある想像はこの空白を心が楽しむように埋め合わせてゆく[*259]」．

2.5.1　天の川宇宙

最初の渦状星雲が 1845 年にロス卿によって発見されて以降，数十年の間に多くの渦巻型の星雲が続々と観測された．天の川銀河そのものも渦巻状なのか否かという疑問を持つのは自然なことであった．1852 年にはすでに，米国の天文学者スティーブン・アレクサンダー[*260]が最初にこのような示唆をしたが，このアイディアが広く知られるようになるまでにはさらに半世紀を要した．

オランダのジャーナリストで科学ライター，そして定評あるアマチュア天文学者であったコルネリス・イーストン[*261]は，世紀の変わり目に恒星天文学に関する文献をいくつか出版した．彼は初めは天の川銀河が円環状の構造であると考えていたが，1900 年に the Astrophysical Journal （天体物理学雑誌）に掲載された総説論文において新たな理論モデルを発表した．この論文で，彼は銀河系を他の渦状星雲と比較している．彼によれば，地球を含む太陽系を銀河系の中心に位置するとし，「銀河系の渦巻」は単一平面ではなく，角度約 20 度をな

[*257] 訳注: Simon Newcomb.
[*258] Newcomb 1906, pp 5–6.
[*259] The Observatory **30** 1907, p. 362. J. E. Gore の『天文学についての歴史的記述的小論』(Astronomical Essays, Historical and Descriptive, London: Chatto & Windus, 1907 の匿名の批評にある．
[*260] 訳注: Stephen Alexander.
[*261] 訳注: Cornelis Easton.

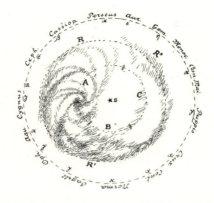

図 2.10 1900 年出版のコルネリス・イーストンによる渦状星雲としての銀河系モデル. 1913 年には類似の, しかしより詳細なモデルを発表している. Easton 1900 より.

す2つの面をなしている. イーストンは, 彼の銀河系の模式図は「銀河系という星の集団において星がどのように分布し, 銀河系で観測される現象, 一般的な構造, そして詳細が再現されるかを一般的に示している」と述べた[*262]. その後 1913 年に出版された論文では, 彼の銀河系モデルは太陽が銀河系中心と渦巻円盤部の端の中間に位置するように改訂されている. イーストンの近代的な描像と, 銀河系が渦巻構造を持っているという結論はしかし, 彼が島宇宙描像を支持していたことを意味しない. それどころか, 彼は他の渦状星雲を単に「銀河系の巨大な渦巻の中の小さな渦にすぎない」とし,「小さな渦状星雲の大部分は, すべてではないにせよ我々の銀河系の中の一部である」とみなして間違いないと考えていた[*263].

1900 年頃の宇宙論は職業天文学者と同じくらい, あるいはそれ以上にアマチュア天文学者に人気の分野であった. アルフレッド・ラッセル・ウォレス[*264] はダーウィンのライバルとして最もよく知られている自然学者, 進化論の提唱者の一人であるが, 同時に天文学にも興味を持っていた. これは彼が心霊主義に傾倒し, これに関連する学問とみなしたことも部分的な理由である. 1903 年, 齢 80 歳にして彼は『宇宙における人間の位置』[*265] を出版した. この著作で彼は,

---

[*262] Easton 1900, p. 158.
[*263] Easton 1913, p. 116.
[*264] 訳注: Alfred Russel Wallace.
[*265] 訳注: Man's Place in the Universe.

第 2 章　ニュートン的宇宙像の時代　　167

太陽系を中心とした星の系のモデルを提唱している. ニューカム, J. C. カプタイン*266, ジョン・ハーシェルといった権威を引用し, 彼は太陽が球状の星団の中心に位置し, それが銀河系という有限の宇宙の中心にあると結論した. 彼はオルバースのパラドックスを, 恒星宇宙が限られた広がりしか持たないことの「完全に決定的な」証明とみなし, その直径をたった 3600 光年と見積もった. ウォレスの宇宙は太陽中心で異常に小さいという点を除けば, 当時の多くの天文学者の見方と大きくは違わない.

観測技術と数学的手法の訓練を受けた職業天文学者はイーストンの可視化された宇宙像には特に感銘を受けることはなく, ウォレスのモデルを無視することを選んだ. フォン・ゼーリガー, および彼の同時代人であるオランダの天文学者, フローニンヘン大学のヤコブス・C. カプタインは星の固有運動とみかけの等級を詳細に解析することにより, 銀河系の科学に基づく描像の確立を試みた. 彼らは独立にこの研究を行い, 手法も異なっていたが——フォン・ゼーリガーのアプローチは数学的, 解析的で, カプタインのほうは経験的, 数値的であった——彼らの結論はかなりの部分で共通であり, 我々の目的のためには彼らの理論モデルを厳密に区別する必要はない*267. フォン・ゼーリガーは星の計数と等級の高度な数学的手法による解析に基づき, 彼の研究プログラム「統計的宇宙論」を 1898 年に開始した. 十分に質の良いデータがなかったことから, 長い間結論に十分な結果は得られなかったが, ついに 1920 年, 彼は『恒星系の研究』*268 を出版した. ここで彼の宇宙論が円熟した形で示されている.

彼が到達した恒星の系は楕円体で, 銀河面方向に 33,000 光年, 銀極方向に 3,900 光年の広がりを持つ. フォン・ゼーリガーの研究は彼の元学生であったカール・シュヴァルツシルト*269 によって改良された数学的手法を活用している. シュヴァルツシルトによる 1910 年頃出版の統計星学的研究によって得られた銀河系モデルは, 太陽中心の平たい円盤で, フォン・ゼーリガーが後に得たのと大まかには同程度の広がりを持っていた.

カプタインの好んだ方法は彼が発見し, 1904 年に公表した「星の流れ」に基づいている. 大量の星の固有運動を解析し, 彼はその運動がランダムではなく,

---

*266 訳注: Jacobus Cornelius Kapteyn.
*267 Paul 1993 は彼らの統計的宇宙論の研究を詳細に紹介している. カプタインと彼の研究については van der Kruit & van Berkel 2000 も見よ.
*268 訳注: Untersuchungen über das Sternsystem.
*269 訳注: Karl Schwarzschild.

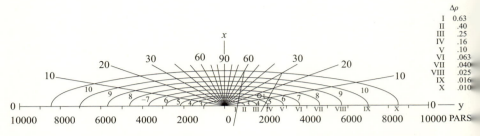

図 2.11 カプタイン宇宙の最終版. 1922 年出版の the Astrophysical Journal 誌より. 太陽は銀河系中心から右に 1800 pc 離れた場所に位置する. 等高線は楕円体の等密度線を示す.

銀河面内で互いに逆向きに運動するようににすれ違う 2 つの流れになる傾向を発見した[*270]. この詳細な, データへの要求の厳しい研究は 1920 年に実を結び, カプタインと彼の元学生ピーテル・ファン・ライン[*271] の共著論文として発表された. この星のデータによって得られた銀河系の密度分布と, 対応する星の系のモデルはジェームズ・ジーンズ[*272] によって 1922 年に「カプタイン宇宙」と名付けられている. カプタインの宇宙はフォン・ゼーリガーのモデルと同様, 楕円体状の太陽中心の恒星系で, 中心から外側に向けて星の密度が低くなっていく. 銀河面方向には 59000 光年, 銀極方向には 7800 光年の広がりを持っている. 中心から 26000 光年の位置では, 密度は太陽系領域の 1/100, あるいは 1 立方光年あたり恒星 4 個分に相当する.

カプタインは死の直前の 1922 年, the Astrophysical Journal 誌に改訂したモデルについての論文を発表した[*273]. 最初のモデルで彼は太陽が系の中心にあると仮定したが, 今や彼はそれを「限りなくありえない」と強調し, 太陽の真の位置を推定する方法を編み出した. カプタインの新たな結論は, 太陽は銀河面内の, 中心から 2100 光年離れた場所にあるだろうというものである. これでもまだ銀河系中心に近すぎて疑わしく, 多くの天文学者はこのモデルの非コペルニクス的側面であると問題視していた. 1922 年の論文で, カプタインは高

[*270] 恒星が銀河面を非ランダム運動することはドイツの天文学者ハーマン・コボルト (Herman Kobold) によって 1895 年に最初に示された. カプタインが発見した星の流れは銀河系の回転による結果である. このことは 1925 年, スウェーデンのウプサラ大学のベルティル・リンドブラッド (Bertil Lindblad: スウェーデン語ではブルティル・リントブロート) が示した.
[*271] 訳注: Pieter van Rhijn.
[*272] 訳注: James Jeans.
[*273] この論文は (一部省略はあるが) Lang & Gingerich 1979, pp. 542–549 に再掲されている.

光度の星の数に基づいて銀河系の質量密度を 10^{-23} gcm^{-3} 程度と見積もった．ダークマターがあれば実際の密度はもっと高くなることは彼も認識していたが，「[ダークマターによる]質量への寄与は過度に大きいことはありえない」と結論した．フォン・ゼーリガー，カプタインとも星の光は星間物質に減光[*274]されていないと仮定していた．カプタインは若干の星間吸収はあるだろうと認識はしていたが，はっきりした結論が出せない以上，彼はこの効果を無視することを選んだ．後に明らかになるように，星の光は実際に途中で減光される．これが，統計的宇宙論を用いて得られた恒星系宇宙の大きさが数万光年しかない主な理由であった．

2.5.2 恒星および銀河天文学における発見

拡散した星間物質による星間吸収には基本的に2種類ある．光の強度が全体的に減少する一般的吸収と，光を赤化する選択吸収である．星間空間に吸収物質が存在するか否か，そして星のみかけの等級にどの程度影響するかは，上で見たように19世紀の天文学者にとってオルバースのパラドックスを議論するうえで重要であった．20世紀最初の10年間で発展した銀河系のモデルとも非常に強く関連しており，カプタインが吸収の問題に強い関心を寄せた主たる理由でもある．しかし，観測結果は混乱するもので，カプタインはじめ多くの天文学者の態度が揺れることになった．1910年頃には多くが星間吸収の証拠を受け入れたが，依然立場を決めかねている者もいた[*275]．

1917年になって，ハーロウ・シャプレー[*276] が球状星団の研究結果を発表し，状況はようやく変わった．ミズーリ大学での研究を経てシャプレーは1913年にプリンストン大学で博士の学位を取得し，その後ウィルソン山天文台で働き始めた．彼はそこで，この時代の最も輝かしい天文学者としての名声を確立することになる．1917年の研究により，シャプレーは球状星団の分布が非対称であり，これは選択吸収がないことを示すと結論した．彼の議論はカプタインを含むほとんどの天文学者に受け入れられた．しかし，異議をはさむ余地はまだあり，すべてがシャプレーの解釈に同意したわけではなかった．たとえば，ライデン天文

[*274] 訳注：吸収と散乱を合わせた効果を減光 (extinction) という用語で呼ぶ．
[*275] 星間吸収についての歴史は Seeley & Berendzen 1972 および Berendzen, Hart, & Seeley 1984, pp. 70–99 を見よ．
[*276] 訳注：Harlow Shapley．

台の若きヤン・オールト*277 は彼の銀河系回転についての研究から，太陽はカプタインのモデルが示唆するよりも銀河系中心からずっと離れたところに位置していなくてはならないと結論した．1927 年の重要な論文において，オールトは彼とカプタインの結果の不一致は星間吸収で最もよく説明できると示唆した．この頃までには，天文学者の多くは星間吸収が現実のものであると考え始めており，その数年後に星間吸収の証拠とみられる多くの現象が，実際に星間空間にある吸収物質の決定的証明であることが明らかになった．

　この証明はスイス生まれでリック天文台で研究していたロバート・トランプラー*278 が 1930 年に出版した散開星団の明快な研究によっている．トランプラーは，彼のデータは星間空間において一般吸収と選択吸収の両方を仮定して初めて説明できると議論した．彼は星間吸収による星のみかけの等級の変化は平均して 1 kpc あたり 0.67 mag であることを見出した（1 kpc = 3.26 光年）．宇宙空間における吸収が有意に大きいことが確かめられたことで，カプタインの恒星宇宙モデルは土台がさらに揺らいできた．しかし，トランプラーはこの示唆を認識しておらず，彼の結果は銀河系が渦巻状で，太陽が中心にあることを示していると誤解していた．彼は論文の中で，彼の結果が「フォン・ゼーリガー，カプタインらによる統計的研究で得られた恒星系が，直径 10000–15000 pc，厚さ 3000–4000 pc の平たいレンズ状であり，星は中心に集中して端に向けて減少してゆくと構造を持つという結果と良い一致を示す」としている*279．彼はオールトの結果についても触れているが，オールトの得たデータと自分のデータとの整合性をつけようとはしていない．

　銀河系，および銀河系と球状星団，渦状星雲との関係についての信頼できるモデルを構築するためには，視差の方法が使えなくなる非常に大きな距離まで届く距離測定の方法が不可欠であった．このための方法は，20 世紀の次の 10 年で発展した．これはセファイドというある種の変光星に基づくものである．セファイド変光星の原型となったのはケフェウス座 δ 星で，規則的変光をすることが 1784 年に英国のアマチュア天文家ジョン・グッドリック*280 によって発見されていた．

---

*277 訳注: Jan Oort.
*278 訳注: Robert Julius Trumpler.
*279 Trumpler 1930. Lang & Gingerich 1979, pp. 593–604 （p. 600 にある）に再掲．
*280 訳注: John Goodricke. オランダのフローニンヘン出身だが，一生の大半を英国で過ごした．

セファイドが宇宙の物差しとして使えることは，ハーバード大学天文台のヘンリエッタ・スワン・リーヴィット[*281]が1908年に示した．彼女は小マゼラン星雲中の16個のセファイドを調べ，セファイドが明るければ周期も長いことを見出した．しかし，彼女がこれを追観測して新しい距離指標として使えることを示唆したのはそれからさらに4年後のことであった[*282]．1912年の彼女の論文では，今度は25個のセファイドを用い，周期 P がその最大の（あるいは最小の）明るさとの間に $\log P + 0.48 m = \text{constant}$ という関係があることを示した．ここで m は最大（最小）のみかけの等級である．小マゼラン星雲は十分遠方にあり，すべての星が地球から等距離にあるとしてよい．よってリーヴィットはこの関係が絶対等級との間にも成り立つと結論した．平均の等級を用いれば，これは

$$\langle M \rangle = a + b \log P \tag{2.5.1}$$

と書ける．ここで a と b は観測から決定される係数である．標準的な距離の式 $M = m - 5 \log r$ より，もし絶対等級が決まれば，星までの距離が求まる．この周期-光度関係がすべてのセファイドについて成り立つと仮定すれば，リーヴィットの発見によってセファイドを含む天体までの相対距離が求められることを意味する．ずっと重要な絶対距離を求めるには，定数 a と b が決まらなければならない．しかし残念なことに，リーヴィットは小マゼラン星雲までの距離を知らなかった．デンマークの天文学者アイナー・ヘルツスプルング[*283]が最初の較正を試みたが，彼の決めた小マゼラン星雲までの距離は不正確であった（彼の値は10 kpcだったが，現在用いられている値は60 kpcである）．

　リーヴィットとヘルツスプルングが道筋をつけたところで，シャプレーは周期-光度関係を銀河までの距離を求める操作的な方法に転化することに成功したのである．彼がセファイドを距離指標として用いたのは，その変光の原因を理解するためで，この試みは成功した．セファイドは伝統的には食連星であると考えられてきたが，シャプレーが1914年に公表した理論によれば，大きさと明るさを脈動によって変える単独星である．ヘルツスプルングの論文に着想を得て，

[*281] 訳注：Henrietta Swan Leavitt
[*282] リーヴィットの論文はハーバード大学天文台の台長エドワード・C・ピッカリング (Edward C. Pickering) の名前で掲載された．Lang & Gingerich 1979, pp. 398–400 を見よ．周期–光度関係の研究の発展については Fernie 1969 を見よ．
[*283] 訳注：Ejnar Hertzsprung: デンマーク語ではヘアツスプルングだが，慣用に従った．

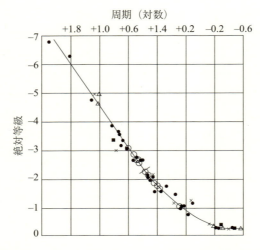

図 2.12 1918 年出版のシャプレーによるセファイド変光星の周期−光度関係. 様々なシンボルは 7 個の異なった天体のセファイドであることを示す. Shapley 1918, p. 104 より.

シャプレーはこの方法を改良し，1918 年には周期 $P = 5.96$ 日のあるセファイドの絶対等級が -2.35 mag であると結論した．シャプレーは公式

$$\langle M \rangle = -0.60 - 2.10 \log P \tag{2.5.2}$$

がリーヴィットの発見した対数関係を再現すると報告した[*284]．彼の 1918 年の結果は言いすぎで，疑問のある仮定に依存していると批判され（たとえば星間吸収を無視していることなど），係数もその後改訂された．しかし，重要なのはシャプレーがセファイドを標準光源として用いる実用的方法を提供したことである．1918 年以降，遠方の天体にセファイドが間違いなく発見されたなら，その天体までの距離を決定することができる．これは観測的宇宙論の大きな前進となる一歩であった．

現代宇宙論において比類なく重要な，星雲の赤方偏移の発見はヴェストー・メルヴィン・スライファー[*285]による．彼はインディアナ大学を修了し，（その後の研究者としてのキャリアのすべて 1901～52），アリゾナにあるフラッグスタッフのローウェル天文台で過ごした．独学で星の分光学の大家となったスラ

[*284] Shapley 1918.
[*285] 訳注: Vesto Melvin Slipher.

イファーは，渦状星雲の回転の証拠を追い求めていた．1912 年，アンドロメダ星雲のスペクトル線がスペクトルの青い側に偏移していることを発見した．これをドップラー効果と解釈するなら，この渦状星雲は太陽に向かって 300 km s^{-1} という大変な高速で接近していることを意味する．その 2 年後，スライファーは米国天文学会の会合にて，さらに 13 個の渦状星雲のスペクトル偏移を測定し，そのほとんどが赤方偏移していたと報告した．1917 年の総説論文『渦状星雲の分光学的研究』で，彼は 24 個の渦状星雲について 300〜1100 km s^{-1} まで広い範囲にわたる視線速度測定結果を報告している．そのうち太陽に向いて運動していたのは 4 個にすぎず，すなわち渦状星雲について発見すべきは赤方偏移であることを示している．1921 年の論文では彼は後退速度 1800 km s^{-1} という例を報告した．これは当時知られている中で最も早い運動であった．

スライファーは渦状星雲の赤方偏移の発見者というだけでなく，この新しい研究分野における事実上唯一の開拓者でもあった．彼は 1925 年までこの研究を続行し，45 個の星雲のデータをそろえた．そのうち 41 個は赤方偏移を示していた．このうち 5 個以外は彼自身が観測した天体である．赤方偏移の意味するものは何だろうか？ はじめ，スライファーは銀河系が渦状星雲に対してい 700 km s^{-1} の速度で運動していると考えており，1917 年においてもまだ彼は赤方偏移が通常みられるパターンだとは信じきれていなかった．彼は注意深く，渦状星雲をもっと観測すれば，我々に向かっているものも見つかるはずであると示唆している．他の天文学者はその速度の大きさと，赤方偏移が大半を占めていることに驚き，これらの渦状星雲は銀河系内の一部ではありえないと示唆した．ヘルツスプルングが 1914 年 3 月に書いたように，「この発見によって，私には渦状星雲が銀河系に属するか否かという大きな疑問に確実な答えを与えられると思えます．その答えは「否」です *286」．ヘルツスプルングの示唆はまだ成熟しきったものではなかったが，彼は正しかった．スライファーは，彼の発見が渦状星雲が銀河系外天体であることを示しているということに最終的に同意したが，彼の主な関心は測定自体であり，解釈ではなかった．彼は島宇宙モデルに対して，彼は 1917 年の論文で「この理論は本観測によって支持されていると思われる」と書いている *287．

渦状星雲に見られる大きな視線速度の発見は一般的に島宇宙モデルを支持す

---

*286 Smith 1982, p. 22.
*287 Lang & Gingerich 1979, p. 707 参照.

2.5.3 シャプレーの宇宙と「大論争」

「これは特別な宇宙です」．シャプレーは 1917 年 10 月 31 日の書簡で，彼の指導者であったプリンストン大学の傑出した天体物理学者ヘンリー・ノリス・ラッセル[288] に，彼がその頃に構築したが，まだ未出版の銀河系モデルについて言及してこのように書いた[289]．彼はその 2 年ほど前にカプタイン宇宙の主張する銀河系の大きさを受け入れたばかりで，島宇宙モデルに共感していたにもかかわらず，今や彼はこの星と星雲の系は直径 300 万光年，暑さ 3 万光年つまり以前の 10 倍も大きい系を信じるようになっていた．1918 年初旬，シャプレーはヘールに宛てた書簡において彼の銀河系中心理論をまとめ，銀河系が「巨大な，すべてを含む銀河の系で，その直径は銀河面で 300 万光年に及びます」と述べていた．彼は自信をもって，この描像が従来のいかなる観測事実とも矛盾せず，思弁的な雰囲気で「我々が現在その証拠を持つ宇宙以外に，宇宙が多数存在することはありません」と書いている[290]．

1918 年に『球状星団と銀河系の構造』というタイトルで出版された，単一の巨大な銀河からなるこの驚くべきモデルは，球状星団の空間分布の研究に基づいている．シャプレーは，球状星団が銀河面をはさんで両側を取り囲む，ほぼ球形の系をなしていることを示唆した．これらは銀河系に物理的に付随する系で，独立した星の系ではない．彼は太陽系を銀河系中心から 65,000 光年離れた場所に位置するとした．星団の距離決定はシャプレーのモデルにおいて決定的に重要であり，彼は比較的近い星団について新たに発展された周期–光度関係を用いた．セファイドが同定できない遠い星団については，彼はより間接的な方法を用い，球状星団のいくつかは太陽から 20 万光年以上離れていると結論した．

予想される通り，シャプレーは彼の巨大な銀河系が島宇宙モデルと（そしてもちろんカプタイン宇宙モデルとも）相容れないことを理解していた．渦状星雲が銀河系と同様の大きさを持つ系外銀河である—そしてこれが島宇宙モデルの賛同者のほとんどが，少なくとも暗に仮定していることである—ならば，それ

---

[288] 訳注: Henry Norris Russell.
[289] Smith 1982, p. 62.
[290] Smith 1982, p. 62.

らはとてつもなく遠い距離にあることになる．これは，いくつかの観測事実，特に渦状星雲の回転についての一見信頼できそうな結果とは矛盾してしまう．星雲の回転はオランダの天文学者アドリアーン・ファン・マーネン[*291] が 1916 年から報告していた．もし渦状星雲が 100 万光年以上遠ければ，彼の観測した回転速度は信じられないほど大きいことになる．たとえばファン・マーネンは 1920 年に，もし M33 がシャプレーの銀河系と同じ大きさだとすると非常に遠方にあることになり，その場合回転速度が光速になってしまう．これは問題外であり，ファン・マーネンはこれが島宇宙モデルへの強い反論になると考えた．ファン・マーネンのデータと解釈を受け入れたシャプレーも同様であった．1921 年，シャプレーはこのオランダの盟友に対し次のように書いている：「星雲についての結果に祝福をお送りします！ 私達は——貴殿は渦状星雲を引き寄せ，私は銀河系を外に広げたことによって——どうやら島宇宙説を阻止したようです．間違いなく，これらの星雲が測定可能な運動をしていたのは素晴らしいことです[*292]」．

　シャプレーの大胆な銀河系モデルは注目を集め，そして予想される通りその革新性と過激さから，反発も集めることになった．初期の批判者にはヒーバー・カーティス[*294,*295] やウォルター・アダムズ[*296] がいたが，彼らの反論はエディントン[*297]，ラッセル，ヘールら当時の一線の天文学者の賛同者に圧倒されていた．とはいえシャプレーのモデルに賛同するにしても反対するにしても，銀河系の大きさに関する問題が解決されなければどうにもならないことは認識されていた．相反するこれらの宇宙モデルは文献で「大論争」[*298] として知ら

[*291] 訳注: Adriaan van Maanen.
[*292] Berendzen, Hart, & Seeley 1984, p. 116. ラッセルもファン・マーネンの観測的主張を全面的に支持していた．しかし 1925 年，スウェーデンの天文学者クヌート・ルントマルク[*293] はファン・マーネンの写真乾板を再解析し，彼の結果はおそらく誤りで，間違いなく大きく強調されすぎていたと結論した．今日では，ファン・マーネンはデータに彼自身の期待を投影しすぎ，誤った結果を導いたと考えられている．この点についての詳細な議論は Hetherington 1972 および Hetherington 1988, pp. 83–110 を参照．
[*293] 訳注: Knut Emil Lundmark.
[*294] 訳注: Heber Doust Curtis.
[*295] ヒーバー・ダウスト・カーティスの学問的経歴は一風変わっている．彼の研究は古典言語から始まり，しばらくの間カリフォルニアのナパ大学（統合により現在はパシフィック大学）でラテン語とギリシャ語の教授を務めていた．そこで天文学への興味を持ち始めた彼は研究課題を天文学と数学に変え，1902 年にリック天文台のスタッフとなって以降，1920 年まで勤務した．
[*296] 訳注: Walter Sydney Adams.
[*297] 訳注: Sir Arthur Stanley Eddington.
[*298] 訳注: the Great Debate.

2.5 天の川

れるようになり，米国科学アカデミーの公開会合，続いて『宇宙のスケール』という同じタイトルの，しかし結論は大きく異なった 2 編の論文としてまとめられた．この 1920 年 4 月 26 日にワシントンで開かれた会合の討論者は島宇宙モデルの支持者カーティスと宇宙の物質すべてを含む唯一の巨大な銀河系があるとするシャプレーであった[299]．

カーティスとシャプレーの討論は，カーティスが渦状星雲について焦点を当てていたのに対し，シャプレーはそれについてほとんど触れず，星団と銀河系の構造についてが中心であり，つり合いが取れていなかった．この不つり合いは発表のスタイルの違いにも如実に表れていた．カーティスの論文が技術的であったのに対し，シャプレーの論文はずっと基本的で一般向けの発表となっていた．不つり合いなスタイルのため，また両者とも新しい観測に基づいて自説を補強する議論がなかったことから，この討論からは何も新しいことは生まれず，2 つの異なった世界像について教育的なまとめが提供されただけに終わった．討論の本質的な部分はカーティスの出版論文の言葉を借りて次のようにまとめられる:

本理論	シャプレーの理論
我々の銀河系は恐らく直径 3 万光年を超えず，厚さは 5000 光年を超えない．星団，そして渦状星雲を除く他の天体すべては我々の銀河系の構成要素である．渦状星雲は別の種族で，銀河系内天体ではない．それらは島宇宙，すなわち我々の銀河系と同程度の大きさを持ち，我々から 50〜1000 万光年以上離れている．	銀河系は直径約 30 万光年，厚さ 3 万光年以上ある．球状星団は遠方の天体であるが，しかし銀河系の一部を構成している．最も遠い星団は 22 万光年かなたにある．渦状星雲はおそらく星雲状の天体で，おそらく銀河系の構成要素ではなく何らかの機構により星の密度が濃い領域から外に運ばれた．

結局この対立はワシントン討論によっても解消されず，その後も数年続いた．両陣営は十分な議論をしており，それぞれの立場を支持する観測的研究も引用していた．そして，曖昧さなくどちらかを支持し，どちらかを否定するような観測的事実はまだ得られていなかった．ここまで明らかなように，この討論はある意味で見当違いな，二者択一を迫る状況に誘導されていた．10 年後，この討論

---

[299] Bulletin fo the National Research Council 誌に出版された 2 編の論文は (Crowe 1994), pp. 273–327 に再掲されており，オンライン版は
http://antwrp.gsfc.nasa.gov.diamond_jubilee/1920/cs_nrc.html
で見ることができる．出版された論文の内容は口頭発表のときのものとはかなり異なっている (Hoskin 1976; Berendzen, Hart, & Sheeley 1984, pp. 35–47).

には勝者も敗者もおらず,おそらく双方が勝者であり敗者であるとみなされるようになった(我々はカーティスの主張の通り島宇宙に住んでおり,またシャプレーの主張する大きさに近い銀河系の中に住んでいる).ワシントン討論の2年後,若きエストニアの天文学者エルンスト・エピック[*300]は,アンドロメダ星雲の回転速度を用い,その距離が150万光年,質量が45億太陽質量であると見積もった.明らかに島宇宙モデルの支持者であったエピックは,彼の結果が「この星雲[M31]が我々の銀河系に匹敵する規模の星の系である確率を高めた」と結論した[*301].

エドウィン・パウエル・ハッブル[*302]は1889年ミズーリに生まれた.彼はアンドロメダ星雲にセファイドを発見してこの議論を収束させる以前から,島宇宙モデルの支持者であった.シカゴ大学およびオックスフォード大学(ここでの彼の専攻は法律とスペイン語であった)で学んだ後,彼はシカゴ大学に戻り,1917年に天文学で学位を取得した.彼の天文学の経歴は米国が第1次大戦に突入したことで中断した.ヤーキース天文台での最終試験に合格して間もなく,彼は少佐の階級で陸軍に所属し,1918年9月にフランスに送られた.しかし,彼が戦闘に参加する以前に戦争は終結した.英国滞在の後ハッブルはウィルソン山天文台のスタッフとなり,幾人かの天文学者が彼をガリレオやウィリアム・ハーシェルと並べ讃えることになる観測を開始した[*303].

1923年9月,ハッブルは渦状星雲中の新星についての研究を始め,この研究の中で彼はアンドロメダ星雲中にセファイドと同様の変更を示す2つの天体を発見した.彼は1つ目の最もはっきりした天体を新星だと考えていたが,間もなく間違いを修正し,1924年2月にシャプレーにこの発見についての報告を送った.論文化を急ぐ代わりに,慎重なハッブルは1年近くこの発見についての出版を待った.発表されたのは1925年1月,ワシントンで開催された米国天文学会においてである.ハッブルはこの会議に参加せず,ラッセルが彼の論文を代読した.1925年の後半,ハッブルは星雲中のセファイドについての多数の観測をthe Observatory誌およびPopular Astronomy誌[*304]に発表したが,彼の発

[*300] 訳注: Ernst Julius Öpik. 当時のロシア帝国エストニア県(グーヴェルニヤ: 現在のエストニア北部)クンダ出身.後半生はアイルランドで研究活動を行った.
[*301] Öpik 1922.
[*302] 訳注: Edwin Powell Hubble.
[*303] ハッブルの伝記としてはChristianson 1995が最も完全である.
[*304] 訳注: 変光星観測などが発表されていたアマチュア天文家のための雑誌.

2.5 天の川

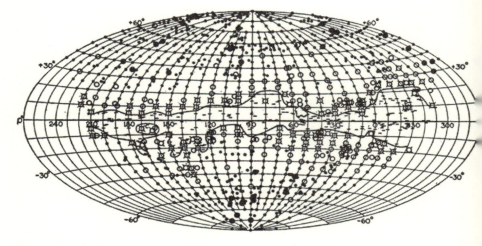

図 2.13 ハッブルが 1934 年に行った銀河分布探査. 水平の線が銀河系の中心面で, それによる「禁止領域」[*305] が示されている. 左右にある空白領域は南天で, ウィルソン山天文台の望遠鏡では観測できない天域を示す. Hubble 1936, p. 62 より.

見がもたらす宇宙論的示唆については特に強調しなかった.

しかし, 無論ハッブルは自らの発見が示唆する意味を完全に認識していた. ハッブルが出版に関してここまで慎重であった主な理由は, 彼の発見とファン・マーネンの観測の矛盾である. 彼はラッセルに「出版を急ぐことをためらう本当の理由は, ご想像の通りファン・マーネンの回転の報告との対立です[*306]」と書いている. 周期–光度関係とシャプレーの較正を用い, 彼はアンドロメダ星雲までの距離を 93 万光年と計算した. これは, アンドロメダ星雲が銀河系の一部ではありえないことを意味した (シャプレーの較正の誤りにより, ハッブルは距離を過小評価していた. 実際のアンドロメダ銀河までの距離は 220 万光年である). ハッブルの発見は天文学界の態度を島宇宙説支持の方向に劇的に変えた. 今やラッセル, ジーンズ, そして他のほとんどの人々が島宇宙を支持した. しかし, 天文学者全員がこの結果に納得したわけではなかった. その主な理由はファン・マーネンによる星雲の内部運動の測定という輝かしい結果である. 最も粘り強く懐疑的だったのはファン・マーネンその人であり, ハーバード大学 (後

[*305] 訳注: 銀河探査の禁止領域とは, 銀河面の星間物質 (主に本文でも述べられている星間塵) によって背後にある銀河系外天体の探査が極めて難しい領域を指す専門用語である.

[*306] 1925 年 2 月 19 日の書簡. Berendzen, Hart, & Seeley 1984, p. 138 に再掲.

第 2 章　ニュートン的宇宙像の時代

オックスフォード大学）の天文学者ハリー・H. プラスケット*307 がそれに続いた．プラスケットは 1931 年になってもまだハッブルによるセファイドの研究が島宇宙説を擁護するものではないと反論していた*308．しかし，島宇宙反対派はもはやほとんどおらず，渦状星雲が銀河系に匹敵する大きさと構造を持つ銀河系外銀河であるというコンセンサスを覆すことはできなかった．

　20 世紀初めの四半世紀，島宇宙説へと導いた天文学の発展は観測主導で，古典的なハーシェルの天文学の伝統に確固たる根拠を置くものである．これは 2.4 節で述べた哲学的伝統とは一線を画すだけでなく，同時期に物理学を変貌させた発展とも無関係である．量子論および相対論におけるこれらの発展はしかし，天体物理学と宇宙論に最も深淵な影響を与えていた．続く章はこれらが主題となる．

---

*307 訳注: Harry Hemley Plaskett.
*308 Smith 1982, p. 134.

第3章　現代宇宙論の成立

3.1　初期の相対論的宇宙モデル

　1915年にアインシュタインが一般相対性理論を確立し，2年後にはこの理論が宇宙全体に適用されたことで，宇宙論のパラダイムは変化の時を迎えた．アインシュタインの新しい理論がニュートン理論に勝る点は，理論が閉じた時空を記述でき，それによって境界のない閉じた宇宙を科学的に記述できることである．一方この理論は，実験や観測より数学を重視しており，観測天文学はこの理論の大成功の恩恵をほとんど受けることはなかった．アインシュタインの天文学の知識は限られていたものの，彼は宇宙は基本的に安定で定常的であるという常識は共有しており，その信念に基づいて1917年，宇宙についての方程式を構築した．アインシュタイン方程式の驚くほどに豊かな内容が完全に理解されるには，それから何年もかかることになる．10年以上の間，理論的宇宙論の狭い業界では一般相対性理論はたった2つの宇宙モデルしか与えないと考えられており，しかもその両方とも理想的な定常宇宙モデルであった．1つはアインシュタインによる独自の解で，もう1つは彼の友人でありライバルでもあったド・シッター[*1]によるものである．アインシュタインの解は長い間歴史的興味しか持たれていなかったが，一方ド・シッター解は世紀を通じて宇宙論で重要な役割を果たし続けている．

　1917年から1920年代終わりにかけては，相対論的宇宙モデルは数学の一分野であり，天文学者による観測とはほとんど無縁であった．とはいえ完全に乖離していたというほどではなく，渦巻き銀河の赤方偏移が距離に比例するという1929年のハッブルによる発見により，理論と観測はより緊密で豊かな関係をも

[*1] 訳注: Willem de Sitter. オランダ語ではデ・シッテルに近い発音だが，慣用に従った．

3.1 初期の相対論的宇宙モデル

つようになる．

3.1.1 曲がった空間

アインシュタインが 1917 年に提案し, 理論的宇宙論の革命の到来を告げることになったモデルは, 19 世紀中頃からの空間についての新しい考え方（アインシュタインの場合は時空）に基づいている．何世紀もの間, 空間は純粋に幾何学的な意味でも経験的な意味でも, ユークリッド幾何に従っていると考えられてきた．たとえばカントはこのことは証明なしに正しいと信じており, 宇宙論を本当の意味での科学として考えることを放棄していた．ユークリッド幾何においては, どんな三角形でも内角の和は 180 度であり, 平行な 2 本の直線は交わることがない．

この従来の空間とは異なるものの, 矛盾のない空間のモデルが存在することが導かれたきっかけは, ユークリッド空間のなかでの平行線の公理の立場と役割についての数学的な興味からであった．新しく発見された空間は, 論理や数学の立場からはどれかが特別であるという地位を持っていない．このことにより, 物理的な空間, すなわち我々の認識している空間と物理法則が成り立つ空間の幾何について考察することは自然な疑問となった．アインシュタインが登場する何十年も前からすでに, この問題は純粋な数学だけでは答えられず, 実験や観測に頼らねばならないことが認識されていた．幾何学と物理学は完全には分離できないのである．

ユークリッド空間以外の幾何—すなわち平行線は平行のままではありえず, 三角形の内角の和は 180 度にはならない空間—の発見は, ドイツのガウス[*2], ロシア（はるか遠いカザン）のニコライ・ロバチェフスキー[*3], そしてハンガリーのヤーノシュ・ボーヤイ[*4] によって独立になされた[*5]．ロバチェフスキーとボーヤイはその発見を 1830 年代前半に（残念ながら世に知られていない出版物で）発表し, さらに早い時期のガウスのアイディアは彼の死後に一般に知られるようになった．ガウスは 1817 年にはすでに, ユークリッド幾何が唯一の真実である必要はなく, せいぜい経験的にたまたま正しいにすぎないのではないかという疑念を持っていた．空間は純粋に数学的な概念ではなく, ある種の物理的

[*2] 訳注：Johann Carl Friedrich Gauß.
[*3] 訳注：Николай Иванович Лобачевский (Nikolai Ivanovich Lobachevskii).
[*4] 訳注：Bolyai János （姓名の順）．ハンガリー領トランシルヴァニア（現ルーマニア）出身．
[*5] 非ユークリッド幾何学の歴史についてはたとえば Grey 1979 を参照．

実体をもっているのだとオルバースへの手紙で示唆している.「我々の幾何学が必然であると立証することはできないと私はますます確信するようになりました... したがって,幾何学は... 純粋に先験的な性質をもつ算術ではなく,力学と同様の学問に分類されるべきです*6」.ガウスはこの物理的空間がユークリッド幾何的か否かについて,測地学的方法によってさらなる追及を試みた可能性もある*7.しかしながら,彼のこの実験で——本当に行ったとして——扱う三角形のサイズはせいぜい 100 キロメートル程度で,何の結論も得られなかったのは無理もなかった.ロバチェフスキーも同じく現実の空間の構造を決めようと試みた.彼は天文的な手法,すなわち星の年周視差を用いた.この試みは時期尚早にすぎ,彼が天空上に設置した三角形の内角和の 180 度からのずれは,観測誤差と比べて小さいということしか証明できなかった.彼は躊躇いつつ,彼の考案した新しい幾何学は「実世界への応用はない」と結論した.

非ユークリッド幾何の初期のアイディアが数学者の間に一般に知られるまでには何年もの年月を必要とし,物理学者や天文学者の興味を引くようになるにはさらに長い年月がかかった.ガウスの学生であったリーマン*8 は 1854 年にいくつかの新しく興味深いアイディアを提示したが,やはり広く注目を集めることはなかった.リーマンはより確固たる理論のもと,曲率の概念を空間に固有の特徴であるとし,曲率一定の空間は平坦な空間,閉じた空間,そして開いた空間の三種類あることを指摘した.彼は天文学よりはむしろ極小スケールの物理を念頭に置いていたものの,物理学と幾何学には深い関係があると示唆した.しかしリーマンは簡単に,無限の広がりが境界のない空間から導かれることはないだろう,と述べている.なぜなら「もし空間が一定の曲率を持つなら,曲率はどれだけ小さな正の値であっても空間は有限でなければならないからである*9」.

ボーヤイ,ロバチェフスキーそしてリーマンのアイディアは少しずつ浸透していった.そして非ユークリッド幾何学が本格的に数学の世界に取り込まれたのは,イタリアの数学者エウジェニオ・ベルトラミ*10 が彼らのアイディアを取り上げ,より明快な議論によってわかりやすく提示した 1868 年であった.その

---

*6 Jammer 1993, p. 147 に引用されている.
*7 Miller 1972 によれば,ガウスの実験についての逸話は単なる伝説ということである.
*8 訳注: Georg Friedrich Bernhard Riemann.
*9 Riemann 1873, p. 36.
*10 訳注: Eugenio Beltrami.

3.1 初期の相対論的宇宙モデル

5年後, 英国の数学者ウィリアム・キングドン・クリフォード[*11]がリーマンのアイディアを英訳したことで, 曲がった空間や物理の幾何学化がさらによく知られ, むしろ人気の学問となった. 本書122ページでも述べたように, ツェルナーが, 彼のオルバースのパラドックスについての考察でリーマン幾何について言及した1872年のことである. 彼はリーマンと同じく「正曲率空間は, その値が小さい限りは現実の世界と少しも矛盾することはない」と書いている[*12]. 19世紀後期から20世紀前期にかけて, 天文学の書物でもしばしば非ユークリッド幾何について大抵の場合は短く簡潔ではあったにせよ言及されるようになっていた. 1880年に出版されたPopular Astronomy誌で, ニューカム がこの話題について考察している. とはいえ彼は無限のユークリッド空間を支持していたようである:

> 有限の空間というアイディアは我々の基本的理解を超えているものの, 我々の理解と矛盾するわけではない. 経験的に言えるのは, たとえ空間が有限であるとしても, 観測できる宇宙全体は全空間の非常に微小な部分でしかないということである[*13].

この問題を最初に真面目に取り上げた最初の天文学者は, かの多才をもって鳴るシュヴァルツシルトで, 1900年のことである. 彼の目的はかつてのガウスやロバチェフスキーと同じく, 空間の構造を観測的に決めることであった. 双曲空間についての議論において, 彼は観測と無矛盾であるためには曲率半径は少なくとも400万AU以上が必要であると結論している. 一方, 正曲率空間だった場合は, 曲率半径は約1億AU以上でなければならない (光年単位では, これら2つの半径はおよそ64光年と1600光年になる). 哲学的な理由から, シュヴァルツシルトは

> 我々は空間を, 閉じて有限であり, そして多かれ少なかれ完全に星で占められていると考えることができる. もし本当にそうであれば, 空間は地球の表面と同じ

[*11] 訳注: William Kingdon Clifford.
[*12] Zöllner 1872, p. 308.
[*13] Jaki 1969, p. 165 に引用されている. 非常に似た文章が『ニューカム–エンゲルマン一般天文学』(Newcomb–Engelmanns Populäre Astronomie, 第4版, by P. Kempf. Leipzig: Engelmann, 1911) の p. 665 に見られる. これは欧州ドイツ語圏で広く読まれた詳細かつ最新の天文学の解説書である.

ように研究され，巨視的な研究は完成し，微視的な研究は引き続き続けられるような時代がくるだろう．私の楕円空間仮説についての興味の大部分はこの遠大な視点から生まれている*14．

と議論することで十分満足していた．

とはいえ，物理学者や数学者がみな空間の幾何が経験的に決められることに納得していたわけではない．フォン・ゼーリガーは，空間に属性などはまったくなく，したがって観測によって我々の住む空間の種類を決めることなど不可能であると主張した．科学については慣例主義者*15 であったフランスのポアンカレも同様に，実験や観測は空間の構造を決めるためには無力であると主張した．それらは単に，たとえば固い棒などの物質でできた対象間に働く関係について語るのみである．少なくともポアンカレにとっては空間の幾何は客観的に決められるものではなく，単なる慣例としての約束事であった．我々は自然を最も単純に記述するための幾何を選ぶべきであり，彼はそれをユークリッド幾何であると考えていた．

ポアンカレの慣例主義的な考え方に則り，仮想的な宇宙膨張を我々が知覚するとしたらどのようになるか，という思考実験が行われた．これは将来明らかになる現実の宇宙膨張を予想したものではなく，単に慣例主義的な科学哲学の中での練習問題である．彼は，実験機器も含めたすべてのものの大きさが同じように膨張するので，宇宙膨張は観測不可能であると結論した：「最も精密な観測ですら，宇宙膨張については何も明らかにしてくれないだろう．なぜなら私が使うであろう測定器も，測ろうとしているものとまったく同じ割合で変化してしまうからである」．空間は絶対的ではなく，相対的なものであるので「まったく何も起きてはいない．これが我々は宇宙膨張を感じない理由である*16」．すべての物の一様な膨張（ないし収縮）が観測不可能であることを最初に指摘したのはポアンカレではない．p. 120 で述べたように，1758 年にはすでにボシュコヴィッチが同様の指摘をしている．

---

*14 シュヴァルツシルトの論文の英訳は Schwarzschild 1998 として入手できる．ここでの引用は p. 2542 より．原論文は Vierteiljahrschrift der Astronomische Gesellschaft, 25 (1900), 337–247. Schemmel 2005 も見よ．

*15 訳注：科学の理論や法則は単なる便宜上の手段としての約束であって，外的な基準によって決定するものでないとする考え方．

*16 H. Poincaré, 『科学と方法』．ここでの引用は Poincaré 1982, p. 414 より．

3.1 初期の相対論的宇宙モデル

　フランスの科学者であり哲学者であったオーギュスト・カリノン[*17] は，ポアンカレとともに力学と幾何を構築した友人の一人であった．しかしポアンカレとは違い，単純だからといってユークリッド幾何がいつも適切だとは信じていなかった．空間の幾何についての 1889 年の論文で，彼は空間の曲率は定数である必要はなく，時間とともに変化している可能性を提案した．たとえばユークリッド幾何と非ユークリッド幾何の間を行ったり来たりしているかもしれないということである．しかし，このオリジナルなアイディアは哲学的なレベルにとどまり，カリノンはこれを天文学的な枠組みにあてはめようとはしなかった．また別の論文では，距離が大きくなると空間はユークリッド幾何とは異なる可能性があり，そこではニュートンの重力の法則は変更する必要が出てくるだろうと述べている．「したがって我々はそのような長距離においては，引力の法則 … 非ユークリッド幾何学的宇宙での法則の表現は，ユークリッド幾何学での表現とは異なるだろうと想像できる[*18]」．

3.1.2　アインシュタインの一般相対性理論

　1905 年に出版されたアルベルト・アインシュタインの特殊相対性理論で，平坦な時空での空間と時間が関係づけられた．時間と空間での近傍の 2 点間の距離を定める時空の計量は，ユークリッド幾何での距離の公式を 4 次元に一般化した

$$ds^2 = c^2 dt^2 - (dx^2 + dy^2 + dz^2) \tag{3.1.1}$$

で与えられる．この平坦な時空は，1907〜1908 年に時間と空間を対称に扱った特殊相対性理論の定式化を行ったドイツの数学者ヘルマン・ミンコフスキー[*19] にちなみ，ミンコフスキー時空と呼ばれる（$cdt = idw$ として w を導入することで，計量はより対称的になる．ここで i は虚数単位）．

　重力を含む相対論への一般化にむけた最初の一歩は，1907 年にアインシュタインが等価原理を一般的に定式化したことで踏み出された．この原理は，一様な重力場にある系と無重力だが一定の加速度で加速されている系は，どんな実験によっても区別がつかないとするものである．プラハの教授であったアインシュ

[*17] 訳注: Auguste Calinon.
[*18] Torretti 1978, p. 276 より引用．カリノンの論文は Revue Philosophique de la France et de l'Étranger（フランスおよび外国の哲学雑誌）誌に掲載された．彼の 1889 年の論文は Čapek 1976 によって英訳されている．
[*19] 訳注: Hermann Minkowski. 当時のロシア帝国アレクソタス（現リトアニア）出身．

タインはこのアイディアを発展させる過程で，特殊相対論で提唱していた限定的な原理を一般化する論文を 1911 年に出版した．彼は 1907 年にはすでに，強い重力源のそばでは時計の針が遅く進むことを理解していた．時計として（ある振動数をもった）光を発する原子を考える．アインシュタインは 1911 年，原子から放射された光が等価原理により重力赤方偏移を受けることを示した．半径 R，質量 M の星の表面からやってくる光の束が重力の影響を受けるならば，赤方偏移は以下で与えられる

$$\frac{\Delta \lambda}{\lambda} = \frac{\Delta \phi}{c^2} = -\frac{GM}{c^2 R} . \qquad (3.1.2)$$

ここで，$\Delta \phi$ は光の放たれた場所と受け取る場所での重力ポテンシャルの差である．この種の赤方偏移は，後退する光源からのドップラー偏移とはまったく異なる現象である．

アインシュタインは 1911 年の論文で，重力の影響を受けた光の伝播に対して等価原理から何が導かれるかについても明らかにした．重力の影響は，光が重力源となる質量から引力を受けているのではなく，物質の存在と分布に従って空間の幾何が歪められることによって説明される．1911 年にアインシュタインは太陽をかすめやってくる光が $0''.83$ 曲げられることを発見した．ただし，この値は後に明らかになる正しい値の半分である．「ここに挙げた問題に天文学者が取り組んでくれれば大変望ましい」と彼は論文で結んでいる[*20]．その 2 年後，アインシュタインはウィルソン山天文台のジョージ・ヘール[*21] に手紙を出し，観測の可能性について尋ねた．ヘールは，日食の間であればその効果が観測できるかもしれないと回答したものの，すぐに観測を実行することはなかった．アインシュタインとヘールは知らなかったが，重い天体による光の屈曲についての研究はそれより 1 世紀も早く，ドイツの天文学者ヨハン・ゲオルク・フォン・ゾルトナー[*22] が 光の粒子説に基づいて 1801 年の論文で行っていた．フォン・ゾルトナーは太陽による光の偏向角をアインシュタインとほぼ同じ $0''.84$ としていた．ただし彼は，太陽によるこの効果は小さすぎて観測できず，無視できると結論している[*23]．

[*20] この論文は Einstein et al. 1952 で英訳されている．引用は p. 108 より．
[*21] 訳注: George Ellery Hale.
[*22] 訳注: Johann Georg von Soldner.
[*23] フォン・ゾルトナーの天文学と宇宙論への貢献については Jaki 1978 を見よ．フォン・ゾルトナーの論文の英訳もこの文献にある．アインシュタインと相対論に強く反対していたドイツの物理学者

3.1 初期の相対論的宇宙モデル

アインシュタインは理論を構築していくなかで，微分幾何とテンソル解析に没頭していった．これらは当時の物理学者には知られていない数学の一分野であり，数学的な興味と応用しかないと信じられていた．1922年の京都での彼の講演によると，非ユークリッド幾何が彼の新しい相対性理論の構築に有用である可能性に気づいたのは1912年のことだった：「その時までベルンハルト・リーマンが幾何の基礎について深く議論していたのを知りませんでした．私はたまたま学生の頃，カール・フリードリッヒ・ガイザー[*24]による幾何学の授業で，ガウスの理論を議論したのを思い出しました．幾何学の根幹が物理的に深い意味があることがわかったのです[*25]」．アインシュタインにリーマンの研究と関連する数学について手ほどきをしたのは，彼の友人であったマルセル・グロスマン[*26]である．アインシュタインはグロスマンと共同で1913年，今日では「草案理論」(Entwurf theory) として知られる世界初のテンソルによる重力理論を構築した（この名前は彼らの論文のタイトルからきていて，'Entwurf' は日本語で概略の意）．この論文には初めての重力の場の理論が示されていたが，その式は一般共変性を持っていない，つまりすべての座標系で同じ形式が保たれなかった．アインシュタインは，物理法則は一般共変性を持つべきであると認識してはいたものの，様々な考察の末，いったんは1913年の理論が共変性を持たないことは結局避けられないと結論していた．しかしこれは誤りであり，彼はそれから2年間の奮闘の末に正しい方向，すなわち一般共変性のある場の方程式にたどり着いたのである．

現在と同じ形の理論は1915年の11月18日と25日の2本の論文としてプロイセン科学アカデミーにて発表された．しかし詳細な説明は1916年3月のAnnalen der Physik 誌を待たねばならなかった[*27]．アインシュタインの一般相対性理論の核心は，現在アインシュタイン方程式として知られる重力場の方程式であり，11月25日の論文で最初に登場した．通常のテンソル表記では

フィリップ・レーナルト (Philipp Lenard) は1921年，アインシュタインの結果はフォン・ゾルトナーによって予言されており，相対性理論は不必要であることを示していると批判している．
[*24] 訳注: Carl Friedrich Geiser.
[*25] Einstein 1982, p. 47.
[*26] 訳注: Grossmann Marsell （姓名の順）．ハンガリー出身．一般に Marcel Grossmann と綴られる．
[*27] Eisnstein 1916.『アインシュタイン論文集 (The Collected Papers of Albert Einstein』vol. 6 に再掲されている．

$$R_{\mu\nu} - \frac{1}{2}g_{\mu\nu}R = -\kappa T_{\mu\nu}, \tag{3.1.3}$$

と表される．この方程式は，どのように時空の幾何とそこに存在する（エネルギー運動量テンソルとして表現されている）物質とエネルギーが関わっているのかを凝縮した形で示している．$R_{\mu\nu}$ は計量の曲率で与えられるテンソルでリッチテンソルと呼ばれる．R はそこから導かれる不変曲率であり，基本的なテンソルである．$g_{\mu\nu}$ の各成分は設定した座標の関数となる．係数 κ はアインシュタインの重力定数として知られ，ニュートンの重力定数に比例している（$\kappa = 8\pi G/c^4$）．後の文献では左辺の各項は $G_{\mu\nu}$ と 1 つのテンソルにまとめられることがあり，これはアインシュタインテンソルと呼ばれる．シュヴァルツシルトは 1916 年初頭にはこの場の方程式を質点について解析して厳密解を得ており，はからずもその後のブラックホール研究の基礎となった[*28]．シュヴァルツシルトはその後東部戦線にて兵役に服し，そこで感染した病気によって間もなく亡くなっている．

アインシュタインは 1915 年の最初の論文で一般相対性理論に基づいて水星の運動を計算し，長い間天文学者を悩ませていた問題を解決した．1859 年以来，この最も内側の惑星が太陽の周りをニュートンの法則の通りに公転していないことが知られていた．近日点が予測された回転速度より速く移動してしまうのである．この予期せぬ歳差運動は一世紀にたった 43″ という小さなものとはいえ，ニュートンの重力理論に基づいた天体力学にとって深刻な矛盾となるのには十分であった．何年もの間，解決のために様々なアイディア—たとえば場当たり的に重力法則を変更してみたり，水星の内側に「バルカン (Vulcan)」と呼ばれた惑星を仮定するなど—が試みられたが，基礎理論に基づいた方法で説明可能なことを示したのはアインシュタインが初めてであった．彼が計算した歳差はほぼ完全に観測値と一致したのである．11 月 10 日，彼は友人のミケーレ・ベッソ[*29]に手紙を書いた．「私の大それた望みが叶った．一般共変性だ．水星の近日点移動は見事なまでに予想通りだ[*30]」．

この成功に加え，アインシュタインは新しい理論をもとにして太陽の重力レ

[*28] 古典的なブラックホール，あるいは不可視の星については 18 世紀後半にジョン・ミッチェル (John Michell) およびラプラス によって考察されている（4.3.3 項参照）

[*29] 訳注: Michele Angelo Besso．

[*30] Einstein 1998，文書 162．アインシュタインが「草案理論」に基づいて彗星の近日点移動を最初に計算したのは 1913 年である．この値は誤っており，彼は論文として出版していない．水星の近日点移動の歴史については Rosevear 1982 を見よ．

3.1 初期の相対論的宇宙モデル

ンズ効果による光の折れ曲がり（偏向）角を求めたところ，1911 年に彼が導いた値の 2 倍になることを見出した．すなわち，改めて太陽の表面を通過してくる光は $1''7$ だけ屈折すると結論した．水星の近日点移動の説明はすでに知られていた問題を扱ったものだったが，重力場による光の折れ曲がりの計算は，その当時まだ観測されていない量に対する厳密な意味での予言である．すでに 1911 年の論文で指摘しているように，アインシュタインは一般相対性理論の検証としての光の折れ曲がりの重要性を鋭く見抜いていた．1916 年の Annalen der Physik の論文で，彼は 3 つの予言について簡潔に議論しており，「太陽を通過してくる光線は $1''7$ の偏向，木星の場合は約 $0''02$ の偏向を受ける」と述べている[*31]．

1916 年からの数年間，天文学者は一般相対性理論にほとんど興味を示さなかった．しかし何事にも例外はあり，この場合は例外が重要であった．シュヴァルツシルト以外にも，ド・シッター，エディントン，ベルリンの天文学者エルヴィン・フロイントリッヒ[*32] は注目に値する．フロイントリッヒはシュヴァルツシルト，および著名な数学者フェリックス・クライン[*33] のもとで学んだ数学者で，アインシュタインの理論に即座に魅了され，1911 年には光の偏向についての予言を検証する観測を開始した．大戦中は天文学の世界でアインシュタインの代弁者として活動し，ドイツの天文学者が購読する Astronomische Nachrichten（天文学新報）などの雑誌で，相対性理論の天文学との関連について発表した[*34]．

太陽の縁を通過する際の光の折れ曲がりを検出する試みはアインシュタインの 1911 年の論文とともに始まったが，良質のデータが得られたのはフランク・ダイソン[*35] とアーサー・エディントンが指揮する有名な英国の遠征隊による 1919 年の観測においてであった．観測はプリンシペ島（アフリカの西海岸から離れたところにある）とブラジルのソブラルで行われ，解析の結果光の偏向はアインシュタインの理論予言とかなりの精度で一致していた．疑う余地はなく，この英国の天文学者らは「光の折れ曲がりは…アインシュタインの一般相対性理論が要求する通りに生じている」と報告した．プリンシペ島での観測結果は秒角単位で 1.98 ± 0.12，ソブラルでは 1.61 ± 0.30 であった．大々的に宣伝さ

[*31] Einstein et al. 1952, p. 163.
[*32] 訳注: Erwin Finlay-Freundlich.
[*33] 訳注: Felix Christian Klein.
[*34] フロイントリッヒと彼のアインシュタインの共同研究については Hentschel 1997 を参照.
[*35] 訳注: Sir Frank Watson Dyson.

れた日食観測の結果は一大センセーションを巻き起こし，一般相対性理論が（理解できたかどうかは別として）科学者もそうでない人にも等しく知られることになった[*36]．しかし何を差し置いても，アインシュタインが注目の的となり，ダーウィン以来最も知名度の高い科学者となったのは，英国遠征隊のもたらした結果である．

3つ目の一般相対論からの予言，すなわち重力赤方偏移は検証がずっと難しく，やはりアインシュタインが正しいと確実に確認されるまでには多くの年月を必要とした．太陽大気からのスペクトル線の観測は不定性のない答えを与えるには不十分だった．1924年，エディントンはアインシュタインの重力赤方偏移を検証する新しい方法を見つけたという確信にいたった．彼の議論によると，シリウスAの暗い伴星は高密度の白色矮星であり，そこからの光は脱出する際に強い重力場を振りきらなくてはならない．よってシリウスB（伴星の名前）はアインシュタインの予言を検証するのに適しているはずである．エディントンはアインシュタインの理論を用いてシリウスBからの赤方偏移は $20~\mathrm{km\,s^{-1}}$ の後退速度に対応していると予言し，そして米国の天文学者ウォルター・アダムズが $21~\mathrm{km\,s^{-1}}$ の後退速度を観測したことで，アインシュタインの予言する重力赤方偏移がついに確認された[*37]．

3.1.3 閉じた定常宇宙

アインシュタインはその名声に甘んじることはなかった．1916年の時点で一般相対性理論を理解している数少ないドイツ国外での科学者の中の一人が，オランダの天文学者で当時44歳のド・シッター であった．彼は天文観測と高度な数学解析の両方に通じていた．彼は英国天文学会に（当時学会の事務局にいた）エディントンに招かれて，アインシュタインの新しい理論の解説を Monthly Notices of the Royal Astronomical Society （王立天文学会月報）誌上に3篇の論文として発表した．この3篇の論文により，アインシュタインの理論は英語圏の人々に紹介され，またエディントンによる1918年の『重力の相対性理論

[*36] 価値ある1919年の日食観測遠征隊，およびそれ以前の一般相対論の検証については Grelinsten 2006 を参照．

[*37] 実は，この観測と理論の一致は幸運な偶然であった．どちらの値も誤っていたからである．1980年代になってやっと，これらの値が実は1920年代に信じられていたよりも4倍から5倍大きいことが示された．それでも，理論と観測は一致したままであった．この理論と観測の相互作用についての教育的な例については Hetherington 1988, pp. 65–72 で議論されている．

3.1 初期の相対論的宇宙モデル

についての報告』*38 の基礎となった．1916 年の秋にはド・シッターとアインシュタインは相対性理論について議論し，その結果アインシュタインは理論の宇宙全体への応用を考えるようになった．その際，アインシュタインはニュートンがベントリーとのやりとりで苦しんだのと同じ，しかしずっと現代化したバージョンの概念的な問題に直面した．その問題はフォン・ゼーリガーによって 1890 年代により現代的に再定式化されていたが，アインシュタインが宇宙論に取り組み始めたときにはこの歴史的な流れを認識しておらず，フォン・ゼーリガーの研究も知らなかった．アインシュタインがこれを知ったのは 1917 年以降であった*39．

アインシュタインの宇宙についての考察は 1917 年に，プロイセンの科学アカデミーに投稿された論文『一般相対性理論に基づいた宇宙論の考察』*40 として結実した．彼は論文をベッソに送り，添付した手紙の中で，無限に広がった空間に一様で対称的に物質を分布させるだけでは，彼が前提としていた定常な宇宙を造るのには十分でないと述べている．彼は手紙に「宇宙を有限とすれば，私たちはこのジレンマから解放される．またこのことは曲率はいたるところで同じ符号でなければならないことを示唆している．なぜなら，経験によると，エネルギー密度は負にならないからだ」と述べている*41．またアインシュタインは，無限の空間の中にある星の集まり（島宇宙）という別のニュートン的な宇宙像も否定している．星をガス中の分子となぞらえると，個々の星は最終的には他の星の重力を振り切って，ガスと同じように蒸発するだろうと主張した．

アインシュタインの解は，一般相対性理論と矛盾のない，空間的に閉じた宇宙を考えることで，古典的な境界値問題を回避していた．1917 年の論文では「宇宙が空間方向に閉じた連続体と考えられるならば，宇宙の境界条件についての問題を考える必要は一切ない．一般相対性という前提条件と星々の速度が小さいという事実は空間的に閉じた宇宙という仮説と矛盾はない；とはいえ完全に

---

*38 訳注: Report on the Relativity Theory of Gravitation.
*39 1918 年出版の相対性理論についての一般向け解説書の第 3 版で，アインシュタインはフォン・ゼーリガーの研究とニュートン重力の修正について言及している．しかし，これらの主張が理論的基礎を持っていないことから，アインシュタインは不満足であると評価している．Einstein 1947, pp. 125–127.
*40 訳注: Kosmologische Betrachtungen zur allgemeinen Relativitätstheorie.
*41 Einstein 1998, 文書 308. アインシュタインが理論の宇宙論的示唆について取り上げたのとほぼ同じかやや早い時期に，シュヴァルツシルトは閉じた宇宙が一般相対論の場の方程式の解となる可能性について議論していた (Schemmel 2005).

第 3 章　現代宇宙論の成立

このアイディアを実証するには，重力の場の理論をより一般化する必要があるだろう」と述べている*42．

このように，アインシュタインは 4 次元でみた宇宙を空間的に閉じた連続体で「球状」であると仮定し，実際の非一様な宇宙は「準球状」と表現した．この理想的な宇宙はまた「円筒宇宙」と呼ばれた．空間次元を 2 つ考えないことにし，半径を空間座標，軸方向を時間座標とすれば，円筒とみなせるためである．もちろんアインシュタインも，本人はほとんど気づいていなかったにしても，それまでに得られていた経験的事実に導かれていた．彼はこのモデルが宇宙の大きさは有限で，定常であり，物質の量は有限であることを示していると信じていた．彼は，自身が十分納得できる経験的事実を保持するため，次のように結論した：「宇宙の空間曲率は物質分布によって時刻と場所に依存して変化するが，およそ球状と近似できる」．アインシュタインはこのモデルは論理的には矛盾がなく，一般相対論的観点からも自然であると考えたが，観測された宇宙と一致するかどうかについてはあまり注意を払わなかった：「現在の天文学的知識の観点からこのモデルが生き残れるかどうかについてはここでは議論しない*43」．

アインシュタインはエルンスト・マッハにちなんで名付けられたマッハ原理に関心があり，これは彼の宇宙モデルのかなりの部分を形作った．1860 年代にまで遡るこの有名な原理の主張の 1 つに，すべての力学の法則は宇宙全体に対して純粋に相対的に決まるべきである，というものがある．アインシュタイン版の原理は少しこれとは異なっている．彼はこの原理を時空の計量は宇宙における物質の質量分布で完全に決まっており，それゆえ局所的な力学は全体としての宇宙によって調節されているという意味で理解していたからである．別の言葉で言うと，空間には物質が必要である．「マッハ原理」という言葉はアインシュタインによって 1918 年に導入された．彼はマッハ原理は一般相対論においては常に満たされるわけではないが，もしもアインシュタイン方程式に宇宙項を付け足すのであれば満足されると指摘した．1917 年の宇宙モデルについては，彼の新しい重力理論はマッハのアイディアを満足している．これは彼が宇宙論分野へ進出する大切な 1 つの理由であった*44．彼は後にマッハ原理に対する考え

---

*42 Einstein et al. 1952, p. 183; Einstein 1917.
*43 Einstein et al. 1952, p. 188.
*44 アインシュタインがマッハ原理にいかに傾倒しており，そのことが彼の宇宙論をどのように形成していったかについての詳細な考察は Hoefer 1994 にみられる．

3.1 初期の相対論的宇宙モデル

> kommen analog ist. Wir können nämlich auf der linken Seite der Feldgleichung (13) den mit einer vorläufig unbekannten universellen Konstante $-\lambda$ multiplizierten Fundamentaltensor $g_{\mu\nu}$ hinzufügen, ohne daß dadurch die allgemeine Kovarianz zerstört wird; wir setzen an die Stelle der Feldgleichung (13)
>
> $$G_{\mu\nu} - \lambda g_{\mu\nu} = -\kappa \left(T^t_{\mu\nu} - \frac{1}{2} g_{\mu\nu} T \right). \quad (13\,\mathrm{a})$$
>
> Auch diese Feldgleichung ist bei genügend kleinem λ mit den am Sonnensystem erlangten Erfahrungstatsachen jedenfalls vereinbar. Sie befriedigt auch Erhaltungssätze des Impulses und der Energie, denn

図 3.1 1917 年の論文にあるアインシュタインの場の方程式. 宇宙項 (λ) は左辺にあり,「さしあたりの未知の普遍定数」として導入されている.

方を変えることになるが, 1917 年の時点では心からのマッハ信者であった.

宇宙を時間的に定常にするため, アインシュタインは 1915 年の重力場の方程式に 1 つの重要な変更, 彼の文献による表現では「一般化のための修正」を迫られた. この修正は計量テンソルに比例する項を加えることであった. 比例係数は間もなく宇宙項として知られるようになり, 常にギリシャ文字ラムダで表される (アインシュタインは 1917 年には小文字の λ を用いたが, 現在ではほとんどの場合で大文字の Λ が用いられる). この修正により, 基礎方程式は以下のようになった.

$$R_{\mu\nu} - \frac{1}{2} g_{\mu\nu} - \Lambda g_{\mu\nu} = -\kappa T_{\mu\nu} . \quad (3.1.4)$$

ここで宇宙項が左辺に配置されていることに注意すべきである. これは宇宙項が時空と関連している量で, 物質のエネルギーではないというアインシュタインの信念を表したものである. アインシュタインは 1917 年の論文で, 宇宙定数の導入は「我々の重力についての実際の知識によって正当化されるものではない」と認めている. すなわち, 宇宙定数の導入は主として (特別な目的のための) その場しのぎであるが, アインシュタインは「物質分布を準定常にしておくために必要である」と考えていた. 定数の値については, アインシュタインの定常モデルでは物質の密度と対応しているため正でなくてはならないという以外は未知であった. さらに, 方程式が惑星の運動と整合的であるために, この値は非常に小さい必要がある: 真空での一般相対論的方程式 $R_{\mu\nu} = 0$ は太陽系の観測と合致しており, 宇宙項はこの一致を壊さないために極めて小さくなければならなかった. どれほど小さければよいかについてアインシュタインは言及で

きなかったが，ド・シッターは次のように見積った：「観測は決して λ がゼロであることを証明することはできず，ある値より小さくあるべきである，と言うことができるだけである．現時点では，λ は確実に 10^{-45} cm^{-2} よりは小さく，おそらく 10^{-50} よりも小さいだろう．もしかすると，いつか観測が λ の値を決めてくれるかもしれないが，いまのところ私にはこの問題についての知見はまったくない[*45]」．

定数 Λ は，距離に比例する，すなわち近距離では無視できるが非常に大きな距離でどんどん重要になってくるような宇宙論的反発力だと考えれば理解しやすい．質量 m を持った粒子は $F \sim m\Lambda r$ の反発力を受ける．この描像では宇宙の進化は Λ による反発力とニュートン的な引力のせめぎ合いで決まる．アインシュタインの定常宇宙は，この2つの力がつり合っている状態である．アインシュタインの宇宙定数は，20年ほど前のフォン・ゼーリガーのニュートン的な理論に含まれていた定数とは異なり，ニュートンの重力法則の補正に対応する項ではない．その後アインシュタインはこの定数について異なった考え方にたどり着くことになるが，1917年の理論ではこの項は重要で自然な役割を果たした．1918年8月のベッソへの手紙で説明されているように，その定数が閉じた宇宙の平均密度と特に関連付けられているという点で合理的と考えていたようである：

> 「世界に中心が存在するか，全体としては密度が無限小であるか，または遠方で完全に空虚であった場合には，すべての熱エネルギーは最後には放射として散逸する．もう1つの可能性は，平均的にはすべての場所が等価であり，密度はどこでも同じである．その場合は仮想的定数 λ が必要となり，それは平衡状態の物質の密度を示す．皆，きっと2つ目の可能性の方をより満足できると感じるに違いないでしょう．というのもこれは世界の大きさが有限であることを示唆しているからです．宇宙は唯一の実例として存在しているので，定数が自然法則に属しているのか，「積分定数」として与えられているのかは，本質的に同じです[*46]」．

宇宙定数は，観測結果を満たし，かつ定常な宇宙を作るために導入された．もしこの定数を導入しなかったならば，アインシュタインは動的な解を発見したであろうか？ 原理的には可能だったかもしれないが，彼がそのような解に気づ

[*45] Einstein 1998, 文書 327.
[*46] Einstein 1998, 文書 604.

3.1 初期の相対論的宇宙モデル

かなかったのは宇宙項が理由ではない．結局，最初の膨張宇宙モデルであるフリードマンとルメートルのモデルは宇宙項を含んでいるのである．宇宙項は必ずしもその場しのぎ的な項とは言わないまでも，少なくともアインシュタインには場の方程式を少々複雑にし，少々見栄えを損なうように思えた．宇宙項が正当なものかどうかアインシュタインを疑わせたのは，この種の美的感覚であった．彼は 1919 年に，宇宙項の導入について「理論の形式美に対する重大な弊害」だと述べている[*47]．しかし当時の彼には代案はなく，彼が宇宙項を導入したのは誤り，おそらく自身の「最大の不覚」[*48] であったと結論するまで，さらに 12 年の年月が必要だった．

アインシュタインによって導かれ，彼がアインシュタイン方程式と唯一調和していると信じていた宇宙モデルは一様な薄い物質に満たされており，質量は有限であった．彼は宇宙項が物質のエネルギー密度と宇宙の曲率半径と以下の式で関係していることを発見した．

$$\Lambda = \frac{1}{2}\kappa\rho = \frac{1}{R^2}. \tag{3.1.5}$$

閉じた宇宙に含まれる質量は

$$M = \pi^2 \sqrt{\frac{32}{\kappa^3 \rho}}. \tag{3.1.6}$$

これら関係式のうち，最初のものは相対論からの重要なメッセージであり，物質のエネルギー密度が，宇宙の曲率半径を決めているというものである．実際の値については，アインシュタインは当然慎重な態度を保った．1917 年 3 月のベッソへ宛てた手紙の中で，彼は密度の見積りを $\rho \approx 10^{-22}$ と実際の値より大きめにしてしまったため，$R \approx 10^7$ 光年という間違った値を提案していた．そして彼は最も遠方に見える星までの距離がたった 10,000 光年だと信じていたのである．1917 年 3 月 12 日のド・シッター宛の手紙のなかで彼は同じ提案をしているが，この考えを出版しないことに決めたのは賢明であった．アインシュタインにとって重要だったのは，彼が正の曲率を持ち，相対性理論とマッハ原理をともに満足する宇宙モデルを構築できたことである．彼も「天文学の見地からは，

[*47] Einstein et al. 1952, p. 193.

[*48] アインシュタインが宇宙定数を「自身の最大の不覚」と表現したのはジョージ・ガモフとの会話においてであったとされている．物議をかもした宇宙定数についての歴史的，分析的考察は Earman 2001 を参照．

もちろん高貴な机上の空論である」と認めている*49.

3.1.4 解 A か解 B か?

アインシュタインはもともとは彼の定常で物質で満たされた宇宙モデルが重力場の方程式の唯一の解であると信じていた. しかし, ド・シッターは, 1917 年の英国天文学会に宛てた 3 度目の報告論文で, 物質が存在しなくても空間的に閉じた, $\Lambda = 3/R^2$ を満足する空の宇宙が解として存在することを示した. アインシュタインのモデルと同じく, 圧力はゼロとされている*50. ド・シッターはこの新しい宇宙モデルを, アインシュタインの解 A と区別して解 B と名付けた (しかし, すぐ後に, これらのモデルはアインシュタインモデル, ド・シッターモデルとそれぞれ呼ばれるようになった). アインシュタインのモデルと比較して, ド・シッターのモデルは複雑で直感的理解が難しく, 特にモデルの特徴がモデル自体の本質的な性質なのか, 単に特別な座標をとったためなのかをどう区別するかが簡単ではなかった. 後にド・シッターのモデルは膨張宇宙を記述していると解釈されるようになるのだが, ド・シッターや同世代の研究者は定常な時空を表現していると考えていた.

アインシュタインはド・シッター解を重力場の方程式の数学的な解としては受け入れざるを得なかったが, それでも彼はこの解は非物理的として却下できると確信していた. 理由の 1 つとして, ド・シッターモデルはあからさまにマッハ原理を破っていた. 彼はド・ジッターに宛てた手紙で「あなたの見つけた解は物理的な解には対応していない」と述べている.「私の考えでは, 物質のない世界というのが実現可能とすると, それはあまり歓迎できません. むしろ, $g_{\mu\nu}$ 場は物質によって**完全に決定されるべきで**, **物質がないところでは存在できるはずがないのです**」*51. もっと重要なこととして, 解 B は特異点を含んでおり, そこでは理論が表面的には破綻することを示している. アインシュタインにとっ

---

*49 Einstein 1952, 文書 311. この書簡への返信においてド・シッターはアインシュタインに同意すると宣言したが,「あなたの考えを現実に投影しない限りにおいて」という条件付きであった. 文書 312.

*50 ド・シッターの宇宙論とアインシュタインモデルとの関連は Kerzberg 1989 に詳細に議論されている. ド・シッターの 3 篇目の論文は Bernstein & Feinberg 1986, pp. 27-48 に再掲されている.

*51 1917 年 3 月 24 日の書簡. Eisntein 1998, 文書 317. 宇宙論はマッハ原理を満たすべしというアインシュタインの信念は彼が考えていた以上に大きな誤りであった. 1951 年, 数学者アブラハム・タウブ (Abraham Taub) は, アインシュタイン方程式が宇宙項のない場合でも物質なしで曲がった空間を表すことができることを示した.

てそれはモデルが（簡単化された）トイ（おもちゃ）モデルであることを示しており，よって物理的には重要でないと主張した．後にフェリックス・クラインが，アインシュタインの主張する特異点は座標系によるみかけのものであると示した後でも，彼は解 B は人工的なもので物理的ではないと思いこみ続けていた．1920 年代になって，アインシュタインがド・シッター解で特異点だとみなしていたのは，そこを越えた距離からの情報が観測者には到達できない事象の地平線であることが明らかになった．ド・シッターは Monthly Notices 誌への 3 本目の論文で，原点にいる観測者から距離 r の場所へ粒子を配置すると，加速度 $\Lambda c^2 r/3$ を受けて観測者から遠ざかるように見えることを示した．そして彼は 2 つのモデルの違いを以下のようにまとめた：

> モデル A では，世界基準となる物質，すなわち世界全体を満たしている物質があり，一様で静止している場合には内部に粘性や圧力がなくとも平衡状態を保つことができる．モデル B では物質はあってもなくてもよいが，粒子が 2 つ以上ある場合にはそれらは互いに静止していることはできず，もしも世界全体が物質で満たされていたとすると，物質の内部の圧力や応力がなければ静止していることはできない．

宇宙項は A,B どちらの系にも登場しているが，ド・シッターは「それはやや人工的で，1915 年の元のモデルのもつ単純さと上品さを損なう」と認めている[*52]．興味深いことに，ド・シッターモデルでは計量の性質によって，観測者から遠ければ遠いほど時計はゆっくり進むように見える．振動数は時間間隔の逆数であるので，そこからやってくる光はより低い振動数を持った光として検出される，つまり観測者からの距離が遠ければ遠いほど大きく赤方偏移することになる．ド・シッターの理論では，赤方偏移は距離の 2 乗に比例して大きくなる．「したがって，非常に遠い星や星雲のスペクトル線は系統的に赤方へずれ，偽の後退速度をもっているように見えることになる[*53]」．ここで，ド・シッターがこの後退速度を「偽の (spurious)」と記述していることに注目すべきである：彼は宇宙膨張によって引き起こされる真の速度ではなく，彼の用いた特殊な時空の計量によるものであるとみなしていた．ド・シッターモデルは赤方偏移を理論の本質と

[*52] de Sitter 1917, p. 18. ド・シッターにとって宇宙定数は他の自然定数と比べて特に神秘的なものではなく，彼は宇宙膨張の発見後も宇宙定数を用い続けている．

[*53] de Sitter 1917, p. 26.

して内包しているにもかかわらず，定常宇宙を表すモデルと考えられていたのである．

世界大戦による困難にもかかわらず，天文学の最新の観測に遅れることなく，ド・シッターはスライファーや他の研究者らによって報告されていた星雲の後退速度と赤方偏移の関係が彼のモデルと関連するかもしれないと示唆している．これが，星雲の赤方偏移とアインシュタインの理論の関係についての最初の指摘であった．星雲までの平均後退速度 $600 \mathrm{~km\,s}^{-1}$ と平均距離 $10 \mathrm{~pc}$ を用い（たった3個の星雲に基づいたものであったが），彼は $R \approx 3 \times 10^{11}$ AU という値を導いた．ド・シッターは次のように述べている．

> もし... 今後の観測により渦状星雲が系統的に正の速度を持っているという事実を確認できたとすると，それは間違いなくモデル A よりモデル B を採用すべきという示唆である．もしも，そのような系統的なスペクトル線の赤方偏移がないとするならば，それはモデル A が B より好ましいか，またはモデル B における R の値がずっと大きいと解釈されるべきである [*54]

論文の最後で，ド・シッターは2つの競合するモデルを当時得られていた観測結果と比較している．$1000 \mathrm{~pc}^3$ あたりおよそ80の星があるというカプタインの密度推定値を採用し，アインシュタインモデルでは曲率半径 R はおよそ 10^{12} AU であり，宇宙の全質量はおよそ 10^{12} 太陽質量であることを導いた．ド・シッターはこの推定値の不定性がかなり大きいことは認めていたが，異なる2つの考察から同程度の R の値が導かれたことに注目した．

ド・シッターのモデルは物質を含まないため，現実の世界を記述するモデルとしては非常に人工的に見えるかもしないが，ほどなく数学者と天文学者両者の間でのさらなる理論的研究の基礎となった．このモデルが特に興味を引いたのは，観測されていた渦状星雲の赤方偏移を説明できることによる．渦状星雲の赤方偏移は1920年代初めにはほとんど疑う余地のない観測事実となっていた．ド・シッターモデルに物質が含まれていないことは，研究者がこのモデルが実際の宇宙を表すものと考える支障にはならなかった．もちろん現実の宇宙は物質で満たされているが，その密度は非常に低いとわかっており，よってド・シッターはこのモデルが密度ゼロとした近似モデルとして適用可能なのだろうと指

[*54] de Sitter 1917, p. 28 （1917年10月付けの追記）．

3.1 初期の相対論的宇宙モデル

摘していた．エディントンは早い時期より赤方偏移の観測の宇宙論的な重要性を認めていた．シャプレーに宛てた 1918 年の手紙の中で「ド・シッターの仮説にはそれほど興味をもってはいないが，しかし彼はこの（奇妙な）系統的な後退運動を，その発見が確かだと思われる前に予言していたのだ；もし私が観測を続けて，より遠くの渦状銀河がより大きな後退運動をしているとすると，それは彼の理論の方が正しいことをより強く裏付けるものだ」と書いている[*55]．

実際の宇宙構造を表すモデルとしての解 A および解 B の信憑性がどうであれ，1920 年頃からこれら 2 つのモデルに基づいて 1 つの研究分野が形成された．それは初めは主に数学的な考察から 2 つの解の性質を分析し，それらの改良版を提案する，物理学者と天文学者による数理的研究分野であった．数学的に魅力的であったことは，フェリックス・クライン，トゥーリオ・レヴィ-チビタ[*56]，してヘルマン・ヴァイル[*57] など著名な数学者の興味を惹いたことからも明らかである．これら初期の考察における基本的な目標は，これら 2 つの相対論的な定常宇宙モデルのどちらが，よりふさわしいかを基礎物理学の観点から決定することであった；天文学的観測は，判断の根拠とするにはまだ十分ではなかった．

宇宙論と観測された赤方偏移との関係は，10 年ほどの間未解決問題として残っていた．というのは，宇宙論的な（ド・シッター効果）赤方偏移と重力赤方偏移，および相対速度に起因するドップラー偏移を区別することが難しかったためである[*58]．ドイツの天文学者であったカール・ヴィルヘルム・ヴィルツ[*59]は 1922 年に後退速度–距離の間に関係がある可能性を議論し，1924 年には渦巻き銀河の後退速度をド・シッターの宇宙論と関係づけている．渦巻き銀河までの距離を知らなかったため，彼はみかけの直径（大きさ）で代用して距離を推定し，後退速度がその距離に対して対数的に減少することを見出した．ヴィルツは発見した関係がド・シッターの宇宙モデルと矛盾はないと結論したが，彼の研究がそれ以上進展することはなかった．ド・シッターは赤方偏移が距離 r の 2 乗に比例するという関係を得ていたが，ヴァイルは 1923 年に著書『空間・時間・物質』[*60] において，比較的近傍の銀河に対しては後退速度が距離に比例す

[*55] Smith 1982, p. 174 に引用されている．
[*56] 訳注: Tullio Levi-Civita
[*57] 訳注: Hermann Klaus Hugo Weyl.
[*58] North 1990, pp. 95–106; Kerzberg 1989.
[*59] 訳注: Carl Wilhelm Wirtz
[*60] 訳注: Raum-Zeit-Materie. 邦訳はたとえば『空間・時間・物質』（内山龍雄訳 筑摩書房）．

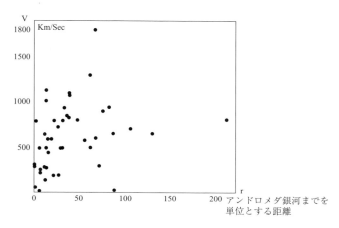

図 3.2 クヌート・ルントマルクは 1924 年に渦巻き銀河の間に赤方偏移-距離関係が存在する可能性を考察した．彼は「それほど確かなものではない」としたものの，ある種の存在があると示唆した．K. Lundmark, 'The determination of the curvature of space-time in de Sitter's world', Monthly Notices of the Royal Astronomical Society **84** (1924), 747-770.

るという最初の結果を導いた[*61]．その翌年，ポーランド出身の物理学者で英国に滞在していたルードビク・シルバーシュタイン[*62]は

$$z = \frac{\Delta\lambda}{\lambda} \approx \pm\frac{r}{R} \quad (3.1.7)$$

という関係を提唱し，赤方偏移とともに青方偏移も表現した．シルバーシュタインは赤方偏移のデータと球状星団までの距離の推定値を比較し，上の式を用いて曲率半径 R としておよそ 6×10^{12} AU という値を得た．しかし，当時のほとんどの天文学者は，当時得られるデータはシルバーシュタインが提案するような線形関係を示してはいないとするスウェーデンの天文学者，クヌート・ルントマルク[*63]の意見に賛同していた．シルバーシュタインは，彼の予言と一致するデータだけを選んでいるのではないかという疑念を向けられただけでなく，彼が得た R の値は，ルントマルクが好んでいた島宇宙理論と矛盾するものであった．その結果，シルバーシュタインの理論は複数の著名な天文学者から厳しく批判され，彼らは「シルバーシュタイン効果」と呼んで揶揄した．シルバーシュタインの予言へのこのような敵意のある反応の結果，距離-赤方偏移関係に

[*61] ヴァイルの宇宙論への貢献については Kerzberg 1989 および Goenner 2001 を見よ．
[*62] 訳注: Ludwik Silberstein.
[*63] 訳注: Knut Emil Lundmark.

3.1 初期の相対論的宇宙モデル

ついては，しばらくの間天文学業界では懐疑的に見られていた．

アインシュタインとド・シッターによる宇宙モデルは 1920 年代には観測天文学者の間でそれほど知られていなかったが，ド・シッターによる解 B はその赤方偏移の観測との関連でいくらか興味を持たれていた．この観点からは，1926 年のエドウィン・ハッブル による星雲の分類についての論文が特にその後の出来事にとって極めて重要であった．すべての星雲がすべて同じ光度，同じ 2.6×10^8 太陽質量という質量を持つという仮定のもと，ハッブルは宇宙の平均密度として 1.5×10^{-31} g cm^{-3} という，以前の見積りよりかなり小さな値を得た．彼は論文の最後でこの密度をアインシュタインの曲率半径と宇宙の質量の表式に代入し，$R = 2.7 \times 10^{10}$ pc，および $M = 9 \times 10^{23}$ 太陽質量 $= 3.5 \times 10^{15}$ 星雲質量という値を得た．そして論文を次のように結んでいる：

> 100 インチの口径を持った望遠鏡で通常の銀河が検出可能な距離は大体 4.4×10^7 pc で，これは宇宙の曲率半径の約 1/600 程度である．たとえば M31 のような特別に明るい星雲ならばこの数倍の距離まで検出され，観測時間と望遠鏡の口径をそれなりに増やせばアインシュタイン宇宙のかなりの部分を観測することができるようになるかもしれない[*64].

経験豊かな論客であったシルバーシュタインはこのハッブルの結論を鋭く批判し，球状星団，セファイド，そして星を用いた解析に基づき，自ら宇宙の大きさについての結果を導いた．彼の宇宙は奇妙なほど小さく，曲率半径はたったの 1.5 Mpc（メガパーセク）であった[*65].

宇宙全体（またはその理想化）をアインシュタインの宇宙論的な場の方程式で取り扱うというアイディアは，伝統的な宇宙という概念の大変革であった．世界または宇宙は，伝統的に観測される範囲内の一部分であった．今や，宇宙はすべて，つまり空間と時間における出来事の全体を示し，最も大切なこととして，それが時空そのものを示すものになったことである．天文学者の大部分，そしてもちろん大抵の門外漢にとっては，アインシュタインとド・シッターによる宇

[*64] Hubble 1926, Lang & Gingerich 1979, pp. 714–724 に部分的に再掲（引用部分は p. 724）．彼に特徴的な傾向として，ハッブルはアインシュタインの研究を引用せず，オーストリアの物理学者エーリヒ・ハース (Erich Haas) の著書『理論物理学入門』(Introduction to Theoretical Physics, 1925 年出版) を引用していた．ハースの文献にはアインシュタインの研究が紹介されている．

[*65] Silberstein 1930, p. 180. 球状星団のみを用いた場合の彼の結果は 30 Mpc である．

第 3 章 現代宇宙論の成立

宙の概念の定義変更は知られていなかったか，もし知られていたとしても理解不能で反対を招くものであった．著名なフランスの数学者エミール・ボレル*66 は 1922 年に相対性理論について一般向けに解説する一冊の書物を出版した．最後の章は宇宙論について割かれ，そこで彼は「哲学的観点から，最も興味深い相対性理論からの帰結は...」という始まりで，修辞的にこれらの宇宙論の推論がどんな利用価値があるかについて問いかけた：

> 我々が閉じ込められている宇宙の端っこから見える範囲の物事から，宇宙全体について正しい結論を引き出すのは無謀に思える．観測することのできる宇宙全体が，地上の表面にある一粒の水滴のようなものではないと誰が知ることができようか？ それは我々が銀河系のなかではちっぽけなものであるのと同じように，その水滴の中のちっぽけな生き物は，その水滴以外にも鉄や生体組織が存在して，その中では物質の性質はまったく異なっているということなど，想像もできないに違いない*67．

ボレル自身はこのような反論に完全に同意していたわけではないが，この種の反論は自然で簡単には消せないものである．私たちも見てきたように，宇宙を科学として扱う可能性についての似たような反論は 19 世紀にも唱えられており，そこでの主張は形を変えて 20 世紀の宇宙論の議論でも意味を持ち続けるかに見えた．しかしながら，アインシュタイン，そして彼に続く研究者は，宇宙論を発展させるためにはそのような反論は無視しなければならないと決めたのである．

アインシュタインの一般相対性理論は大勢の専門家に受け入れられたものの，1920 年代には，ニュートンの重力理論を超えた理論はそれが唯一というわけではなかった．数学者であり，哲学者でもあったアルフレッド・ノース・ホワイトヘッド は 1922 年に重力の代替理論を提案した．彼が主張するには，その宇宙論的な応用は彼の自然哲学から直接演繹できるものであった．非共変的な遠隔作用を持つ彼の理論は，概念的にも数学的にもアインシュタインの理論とは異なっていたが，エディントンが示したように，アインシュタインの理論と非常に近い予言を導いた*68．ホワイトヘッドの重力理論は数人の物理学者に取

---

*66 訳注: Félix Édouard Justin Émile Borel.
*67 Borel 1960, p. 227
*68 Whitehead 1922; Eddington 1924.

り上げられたが,すぐに忘れ去られた. この理論がさらに進展し,ジョン・シング[*69], C. B. レイナー[*70]らによって宇宙論の問題に適用されたのは,第二次大戦後になってからであった[*71]. しかし,主流の相対論学者と宇宙論の専門家はこの理論を相手にしなかった. それは,米国の数学者であったジョージ・D. バーコフ[*72]による,1942年のまた別の新しい重力理論に対しても同様であった. バーコフの理論への興味は,ほんの一部の物理学者と数学者の間でしか生き残らなかった.

ホワイトヘッドの代表的な著作『過程と実在: 宇宙論への試論』は1929年に出版された. この著作はアインシュタイン,ド・シッター,エディントンらの伝統的な宇宙論の潮流から離れ,世界を全体として,形而上学的に理解しようとする野心的な試みであった. にもかかわらず,ホワイトヘッドが提示した有機的で進化する宇宙という概念,つまり宇宙は限りある命をもち,将来的には違った自然の法則と時空の次元をもった宇宙にとって代わられるという彼の主張はその後注目されるようになった[*73].

3.2 膨張宇宙

観測面だけに限って言えば,現代宇宙論は2つの極めて重要な発見に基づいていると認識されている. 1つは1929年の宇宙膨張,もう1つは1965年の宇宙マイクロ波背景輻射の発見である. この2つは,どちらも観測的に直接的な意味での発見ではなかった: すなわち,理論が観測を主導する過程の中で,発見へと変化していったのである. 膨張宇宙は2段階で予言されており,最初は様々な中から1つの可能性として(1922年,フリードマンにより),そして次に観測的に有利な解として(1927年,ルメートルにより)予言された. 1927年までに,銀河の赤方偏移は銀河までの距離に比例する宇宙膨張が明確に予言されていたが,ハッブルが観測に基づいてその関係を実証したのは予言とは完全に独立な仕事だった. 今日の視点からみると,「自明な」解釈が何年も存在していたの

[*69] 訳注: John Lighton Synge.
[*70] 訳注: C. B. Rayner.
[*71] North 1990, 190–196. これ以降のホワイトヘッド型の重力理論については Schild 1962 を参照.
[*72] 訳注: George David Birkhoff.
[*73] Barrow & Tipler 1986, pp. 191–194 によれば,ホワイトヘッドの宇宙論は1980年代に現れた多世界宇宙論を予見するものとなっている.

に，なぜ宇宙膨張が 1930 年まで認識されなかったのか理解するのは難しい．しかしながら，1920 年代の宇宙論者の立場からは，宇宙が膨張しているというのはまったく自明なことではありえなかった．膨張宇宙は彼らの精神的な拠り所の完全に外にあり，まったく考えにいたらなかったか，考えたとしても，むしろ反抗すべき概念であった．

3.2.1 非定常宇宙モデル

2 つの相対論的な宇宙モデルを精査し理解しようとする研究の過程で，これら 2 つのモデル，アインシュタインのモデル A とド・シッターのモデル B の特徴を併せ持った解を提案する物理学者や天文学者が現れた．1920 年代の終わりには，これら 2 つのモデルはどちらも実際の宇宙を表していないという結論にいたりつつあったが，この 2 つのモデルの妥協案を見つけるのは非常に困難であった．エディントンはどちらに賛同するか迷っていた．まず，彼はド・シッターのモデルが渦状星雲の赤方偏移を説明できる点を評価していた．1923 年に書いたように，「ド・シッターの宇宙は，しばしば物質を加えるだけで定常でなくなるという特徴について批判される．しかし，この性質はド・シッターモデルにとってむしろ好ましいことかもしれない[*74]」．他方，アインシュタインのモデルは物質に満たされているという長所があり，そのため非常に大きな数，たとえば電子の電気的な半径 (e^2/mc^2) とその重力半径 (κm) の比などを許容できる．この数字——彼は 3×10^{42} と見積もった——はエディントンの大きな興味を引いた．彼はさらにこの数字はもしかすると宇宙に存在する電子と陽子の数の 2 乗に関係しているかもしれないと考え，10^{85} 個という「宇宙大数」を導いた．これはエディントンによる，ミクロとマクロの世界における数（数字）を結びつけるのは興味深いという見方を示した初期の例である．この考えは，彼の後の宇宙論と基礎物理についての思索の大部分を占めるようになっていった[*75]．

公式には，非定常宇宙モデルはハンガリー人の物理学者コルネリウス・ランチョス[*76]の 1922 年の論文での議論において扱われたのが最初である．巧妙な

[*74] Eddington 1923a, p. 161.
[*75] Eddington 1923a, p. 167. エディントンの数 3×10^{42} は 2 個の電子間に働く電磁気力と重力の比に等しく，1919 年にヴァイルが注目した数である．Eddington 1922, pp. 178–179. この文献では，この数が宇宙の半径と電子半径の比に等しいことが示唆されており，この場合は宇宙の半径は $2 \times 2 \times 10^{11}$ pc となる．
[*76] 訳注: Lánczos Kornél（ラーンツォシュ・コルネール，姓名の順）．論文などでは Cornelius Lanczos と綴られる．高速フーリエ変換のアルゴリズムの考案者の一人．

3.2 膨張宇宙

座標変換によって,ランチョスは曲率半径が時間とともに双曲的に変化するモデルを発見した.しかし,彼の主な興味は物理より数学にあり,このモデルを実際の宇宙に直接適用することはしなかった.この点で,彼の論文は同じ年に出版されたフリードマンの論文(後述)と似ていた.違っていたのは,フリードマンの論文はほぼ無視されたのに対し,ランチョスの論文は相対論の専門家の業界から非常に興味をもたれた点である.とりわけヴァイルによって取り上げられ,批判された.

エディントンに一部触発され,ベルギーの物理学者ジョルジュ・ルメートルは 1925 年にド・シッターとは違った方法で空間と時間を分離し,「空間の半径はどこでも一定だが,時間的に変化する」モデルを導いた[*77]. ルメートルや他の相対論専門家が 1920 年代に行ったことは,物理的な意味で定常な宇宙を真に放棄するということではなく,むしろド・シッターの線素を変換して $g_{\mu\nu}$ の成分のうち,1 つかそれ以上の成分を時間座標に依存させることである.この際,計量は空間部分がユークリッド幾何となるように書ける.すなわち

$$ds^2 = c^2 dt^2 - F(t)\left(dx^2 + dy^2 + dz^2\right), \qquad (3.2.1)$$

であり,$F(t)$ は時間のある関数である.1925 年の彼の論文で,ルメートルは $F(t)$ として $\exp\left(2ct\sqrt{\Lambda/3}\right)$ という形を発見し,渦巻き星雲の後退運動についてのドップラー効果による解釈を提案した.彼は線素が定常でないことは「多分許される」が,空間曲率がないことは「絶対に許されない」と断定した.ルメートルが空間がユークリッド的であるというアイディアを却下した理由は,宇宙の物質の総量は有限でなければならないという彼の信念にあるように思われる.現代の読者にとっては,ルメートルの線素は指数関数的に膨張する宇宙のようにみえるが,ルメートルも,また他の研究者も当時はそのような解釈をしなかった.ルメートルは 1925 年の論文では膨張宇宙を提案することはしていないが,いくつかの側面で,その 2 年後に発表された,膨張宇宙という記述が直接的に現れる彼の最高傑作論文を予感させる.

米国の数理物理学者ハワード・パーシー・ロバートソン[*78]はルメートルの研究を知らないまま,1928 年にルメートルの結果を異なったアプローチで再発見した.ロバートソンが導いた赤方偏移の公式は,ドップラー効果として解釈する

[*77] Lemaître 1925, p. 188.
[*78] 訳注: Howard Percy Robertson.

第3章 現代宇宙論の成立　　207

と観測者から光源までの距離と後退速度が比例するという関係を意味する．彼の記述によると，「速度 v，距離 l そして観測される宇宙の半径 R の間に $v = cl/R$ という相関関係が期待できる[*79]」．彼は予言した関係をスライファーとハッブルの観測データと比較し，データがおおむねその関係に乗っていることを見出した．宇宙の半径 R として彼は 2×10^{27} cm という値を得たが，これはハッブルが 1926 年にアインシュタインの宇宙モデルに基づいて算出した値とおおよそ一致していた．

3.2.2 見過ごされた革命

振り返ってみると，アインシュタインの宇宙論の方程式の動的な解が 1922 年になってようやく発見されたのは驚きである．さらに驚くべきことは，この解が登場したときにはまったく注目されなかったという事実である．ロシアの物理学者であったアレクサンドル・フリードマン[*80] は共産主義革命前のロシアで研究活動を開始し，初めは理論気象学に関する研究を行っていたが，第一次世界大戦と十月革命によって研究活動の中断を余儀なくされた[*81]．内戦が終わり，彼は故郷であり，1924 年には（67 年後に古い名前に戻るまで）レニングラードという名前になるサンクトペテルブルクに戻った．ここで彼は理論物理の重要な学派を設立し，一般相対性理論の問題に取り組むようになる．

1922 年に Zeitschrift für Physik （物理学雑誌）で出版した論文で，フリードマンはアインシュタイン方程式の宇宙モデルの解について，非定常解を含むなどそれまでの解析よりはるかに進歩した完全で系統だった解析を行った．彼はまず，アインシュタインとド・シッターの解で定常宇宙の解が尽きていることを示したうえで，「空間曲率が空間座標には依存しないが，時間には依存する可能性」を示した[*82]．空間的に閉じた宇宙モデルについて，彼はアインシュタイン方程式を宇宙における距離の変化率を示すスケールファクター $R(t)$ についての簡単な連立方程式の形に書き換えた．この式を積分することにより，彼は一様

[*79] Robertson 1928, p. 844.
[*80] 訳注: Александр Александрович Фридман (Aleksandr Aleksandrovich Fridman). 当時のロシア帝国サンクトペテルブルク出身. Alexander Friedmann と綴られることが多い．
[*81] フリードマンの生涯と経歴については Tropp, Frenkel, & Chernin 1993 を見よ．
[*82] Friedmann 1922, 英訳は Lang & Gingerich 1979, pp. 838–843; および Bernstein & Feinberg 1986, pp. 49–58 （この文献にはアインシュタインのコメントの英訳，およびフリードマンの 1924 年の論文も含まれている）に掲載．

3.2 膨張宇宙

に膨張する宇宙モデルを含む一連の解を求め,それを「第一種の単調宇宙[*83]」と呼んだ. これらのモデルにおいて「R は負にはなりえないので,時間を戻していくと R がゼロになる時刻が存在する … 宇宙の始まりの『1つ』である」と記述されている. また脚注には,「宇宙創生からの時間は,空間が 1 つの点に『集中』していた ($R = 0$) 瞬間から現在の状態 ($R = R_0$) になるまでに経過した時間である」とある. フリードマンはまた,解が周期的に循環する宇宙を記述するような宇宙項の値を持つ場合についても考察している. 彼はこれを有限時間の宇宙,あるいは $R = 0$ とある最大値の間を行き来する,永遠に循環する宇宙と解釈した. 彼は論文の最後に例として,「たとえば $\lambda = 0$ で $M = 5 \times 10^{21}$ 太陽質量の場合には,宇宙の周期は 100 億年程度になる」と書いている.

1924 年に出版した関連した論文で,フリードマンは負定曲率をもった開いた宇宙モデルを導入した. そのような宇宙では,物質密度は 0 あるいは負である場合のみ定常状態が可能であり,密度が正の場合には非定常であることを示した. さらに彼は,空間が有限かどうかという問題は計量のみを考察しても解決できないことに気付いた. この点については 1923 年の一般書『時空としての世界』[*84] で触れられており,「すなわち計量だけでは宇宙の有限性の問題を解くことはできない. これを解くためには,さらなる理論的,観測的な考察が必要である… **ただし,宇宙が正の定曲率空間であった場合には,我々の世界が有限であるということが明確に導かれる**[*85]」と述べられている. この書物には世界で初めて膨張,収縮,そして振動する宇宙モデルについての議論が掲載されている. この本はロシア語で出版されたため,長い間ロシア国外で知られることはなかった.

フリードマンは彼のモデルが仮想的なものであるとわかっていたが,「好奇心から一点で宇宙が生まれてから現在までに経過した時間の長さを計算」することを我慢できなかった. どのように計算したかは明らかにせずに,彼は「数百億の年月」との結果を示した. 彼は,どのモデルが好ましいかについては示さなかったものの,循環宇宙を好んでいたようである. 「宇宙は一点(無)に向かって収縮し,その後一点からある大きさまでその半径を増大させ,そして再びその曲率半径を減少させ,宇宙は一点に戻る,など」. 彼はこう付け加えた:「天文学

[*83] 訳注: monotonic worlds of the first class
[*84] 訳注: The World as Space and Time.
[*85] Friedmann 2000, pp. 110–111.

的な資料が不十分なため信頼できる裏付けはできないが，これらは現時点では奇妙な事実として認識されるべきである*86」．

　フリードマンは数学的に動的な宇宙の可能性を発見したものの，特別に膨張解を取り上げることはなく，我々の宇宙が実際に膨張しているという主張もしていない．彼が強調したのは明らかに数学的な側面であり，物理や天文学的観測にはほとんど興味を示さなかった．2つの論文のどちらにも物理的な単語，たとえば「星雲」，「エネルギー」や「放射」などが現れることはなく，また，赤方偏移や渦巻き銀河について言及することもなかったが，彼がそれらのことを知らなかったはずはない*87．彼は自身の計算が物理学的に重要であると認識しておらず，単なる数学的なゲームにすぎないと思っていたと考えざるを得ない．したがって，彼が論文で言及した宇宙年齢については真面目に捉えるべきではなく，単なる数学的興味によるものであろう．それでもなお，定常宇宙という人々の心に深く根を張った先入観を脱却した彼の貢献は甚大である．しかし当時，彼の論文は集めるべき注目を集めることはなく，ほとんど認識されることはなかった．

　1929年の秋に，ロバートソンはフリードマンが行ったものと比べてより一般的で厳密な方法で，一様で等方的な計量をすべて導出した*88．彼は明らかにフリードマンの2つの論文を研究していたものの，フリードマンと彼の方程式に隠れた宇宙の動的な性質に完全には気がついていなかった．ロバートソンの論文には一様等方な宇宙を最も一般的に表現する，有名なロバートソン–ウォーカー計量が含まれていた（この計量は1935年にまったく異なった方法でアーサー・ウォーカー*89によって再導出されている）．ロバートソンの研究以前は，フリードマンの2篇の論文はドイツの権威ある論文誌に出版されていたにもかかわらず注目されていなかった．さらには，アインシュタインは1922年の論文についてZeitschrift für Physik に「フリードマンは間違いをしており，彼の導いた方程式はアインシュタイン方程式とは相容れない」と主張するコメントを送るような有様であった．アインシュタインが，実は誤っていたのはフリードマンではなく彼の方であったと気付いたのはそれからわずか1年半後である．「確かに

---

*86 Friedmann 2000, p. 109.
*87 1922年の論文でフリードマンはスライファーによる星雲の後退運動測定についての簡潔な考察をした論文 Eddington 1920 を引用している．フリードマンは1923年の書物では赤方偏移については言及していない．
*88 s Robertson 1929. Bernstein & Feinberg 1979, pp. 68–76 に再掲．
*89 訳注: Arthur Geoffrey Walker．

フリードマン氏の結果は正しくかつ，明確である」とアインシュタインは後に認めている．「定常な解に加えて，空間的な対称性を持ちながら時間変化する解が存在することを示している*90」．

アインシュタインは解の存在は認めたものの，進化する宇宙モデルを実際の世界のモデルとして認めたわけではなかった．フリードマンの研究がアインシュタイン（や他の人々）の見方を変えなかったという事実は，1929 年版ブリタニカ百科事典の時空についての文章に表れている．「時空が全体としてどのような性質をもっているかについて確かなことは何もわかっていない」，「しかし一般相対性理論により，時間方向には無限であり，空間方向には有限であるという見方が 1 つの可能性として得られている」とアインシュタインは記述している．まるでフリードマンの後に著名となる論文など存在しなかったかのようである．フリードマンの論文がインパクトを与えなかった 1 つの理由は間違いなく，フリードマンが 1925 年に夭逝したことである．もう 1 つのおそらくより重要な理由は，彼の論文が数学的にすぎ，天文学のデータを参照していなかったことである．

3.2.3 ルメートルの膨張宇宙モデル

ジョルジュ・ルメートル*91 は第一次大戦中ベルギー陸軍に従軍し，その後理論物理学者とカトリック教会の牧師という 2 つの職業に就いたという珍しい経歴の人物である*92．1923 年の秋に叙階を受け，その後ただちにケンブリッジ大学でエディントンの大学院生として一年を過ごした．そこで彼の薫陶を受け，一般相対性理論のエキスパートとなった．1924〜25 年の間にルメートルは米国のハーバード大学（シャプレーの研究室）およびマサチューセッツ工科大学 (MIT) で学位取得のための研究を続けた．米国滞在中に彼は宇宙論に興味を持つようになり，前に述べたド・シッター宇宙モデルの拡張を行ったが，その頃はまだこれを定常モデルと考えていた．MIT で博士号を取得した後ベルギーへ戻り，そこでルーヴァン・カトリック大学の教授職に任命された．そして同年の

---

*90 Bernstein & Feinberg 1986, p. 67. Friedmann 1922 への回答の草案で，アインシュタインは「物理的重要性はほとんど見出せない」とコメントしていたが，この部分は出版しないことにしている．Kertzberg 1989 を見よ．アインシュタインの草稿の精密復刻版は Renn 2005, p. 185 に掲載されている．

*91 訳注：Georges Henri Joseph Édouard Lemaître．

*92 ルメートルの生涯と経歴については Lambert 2000 および Stoffel 1996 を参照．彼の宇宙論への貢献は Godart & Heller 1985 および Kragh 1996a で扱われている．

第3章 現代宇宙論の成立 211

1927年,一般相対性理論に基づいて宇宙が膨張しているという議論を行い,宇宙論に革命を起こしたのである.

公式には,ルメートルはフリードマンが1922年の不運な論文で行った研究以上のことはほとんどしておらず,ルメートルは当時その論文の存在を知らなかったため,結果も重複していた.その研究の大半の部分をフリードマンがすでに行っていたと彼が認識したのは,アインシュタインに自分の仕事について発表する機会を得た1927年になってからであった.ところで,膨張宇宙に対する1927年のアインシュタインの反応は本質的に5年前と同じであった:アインシュタインはルメートルの理論には誤りは見出さなかったが,「物理的な視点から,『まったく不快である』[*93]」と切り捨てた[*94].ルメートルがいかにして膨張宇宙のアイディアにたどり着いたのかは正確には知られていないが,1925年のド・シッターモデルの議論に基づいていることは明らかである.ド・シッターモデルとアインシュタインのモデルAの両方の長所を組み合わせた解を探していた際に,「アインシュタインの宇宙モデルでかつ空間の半径(または宇宙の半径)が任意に変化する宇宙を考える」にいたったようである[*95].時間に依存するスケールファクター $R(t)$ を用いて,ルメートルは放射圧 p を考慮した以外はフリードマンと同じ微分方程式を導いた[*96].光の速度を単位とすると,方程式は,$R' = dR/dt$ および $R'' = d^2R/dt^2$ として

$$3\left(\frac{R'}{R}\right)^2 + \frac{3}{R^2} = \Lambda + \kappa\rho, \qquad (3.2.2)$$

と

$$2\frac{R''}{R} + \left(\frac{R'}{R}\right)^2 + \frac{1}{R^2} = \Lambda - \kappa\rho, \qquad (3.2.3)$$

である.ルメートルはまた,以下のような膨張宇宙におけるエネルギー保存を導出することにより熱力学の議論を導入した

$$dE + pdV = d(\rho V) + pdV = 0. \qquad (3.2.4)$$

[*93] 訳注: tout à fait abominable.
[*94] ルメートルは何年も後にこれを思い出した.Lemaître 1958.
[*95] Lemaître 1927, p. 50. 初期の相対論的宇宙論の古典とともに,この論文は Luminet 1997 に再録されている.エディントンの強い勧めにより,この論文は英訳されて Monthly Notices of the Royal Astronomical Society (vol. 111, 1931, pp. 483–490) に掲載されているが,不幸にもかなり不正確で一部文章も省略されている.1931年の英訳は Bernstein & Feinberg 1986 および Lang & Gingerich 1979 に再掲.
[*96] 訳注: より正確には,$R(t)$ は曲率半径で規格化したスケールファクター.

3.2 膨張宇宙

ここで，V は宇宙の体積で，$2\pi^2 R^3$ である．ルメートルが好んだのは，半径 $R_0 = \Lambda^{-1/2}$ というアインシュタインモデルの状態から膨張を開始する閉じた宇宙で，その半径は天文学データからおよそ 270 Mpc と見積もった．膨張が続くにつれて質量密度は徐々に減少し，最終的には空のド・シッターモデルに近づいていく．

数学的な面ではルメートルの論文はフリードマンのものと非常に似ていたが，それ以外では非常に異なる．彼は，数式から許される $R(t)$ の変化すべてに興味があったわけではなく，赤方偏移のデータに対応しそうな膨張解だけに興味があった．彼にとってこれらのデータが重要だったという事実は，論文の題名『系外星雲の後退速度を説明する，定質量かつ増大する半径をもつ一様宇宙モデル』[*97] に表れている．

ルメートルは「系外の星雲の後退速度は宇宙の膨張の効果によるものである」という決定的な発想を導入した最初の人物である．すなわち，彼は赤方偏移は銀河の空間的運動によって生じるのではなく，膨張している空間に乗っているために生じると認識したのである．もしも宇宙の半径が R_1 の時点で光が放射され，半径が R_2 に増大した時に受け取ったとすると，「みかけのドップラー効果」は

$$\frac{\Delta\lambda}{\lambda} = \frac{R_2}{R_1} - 1 \tag{3.2.5}$$

となる．また，ルメートルは後退速度と距離との間の近似的な関係式が

$$v = (R'/R)cr = kr \tag{3.2.6}$$

となることを発見した．グスタフ・ストレムベリ[*98]（視線速度）とハッブル（みかけの光度すなわち距離）によるデータに基づき，彼は膨張の比例係数 $625 \text{ km s}^{-1} \text{ Mpc}^{-1}$ を得た．これは後にハッブル定数として知られるものであるが，ルメートルには経験的線形関係が見出せなかったため，銀河の平均距離を用いて比例係数を推定している．1927 年の論文の結論には，「宇宙の大部分は我々の届かないところにある．100 インチのウィルソン天文台の望遠鏡が届く距離はハッブルによって 5×10^7 パーセクと見積もられており，およそ $R/200$ に対応する．対応するドップラー効果の大きさは速度で測って $3,000 \text{ km s}^{-1}$

[*97] Stoffel 1996, pp. 41–55 に再掲されている草稿では，ルメートルは始め「変化する」(variable) と書いていたが，それに × をつけて「増大する」(croissant) と置き換えている．

[*98] 訳注: Gustaf Strömberg.

となる．距離が $0.087R$ になるとドップラー効果は 1 程度となり，すべての可視光が赤外線に偏移する」．ルメートルはモデルの物理的な性質を強調するため，宇宙膨張の原因を仮に放射圧であると示唆した．

ルメートルによる膨張宇宙の予言が出版当初に与えたインパクトは，フリードマンの研究以上のものではなかった．それどころか，彼の論文はほとんどまったく興味を持たれず，1930 年まで他の研究者から引用されることもなかったようである．論文はフリードマンの 1922 年の論文と同様に，著名な抄録雑誌 Astronomischer Jahresbericht（天文学年次報告）に取り上げられたが，タイトルのみの扱いであった（フリードマンの論文は「相対性理論」，ルメートルの論文は「星雲」の項目に取り上げられている）．フリードマンの 1922 年の論文は米国の Physics Abstract（物理学論文概要集）にレビューがあるが，ルメートルの論文のレビューは見当たらない．1929 年初頭の宇宙論について調べると，ルメートルは 2 年前の自身の研究（とフリードマンの理論）を簡潔に参照していたが，やはりその論文も注目を集めることはなかった．彼の膨張宇宙モデルに反響がなかった理由はまぎれもなく，彼が出版先としてあまり目立たない Annales Scientifique Bruxelles（ブリュッセル科学年報）を選んだからである．いずれにせよ，3 年間無視され続けた後 1930 年に再発見された彼の論文は，理論的宇宙論への決定的に重要な貢献と認識されるようになった．

3.2.4 ハッブルの法則

1920 年代後半までに，エドウィン・ハッブルは系外星雲の赤方偏移の問題，すなわちエディントンいわく，星雲が「病人を避けるように遠ざかる」問題に取り組むようになっていた[*99]．スライファーによる視線速度の観測は実質的に完了していた．というのも，彼のローウェル観測所にある 24 インチ反射望遠鏡では，さらに遠くにある無数の星雲のスペクトルを検出するのは不可能だったからである．1928 年にオランダで行われた国際天文連合のある会合で，ハッブルは他の専門家らとこの問題について議論し，ウィルソン山天文台にある 100 インチの望遠鏡をこの赤方偏移および距離との関係を明らかにするために用いることを決定した．1929 年 1 月に Proceedings of the National Academy of Sciences（国立科学アカデミー進捗報告）に投稿され，3 月 15 日号に掲載された論文で，いくつかの理論から期待されていた線形な速度–赤方偏移関係を実証

[*99] Eddington 1928, p. 166.

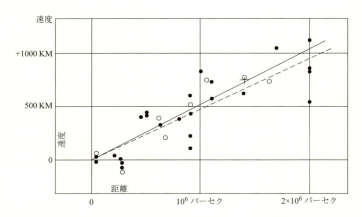

図 3.3 1929 年のハッブルによる距離−速度図. 実線と破線は 2 つの異なる太陽の運動の補正法に対応する. Hubble 1929.

するデータを報告した. ハッブルははっきりと

$$v = Hr \tag{3.2.7}$$

という関係を示してはいなかったが,「この結果は以前すでに論文に示した星雲の速度, およびそれらの距離との間に大まかに線型関係が成り立ち, それが速度分布を支配している」と書いている[*100].

　大部分の赤方偏移のデータはスライファーの先行研究から取ってきたもので, 新しい観測はミルトン・ヒューメイソン[*101] というハッブルの同僚で, 独学で銀河のスペクトル観測スキルを身につけたエキスパートによる. ヒューメイソンは $3779~\mathrm{km\,s^{-1}}$ という当時最も大きな赤方偏移をもった銀河を発見しており, ハッブルはこの値を用いて, 絶対等級で $-12.7 \sim -17.7$ 等の間にある彼のサンプルの線形関係を検討した. その結果は赤方偏移と距離の線形関係を支持していた. ハッブルのデータは 46 個の銀河の視線速度からなり, そのうち 24 個の銀河は距離もかなり正確に決まっているとハッブルは信じていた. これらの銀河のうち最も遠いものは距離 2 Mpc で, およそ $1000~\mathrm{km\,s^{-1}}$ の速度で地球から後退していた. 現在では有名となった図に, 彼は距離の関数として赤方偏移(後退速度)をプロットし, 彼が線形関係と判定した関係を得た.

[*100] Hubble 1929, p. 172. Lang & Gingerich 1979, pp. 726–728 および Bernstein & Feinberg 1986, pp. 77–83 に再掲. Smigh 1982, pp. 180–183 も見よ.
[*101] 訳注: Milton Lasell Humason.

第 3 章 現代宇宙論の成立 215

　このハッブルの線形関係はすぐに天文学者の大多数に受け入れられた．ハッブルの主張に唯一反対したのはシャプレーであり，彼はデータが不十分で，ここから線形関係のあるなしを結論付けるのは尚早であると主張した．しかし，すぐにウィルソン山天文台のヒューメイソンが，可能性のある不定性をすべて消していった．1931 年の論文で，ハッブルとヒューメイソンは 40 の新しい銀河を加えてデータベースを大きく拡大した．距離は今や 32 Mpc まで届き，線形関係は疑いの余地のないものとなった．これがやがてハッブルの法則として今日知られる関係である．後退速度の比例定数については，1929 年の時点では約 $500 \text{ km s}^{-1} \text{ Mpc}^{-1}$ であったものが $558 \text{ km s}^{-1} \text{ Mpc}^{-1}$ となった．ハッブルはこの結果が理論的に非常に重要であることを認識していたものの，彼は観測以上のことに手を出そうとはしなかった．1929 年の論文の結末に彼は「この顕著な特徴は... 速度と距離の関係がド・シッター効果を示しているという可能性であり，空間の曲率についての議論に数値的なデータを導入したことになるかもしれない」と書いている．しかし，彼はスペクトルの偏移をド・シッターモデルにおける 2 つの異なる効果による複合現象と解釈していた：

> ド・シッターによる宇宙論では，スペクトルの偏移は 2 つのことから生じている．1 つは原子振動がみかけ上遅くなる効果であり，もう 1 つは錯乱する粒子の全体的な運動によるものである．後者は加速度が関係するので，時間という要因も入ってくる．この 2 つの効果の相対的な重要性が距離と観測される後退速度の間の関係を定めているはずである；この観点から，今回の議論で見出した線型関係は，限られた距離の範囲で成立する第 1 次近似であることを強調しておく[*102]．

ハッブルが赤方偏移を単に後退する銀河によるドップラー偏移と解釈しなかったことは，1929 年 5 月のシャプレーへの手紙でも見て取れる．彼は赤方偏移は重力的な効果かもしれないと示唆している．
　ハッブルは赤方偏移と距離との間の比例関係を発見したが，それは宇宙膨張も一緒に発見したということにはならない[*103]．彼の論文には，銀河が実際に

[*102] Hubble 1929, p. 172. ド・シッター効果についての 1920 年代のいくつかの異なった解釈については North 1990, pp. 92–104 を参照．ハッブルは理論的宇宙論研究者の論文を一切引用していないが，彼はリチャード・トールマンと交流があり（後に共同研究も行っている），線型の赤方偏移–距離関係の理論予言を知っていたと思われる．しかしその一方で，1929 年代初頭にはまだハッブルもトールマンもルメートルの予言を知らなかった．

[*103] Kragh & Smith 2003 の議論を見よ．

我々から後退している，あるいは宇宙が膨張していることを示唆する記述はどこにも見当たらない．彼は確かに速度という量を用いて法則を示したが，そこでは「みかけの速度」という表現を用いており，それはつまり赤方偏移を慣習的にドップラー効果の公式によって速度に変換しているだけで，他の解釈も同等に正当化できるかもしれないのである．「我々（ハッブルとヒューメイソン）は「みかけの」(apparent) という単語をこの相関関係の経験的な特徴を強調するために用いる」と，1931年にド・シッターに宛てた手紙に書いている．「解釈は，我々としては，あなたと他数名のこの件について議論できる力量のある専門家に任せたい[104]．ヒューメイソンはハッブルの慎重な態度に従い，観測結果は「光のみかけの振動が距離とともに遅くなるか，実際に光を出している物体が空間を運動している[105]」のどちらでも説明可能であると書いている．

同様に1931年の論文で，ハッブルとヒューメイソンは「この論文では，実証的な観測データの相関を問題にしている．著者はあえて解釈を試みる，あるいは宇宙論における重要性を主張することは避け，「みかけの速度–偏移」と記述する[106]」．

ハッブルの著名な論文は1929年の春に登場したが，すぐには宇宙論への革命的な貢献であるとはみなされなかった．すなわち，宇宙膨張の観測的な証拠とは認識されなかった．たとえばロバートソンが相対論的宇宙論についての論文を完成させた1929年の秋には，彼は間違いなくハッブルの研究について知っていたはずだが，その研究について論文で触れる必要を感じなかったようである．同様に，シルバーシュタインは1929年11月に執筆し始めた著書『宇宙の大きさ』[107] において，ハッブルの1926年の論文については長々と説明しているのに対し，ハッブルのより新しい研究結果については触れていない．リチャード・トールマン[108] は，1929年5月に出版した論文の中で，「系外銀河における距離とみかけの視線速度間の相関関係がハッブルによって得られた」と言及しているが，それが宇宙膨張を示しているものであるとは結論しなかった[109]．世界の見方を定常宇宙から膨張宇宙へと変化させるためには，観測以上のものが必

---

[104] Smith 1982, p. 192 より引用．
[105] Humason 1929, p. 168.
[106] Hubble & Humason 1931, p. 80.
[107] 訳注: The size of the Universe.
[108] 訳注: Richard Chace Tolman.
[109] Tolman 1929, p. 246.

要であったのである．この変化が本当に起きたのは，理論と観測の両方から，定常宇宙論の何かが深刻に誤りであることが示されたとようやく認識された 1930 年初頭になってからである．

1930 年 1 月 10 日に行われた王立天文学会のある会合で，エディントンは解 A, B ともに適当であると証明されないのであれば，非定常な解に興味を向けるべきではないか，と主張した．会議に出席していたド・シッター，および米国のロバートソンやトールマンも同様の結論であった．かつてエディントンの学生だったルメートルは，この会議を知ってすぐエディントンに手紙を書き，以前渡した 1927 年の論文のリプリントの存在を思い出させた:

> 私はたった今『the Observatory』の 2 月号を読んで，あなたが非定常的なアインシュタインモデルとド・シッターモデルの中間的なモデルを研究するよう提案していることを知りました．私はそのような研究を 2 年前に行っています．そこでは，曲率が空間的に一定だが，時間変化するような宇宙を考察しました．そして，無限の過去から無限の未来にわたって，星雲の運動が常に後退運動である解が存在することを特に強調したいと思います[110]．

見逃されていた研究は，1930 年 6 月 7 日の Nature（ネイチャー）誌への記事で，エディントンが人々をルメートルの仕事に注目させることで救い出された．それは「見事な解だ」とド・シッターに宛てて述べ，ド・シッターもこれに賛同した．

ルメートルの論文を理解したうえで，エディントンは 1930 年の春，アインシュタインの物質に満ちた宇宙モデルを再解析し，アインシュタインの宇宙モデルが定常であるのは，宇宙項が特別な値に調節されていたからにすぎないと結論付けた；少しその解からずらすだけでアインシュタインの宇宙は膨張するか，または収縮するのである．ルメートルが導いた方程式で圧力をゼロ ($p=0$) とすると，

$$3R'' = R(\Lambda - \kappa\rho/2) \tag{3.2.8}$$

が得られる．もし $\Lambda = \kappa\rho$ であると，解は 1917 年のアインシュタインの定常宇宙に対応する．しかし，もし小さな揺らぎにより少しでも密度 ρ が $2\Lambda/\kappa$ より小さくなったならば，宇宙は膨張を開始するはずである；逆に，もし質量が少し

---
[110] Lambert 2000, p. 107 からの引用．

3.2 膨張宇宙

多ければ ($\rho > 2\Lambda/\kappa$), 宇宙は収縮するであろう.「その初期の小さな揺らぎは, 神の介入を必要としない」とエディントンは強調した; たとえば, 何らかの重力不安定性でも発生しうる. 一度膨張を開始すると, 宇宙は加速的に膨張を続ける. この結果を天文データと比較して, 彼は以下のように結論した:「空間の半径はもともとおよそ 12 億光年であった ... そして現在の膨張率は, およそ 2000 万年に 1 パーセントである [111]」. つまり彼のモデルおよび初期の宇宙の大きさは, ルメートルが得た値と近く, よってこのモデルは以後文献にルメートル–エディントン (またはしばしばエディントン–ルメートル) モデルと呼ばれるようになった.

1930 年の 4 月にシャプレーに宛てた手紙の中で, ド・シッターは解 B を放棄し, ルメートルの膨張宇宙理論を「真の解, または少なくとも真実に近いところにあるありうる解」と述べた [112]. ルメートルの研究を詳しく学び, ド・シッターは 6 月にハッブルの値とそれほど遠くない 490 km s^{-1}Mpc^{-1} という比例係数を沿えて彼の膨張宇宙モデルを報告した. 以前はフリードマンとルメートルの理論を却下したアインシュタインもまた動的な解を受け入れ, そして膨張宇宙を考えるならば宇宙項はもはや必要がないことに気付いた. 振動する宇宙モデルを唱えた 1931 年の論文では, アインシュタインの解 A はフリードマン方程式により不安定であることがわかるということに触れている. 彼はこの時点で宇宙項を完全に捨て去り, その後決して復活させることはなかった [113].

膨張宇宙の理論は 1933 年頃には大多数の天文学者に受け入れられ, オットー・ヘックマン [114], ロバートソン, トールマンらが詳細な概説を与えた [115]. また, 多くの一般向けの作品, たとえばジェームズ・ジーンズ の『神秘の宇宙』[116] (1930), ジェームズ・クラウザー [117]『宇宙の輪郭』[118] (1931), ド・シッター

---

[111] Eddington 1930, p. 675.
[112] 1930 年 4 月 17 日の書簡. Smith 1982, p. 187 からの引用. ルメートルの理論がどのように受け入れられていったかについては Krach 1996a, pp. 31–35 および Lambert 2000, pp. 106–108 を見よ.
[113] Einstein 1931.
[114] 訳注: Otto Hermann Leopold Heckmann.
[115] Heckmann 1932; Robertson 1933; Tolman 1934.
[116] 訳注: The Mysterious Universe.
[117] 訳注: James Crowther.
[118] 訳注: An Outline of the Universe.

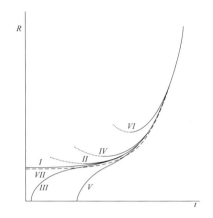

図 3.4 ド・シッターは1930年にフリードマン–ルメートル方程式の存在を知って, 物理的に可能な解に対応する宇宙モデルを導いた. 1934年のトールマンの本には, ド・シッターによるグラフによる表現が取り上げられている (Tolman 1934, p. 411). 曲線 I と VII はルメートル–エディントンモデルを含み, 初期の静止した状態から膨張している. 曲線 II, IV および VI では最初は極小に向かって収縮し, その後膨張に転じて空のド・シッター時空に向かう. 曲線 III と V は, たとえば1931年のルメートルによるビッグバンモデルのような, 特異点から膨張するモデルである. ここには振動するモデルは含まれていない.

『宇宙』[*119](1932), そして, エディントン 『膨張する宇宙』[*120] (1933), などによって, 一般社会に普及していった. 最後の本は, マサチューセッツのケンブリッジ大学で開催された国際天文連合での一般向け講演に基づいている. エディントンはこの講演を, 近年の宇宙論の発展がいかに本当の意味で国際的であるかを強調することから始めた.「本会議は国際会議であり, 私はそれゆえ国際的な題材を選びました. まずドイツのアインシュタイン, オランダのド・シッター, ベルギーのルメートルによる理論的な仕事について講演します. 観測データはスライファー, ハッブル, ヒューメイソンら米国人によるものですが, この研究で極めて重要な銀河までの距離はデンマークのヘルツスプルングによって開発された方法を用いて求められています... 今日のお話で銀河は離れていきますが, 地球は1つにまとまりました.「宇宙膨張による反発」が我々を引き離したりしませんように![*121]」.

1930年代の前半までには, 宇宙膨張は現実のものと捉えられるようになって

[*119] 訳注: Kosmos.
[*120] 訳注: The Expanding Universe.
[*121] Eddington 1933, p. vii.

いたが, なぜ宇宙が膨張したのか, またなぜ収縮ではなくて膨張なのかという問題については理解には程遠かった. フリードマン–ルメートル方程式は時間の方向について対称であり, したがって我々の宇宙とは異なり, 収縮する宇宙も記述できる. 英国では, この問題は宇宙の初期状態における凝縮効果について考察したウィリアム・マクレイとジョージ・マクヴィティ[122]によって研究された. レニングラードの若い物理学者であったマトヴェイ・ブロンシュテイン[123]は, この問題は初期状態における時間方向の非対称性に原因を求めても解決はできず, 宇宙論の方程式に修正が必要であると信じていた. 彼は, 宇宙の歴史の非対称性は, 宇宙項が時間依存することにより時間の矢として働いている, という過激なアイディアを提示した. その代償は $dE + pdV = 0$ が成立しなくなるという, 宇宙論的スケールでのエネルギー保存則の破れである. ブロンシュテインはさらに, 宇宙項は何らかのエネルギーとして存在し, 宇宙項に付随する物質またはエネルギーと通常の物質との間にエネルギーのやりとりがある可能性を提案した. ブロンシュテインの論文を知らないまま, 1934 年にルメートルは宇宙項は $\rho = \Lambda c^2/4\pi G$ というエネルギー密度をもった真空のエネルギーとして解釈できるかもしれないと主張した[124]. ブロンシュテインの論文もルメートルの論文も 1930 年代には注目を集めなかったが, それから何年も後に宇宙論にとって非常に重要となるトピックを扱っていたのである.

3.3 有限の年齢をもつ宇宙へ

しばしば, 膨張宇宙というアイディアから必然的にビッグバン, すなわち有限の過去に存在したであろう激しい世界の始まりが導かれたと仮定される. しかし本当は, それは論理的にみても歴史的に見ても正しくない. これら 2 つの概念は明確に異なっている. フリードマン (またはフリードマン–ルメートル) 方程式はビッグバン宇宙への最初のステップとみなせるが, このステップは必要十分ではない. 歴史的には, 爆発的な宇宙の誕生というアイディアは方程式とは完全に独立して存在していた. さらに宇宙が膨張していると認識したからといっ

---

[122] 訳注: George Cunliffe McVittie.
[123] 訳注: Матвей Петрович Бронштейн (Matvei Petrovich Bronstein). 後にスターリン大粛清により処刑されている (第 4 章).
[124] Bronstein 1933; Lemaître 1934.

第3章 現代宇宙論の成立

て，自動的に時間に原点が存在するという結論にはならない．それどころか——ハッブルの発見の2年後になってようやく——年齢が有限の宇宙モデルが提案された際には，天文学者および物理学者の大半はこれに反対した．とはいえ1930年代には，ルメートルとエドワード・ミルン[*125]による「爆発」モデルは完全には無視されることはなく，30年代後半には少なくとも数人の物理学者と天文学者の間では真剣に議論されるようになった．

宇宙論史の王道はハッブルに始まり，ルメートルを経由してガモフ，そしてそこから現代のビッグバン宇宙論にいたるということになっているが，実際の歴史は違った．よくあることで，実際の道のりはより複雑で，そんなに単純ではなかった．今日の宇宙論研究者（と，残念なことに宇宙論史の研究者）は自然にビッグバン宇宙論と相対性理論を同一視しがちだが，歴史的にはそのように同定することが自然に保証されているわけではない．実のところ，1930年代の多くの観測天文学者たちはビッグバン宇宙型の理論をアインシュタインやルメートルとは異なる宇宙論，すなわち英国のミルンによって提案された理論と結びつけようとした．総じて，1930年代の理論的宇宙論の分野は混迷の中にあり，また観測的宇宙論の分野も同様であった．1930年代は宇宙論の混迷期で，今から振り返ってみれば，続く40, 50年代のための準備期間であった．

3.3.1 物理的宇宙論の始まり

20世紀最初の30年間は，有限の年齢をもった宇宙という概念はほとんど議論の俎上にのぼらず，決して真剣に支持されるようなこともなかった．宇宙論研究者には，空間的な構造はどうであれ宇宙はいつも存在していたに違いないと考える傾向があったものの，世界の時間的な広がりについて関心を持つことはなかった．宇宙は時間を遡るとどう見えるのか，天文学者のおおらかな想像では「時間の開始時」には宇宙は希薄なガスで満たされていたと考えるのが常であった．彼らは，ある初期状態から発展する空間そのものについては考えが及ばなかったのである．

稀に有限年齢の宇宙についての提案があっても，それはすぐ却下されるか，いい加減に無責任に受け入れられるかのどちらかであった．それは明らかに歓迎されざるアイディアであった．著名な地球物理学者アーサー・ホームズ[*126]は，

[*125] 訳注: Edward Arthur Milne.
[*126] 訳注: Arther Holmes.

3.3 有限の年齢をもつ宇宙へ

1913年にエントロピーパラドックスを議論し，宇宙が有限の過去から始まったとすれば問題が解決すると議論した．しかし彼はその可能性を指摘しただけで，彼自身はそのアイディアを却下し，代わりに宇宙は永遠であると断言している[127]．他の例として，1914年の全10巻からなる『自然科学ハンドブック』[128]の「宇宙論」の項を見てみよう．著者であるイェーナ天文台のオットー・クノップフ[129]はホームズと同じ問題について議論し，ホームズ同様彼も宇宙の起源という概念についての不安感を表明している．彼によると，「幸運にも宇宙に起源があるというのは避けられない結論ではない．現在の科学によると，個々の生成と破壊過程は周期的に変化し，宇宙は変化しないということを受け入れざるを得ないからである[130]」．

時間に厳密な始まりがある宇宙という概念が受け入れがたいどころか想像を絶するという事実は，ランチョスが1922年に提案した宇宙モデルに対するヴァイルの反応にも現れている．このモデルでは初期に時空の特異点があり，この点がヴァイルには受け入れがたい欠陥にみえた．ヴァイルは自身のモデルでは「特異な初期状態を導入せず，時間の一様性を保っている点でこの[ランチョスの]モデルよりも優れている」と指摘した[131]．すでに触れたように，フリードマンは1922年の論文で明示的に宇宙の生成というアイディアを導入したが，物理的に実現可能であるとははっきりとは解釈しなかった．英国の宇宙物理学者ハーバート・ディングル[132]は彼の1924年の書籍において，スライファーが観測した銀河の赤方偏移は「1つの母なる物質から小さな子物質となる，大分裂の名残り」かもしれないという革新的な提案を示している．この場合には，「みかけの反発は単なる慣性運動かもしれず，いつかは重力に負けてしまうかもしれないし，しないかもしれない」．彼はさらに「我々は時間に始まりがあった宇宙の特別な時刻に存在しているなどということがあるだろうか？」と続けている．しかし，ディングルはこの可能性を根拠のない推察だとして，却下するためだけに話題に取り上げていた．彼はそのような宇宙の存在を信じておらず，「物事の始まり」の証拠などないと結論した[133]．彼の共同研究者も同様の態度であった．

---

[127] Holmes 1913, pp. 120–121. エントロピーパラドックスについては第2.4章を参照.
[128] 訳注: Handworterbuch der Naturwissenschaften.
[129] 訳注: Otto Knopf.
[130] Knopf 1914, p. 983.
[131] Weyl 1924, p. 349.
[132] 訳注: Herbert Dingle.
[133] Dingle 1924, pp. 399–401.

ディングル,そしてジーンズは有限の年齢をもつ進化する宇宙をぼんやりとだが予見していた.1928年のブリストルで行われた講義においてジーンズは,熱的死や宇宙の始まりなど宇宙論の思弁的な側面を概観した.彼は,現在の物質は永遠に存在してきたわけではなく「物質はある有限の過去時刻から現れたに違いない.したがって物質の生成がある時点または複数の時点,あるいは連続的に起きているという考えにいたるのである」と提案している.ジーンズは,電子と陽子から構成される元素は高エネルギー光子から生成されたと考えた.彼はよく知られているように「もし具体的な描像を得たいのであれば,エーテルをかき回す神の力を考えたらよい」と述べた[*134].このようにジーンズは物質の生成と宇宙の始まりについて議論をしたものの,これは一般向けの講演であったためで,彼自身がこの特別な視点にこだわったわけではなかった.始まりのある宇宙が導入されるには,さらに3年の年月が必要であった.

この宇宙論での大転換へと進む前に,触れておかねばならない重要な話題がある.1920年代の数学的宇宙論には放射と物質の物理は基本的に含まれていなかったが,何人かの研究者はすでに物理的な視点を導入していた[*135].これらの試みの大部分は宇宙論的なものではなかったものの,後から考えると第二次大戦後にようやく科学の一分野として成熟してゆく物理的宇宙論の初期の例となっていた.例を挙げると,リチャード・トールマンは,1922年には,化学平衡の理論を用いて水素とヘリウムの存在比の問題を考察し,その6年後には日本の物理学者鈴木清太郎も取り上げた.鈴木は,宇宙で観測されている水素とヘリウムの存在比——当時は大まかな値しか知られていなかったが——は,昔宇宙が熱かったと仮定すれば説明できるかもしれないと結論した.初期宇宙が熱かったとするこの驚くべき仮定は,しかしながらヨーロッパと米国の宇宙論研究者の印象には残らなかった.

熱力学の法則を宇宙全体に適用する試みは19世紀まで遡る.そして1920年代には数名の物理学者が熱力学の視点から宇宙論モデルを研究していた.ドイツのヴィルヘルム・レンツ[*136]は,おそらく具体的な宇宙論モデルに熱力学を適用した最初の物理学者である.1926年,彼はアインシュタイン宇宙モデルで

[*134] Jeans 1928, pp. 698–699. ほぼ一語一句同じ文章が『我々の周りの宇宙』(The Universe Around Us, New York: Macmillan, 1929, pp. 316–317) にも見られる.
[*135] Krach 1996a, pp. 42–44 および 81–101 を参照.ここには1次資料への参照が与えられている.
[*136] 訳注: Wilhelm Lenz.

の物質と放射の平衡状態を研究し，宇宙の黒体放射の温度は宇宙の半径に以下のように依存することを見出だした．

$$T^2 = \frac{1}{R}\sqrt{\frac{2c^2}{\kappa a}} \approx \frac{10^{31}}{R}. \qquad (3.3.1)$$

ここで a はステファン–ボルツマンの法則に現れる定数で，T は絶対温度，R は cm での値である．とりあえず放射の温度を 1 K として，宇宙の大きさは 10^{31} cm，または 10^5 Mpc 程度ではないかと提案した．その 2 年後，トールマンはレンツの計算を改良し，同じアインシュタイン宇宙モデルでのエネルギーとエントロピーに対する表式を得た．レンツはまた真空のエネルギーについても考察している．これは宇宙論の文脈では初めての試みであった．もしゼロ点振動エネルギーを含めると，真空のエネルギーは物質の寄与とほぼ同量となってしまい，宇宙の曲率半径は月までの距離よりも小さくなると述べている[137]．したがって，彼は真空のエネルギーは重力的相互作用はできないであろうと結論している．

また，米国で活躍したスイス人の天文学者フリッツ・ツヴィッキー[138] は 1 つの熱的な平衡状態にある系としてのアインシュタインの宇宙モデルを研究した．そして膨張宇宙が認識されて以降，トールマンは膨張宇宙モデルを相対論的な熱力学の枠組みで研究した．1931 年 5 月の論文で，彼は古典的なエントロピーパラドックスについて議論し，それまでに提案されたいくつかの解決案について触れている．それらの 1 つがすでに述べたボルツマンによるエントロピーの揺らぎというアイディアである．他のアイディアの 1 つが「宇宙が過去の有限の時刻で，大きな自由エネルギーをもって誕生したため，まだエントロピー最大の状態まで達していない」という考えであった[139]．これは同時期のルメートルの提案とまったく同様の考えであったが，(当時ルメートルの仮説を知らなかったと思われる) トールマンは，このアイディアを真剣には考えなかった．彼はこのアイディアはその場しのぎの仮説であり，科学的な利点はないと結論した．

元素の存在比のパターンが初期宇宙の原子核反応の結果であるというアイディアは，初期宇宙の状態を再現するために用いることができ，ビッグバン宇宙論の

---

[137] Lenz 1926. 系の最低のエネルギー準位に対応するゼロ点エネルギーの概念は Planck 1912 に遡るが，1924 年になって分子線スペクトル分光および量子力学によってようやく正当化された．

[138] 訳注: Fritz Zwicky. ブルガリアのヴァルナでノルウェー国籍の父とチェコ人の母の間に生まれた．1925 年米国に移るも，スイス国籍は保持したままであった．

[139] Tolman 1931, p 1641.

初期の議論で重要な役割を果たした．この種の——ビクトリア朝時代の宇宙化学から続く——検証を行った先駆者の一人が，米国の化学者ウィリアム・ハーキンス[*140]である．彼は 1917 年という早い時期に，観測されている元素の存在量は水素から始まる原子核生成過程の結果であると議論している．特に隕石の組成の解析に基づき，ハーキンスは宇宙に存在する元素の多い方から 7 番目までの元素はすべて偶数の原子番号をもち，そこまでで宇宙に存在する物質の約 99 パーセントを占めていることを発見した．これは原子核物理の歴史において，原子番号（原子核の中の正の電荷の数）という概念が元素の順番を決めるものとして導入されてからたった 2, 3 年後という非常に初期のことである．複数の化学者がハーキンスと同じく星々の化学に興味を持っていた．その一人が米国の傑出した物理化学者ギルバート・ルイス[*141]である．彼は 1922 年，天文学が化学から学べるように，化学も天文学から学べると主張した．

> 実験室は数分の時間範囲で生じる化学反応についての研究手段を提供しているが，星々という偉大な実験室でも非常に重要な実験が行われている．化学者は確かに研究したい特定の物質を合成し，望む通りに媒質に晒すことができる；我々は，星の中で起こる過程をデザインすることはできないものの，星は非常に多様であり，また我々の研究手法も十分洗練されてきたことで，無限の研究領域を手にしているのである[*142]．

エディントンもまた，宇宙の物質の存在量は宇宙の歴史を反映しているかもしれないことを認識していた．以前の数名の研究者と同様，彼は鉱物の放射性同位体が地上に存在することに注目し，これは「どこかの時点でゼンマイを巻かれた機構が動いている」のであろうと提案した．エディントンによれば「ゼンマイをまく（放射性同位体を作る）過程は，現在動いているだけの状態（放射性同位体が壊れていく状態）とは大きく異なる物理状態の中で起きたに違いない」．エディントンは宇宙の初期状態に言及することはなく「一般に物質の醸造は星の内部の非常に熱い場所で起こる」と述べるにとどめたが，これはビッグ

[*140] 訳注：William Draper Harkins.
[*141] 訳注：Gilbert Newton Lewis.
[*142] Lewis 1922, p. 309. 宇宙化学と宇宙論化学の伝統的手法については Krach 2001a を見よ．幾人かの研究者が天文学と化学の境界領域を研究したことで，多くの研究者は天文学と地質学の境界領域に興味を持つようになった．たとえば Eddington 1923b を見よ．

3.3 有限の年齢をもつ宇宙へ

バンシナリオを見越しているようにみえる[*143].

2人のドイツの化学者ラディスラウス・ファルカシュ[*144]とパウル・ハルテク[*145]は1931年の短い論文のなかで,化学平衡理論を温度200億度の原子核,陽子,および電子の混合物に応用した.彼らはナトリウムまでの元素の存在比を計算し,観測データとおおよそ一致すると主張した.おそらく彼らの仕事にヒントを得て,後にフォン・ヴァイツゼッカー[*146]は元素合成と星のエネルギー生成の宇宙論的理論を構築した.しかし,ハロルド・ユーリー[*147]とチャールズ・ブラッドリー[*148]は同年(1931年),どのような温度での混合を考えたとしても,地上における元素の存在比は平衡状態仮説とは相容れないと主張している.この種の研究を行った化学者には,宇宙論の考え方を採用したり,自身の研究を相対論的宇宙モデルと関係づけようとする者はいなかった.そのような結びつきにいたるのは,もう少しだけ先のことになる.

3.3.2 原始的原子[*149]仮説

ルメートルが1927年に提案した膨張宇宙モデルは,エディントンがこの新しいアイディアに乗り換えて改良したため,ルメートル–エディントンモデルとして知られるようになった.エディントンは生涯を通じて,膨張はするが永遠に存在する宇宙にこだわったが,彼のかつてのベルギー人ポスドク[*150]はさらにその先へと議論を進め,1931年の5月に,ゆくゆくはビッグバン宇宙と呼ばれるようになる宇宙モデルを提案した.

ルメートルのひらめきの主たる源は天文学によるものでも,相対論によるものでもなく(また神学でもなく),放射性同位体の存在と量子力学の発展によるものであった.放射性同位体,たとえばウランやトリウムなどの半減期は非常に長いことが知られており,ハッブル定数の逆数[*151]と同程度であった(ウラン

[*143] Eddington 1923b, p. 19.
[*144] 訳注: Farkas László(ファルカシュ・ラースロー: 姓名の順).論文などではLadislaus Farkasと綴られる.当時ハンガリーのドゥナセルダヘイ(現在はスロヴァキアのドゥナイスカー・ストレダ)出身.
[*145] 訳注: Paul Karl Maria Harteck.
[*146] 訳注: Carl Friedrich von Weizsäcker.
[*147] 訳注: Harold Clayton Urey.
[*148] 訳注: Charles Bradley.
[*149] 訳注: primeval atom.
[*150] 訳注: ルメートル.
[*151] 訳注: 現代宇宙論ではハッブル時間と呼ぶ.

第 3 章 現代宇宙論の成立 227

238 の半減期は 45 億年, トリウム 232 は 140 億年). これは単なる偶然であろうか? むしろ, 我々の世界が過去の放射能に満ちた宇宙が燃え尽きた結果ではないか? ルメートルは, 宇宙は最初放射能の巨大な閃光のなかで生まれ, 有限の年齢であると考えた. この宇宙の始まりというアイディアを満足のいくように定式化するため, 彼はカントの第 1 のアンチノミー, すなわち宇宙の始まりを因果的・決定論的に説明することは不可能であるとする議論を捨てる必要があった. この時点で, 彼は量子力学を考察の中に取り入れた. 彼は, 放射能に関係する量子力学的過程は因果的でも決定論的でもないことを知っており, カントの議論にある論理的問題を回避できるかもしれないと考えたのである.

1931 年の一般向け講演で, エディントンは彼が好んだ話題の 1 つ, 宇宙の熱史と時間の矢としてのエントロピーの役割について取り上げた. 彼は, もしエントロピーが最小だった状態へ時間を遡ると宇宙はどのように見えるかを簡単に考察した. この状態が世界の始まりとみなせるだろうか? エディントンによれば, 答えは否である. 彼は最大の秩序を持つ状態が「始まり」と呼んでもよいというところは譲歩したものの, それは物理的現実ではありえず, 科学的基礎づけの対象ではないと否定した. 彼は「哲学的に, 現在の自然の摂理に始まりがあるという概念には抵抗を感じる」と述べている[*152]. ルメートルは同意しなかった. 彼は 5 月 9 日の短い論文で, 以下のように彼の異端の考えを表明した. 彼は「現在の量子力学によれば, 宇宙の始まりは現在の自然の摂理とはまったく異なっていることを示すと考えるにいたりつつある.」さらに以下のように提案した:「宇宙の始まりには, 宇宙全体の質量に対応する原子番号をもった巨大な 1 つの原子があったと考えることができ, ... それはある種の超放射性崩壊によってより小さな原子核へと分解していく.」ルメートルは, 現在の多様性に満ちた宇宙は未分化の 1 つの量子から生じたというアイディアを, 量子力学的な不確定性によって説明しようと試みている:

> 初めの 1 つの量子がその後の進化の原因すべてを隠し持っておくことは明らかに不可能である; しかし, 不確定性原理[*153] によれば, そのような必要はない. 今や, 我々の世界は予定されていない何かが本当に起きることができる世界なのだと理解できる. 世界全体の歴史や将来についての情報が, 蓄音機のレコード上の

[*152] Eddington 1931. この章の内容は Kragh 1996a, pp 44-55 および Kragh 2003 に基づいている.

[*153] 訳注: 原文では principle of undeterminacy.

3.3 有限の年齢をもつ宇宙へ

歌のように，原始的原子*154 に書き記されている必要はない．世界の物質が始まりからすべて存在している必要はあるが，その後の物語は1つひとつ作られてきたのかもしれない*155．

ネイチャー誌に掲載されたこのルメートルの仮説は，科学理論というより宇宙詩の一文のようである．しかし，彼はこのすぐ後により詳しく議論したバージョンを，まずは1931年10月の英国科学発展協会での提言で示している．この時の理論はまだ定量的ではなかったが，後に彼が宇宙進化の「花火理論」*156 と呼ぶアイディアについて明確に述べている．彼の議論によれば，原始的原子の崩壊の名残りとして，「明るいがとても短時間の花火の煙と灰」に対応する宇宙の輻射が存在するとした．ほぼ同時に彼はそのアイディアを具体的な宇宙モデルとして発展させ，これが相対論的ビッグバンモデルの最初の例となった．Revue des Questions Scientifques（科学的問題誌）という雑誌に掲載した論文の中で，彼はこの宇宙モデルを以下のように記述している：

> 膨張の最初の段階は，現在の宇宙の質量とほぼ等しい原始的原子の質量で決まる，速い膨張である … この最初の膨張により，空間の半径は平衡半径を越えることができる．ゆえに膨張は3段階を経る：最初に速い膨張で原始的原子が細かい原子の星々に崩壊する段階があり，次に膨張が減速し，そして膨張が加速する段階へ続く．疑いなく，我々の観測している現在は3段階目であり，この減速膨張の後に来る加速膨張によって，星々がいくつかの銀河星雲に分裂したと考えられる*157．

これがルメートルの宇宙モデルである．ルメートル–エディントンモデルと共通点（どちらも空間的に有限で永遠に膨張する）はあるが，有限の年齢である点が異なっている．爆発的な宇宙の開始に加えて，ルメートルの新しいモデルの特徴は膨張が減速，または'停滞'する第2期にある．これは正の宇宙項を仮定する

---

*154 訳注：first quantum．原始的原子 (primeval atom) と同じものを指す．
*155 Lemaître 1931a．Nature 誌へのショートノートの草稿では，ルメートルはこの文章を次のように結んでいた．「すべての存在とすべての出来事を統べる至高の存在を信じる者は皆，神は基本的に姿を隠されており，現代物理学が創造を覆い隠すヴェールを与えるのを見て喜ばれているのだろうと考える」．ルメートルはネイチャーに投稿前にこの文を消している．Lemaître Archive, Louvain-de-la-Neuve．
*156 訳注：fireworks theory．
*157 Lemaître 1931b, p. 406. Luminet 1997, pp. 215–238 に再掲．

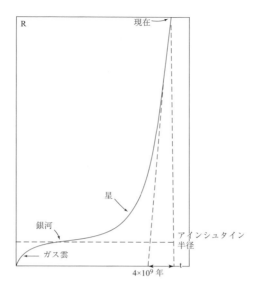

図 3.5 1958 年の論文で示されたルメートルによる有限の宇宙年齢を持ったモデル．現在の半径はアインシュタインの平衡半径の 10 倍と仮定されている．Godart & Heller 1985 より許可を得て再掲．ⓒ 1985 by the pachart Foundation dba Pachart Publishing House.

ことによって生じる現象である．ルメートルはこの停滞期のアイディアを，アインシュタインの定常モデルからの膨張の開始を物質の凝縮の過程によって説明しようとする目的で導入したことがあった．停滞期を導入することは 2 つの利点がある：1 つ目は，時間スケールを長くすることができ，宇宙年齢問題（以下を参照）に対する回避策となることで，もう 1 つは初期宇宙で銀河が形成されやすくなることである．

　ルメートルは宇宙項の熱烈な支持者であった．彼の好んだモデルが宇宙項を必要としていただけでなく，宇宙項を相対論的宇宙モデルに導入することにより，より豊かな経験則を使いやすい形で表現できることがわかったからである．アインシュタインとは完全に反対に，ルメートルは宇宙項をより肯定的な表現で，たとえば「幸運な偶然」，「論理的便宜性」，そして「理論的必要性」と呼んでいる．彼は何度も宇宙項が必要であることについてアインシュタインを説得しようとしたものの，徒労に終わった．アインシュタインはこの定数は宇宙年齢のパラドックスの解決に役立つということは認めたが，それは彼の考え方を変

えるまでにはいたらなかった[*158].

数学的な観点からは，ルメートルの宇宙モデルは $t = 0$ で $R = 0$ となるという意味でビッグバンモデルの 1 つである．しかし，ルメートルは物理的な立場から，文字通りの意味での初期特異点を否定していた．彼の考えによれば，$t = 0$ の時刻で宇宙はすでにすべての質量を含んだ原始的原子として「存在」しており，その半径は 2, 3 AU ほどと見積もられていた．物質密度は原子核程度，すなわちおよそ $10^{15}\,\mathrm{g\,cm^{-3}}$ である．これは物理学者の想像できる最大の密度であった．ルメートルの原始的原子は言葉通りの意味でも，およそ形而上学的な意味でも単純であった．しかし，それは科学的検証を許さず物理的性質を欠いているため，物理学的には存在しえない．彼はもともとこの初期状態をある種の超ウランの原子であると考えていたが，その後の彼は巨大な「中性子の同位体」と結びつけて考えた．

$t = 0$ で数式上に現れる宇宙の初期特異点については，彼は意味のあるものではないと否定した．宇宙の進化を逆戻りすると，ある段階で物理的条件によって望ましくない特異点は避けられるというのが 1933 年の重要な論文で彼が主張したことである．この論文は，後に「バブル宇宙」（今日ではトールマン–ボンディモデルとして知られる）非一様な宇宙モデルの最初の計算があるという点でも価値がある．ルメートルは「物質は空間の体積の消滅を回避する道を自ら見つけなくてはならない」と主張し，「原子内部で発生する核力のみが，宇宙の半径がおよそ太陽系の大きさまで縮小した際に宇宙の収縮を止められると考えられる」と結論している．彼は簡単に循環宇宙の解—無限に収縮と膨張を繰り返す宇宙—も考察したが，観測的に排除されるだろうと結論して終わった．しかし彼はフリードマン同様そのような解に魅力を感じており，「疑いようもなく詩的な魅力があり，伝説の不死鳥を思い起こさせる」と表現した[*159]．

ルメートルは，自身のビッグバンシナリオは仮説であり，数学を修めたバーミンガムの司教アーネスト・バーンズ[*160] の表現を借りれば，懐疑論者はこれ

[*158] Lemaître 1949; Kragh 1996a, pp. 53–54; Earman 2001. ルメートル以外の宇宙定数賛成派はエディントンとマクヴィティであった．

[*159] Lemaître 1933, p. 84. 無名の雑誌に投稿されたため，この論文は宇宙論研究者の目にとまらなかった．英訳は General Relativity and Gravitation （一般相対論と重力） **29** (1997), 641–680 にある．

[*160] 訳注: Ernest William Barnes.

を「素晴らしく気の利いたジョーク[*161]」とみなすかもしれないと認識していた[*162]. このモデルは物理的に検証可能であろうか？もしも宇宙がかつて非常にコンパクトで，高温で，放射能をもっていたとするならば，何か現在でも解析できるような痕跡を残しているのではないだろうか？ルメートルは，そのようなはるか過去の痕跡が確かに残っており，それは宇宙の放射の中にあるはずだと信じていた．もしも宇宙線が最初の爆発の名残りであるとすると，それらは（ロバート・ミリカン[*163]や他の研究者が信じていた光子ではなく）高速で飛ぶ荷電粒子でなければならない．宇宙膨張とともに放射はエネルギーを失ってゆくが，それは逆にビッグバン直後はすさまじい高エネルギー状態であったことを意味する．ルメートルはメキシコの物理学者マヌエル・バジャルタ[*164]との共同研究によって，地球の磁場の中で荷電粒子のエネルギーと軌跡がどうなるかについて計算しつつ，彼のアイディアを発展させた．彼は宇宙線の起源が巨大な原始的原子の放射能であるとすれば実験結果を説明できると信じていたが，大部分の物理学者を納得させるにはいたらなかった．結局それは誤った仮説であったが，宇宙の起源を物理的に議論する果敢な試みである．

3.3.3 爆発する宇宙モデルへの反響

ルメートルの宇宙の始まりについてのアイディアが非常に過激で新奇であったことを考えれば，そのアイディアが周囲の宇宙論研究者に懐疑的に受け取られたことも驚くにはあたらない．その時点では，フリードマン方程式の解の1つである，単なる数学的モデルであると考えられており，特に問題があるとみなされてはいなかった．しかし，このモデルを物理的モデルと考えるなら，話は違ってくる．実際，1930年6月にはすでにド・シッターにより動的な宇宙モデルの1つとして取り上げられていたが，彼はこのモデルが単に数学的な解の1つにすぎず，物理的な重要性はないと結論していた．1931年以降数年の間，大部分の専門家はルメートルの原始的原子仮説を無視するか受け入れなかった．永遠の宇宙から，ある時点で生成された宇宙へのパラダイムシフトがすでに起きていたならば受け入れられ方も違ったかもしれないが，それは1960年代になってようやく起こったことであった．

[*161] 訳注: jeu d'esprit.
[*162] Barnes 1933, p. 96.
[*163] 訳注: Robert Andrews Millikan.
[*164] 訳注: Manuel Sandoval Vallarta.

3.3 有限の年齢をもつ宇宙へ

アインシュタインはルメートルのビッグバンモデルを最初に受け入れた物理学者の一人であったが，まったく躊躇しないわけではなかった．宇宙論的な初期特異点は問題ではあったが，「我々の理論のなかでの近似的な取扱いによる錯覚であり，物質分布が非一様であることを考えればこの問題は避けられるかもしれない」．彼はさらに，「ハッブルによって発見されたスペクトル線の大きな赤方偏移をドップラー効果と解釈するいかなる理論も，この問題をうまく回避することはできそうにない」と指摘した[165]．2つの大戦の間で宇宙を記述する候補として提案された相対論的宇宙モデルは，ほとんどすべて閉じた宇宙であった．まるで宇宙論研究者は，開いた宇宙モデルに付随する無限の空間というアイディア，1931年にバーンズが「人間の思考の醜聞」と呼び，ルメートルが1950年に「無限の空間という悪夢」とレッテルを貼ったアイディアを抑制しているかのようであった．1930年代よく知られていた唯一の空間的に開いたモデル（曲率が負という意味ではなく，空間の広がりが無限という意味）はアインシュタイン–ド・シッターモデルであった．

1932年アインシュタインはド・シッターとの共同研究で，ゼロ曲率，圧力なし，宇宙項なしの宇宙モデルを提案した．宇宙に対するこれらの素朴な仮定によって，フリードマン方程式から宇宙の密度が

$$\rho = \frac{3H^2}{8\pi G} = \frac{3}{8\pi G T^2} = \rho_c \Omega \tag{3.3.2}$$

と決まる．ここで $T = 1/H$ はハッブル時間である．$H = 500 \text{ km s}^{-1} \text{ Mpc}^{-1}$ とすると，密度は $4 \times 10^{-28} \text{ g cm}^{-3}$ となり，この値は「少し大きいかもしれないが，確かにおおよそ正しい桁を与えている」[166]．このアインシュタイン–ド・シッター密度は，宇宙膨張と重力による引力がちょうどつり合っているという意味で「臨界」である．もし（$\Lambda = 0$ で）宇宙にさらに多くの物質があるとすると，そのうち重力が優勢になり，膨張は後に収縮に転じるであろう；一方もし密度が臨界に足りなければ空間は負曲率を持ち，永遠に膨張を続ける．より最近の文献では，この密度はしばしばパラメター $\Omega = \rho/\rho_c$ で与えられ，アインシュタイン–ド・シッターモデルでは1という値である．また，ハッブル定数はしばしば $H = 100h \text{ km s}^{-1} \text{ Mpc}^{-1}$ と書かれ，h に適当な数字を当てはめる習慣である（プランク定数と混同しないように注意）．Gyr 単位で

---

[165] Einstein 1931, p. 236.
[166] Einstein & de Sitter 1932. Lang & Gingerich 1979, pp. 849–850 に再掲.

第 3 章　現代宇宙論の成立 233

表現するとハッブル時間は $T = 9.8h^{-1}$ Gyr と書くことができ，臨界密度は $\rho_c \equiv (3/8\pi G)10^4 h^2 = 1.9 h^2 \times 10^{-29}$ g cm^{-3} となる．また，これらより密度パラメター Ω は h^2 に反比例して変化することがわかる．

アインシュタイン–ド・シッターモデルでは，スケールファクターが時間とともに $R \sim t^{2/3}$ で増大することが簡単に示せ，$t = 0$ で $R = 0$ となるので，宇宙年齢は $2T/3$ で与えられる．注目すべきことに，アインシュタインとド・シッターは $R(t)$ の進化については記述しておらず，そのことはルメートルが示唆したように（彼らはルメートルの研究を引用もしていない），宇宙の突然の始まりを意味することについては触れなかった．1934 年に没したド・シッターはビッグバン理論を心から受け入れることはなかったが，一方アインシュタインの方は早い時期に受け入れたようである．エディントンに宛てた 1933 年の手紙の中で，ルメートルは彼の花火理論について報告し，「アインシュタインが私の理論について熱心に研究してくれていると知り，大変喜ばしく思っています」と記した（そして，アインシュタインは宇宙項については「大きな偏見」に基づいて反対していると書いている）*167．

ルメートルの理論がこれほどまで保守的な態度で受け取られた理由は基本的に 2 つある．1 つはある意味観測的な理由であり，また感情的な理由であった；もう 1 つは，大部分のビッグバンモデルに付随する時間スケールの問題と関わりがあった（皮肉にも，ルメートルの理論にはこの問題はない）．特に，観測の直接的な証拠がなかったことで，時間の始まりがある宇宙は極めて奇妙だと考えられていた．真剣に取り上げるにはそれなりの理由が必要だが，ほとんどの物理学者も天文学者もそのような理由をみつけることはできなかった（彼らはルメートルによる，宇宙の放射がその証拠であるという主張には納得しなかった）．

確かな観測データがないため，ほとんどの議論で感情的な言葉が交わされた．これは，論争が科学的証拠というよりもむしろ好みの問題であったことを示している．カナダの観測天文学者ジョン・プラスケット*168 はルメートルの仮説

---

*167 日付のない草稿．Lemaître Archive, Louvain-de-la-Neuve, Belgium．ルメートルとアインシュタインは 1933 年，ウィルソン山天文台で出会った．The Literary Digest 誌によれば，アインシュタインは「これは宇宙創造についての，私が今まで出会った中で最も美しく満足のいく説明です」と語ったとされる．Kragh 1996a, p. 55 を見よ．アインシュタインは 1945 年になってようやく宇宙論分野に復帰した．その時には彼は明確な時間的始まりを持つ宇宙モデルを好むとはっきり述べている (Einstein 1945)．

*168 訳注: John Stanley Plaskett．

3.3 有限の年齢をもつ宇宙へ

を「すべてのなかで最も狂気じみた推論」であり，「それを支持する観測的証拠は1つもない，気の狂った推論の例」に他ならないと断じた[*169]．これはかなり極端な批判であるが，このような懐疑的な雰囲気は相対論的宇宙の専門家の間にも蔓延していた．1931年の英国科学発展協会の会議において，ド・シッターは我々の宇宙についての知識は観測が届く宇宙の一部（「我々の近所」）に限られており，他の場所について何かを主張することは，厳密には科学的に意味がないと強調した．一方で彼は，そのような外挿と「哲学的な香りのする」主張は宇宙論にとっては必要だと認めている．

　ロバートソンはビッグバン解を不自然で魅力がないとみなし，過去の破滅的な振舞いが避けられることを理由にルメートル–エディントンモデルを好んでいた．トールマンも同様の態度で，独善的教条主義は危険であると警告し，「自閉的で自己満足的な思想悪」と呼んだ．彼はそのような偏見の1つとして，宇宙がある過去の時点で創造されたとする考えを挙げた．「体積ゼロの特異状態から膨張を開始するようなモデルが見つかったとしても，それは実際の宇宙がある有限の過去で創造されたという証拠と混同してはならない[*170]」．エディントンは決して宇宙には始めがあるという，哲学的に奇怪な考えを信じることはなかった．エディントンにとっては，1933年に記したように「率直に，超自然的なものと考えることを認めない限りは，宇宙の始まりというのは克服できない困難を示しているように思える[*171]」のであった．エディントンはルメートル–エディントンモデルを擁護し続け，このモデルが1944年に出版された彼の生涯最後の英国天文学会での論文の題材となった．この論文では，量子力学と宇宙論の統合を試みる彼の異端的理論に基づいて，初期のアインシュタイン状態（静止宇宙の状態）の半径を300 Mpcと導き，半径は現在までに約1500 Mpcまで膨張したと考えた．エディントンの結果は純粋に理論に基づいており，観測を意識したものではなかった．

　赤方偏移–距離関係が確実に検証された数年後，ハッブルはウィルソン山天文台でこの関係を発展させ，銀河の数を数えることにより宇宙の構造を決定するという野心的な研究を開始した[*172]．彼の第一の目標は，どの相対論的宇宙モ

[*169] Plaskett 1933, p. 252.
[*170] Tolman 1934, p. 486.
[*171] Eddington 1933, p. 125.
[*172] 訳注：現在は銀河計数と呼ばれる．

デルが最も観測と合致するかを決めることではなく，赤方偏移が本当に宇宙論的な起源をもっているのか，すなわちフリードマン方程式に従う宇宙膨張によるのかどうかを検証することであった．彼は決定的な検証が可能だと信じていた．なぜなら高速で遠ざかる銀河は同じ距離で静止している銀河よりも暗く見えるはずだからである．しかし，彼の努力にもかかわらずこの試みは残念な結果に終わった．トールマンと共同で執筆した 1935 年の重要な論文で，この 2 人の宇宙論研究者はどれか特定の宇宙モデルを観測から選ぶのは不可能であると認め，代わりに 2 人はデータの不定性を強調した．彼らは暫定的に「もしかすると，何か未知の理由で赤方偏移が生じる定常で一様な宇宙モデルでも，思った以上に大きいが不可能ではない程度の空間曲率をもった一様膨張宇宙モデルのどちらでも，観測を説明することは可能かもしれない」と結論している [*173]．

1936 年の研究では，彼の『星雲界』[*174] という著作の中で，みかけの等級が $m = 21$ 等までの銀河計数を発表した．もしも空間が平坦で銀河が空間的に一様に分布していれば，等級が m 以下の銀河の数は

$$\log N(m) = 0.6m + 定数 \tag{3.3.3}$$

と書ける．ハッブルはこの表式が非常に暗い銀河については成り立たないことを発見し，傾きの冪が 0.6 よりも 0.5 の方がデータに合うとした（図 3.6 参照）．彼は，このずれはみかけの等級に対する赤方偏移の影響を示唆していると結論したが，このデータは宇宙の空間の構造について絶対的な情報を与えるほど精密ではないと認めている．この解析から彼が結論づけれられることは，「もし」このデータを膨張する宇宙モデルでフィットしようとすれば，異常に高密度すなわち $R = 145$ Mpc で $\rho \approx 10^{-26}$ g cm^{-3} ほどの「奇妙ほど小さな宇宙」となることだけであった．代替案は赤方偏移を空間の膨張によると解釈する代わりに，何か他のメカニズムによると考えることである．ハッブルが宇宙膨張という考え方に納得がいっていなかったという事実はニコラス・メイヨール [*175] が 1937 年に彼に宛てた手紙にみてとれる．「ここ（リック天文台）にいる何人か

[*173] Hubble & Tolman 1935, p. 335. ハッブルの宇宙論研究については Hetherington 1982 で考察されている．1930 年代から行われた観測的宇宙論のための銀河探査については North 1990, pp. 234–254 および Sandage 1998 を見よ．ハッブルの論文の多く，およびハッブルについての研究はインターネットに数多く見つかる．たとえば
www.phys-astro.sonoma.edu/BruceMedalists/Hubble/HubbleRefs.html を参照．
[*174] 訳注: The relalm of the Nebulae. 邦訳は『銀河の世界』（戎崎俊一訳 岩波書店）．
[*175] 訳注: Nicholas Ulrich Mayall.

3.3 有限の年齢をもつ宇宙へ

の人々が，あなたの赤方偏移の性質についての解釈が膨張宇宙の妥当性に疑問を投げかけていることについてどれほど喜んでいるか，おそらく知らせる必要はないでしょう[176]」．

ハッブルは生涯を通じて，一般相対論が支配する膨張宇宙を哲学的に好んではいたが，支持を表明することはなかった．1942 年の総説で，彼は再び現在のデータには信頼性が欠けていること，および当時の観測のジレンマを強調した．観測結果を受け入れるためには，相対論的宇宙論が主張するように宇宙が膨張しているか，赤方偏移は後退運動によるものではなく，これまでに知られていない未知の機構によるものとするかのどちらかであると結論する以外なかった．保守的であったハッブルには 2 つ目の可能性は魅力的ではなく，さりとて 1 つ目の可能性は彼の観測を信じると「奇妙なほど小さい」高密度の宇宙となって，それも信じがたい．宇宙の体積は観測されている領域のたったの 4 倍程度で，含まれる質量は観測できる物質の量をはるかに越えるものであった[177]．このような状況に直面した彼は，より良いデータが得られるまで結論を先送りしたいと考えたのである．

> というわけで，空間構造を調べる探求は誤差のせいで終わりを迎えた... 距離が離れるにつれ，我々の知識は急激に頼りないものになってゆく．最終的には薄暗い境界—我々の天体望遠鏡の届く限界—へとたどり着く．そこでは我々はごくわずかな信号を観測しており，幽霊のような不定性のなかで，わずかにしか存在しない特徴を探しているのである．探検は続く．実験的手法が尽きるまででなく，夢のような推測の領域に移らねばならない[178]．

この観測的宇宙論研究者はこう語った．彼の死の直前，ビッグバン理論が一般に受け入れられているとは言わないまでも，ずっと進展していた 1953 年のダーウィン講演でも，彼は宇宙が実際に膨張しているかどうかについては慎重な姿勢を崩さなかった．

ハッブルは観測データを用いて宇宙の構造を決定しようとした唯一の人物ではない．彼の手法と仮定はとりわけ英国のエディントンとジョージ・マクヴィティ，およびドイツのオットー・ヘックマンによって批判され，彼らによって

---

[176] Berendzen, Hart, & Seeley 1984, p. 208 より引用．
[177] Hubble 1942.
[178] Hubble 1936, pp. 201–202.

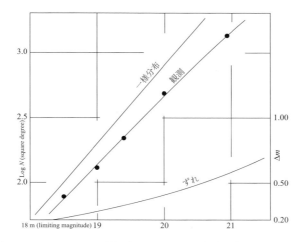

図 3.6 ハッブルによる $\log N - m$ 関係の決定. 彼は, 銀河が一様に分布していたときに期待される銀河計数からのずれを赤方偏移の影響によるものと解釈した. Hubble 1936, p. 186.

1930 年代により精錬された解析手法が導入された. それでも, 彼らによる手法の改善にもかかわらず, 得られた結果はハッブルが得たのとそれほど変わらなかった[*179]. たとえば, ヘックマンは, その結果がわずかな観測誤差に非常に敏感であることを認識していたが, 最も可能性の高いモデルとして半径 160 Mpc, 密度約 $5.4 \times 10^{-26}\,\mathrm{g\,cm^{-3}}$ の閉じた宇宙モデルを提示した. ハッブルによる野心的な研究, またマクヴィティ, ヘックマンらの研究において, 時間に始まりがあるモデルは特に重要な役割を果たしていない. しかし, ハッブルはその可能性には気がついており, 1935 年のトールマンとの共同論文の脚注で, 宇宙項ありのルメートルモデルを引用している. 1936 年のローデス記念講演では, もし宇宙が膨張しているのであれば, 宇宙項の大きさが $\Lambda \approx 4.5 \times 10^{-18}\,(\mathrm{ly})^{-2}$ すなわち $5 \times 10^{-50}\,\mathrm{m}^{-2}$ 程度のルメートル宇宙が唯一の可能性であると結論している. しかしながら, 彼は決してその可能性を魅力的とは思うことはなく, ルメートルモデルは, 否定はできないものの「かなり疑わしい」と結論している[*180].

3.3.4 宇宙年齢問題と元素合成

1930 年代から 40 年代にかけて, ビッグバン型モデルが直面した抵抗の重要

[*179] McVittie 1939; Heckmann 1942.
[*180] Hubble 1937, p. 62.

3.3 有限の年齢をもつ宇宙へ

な理由の 1 つが，宇宙年齢のパラドックス，または時間スケールの困難と呼ばれるものである[*181]．論理的にも意味論的にも，宇宙年齢はその構成要素，たとえば惑星，恒星や銀河の年齢よりも長く（または等しく）なければならない．言い方を変えれば，この基準を破る宇宙論のモデルは深刻に間違っている．この問題は宇宙項のないフリードマンモデルでは明らかで，そこでは宇宙年齢はハッブル時間 T と同じ程度で少し小さい（平坦なアインシュタイン–ド・シッターモデルでは，宇宙年齢が $2/3T$ であることを思い出そう）．ハッブル定数 $H \approx 500\,\mathrm{km\,s^{-1}\,Mpc^{-1}}$ は $T \approx 18$ 億年に対応し，これは天文学者が考える恒星や銀河の年齢よりもずっと短い．1930 年代に広く支持されたジーンズによる計算によると，銀河が星を形成するには 10^{13} 年以上は必要で，それゆえ宇宙年齢は膨張モデルが定める数 10 億年という時間より長くなければならなかった．

ジーンズによる長い時間スケールの見積もりは 1930 年代半ばには支持を失っていったが，時間スケールの困難はなくならなかった．1930 年代終盤，大部分の天文学者の間ではもっともらしい星の年齢はおよそ 30〜50 億年ということで合意が取れていたが，それでも宇宙論モデルが示唆する年齢とは明らかに矛盾していた．さらに，地球の年齢が放射線年代測定法からかなりの精度で求まっていたが，この数字も大きすぎたのである．1930 年代に見積もられた地球の年齢はおよそ 20〜30 億年で，アインシュタイン–ド・シッターモデルのおよそ 2 倍であった．明らかに，何かが間違っていた．

この問題はビッグバン宇宙論黎明期において最も重大な問題の 1 つとみなされていた．ド・シッターは深刻に憂慮し，ハッブルにとっては有限の宇宙年齢をもつ膨張宇宙モデルを受け入れがたいものにする理由になった．トールマンも懸念してはいたが，楽観的に時間スケールの問題は現実にはないと信じていたようである．結局，宇宙論モデルは過度に理想化され，宇宙の年齢という概念が意味を失っているのではないか？ あるいは，この矛盾は一様宇宙モデルから導かれる人工的なもので，初期特異点へと不適切な外挿をしているからではないか？ そのような考察は彼の 1934 年の教科書にみられる．そして彼の死後，1949 年に出版された最後の論文で，トールマンはこの問題に立ち返っている．論文では「現時点では，実際の宇宙が常に存在してきたという仮定に対する反証は見当たらない」と述べている[*182]．彼は宇宙年齢問題を解決することはできなかっ

[*181] 詳しくは North 1990, pp. 224–226 および 386–389; Kragh 1996a, pp. 73–79 を参照．
[*182] Tolman 1949, p. 377.

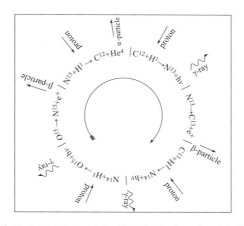

図 3.7 ガモフが描いたベーテの CN サイクル．ガモフはフォン・ヴァイツゼッカーの宇宙論的シナリオを受け入れた．そのシナリオによれば「そのような極端な状況は最も高温な星の中心でも見当たらないだろう [が]，我々はそのような状況を宇宙初期の非常に高密度で高温な時代に求めなければならない」．ジョージ・ガモフの『太陽の誕生と死』(The Birth and the Death of the Sun) 中の『太陽の錬金術』(The alchemy of the sun) より．ⓒ1946 by George Gamow (first published in 1940). Used by permission of Viking Penguin, a division of Penguin Group (USA) Inc.

たが，修正された相対論的宇宙モデルが解答を与えると考えていた．たとえば，一様性という仮定を捨てれば 36.4 億年の宇宙年齢をもつモデルが可能となり，ぎりぎりではあるが，正しい方向に一歩近づく．注目すべきことは，物理学者も天文学者もこの問題に気づいてはいたものの，大部分はこの問題を克服することはできない，あるいは相対論的宇宙論の信頼性に対し大きな疑いを投げかけるものではないと考えていたことである．

もし他の解決策が見当たらない場合は，いつでも宇宙項に頼ることができる．$\Lambda > 0$ で，宇宙膨張について正の加速度をもつモデル，たとえばルメートルモデルでは，ハッブル時間は宇宙年齢より長くなり，この問題は避けられる．実際，宇宙項を含むモデルが第二次大戦後の宇宙論で生き残った理由は，この宇宙年齢問題を回避できるからである．1958 年のソルベー会議での発表で，ルメートルは宇宙年齢は 200〜600 億年の間にあると結論している．これまで見たように，アインシュタインは宇宙項とも（非一様宇宙とも）関わりがなく，そのためこの問題について他の宇宙論研究者のような尊大な態度は取れなかったようである．宇宙年齢と信頼できる方法で決定された地球の年齢を比較すると矛盾に

陥ることを，彼は 1931 年にはすでに認識していた．1945 年には，もしこの矛盾が解決しないのであれば，宇宙の相対論的理論を捨てざるを得ないだろうとまで示唆しているのである[*183]．

天体核物理学の初期の伝統的な研究は，米国のハンス・ベーテとドイツのカール・フリードリッヒ・フォン・ヴァイツゼッカー[*184]がそれぞれ独立に，恒星のエネルギーがどのように核反応から得られるかについて提案した 1938〜39 年に一度最高潮を迎えた．ベーテは，一部チャールズ・クリッチフィールド[*185]との共同研究で，4 つの水素原子からヘリウム 4 を合成する 2 つの過程を提案した．1 つは pp サイクル，もう 1 つは CN サイクルと呼ばれた．ベーテの理論は大成功を納め（彼はその業績で 1967 年ノーベル賞を受賞した），天体核物理学においてのブレイクスルーとなったが，宇宙論には直接的な影響はなかった．というのも，彼の理論は重元素の合成についてでも，星ができる以前の初期宇宙についての理論でもなかったからである．

ベーテに対し，フォン・ヴァイツゼッカーは 1938 年の彼の理論で重元素の合成を説明できないかを研究した．彼は重元素を星の内部で合成するのは不可能であるとし，それゆえこれらの元素は宇宙初期の高温高熱の状態で生成されたのではないかと考えるようになった．彼は「元素の合成が星の誕生より先に，宇宙の状態が現在とは大きく異なっていた時期に起こったという可能性は十分にありうる」と述べている．しかし，どのようにして初期宇宙の状態を知ることができるであろうか？ フォン・ヴァイツゼッカーは直接的な事実関係はとりあえず脇へ置いておき，「観測される元素の存在量分布から，その分布を実現する初期宇宙の状態についての結論を導くことが必要である」と提案した[*186]．この研究手法は「原子核考古学」[*187]と呼ばれ，宇宙や星の内部での核反応過程から宇宙の歴史を再構築し，そしてその過程自体を元素の組成比を調べることで検証するものである．

フォン・ヴァイツゼッカーは暫定的に，初期宇宙では密度はおよそ原子核と同程度で，温度はおよそ 1 兆度であると示唆した．彼は，水素原子の塊が重力収

[*183] Einstein 1945, p. 132.
[*184] 訳注: Carl Friedrich von Weizsäcker.
[*185] 訳注: Charles Louis Critchfield.
[*186] von Weizsäcker 1938. Lang & Gingerich 1979, pp. 309–319 に英訳がある．宇宙論における初期の原子核考古学の研究については Kragh 2001b も見よ．
[*187] 訳注: nuclear archaeology.

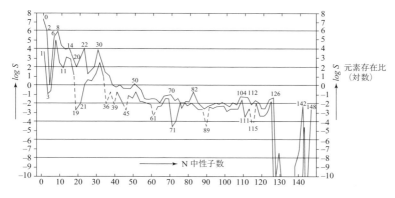

図 3.8 ゴルトシュミットによる中性子数の関数としての宇宙の元素組成についてまとめた 1938 年のデータ.

縮して極端な条件に達し，そこで爆発的に元素が合成されると想像した．「どれほど大きな集団を初めに想定すればよいか？ 理論からは上限はなく，銀河系程度のものだけでなく，我々の知り得る宇宙全体の集団を想像するのも自由である」．フォン・ヴァイツゼッカーは，自身の推論が銀河の後退運動の物理的な説明を与えることから，正当化できると考えていたようである．

> 原子核反応で開放されるエネルギーは静止質量のおよそ 1％で，そのエネルギーはおよそ光速の 10％程度の原子核の運動エネルギーとなる．よって，初代天体はおおよそこのくらいの速度で互いに離れていったはずである．もし，現在この速度がどれくらいの大きさになっているのかと問うなら，我々の計算によるとたった銀河の後退速度程度になる．したがって，少なくとも，この後退運動の原因が上で考えたような初期宇宙での破壊的元素合成にある可能性が十分あると考えるべきである[*188]．

フォン・ヴァイツゼッカーの描像はルメートルの原始的原子仮説と多く点で共通しているものの，研究としては異なる潮流に属していた．彼のモデルは一般相対論的とは無関係で，宇宙の幾何について何か言及することもなかった．議論のすべては宇宙の化学組成のデータという新しい研究分野に基づいている．宇

[*188] ヘックマンはこの提案を魅力的だと考えたものの，ヴァイツゼッカーの提唱した機構では光速の 1/5 にも達する最も暗い銀河の後退速度を説明できないと反論した．Heckmann 1942, p. 100.

宙の化学組成は多くの部分がノルウェーの鉱物学者で地球化学学者でもあったヴィクトール・ゴルトシュミット[*189]の研究成果によるものである.

ヴィクトール・ゴルトシュミットの主な興味は地球の化学組成にあった．彼は全体としての宇宙と比較することによってのみ，地球の化学組成の進化を理解できると信じていた．1944年のある講義で，地球化学は「天体物理と核物理と深い関係があり，最終的には物質自体の進化と起源という最終問題に行きつく」と述べている[*190]．ゴルトシュミットは1938年に，隕石，恒星，太陽観測によるデータに基づいた元素組成分布についての重要な表を出版した[*191]．この表は，初めて原子番号とともに元素組成が変化していることを示しただけでなく，質量や中性子数についても変化していることを示していた．このノルウェーの鉱物学の教授は，このデータは天体物理学的あるいは宇宙物理学的 (cosmophysically) に，おそらくヴァイツゼッカーの新しい理論を用いて説明できるのではないかと示唆している．しかしゴルトシュミットは，ヴァイツゼッカーの理論では鉄以降の元素存在量の急激な減少を説明できないため，理論の改良が必要であると主張していた．

3.4　代替宇宙論

2つの世界大戦の間の時期は，宇宙論は非常に小さな研究領域で専門的な学会も存在せず，明確な科学的アイデンティティもなかった．宇宙論はパラダイムを求める科学である―が，そもそも科学であるのかどうかを疑問視するものも大勢いた．このように意見の一致を見ないなかで宇宙論の主流について語るのは難しいが，これらを研究する人の大部分が一般相対性理論を研究の基礎として認めていたことだけは確かである．しかし，少なからぬ研究者がそれを認めず，フリードマン，ルメートル，ロバートソンらによる，まだ未完成のパラダイム候補を無視することを選んだ．宇宙膨張や空間の曲がりを否定し，ハッブルの観測について他の説明を追い求める宇宙論研究者も多かった．再びここでも，宇宙膨張を受け入れることと相対論的宇宙論を受け入れることは意味が異なるという

[*189] 訳注: Victor Moritz Goldschmidt. スイス出身.
[*190] Mason 1992, p. 102 より引用.
[*191] Goldschmidt 1937（出版年は1937となっているが，実際に出版されたのは1938年である）. ゴルトシュミットについては Kragh 2001a を参照.

ことに注意せねばならない．1930年代半ば，A. E. ミルンは数学に傾倒した天文学者を惹きつける強力な代替モデルを構築した．ミルンの宇宙モデルやディラック[*192]やヨルダン[*193]の異端の理論は，宇宙膨張だけでなく宇宙の開始が突然であるという，まだ相対論学派の宇宙論研究者の大部分が受け入れなかったアイディアを含んでいたという意味でより「現代的」であった．

3.4.1 反宇宙膨張

1929年の後，可能性のある宇宙論はハッブルの銀河の赤方偏移と距離についての線形関係を説明できなくてはならなかった．相対論研究者はハッブルの法則を宇宙膨張で説明したが，それは観測された赤方偏移が銀河の後退運動によると仮定しない，異なった解釈でも説明できた[*194]．たとえば——場当たり的だが——日本の物理学者竹内時男が考えたように，光速が時間とともに遅くなると仮定することもできる．速度の変化を適切に調節することにより，1931年に彼は距離に比例する赤方偏移を導いている．1849年以来の光速度の測定を再検討すると，時間について線形に光速が遅くなっている経験的な証拠があるとみなすこともできた．つまり，はるか遠くの銀河から地球に到達するまでの長い旅の間に光速度が遅くなっているということになる[*195]．この仮説は真剣には取り上げられなかったが，エディントンは「様々な著者による，光の速度が宇宙年齢をかけて遅くなっているという推論は... 健全な宇宙論の発展を著しく邪魔している」と嘆いた．エディントンや他の大部分の物理学者によれば，「そのような推論は無意味である．光速度の変化は自己矛盾であるからである[*196]」．しかし，後の5.3節でみるように，これが光速度の変化という話題についての最後の審判ではなかった．

赤方偏移–距離関係についての，ドップラー効果を用いない最初の説明は1921年に提出された．ツヴィッキーは重力的なコンプトン効果によるものではないかと提案した．光子が銀河間空間を旅する間に物質にエネルギーを受け渡すと仮定することで，ハッブルと同様の関係と適切な大きさの赤方偏移が得られる．ツヴィッキーは，彼の「重力的な抵抗」による説明は，他のすべての知られてい

[*192] 訳注: Paul Adrian Maurice Dirac.
[*193] 訳注: Ernst Pascual Jordan.
[*194] North 1990, pp. 229–234. 当時の議論については Bruggencate 1937 を見よ．
[*195] Gheury de Bray 1939 で，$c = 299.774 - 173T$ [km s^{-1}]（T は100万年で測った時間）という関係を提唱した．
[*196] Eddington 1946, p. 8.

る観測事実と定性的には矛盾しないことを見出した.1935 年,彼は標準的な解釈に対する反論をまとめ,「観測されている赤方偏移が実際の膨張によると教条的に解釈しないように」と警鐘を鳴らした.彼が指摘したように,膨張宇宙理論は銀河団,たとえばかみのけ座銀河団に所属する銀河の大きな後退速度の分散(平均後退速度が $7000 \mathrm{~km\,s^{-1}}$ で,標準偏差およそ $3000 \mathrm{~km\,s^{-1}}$)を説明できなかった.このことは「膨張宇宙の理論が赤方偏移問題について十分満足な解答であるとは考えられなかったいくつかの理由の 1 つである[197]」.

他の非標準的な説明のうちのいくつかは「疲れた光」[198] 理論に属している.この理論では,光は真空を伝搬する間にエネルギーを徐々に失うと仮定される[199].プリンストン大学のジョン・ステュアート[200] は 1931 年,光の振動数が距離に関して指数関数的に減少すると提案した.その 6 年後,エルサレム・ヘブライ大学出身のシュミュエル・サンブルスキ[201] は時間とともに $\exp(-Ht)$ と変化するプランク定数を仮定した.これでも上と同じ結果が導かれる.ステュアートもサンブルスキも彼らの提案について物理的な基礎づけは与えていないが,明らかに膨張宇宙を回避するための提案であった.

シカゴ大学の天文学の教授であったウイリアム・マクミラン[202] は,古典的なニュートン的宇宙像を好み,赤方偏移のドップラー効果による解釈に異を唱えた.1932 年に彼は代替案として,光子が空間を伝搬する際にエネルギーを失うのだと主張した.1920 年のノーベル賞受賞者,ドイツの物理化学者ヴァルター・ネルンスト[203] も敬虔な定常宇宙論信者で,マクミランと同様の説明を提唱した.1930 年代からの一連の研究の中で,マクミランは $E = h\nu$ を光子のエネルギーとすると,光子は $dE/dt = -HE$ にしたがってエネルギーを失うという仮説を唱えたのである.ここから $\ln(\nu_0/\nu) = Ht$ が得られ,$\Delta\nu$ がもとの振動数 ν より小さいとすれば $\Delta\nu/\nu = Ht$ という関係が得られる.ここで $t = r/c$ であるので,この関係は $\Delta\nu/\nu = Hr/c$ となり,ハッブルの法則となる.つまり,この線形関係は宇宙が膨張しているからではなく,単に銀河が遠ければ遠いほど

---

[197] Zwicky 1935.
[198] 訳注: tired light theory.
[199] 著名な科学哲学者 Karl Popper も「疲れた光」理論の熱心な支持者の一人であった(1940 年).Kragh 1996a, p. 246.
[200] 訳注: John Quincy Stewart.
[201] 訳注: Shmuel Sambursky.
[202] 訳注: William Duncan MacMillan.
[203] 訳注: Walther Hermann Nernst.

第3章　現代宇宙論の成立

光子が我々の地球に到達するまでに時間がかかるからということになる．ネルンストはハッブル定数 H を宇宙論的定数とは考えておらず，光子の崩壊率を与えてくれるような量子力学的な崩壊を表す定数と考えていた．ドップラー効果とは異なるモデルの多くは場当たり的であり，それほど真面目に受け取られることはなく，宇宙論の発展に対する影響は大きくはなかった．

　ネルンストとマクミランは，宇宙は一般相対性理論の法則によって支配されているのではなく，そして宇宙は必然的に定常で永遠であると信じていた．彼らの宇宙観は，相対性理論に基づいた数学的な宇宙観よりも，ビクトリア朝時代後期に議論されていた見方に密接な関係があった．ネルンストとマクミラン，そして彼らに賛同する数少ない人々は，斉一説支持者—物質とエーテルの間の永遠に続くエネルギー交換によって熱的死を避けられる定常宇宙モデルを信じる人々—であった．マクミランは，1925年の著作のなかで「宇宙はどの方向にも変化することはない... それは，二度と同じ形になることはないが，それでもいつでも同じ大洋の表面のようである」と記している[*204]．ネルンストも同じくこの種の宇宙に傾倒しており，星間物質の放射性崩壊が新しい物質の生成とつり合っていると信じていた．新しい物質の生成は物理的に説明できないため，ある種のエーテルとエネルギーの間の相互作用によって起こると仮定した．彼は1937年，エーテルは質量のない大量の中性子からなり，エーテルのゼロ点エネルギーのプールに放射エネルギーを吸収することで，現実の質量のある中性子へ変化するというモデルを想定した．このようにして中性子が宇宙のいたるところで生成され，これによって星間空間は薄い中性子ガス，および崩壊してできた陽子と電子で満たされているとした．そして，この宇宙のガスから，より重い元素が生成されるであろうと考えた．

　当然ながら，ネルンストのエーテルを用いた憶測は大部分の天体物理学者と宇宙論研究者に無視された．一方で，ドップラー効果とは異なる考え方で赤方偏移を説明する理論の方は，膨張宇宙という考え方になじめない少数の研究者によって引き続き考察が続けられた．2つほど例を挙げるとすると，アインシュタインのかつての共同研究者であったフロイントリッヒは1950年代に，赤方偏移は仮想的な光子–光子相互作用によって説明できると提案した．彼の提案は議論を喚起したものの，それでも赤方偏移は宇宙の膨張のせいであるとする専門家

[*204] Kragh 1995 からの引用．この文献にはネルンスト–マクミランの代替理論についてより詳細に示されている．

の考え方を変えることはできなかった[205]. 同じことが 1960 年代にジェラルド・ホーキンスにより, ビッグバン理論, 定常宇宙論両方の代案として提案された定常で永遠の宇宙モデルについても言える. ホーキンスは, 観測された遠方銀河の赤方偏移は重力による効果であると主張し, また 1965 年に宇宙マイクロ波背景輻射が発見されたときには, それは銀河間空間の宇宙塵による熱輻射であると解釈した.

3.4.2 量子と宇宙

量子論的宇宙論は第二次大戦前に存在していたであろうか? 厳密には正しくないにしても, 量子論と相対論的宇宙論をつなげる, または統合するという一般的なアイディアはそのような早い時期でもまったくないわけではなかった. この種の初期の研究が, 1925 年夏の量子力学の誕生の直前に出版されている. ランチョスは, 空間方向と時間方向について周期的であるが, 永遠には循環しないようなアインシュタイン風の宇宙モデルについて考察した. 彼の「球状のリングモデル」を伝わる波の伝播を扱うために, 量子論が導入された. 世界の周期は $T = 4\pi^2 mR^2/h^2$ という表式で表される. ここで, 世界半径 R を 100 万光年とすると, $T \approx 10^{41}$ 年となる. ランチョスは, 微視的物理における量子的性質は, 原子に固有の特徴ではなくむしろ宇宙の状態に反映されるとした. 彼は「量子の秘密についての答えは, 世界の空間と時間が有限で閉じているということに隠されている」と記述している[206]. 同年, リバプールの物理学者ジェームズ・ライス[207]は, 微細構造定数 $\alpha \equiv 4\pi^2 e^2/h^2 c$ は宇宙の幾何と関係していると主張し, α とアインシュタイン宇宙モデルの半径とを結びつける公式を導いている[208].

ランチョスとライスによるこれらの推論は, エディントンが 1929 年から没年の 1944 年までの間に推進し, 後に『基本理論』[209] として出版された研究の先駆けとみなせる. 重力を量子論に加えようとする彼の興味は, 1920 年に出版された重力の相対性理論についての報告の第 2 版に遡ることができる. そこで彼は 4×10^{-35}m という基本的な長さを, 物理定数である c, h, そして G から, 後

---

[205] Hentschel 1997, pp. 141–146 を見よ. 赤方偏移の代替理論による解釈については Assis & Neves 1995 にある.
[206] Lanczos 1925, p. 80.
[207] 訳注: James Rice.
[208] Rice 1925.
[209] 訳注: Fundamental Theory.

にプランク長として知られる $\sqrt{hG/c^3}$ という量を導けることを指摘している．エディントンは微視的な物理と宇宙における自然定数は深いところで関連しており，そして宇宙定数がその関連に必要であると確信していた．さらに，1粒子の波動関数は宇宙全体に広がっていることから，彼は量子力学はもともと宇宙論的なものであると信じていた．エディントンにとって電子の質量は，宇宙に存在する他のすべての荷電粒子との静電相互作用エネルギーであり，よって宇宙論的な性質のものであった．

1926年に発見されたシュレーディンガーの波動方程式は非相対論的であり，相対論的に一般化された式はオスカル・クライン[*210]とヴァルター・ゴルドン[*211]にちなんでクライン–ゴルドン方程式として知られている．しかし，この式はスピンをもつ電子を記述することはできず，1928年になってポール・ディラックが電子のスピンと特殊相対性理論の要請を満足する相対論的波動方程式を発見した．ディラック方程式を宇宙論的に解釈することにより，エディントンは1930年代に宇宙論的な物理量と原子物理における定数の間における数値的な関係を見つけだした．エディントンの試みについての印象は，以下の2つの例を見れば得られるであろう：

$$\frac{mc}{\alpha\hbar} = \frac{\sqrt{N}}{R} \tag{3.4.1}$$

および

$$\frac{c}{\hbar}\sqrt{\frac{mM}{\Lambda}} = \sqrt{\frac{N}{30}}. \tag{3.4.2}$$

ここで，N は「宇宙数」——宇宙における陽子の総数——であり，m と M はそれぞれ電子と陽子の質量である．よく使われる記号 $\hbar$ は $h/2\pi$ を表す．エディントンは数学的に複雑な理論を用い，ハッブル定数を地上実験で求まる他の物理定数から計算した．以前示した，1944年に彼が発見した $H_0 = 572 \text{ km s}^{-1}\text{ Mpc}^{-1}$ という値は，このようにして求められたものである[*212]．

当時の第一線の物理学者はエディントンの理論を否定した．天文学者にも，たとえ受け入れられたとしても冷淡に受け止められた．しかし，反響がまるでな

[*210] 訳注：Oskar Benjamin Klein．
[*211] 訳注：Walter Gordon．
[*212] Eddington 1944．エディントンの研究については Kilmister 1994 を参照．1935年，エディントンは $H_0 \simeq 850 \text{ km s}^{-1}$ と結論したが，この突出して大きな値について共同研究者の天文学者は真剣に受け取ることはなかった．

かったわけではなく,彼のこの種の研究に影響され,似たような研究を数秘術のような方法で追及し始めた物理学者もいた.ドイツのハンス・エルテル[*213]とオーストリア出身で,後に米国に移ったアルトゥル・エーリヒ・ハース[*214]は特にこの分野で活発であった.エディントンとは異なり,エルテルはルメートルのビッグバンモデルに興味をもっており,フリードマン–ルメートル宇宙を量子宇宙論的な視点から考察している[*215].ハースはエディントンに触発され,1934年に『物理における宇宙論的問題』[*216]を出版し,その2年後米国に定住するようになってから「宇宙の質量についての純理論的な導出」を提示した.彼は宇宙の総エネルギーを0と仮定することで,(アインシュタイン)宇宙の全質量はRc^2/Gで与えられると結論した[*217].ハースの初期の物理的宇宙論への貢献で忘れてはならないのが,1938年に彼がノートルダム大学で開催したシンポジウムである.そのシンポジウムのテーマは「宇宙の物理と始原粒子の性質」(題目は驚くほど近代的である)で,アーサー・H. コンプトン[*218],グレゴリー・ブライト[*219],ホーキンス,シャプレー,そしてルメートルといった最先端の物理学者と宇宙論研究者が参加者していた.

他の著名な量子物理研究者と異なり,エルヴィン・シュレーディンガー[*220]はエディントンの量子宇宙論の研究を熱狂的に受け入れた.一時的だったかもしれないが,彼は確信をもって「今後の長きにわたって,物理理論の最も重要な研究はエディントン卿によって始まった思想の方針に沿ったものになるだろう」と述べた[*221].それどころかシュレーディンガーは,エディントンの公式集に彼自身によるミクロとマクロをつなぐ数秘術による,δを平均の原子核内の核間距離として与える式,$R/\delta = \sqrt{N}$を加えることさえしている.また彼は1939〜40年の間の研究で,素粒子の質量スペクトルが時空の構造の帰結として導けない

[*213] 訳注: Hans Richard Max Ertel.
[*214] 訳注: Arthur Erich Haas.
[*215] エルテルの研究は Schröder & Treder 1996 で考察されている.
[*216] 訳注: Kosmologische Probleme der Physik.
[*217] Haas 1936.
[*218] 訳注: Arthur Holly Compton.
[*219] 訳注: Григорий Алфредович Брейт-Шнайдер (Grigorii Alfredovich Breit-Shnaider). 当時のロシア帝国ムィコラーイフ(現ウクライナ)の出身で,後米国に移住.米国での名は Gregory Breit.
[*220] 訳注: Erwin Rudolf Josef Alexander Schrödinger
[*221] Schrödinger 1937, p. 744. シュレーディンガーの見地についての詳しい分析は Rüger 1988 を見よ.

かという期待から，閉じた膨張する宇宙モデルにおける量子波の固有振動を考察した．クライン–ゴルドン方程式の解を膨張時空で検討することにより，彼は「驚くべき現象」，すなわち「それゆえ時間の発展とともに正と負の振動数をもった項が相互に混合し，対生成が起こる」を導いた[*222]．彼が発見したことは，加速度的に膨張する宇宙の中では粒子の対，たとえば電子と陽電子が真空からエネルギー保存則をやぶることなく生成されうるということであった．シュレーディンガーはこれ以上この方向に研究を進めることはなく，またほどなくしてエディントンの提案に対する興味を失ってしまった．彼の変化する重力場は粒子を生成するという発見は重要であったが，それは完全に無視されてしまい，後の世代の宇宙論研究者による再発見を待たねばならなかった．

3.4.3 変化する重力

もしも，ニュートン（またはアインシュタイン）の重力定数の時間変化が許される，すなわち真の定数でないならば，宇宙論ゲームのルールと結果も異なってくる．この大胆なアイディアは最初に1930年代に二人の量子力学における先駆者であったディラックとパスクアル・ヨルダンによって導入された（本当は異なる形で，その少し前にミルンによって考察されている）．宇宙論では新参者であったディラックはルメートルのビッグバン宇宙像をすぐに受け入れ，それを「宇宙はおよそ 2×10^9 年前に誕生し，その時はすべての銀河がある小さな領域，またはもしかすると一点から撃ち出された」と解釈した[*223]．この宇宙年齢は，「自然」な時間単位である e^2/mc^3（e は素電荷で m は電子の質量）で表現すると，非常に大きな値，およそ 2×10^{39} となる．ヴァイルとエディントンが以前に指摘していたように，電子と陽子の間に働く重力と電磁気力の比はこの値とちょうど同程度になる[*224]．ディラックは

$$\frac{T_0}{e/mc^3} \approx \frac{e^2}{GmM} \approx 10^{39} \tag{3.4.3}$$

[*222] Schrödinger 1939, p. 901.

[*223] Dirac 1937, p. 323. 1937年–1980年頃までのディラックの宇宙論に関する考察は Kragh 1990, pp. 223–246 を見よ．

[*224] 電子と陽子の間に働く重力と電磁気力の比を示唆する魔法の数 10^{39} はヘルマン・ヴァイルが1919年に書いた論文まで遡ると言われている．しかし，この指摘はもっと早い時期からされていた．1928年ノーベル賞受賞者の英国の物理学者オーウェン・リチャードソン（Owen Richardson）は「電子間の（電磁気）力と比べて重力が非常に弱いことは魅力的な研究対象となる」と述べ，この比を 4×10^{40} と求めている．O. Richardson, 『物質の電子理論』(The Electron Theory of Matter, Cambridge: Cambridge University Press, 1916), p. 609.

250　　　　　3.4 代替宇宙論

という関係は偶然ではなく，宇宙論と原子核理論の領域の間にある，何か自然の深い部分の関係の表れであると信じていた．彼の主張したこの関係は「大数仮説」*225 と呼ばれる．これは，自然界の定数（または基礎物理に表れる定数）から導かれる 2 つの大きな数字は単純な関係で結びついていなければならないという考えである．上式で左辺は宇宙年齢を測ったものであり，ディラックはまた光速 c も，原子核関連の定数 e, m, M も時間変化しないと仮定しているので，仮説の要請から重力定数は $G(t) \sim t^{-1}$ で変化していることが導かれる．ディラックの仮説によれば，重力定数 G の相対的な変化は

$$\frac{1}{G}\frac{dG}{dt} = -3H , \qquad (3.4.4)$$

で与えられる．1 年あたりにするとおよそ 10^{-11} であり，当時の実験精度では直接検証には小さすぎた．1938 年の論文でディラックはハッブルの法則と変化する重力定数仮説に基づいた理論を提唱した*226．大数仮説を宇宙の平均密度の逆数（これは大きな数となる）に適用すると，宇宙の膨張について次の関係

$$R(t) \sim t^{1/3} , \qquad (3.4.5)$$

が導かれ，ここから彼は宇宙年齢がハッブルパラメータと以下のような関係があることを示唆した

$$t_0 = \frac{1}{3H_0} . \qquad (3.4.6)$$

さらにディラックは，大数仮説に従う宇宙は平坦で，無限の広がりをもち，宇宙項はゼロであるべきだと主張した．宇宙が平坦であるという主張の根拠は，もしも正や負の曲率があるとすると，それは宇宙の時期とは無関係に大きな数が存在するということを示唆してしまうというものである．

　明らかに，ディラックの宇宙論は経験的にも手法的にも問題があった．アインシュタインの一般相対性理論と矛盾するだけでなく（相対論では G は変化しない），約 7 億年という明らかに地球の年齢よりも短い，絶望的に小さな宇宙年齢を導いてしまう．それでもなお，ディラックはこれらの困難は解決できると確信していたようである．彼の心にとっては，大数仮説はそれほど強力で美しい基本的な原理であり，正しくなくてはならないものであった．1939 年の講義で彼は，

---
*225 訳注: large numbers hypothesis.
*226 Dirac 1938.

第 3 章　現代宇宙論の成立 251

この仮説からすべての自然界の法則は時間進化するものであり，一度たりとも固定されたりするものではないと主張した：「時間の始まりの時点においては，自然界の法則はおそらく現在のものとは非常に異なっていただろう．ゆえに我々は，法則が時空すべてにわたって一様に成立すると考えるのではなく，時代とともに連続的に変化してきたと考えなければならない」．ディラックはさらに進んで，自然界の法則は同じ時刻をとっても宇宙の場所場所で異なるかもしれないと提案した：「一般相対性理論の時間と空間は本質的に類似しているという美しいアイディアを保持するとすると，場所ごとに法則は異なると期待すべきである[227]」．ディラックのアイディアはヨルダンに熱狂的に受け入れられ，また他の少数の物理学者（傑出した天体物理学者，若き日のスブラマニャン・チャンドラセカール[228]もいた）の興味を引いたが，物理学者と宇宙論研究者のほとんどからは無視された．ディラック本人もその理論への興味を失い，1970 年代になってようやくその研究に戻ったくらいであった．

ヨルダンはディラックの時間変化する重力というアイディアと出会う前から，宇宙論に興味を持っていた．彼はルメートルのビッグバン宇宙論へと早くに転向した者の一人であり，1936 年には以下のように語っている：

> およそ 100 億年前には，現在には 1000 万光年 [原文ママ] に成長した宇宙の半径は，とてつもなく小さかったに違いない…．初期の小さな宇宙は，最初の爆発で誕生した．原子や，星や銀河系だけでなく，時間と空間もその際に誕生した．その時から宇宙は，現在銀河の後退速度として観測されるすさまじい速度で成長を続けている[229]．

ヨルダンは 1938 年から 1950 年代初期にかけての一連の研究で，ディラックの大数仮説に基づいた独自のビッグバン理論を構築した．違いは，ディラックがもともと 1937 年に提案したがすぐにその後棄却した，自発的物質生成というアイディアを採用したことであった．記号 ρ を光を放射する物質の宇宙での平均密度とすると，無次元の比である $\rho(cT_0)^3/M$ はおよそ 10^{78} となり，これは大まかには先ほど述べた原子単位系で測った宇宙年齢の 2 乗となる．ヨルダンの理解

---

[227] Dirac 1939, p. 139.
[228] 訳注: Subrahmanyan Chandrasekhar.
[229] Jordan 1944, p. 183（1936 年にドイツ語で出版された書籍の英訳）．Jordan 1952 も見よ．宇宙の直径「1000 万光年」は「100 億光年」の誤植．ヨルダンの研究についての評価は Kragh 2004, pp. 175–185 にある．

3.4 代替宇宙論

に基づいた大数仮説に従えば,宇宙に存在する粒子の数は $N \sim t^2$ に従って増えなければならない.しかし,もともとディラックが物質生成を個々の陽子と電子が宇宙のいたるところで生成していると考えたのに対し,ヨルダンは星や銀河がそれ全体として,最初に原子核の密度をもって自発的に形成されるのであろうと提案した.ヨルダンは強くディラックの思想の影響を受けていたが,彼はまったく違った宇宙モデルにたどり着いた:ディラックの宇宙は平坦で無限の広がりを持っていたが,ヨルダンの宇宙は有限で正の曲率を持つ.この2人の物理学者とも宇宙項は0に保った.

当然,非常にコンパクトな星や銀河の自発的な発生は問題のある特徴であった.エネルギー保存則を大きく破ることになってしまうからである.しかし,もともとのハースによる提案を発展させ,ヨルダンは理論に矛盾はないと主張した.ハースとヨルダンの提案では,質量の増大は宇宙の膨張とともに増大する負のポテンシャルエネルギーによって相殺されるからである.つまり宇宙の総質量–エネルギーは常に0に保たれるということである[*230].

ヨルダンは1944年の論文で,自分の異端の宇宙進化シナリオを詳細に論じた(この論文は,大戦の影響であまり知られることはなかった).彼は,初期には一切の物質がなかったために,ルメートルが論じたような破滅的なビッグバンはなかったと結論した.彼が主張するところによれば,物質は膨張とともに生成されたのである.一言で言えば,「バン」のないビッグバンであった.彼によれば,宇宙の歴史はその半径がたった 10^{-15} m だった頃まで遡ることができ,そのときに1つの新しい中性子のペアが生成されたとした.空間が膨張して中性子の間隔が広がると,重力ポテンシャルの変化は新しい物質の生成で相殺されると考えた.ビッグバンから10秒後には,宇宙は太陽ほどの大きさに成長していたが,質量は月ほどにも満たなかった.このような早い時期では宇宙は平均100万トンの質量をもったおよそ 10^{12} 個の星からなっており,この時に発生した1つの超新星は,初め1 mmの半径しかなかった(そして数多く発生した).驚くべきことに,ヨルダンは自身のシナリオが経験的事実と合致し,経験則から帰納的に導かれると主張していた.

ヨルダンと共同研究者を除けば,第二次大戦後には重力定数が変化する宇宙論についてはほとんど聞かれなくなった.このアイディアは大した注目を集め

[*230] 基本的にはずっと後の宇宙論理論で用いられるのと同じアイディアである.Kragh 2004, p. 182

ることはなかったものの 1970 年代まで生き残り, ディラックがこれを一般相対論的に記述する試みの中で様々に発展させたことで復活した. ディラックの重力定数が変化する宇宙論はそれほどの支持を得ることはなかったが, 若い世代の研究者にはこれに興味を持ち, 独立に発展させた者もいた. ヴィットーリオ・カヌート[231]と彼の共同研究者はディラックの大数仮説に基づいた宇宙モデルを構築し, そのモデルで宇宙マイクロ波背景輻射と初期のヘリウム合成を両方説明することができると主張した[232]. しかし 1980 年代に火星に着陸したヴァイキング探査機を用いた実験的研究により, G がもしも変化しているとしても, その変化は一年に 10^{-11} より小さくなければならないことがわかった. これはディラックの仮説から得られる予言と矛盾する. この実験結果は大部分の宇宙論研究者が重力定数が時間変化する理論を捨てる原因となった. しかし, 自然定数が時間変化するというより一般的なアイディア自体は, 最近になって目覚ましい復活をとげている (5.3 節をみよ).

3.4.4 ミルン宇宙

1929 年から没年の 1950 年までオックスフォード大学の数学の教授を務めたエドワード・ミルンは, 1920 年代に恒星大気と星の輻射平衡の分野で重要な貢献をした傑出した宇宙物理学者である. 1932 年春, 彼は宇宙論の研究に転向し, 独自の手法で数々の論文と著作を発表し, 宇宙論を発展させた. 彼の最初の系統的な宇宙論の解説は, 1933 年出版の一冊の本ほどの長さの論文である. 1935 年には彼の代表的著作『相対論, 重力と世界の構造』[233] を出版し, 1948 年の『運動学的相対論』[234] へとつながってゆく[235].

ミルンの宇宙論は様々な点で例外的であったが, それは彼が一般相対性理論を受け入れなかったことから, 一般相対論と独立に構成されていることだけではない (彼は特殊相対性理論は受け入れていた). 彼は空間が曲率などの構造をもつことを否定し, 空間自体が膨張するということも否定した. 彼にとっての空間は単なる系を記述するための座標であり, 物理的実体ではなかった. 彼の宇宙

---

[231] 訳注: Vittorio Canuto.
[232] 当時の評価は Wesson 1980 を見よ.
[233] 訳注: Relativity, Gravitation and World-structure.
[234] 訳注: Kinematic Relativity; a Sequel to Relativity, Gravitation and World Structure.
[235] ミルンと彼の宇宙論については数多くの著作がある. たとえば North 1990, pp. 149–185, Urani & Gale 1994, Krath & Rebsdorf 2002 を参照. これらの中でさらに多くの文献が引用されている.

3.4 代替宇宙論

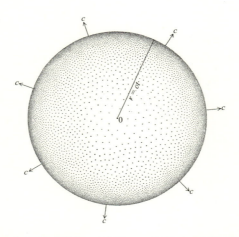

図 3.9 ミルンの宇宙モデルでは，観測者 O は距離 ct の位置にある無限の密度の境界の内側のみで銀河を観測し，その境界が宇宙創成を表現している．各点は観測者から外に運動している銀河 1 つひとつを表している．境界は観測者から光速で離れ続けている．Milne 1935 の図．

論は 2 つの基本原理から構築されている．1 つは光速度不変であり，これは慣習から彼も正しいと考えていた．もう 1 つはミルンが宇宙原理と呼んでいたもので，すべての観測者はその場所や観測方向によらず，同じ現象を観測するという原理であった．すでに見たように宇宙原理は相当に昔の時代，初めは 15 世紀のクサーヌスまで遡ることができる．アインシュタインはそれを原理まで持ち上げることはしなかったが，1917 年の宇宙モデルに適用しており，その後もこの分野の大部分の研究者も採用してきた概念である．

　1935 年の著作で，ミルンは宇宙物理のすべての基本法則は運動学的な少数の原理から導かれると主張した．彼の最初の理論は距離と時間の関係に限られていたが，後に彼は力学や電磁気学まで含むよう拡張した．エディントンとは違い，彼は宇宙論と原子核物理を統合しようとはせず，量子論はまったく登場しなかった．ミルンの理想的な宇宙モデルでは，銀河はちょうどガスを構成する分子のような，ランダムに運動する粒子として表現される．素朴な運動学的な考察から，最も速く運動する粒子が原点から距離 ct の場所に厚い球殻を形成するということから，彼はこの系がハッブルの法則のように成長することを示した．任意の時刻で，この系は無限の粒子密度になって透過できない境界で囲まれている．銀河の数が無限になるにもかかわらず，特殊相対性理論のドップラー効果を用

第 3 章 現代宇宙論の成立

いることで，ミルンは明るさの合計は有限であることを示した．オルバースのパラドックスは彼の宇宙モデルには存在しない．

ミルンの膨張宇宙では，相対速度 v で運動する任意の 2 つの銀河の距離は時間とともに $r = vt$ で増加する．ハッブル定数を t の逆数とみなせばハッブルの法則 $v = Hr$ が出現する．つまりミルンの理論は重力とは無関係に，純粋に運動だけからハッブルの法則を説明したことになる．1935 年には $4G\rho t^2 \approx 1$ という関係を示唆した．これは（ρ は t^3 に反比例するので）重力定数が時間とともに増大することを意味する．これには $t = 0$ の直後，粒子状の銀河が非常に高い密度で詰め込まれていた時代には，急激な膨張を減速させる重力が存在しないという利点があった；時代とともに G は成長するが，そのころには銀河は十分に離れており，重力は無視できる．ミルンは G と t のこの線型関係を，たとえば太陽系の中のような近距離における重力が強くなっていくのではないと強調した．実際，彼は G の時間変化を実験的検証の対象とは考えていなかった．

ミルンは，運動学的時間 (t) と力学的時間 (τ) という 2 つの時間座標を扱った．2 つの間の関係は

$$\tau = t_0 \log\left(\frac{t}{t_0}\right) + t_0 , \qquad (3.4.7)$$

で与えられる．ここで t_0 は現在に対応する．彼は，ニュートン物理で用いる時間は τ であり，光学に関係する現象は t で進むと主張した．t で測ると宇宙は一点から膨張しているが，τ でみると世界は定常となる．ミルンによれば，宇宙が本当に膨張しているのかどうかを問うことは意味がない．2 つの表現は単に同じ世界の 2 つの異なる見方にすぎないからである．ミルンの時間についての理解から，彼が宇宙年齢問題を気にしていなかったことがわかる．彼にとってはそれはみせかけの問題にすぎなかった．

しかし 1945 年，ミルンは結局運動学的時間と力学的時間が等価に意味を持つという考えを捨て，「現象それ自体」はより基本的な時間である t で測るのが適切であると結論した．宇宙の起源については，「単純に $t = 0$ は運動学的な t での歴史で特異点であり，... その時期は放射の振動数が無限大である... ので，そこでは波長が 0 でなければならず，$t = 0$ は光学的にも特異点である」と議論した．彼はさらに，現在観測される宇宙線は原始の高振動数の放射の名残りであると考えた．ルメートルはこれを荷電粒子と考えていたが，その点を除けば

3.4 代替宇宙論

ルメートルのシナリオと類似している[236]．宇宙が突然誕生するという点についてミルンは「$t=0$ で何が実際に起こったのかについてはまったく想像できない；我々が予言できるのは，$t=0$ の後だけである．なぜ誕生したのかという点について我々が言えることは，もしその現象が起きなければ，それを議論する我々はここには存在しなかったということだけである」[237]．

彼の偉大な 1935 年の著作のなかで，ミルンは多くの数式を詰め込んだ「創造と神性」[238] という一節において，宇宙論の究極の問いに対しては神に頼る必要があると述べた．これはふと漏らした言葉ではなく，彼はその後異端の宇宙神学を構築し，さらに宇宙論の主流から離れていくことになる[239]．

ミルンの力学的–特殊相対論的宇宙論は 1930 年代に大きな興味を引いた．反響の多くは批判であったが，主として英国の科学者たちがこの理論は有望であり，一般相対論的宇宙論の代替として研究を進める価値があると考えた．この理論に興味をもつ多くの人は英国の物理学者と天文学者であったが，当初は米国の天文学者も研究する価値があると考えていた．「貴論文はこちらで広く議論されており，このテーマについてのセミナーを開催しています」とハッブルは 1933 年にミルンに宛てて手紙を書いている[240]．ハッブルが『星雲界』の中で書いているように，彼はこの運動学的モデルが「非常に重要な特徴を持っている」と考えていた．一方ミルンの側では，ハッブルの観測は彼の理論に対する実験的な支持を与えていると信じていた：「ハッブルの観測は，もし銀河が後退していれば外側に向かって銀河密度が増大し，もし後退運動していないなら一様分布であることを示している．これはまさに今回の議論で予言されることである」[241]．

ミルンによる宇宙原理に基づいた物理の再構築という野心的な試みは，しばらくの間は興味を惹いたが，同時に強固な反対もあった．ロバートソンは 1935～36 年にかけての論文で，ミルンの理論を注意深く批判的に検証した．同じ頃，

---

[236] Kragh 2004, p. 224 を参照．
[237] Milne 1952, p. 58.
[238] 訳注：Creation and Deity.
[239] この完全な記述は彼の死後，1952 年に出版された．ミルンの宇宙と神についての観点は科学的のみならず神学的にも非正統的であった．Kragh 2004, pp. 212–229 を参照．
[240] Kragh 2004, p. 211 に引用されている．ハッブルが 1934 年にハレー講座で星雲の赤方偏移について講演した際，彼は相対論的宇宙論について言及せず，代わりに「ミルン教授の膨張宇宙についての魅力的な力学理論」について触れている．
[241] Milne 1938, p. 344.

アーサー・ウォーカーは，直接ミルンの理論に触発され，運動学—特殊相対論的宇宙論と一般相対論的宇宙論を，形式的かつ概念的観点から比較検討した．彼の定曲率時空についての論文の題名は『世界の構造についてのミルン理論』であった．今日ロバートソン—ウォーカー計量として知られるものが，宇宙原理を満足する最も一般的な計量の形である．上で触れたように，この種の計量は 1929 年ロバートソンによって最初に発見されたが，1935 年の一般的な定式化においては，ミルンの理論に肯定的な意味で（ウォーカー），あるいは批判的な意味で（ロバートソン）恩恵を受けている．

　ミルンの理論が論争を巻き起こした 1 つの理由は，その背後にある慣例主義，操作主義，そして極端な合理主義が混合した哲学にあった．ミルンの理論は数学的，哲学的な観点からは価値があるかもしれないが，それは物理的実体と何か関係があるだろうか？ ミルンは誇りをもって，宇宙の物理は観測と実験によるものと同様か，またはそれ以上に論理と理性の問題であると主張した．彼は次のように述べている：

> 哲学者は通常の物理学における観測と実験の圧倒的支配と台頭にもかかわらず，宇宙の物理は客観的で非形而上学的な問題を提起し，それらが観測によってではなく，もしも可能だとして，純粋理性によってのみ答えを与えられる類のものであるという事実によって慰めが得られるかもしれない; 自然哲学は，ありとあらゆる観測全体よりも大きな存在である[*242].

この記述，そしてエディントン，ディラック，そしてジーンズらが表明した類似の考え方は，より実証的で帰納的な科学的見地に立つ研究者を激怒させた．とりわけ，ハーバート・ディングルは，真の科学精神に背を向け，「宇宙神学的擬似科学」で置き換えたミルンや他の理性主義宇宙物理学者を糾弾した．この攻撃は 1937 年にネイチャー誌上で加熱した議論を喚起し，英国の有名な科学者達が参戦した[*243]．この論争は王立天文学会の月報 the Observatory 誌にも飛び火し，マクヴィティは 1940 年の月報記事で，彼自身と他の研究者の反論を感情的な言葉で述べている：「結局，困惑している読者にとってわかったことは，ミルンとウォーカーは自然を理解しようとしているのではなく，むしろそうあって

[*242] Milne 1935, p. 266.
[*243] この論争は Kragh 1982 および Urani & Gale 1994 で分析されている．ジョージ・ゲールの考察 http://plato.stanford.edu.enties/cosmology-30s/ も見よ．

ほしい自然について語っているだけである．もしも自然が困った人物で，彼らの型にはまるのを拒否したとすれば，それは自然の方が悪いのだそうだ[*244]」．マクヴィティは当初ミルンの理論に魅力を感じ，観測と関連付けようと努力したが，間もなく特殊相対論的なアプローチはうまくいかないうえ擬似科学に近く，却下されるべきであると結論している．

[*244] McVittie 1940, p. 280. 経験主義宇宙論研究者としてのマクヴィティについては Sánchez-Ron 2005 を見よ．

第4章 高温ビッグバン理論

4.1 宇宙論—核物理学の一分野か?

　宇宙のビッグバン理論は奇妙な歴史をたどった. 30年あまりの期間に, ほぼ独立に3回も提案されたのである. まず1931年に, ルメートル[*1]によって「原始的原子仮説」が提案された. ところがその後, 1940年代終わりにジョージ・ガモフ[*2]が展開した核物理学的な初期宇宙の理論には, ルメートルの理論は何の役割も果たさなかった. 1965年以降には, ロバート・ディッケ[*3], ジェームス・ピーブルス[*4]などの人々も独自の高温ビッグバン理論を発展させたが, 彼らの理論もやはりルメートルやガモフの先駆的な理論に基づいて構築されたものではなかった. 先取権という観点で言えば, ルメートルがビッグバン理論の本当の創始者であることはほとんど疑いの余地がない. 一方で, その理論を定量的かつ物理的に発展させたのはガモフとその共同研究者たちであることも, またほとんど疑いようがない. 1953年には高温ビッグバン理論のシナリオがほとんど完成されていて, さらにそれは1965年に発見された低温マイクロ波放射の存在を予言していた. にもかかわらず, この理論はいったんすっかり忘れ去られ, 1960年代半ばに再発明されなければならなかったのは実に驚くべきことである.

　ビッグバン宇宙論は, 上述した3つのどのバージョンであれ, ビッグバンそのものの理論ではないことに注意するべきである. 宇宙は仮想的な爆発によって

[*1] 訳注: Georges Henri Joseph Édouard Lemaître.
[*2] 訳注: Георгий Антонович Гамов (Georgii Antonovich Gamov). 当時のロシア帝国オデッサ (現ウクライナ) 出身, 後に米国で研究活動を行った. 通常George Gamowと綴る.
[*3] 訳注: Robert Henry Dicke. 日本ではディッケあるいはディッキーと表記されるが, 発音はディックである. ここでは慣習に従った.
[*4] 訳注: Phillip James Edwin Peebles.

存在し始めるようになったと考えられるが，その後何が起きたかについての理論がビッグバン理論である．このことは，その後20世紀中に発展した他のバージョンのビッグバン理論についても同様である．

4.1.1 ガモフの爆発宇宙

　1940年頃から1950年代初頭にかけて，数名の米国人物理学者が初期宇宙を研究するための理論的な枠組みを構築した．その研究は原子核考古学と，一般相対論的な宇宙膨張によって基礎付けられるものであった．これにより，核物理学と素粒子物理学が必要不可欠な要素として初めて宇宙論に取り入れられた．その結果，現在ビッグバンモデルとして知られる最初の現代的な理論となったのである．この理論的発展における立役者は間違いなくジョージ・ガモフである．彼はロシア出身の理論物理学者で，1933年に米国に移住した．ガモフは，当時新しく刺激的な研究分野であった核物理のパイオニアである．彼は，星の中におけるエネルギー生成の研究や，星の進化過程における元素合成の研究においても核物理学が本質的に重要であることを明らかにしている．ガモフは，この天体核物理学という道によって，宇宙論の研究へ導かれてきた[*5]．これは当時としてはかなり珍しい経歴であった．というのも，当時の多くの物理学者や天文学者は，一般相対論もしくはそれに代わる時空の理論を通して宇宙論に参入してきていたからである．またハッブルなどの天文学者は観測天文学から宇宙論に参入した．

　ガモフは，フォン・ヴァイツゼッカーの提唱した，星が誕生する以前の宇宙は極度に圧縮された状態にあったという主張について熟知していた．ガモフは，同業の核物理学者エドワード・テラー[*6]と1939年に出版した論文の中で再びこの概念を提示している．この2人の物理学者は膨張宇宙のフリードマン方程式を用い，銀河間の距離が今よりも昔のほうがずっと近かったと結論した．そして，銀河形成を理解するには永遠に膨張し続ける空間を考える必要があることを見抜いた．ガモフとテラーの論文では，過去に爆発的な出来事があったとは考えられていない．だが，この仕事はガモフが引き続き宇宙論に貢献するための青

[*5] ガモフ自身や宇宙論の発展における彼の役割については，Frankel 1994, Kragh 1996b, Harper et al. 1997，および Harper 2001 を見よ．原著文献はこれらの文献中に挙げられている．Alpher & Herman 2001 は，やや歴史的，伝記的な観点での発展から解説している．

[*6] 訳注: Teller Ede (テッレル・エデ: 姓名の順)．ハンガリーのユダヤ系の家系出身．米国では Edward Teller と綴る．

第 4 章 高温ビッグバン理論

写真のようなものであった. ワシントン D. C. で 1942 年に開かれた会議において, ガモフを含む参加者は, 核反応による重元素の合成がどのように起きるのかについて議論した. そして, それは平衡過程によっては説明できず, 非可逆的で激動する過程を通じてのみ可能であるという結論に達した. その出来事とは, 宇宙の起源となるようなものである. 会議報告によると, 「おそらく, ... 元素の起源は爆発的過程にあり, それは「時間の始まり」に起きた. そして現在の宇宙膨張の原因ともなっている[*7]」. ガモフは遅くとも 1945 年の秋までに, 元素の起源の問題を解くには相対論的宇宙膨張の式と核反応率を組み合わせるしかない, という結論に達していた. 彼はこのことを 10 月 24 日付けでボーア[*8] に宛てた手紙で書いている.

1946 年終わり頃, Physical Review（フィジカル・レビュー）誌にガモフの論文が掲載された. その論文では, ガス状になった原初の中性子のスープからなる初期宇宙の高密度状態の中で, 短時間で元素が作られたという説が提案された. アインシュタインへ宛てた手紙の中で, 彼は次のように述べている:「現在の元素組成比を説明するには, 「創世の日」に宇宙の平均密度と温度がそれぞれ $10^7\,\mathrm{gm/cm^3}$ と $10^{10}\,\mathrm{K}$ であると認めるべきであると認識することが大切です[*9]」. この最初の試みにおいて, ガモフは宇宙の速い膨張が中性子を凝固させて中性子複合体ができ, それがすぐさまベータ粒子を放射することによって, よく知られている化学元素となるのだろうと考えた. このことにより, 彼はゴルトシュミットの組成曲線に対する定性的な特徴が説明できると信じていた. だがすぐに, 本質的な構成過程はむしろ陽子による中性子捕獲であり, 原子核は陽子・中性子反応で作られるものと見抜いた（陽子は中性子崩壊により作られる）.

それまでガモフは単独で研究していたが, その後ラルフ・アルファー[*10] が共同研究者として加わった. アルファーは, ガモフの指導のもと, 原始宇宙における元素合成についての博士論文を用意していた. 1948 年初め, ガモフとアルファーは改良されたビッグバン模型を提唱した. これは初期宇宙の新しい描像

[*7] Gamov & Fleming 1942, p. 580.
[*8] 訳注: Niels Henrik David Bohr.
[*9] 1946 年 9 月づけの手紙. Kragh 1996a, p. 110 に引用されている. アインシュタインはガモフの方法を高く評価していたようで, ガモフ宛ての 1948 年 8 月 4 日づけの手紙の中で次のように書いている:「原子量の関数としての元素の存在量は, 宇宙論的な考察のためのとても重要な足がかりだと確信しました. また, 宇宙の膨張過程が中性子ガスから始まったという考えも, とても自然に思います」(Kragh 1996a, p. 117).
[*10] 訳注: Ralph Asher Alpher.

4.1 宇宙論—核物理学の一分野か?

を与えるものであり，さらなる研究の向かう先を指し示すものであった[*11]．

ガモフとアルファーの理論によると，宇宙膨張が始まって最初の 30 分以内に「核の料理」が起こらねばならない．その基本的な機構は中性子捕獲であり，非常に高密度の中性子が必要である．その原始中性子がどこから来たのか，そしてなぜそれが 20 億年前に崩壊したのか，という疑問はガモフとアルファーの理論においても残っていた．この問題はルメートルの初期の理論にも存在している．ビッグバン直後，中性子は陽子に崩壊し，またその陽子の一部は電子と結合して中性子を作る．宇宙膨張に伴って温度と密度が下がると後者の過程はほとんど起こらなくなり，いずれ停止する．一方，中性子は一定の割合で崩壊を続ける．放射性崩壊によって生成される陽子は，次に中性子と結合して重陽子を作る．また，より重い原子核はさらなる中性子捕獲過程によって作られ，その後ベータ崩壊する．原子核の合成過程は，$t = 0$ から約 20 秒後に始まったと考えられている．ガモフとアルファーは熱的核過程の詳しい計算をすることなく準定性的にこのシナリオを議論し，ゴルトシュミットの組成曲線にほぼ近い結果が得られた．

アルファーはその後，博士論文の内容をもとにして，アルゴンヌ国立研究所によって公開された中性子捕獲断面積（反応確率）のデータをすべて使ったより詳細な論文を 1948 年に出版した彼はまた，宇宙初期における原始スープを「イーレム」[*12] と表現した．この言葉は世界を構成する最初の物質を表す古い名前であり，（アルファーは知らなかったが）神学者や錬金術師，化学者によってはるか昔から使われていた [*13],[*14]．アルファーは開いた，永遠に膨張する宇宙モデルを考えていたが，この仮定はまったく本質的なものではなかった．また彼は宇宙膨張についても言及しているが，それは核物理学的な計算においては重要で

[*11] Alpher, Gamow, & Bethe 1948. Lang & Gingerich 1979, pp. 864–865 に再掲．この論文は『$\alpha\beta\gamma$ 論文』として知られている．ベーテが共著者に入っているのはガモフの冗談である．実際はベーテはこの論文に寄与しておらず，原稿を見るまでこの論文のことを知らなかった（が，この冗談に乗った）．

[*12] 訳注: ylem.

[*13] ギリシャ語の ὕλη (hyle) は「材料」という意味である．第 2.3 節で述べたように，この用語はバーナード・シルヴェスター によって 12 世紀半ばに，またロジャー・ベーコン によって 13 世紀にも用いられた．さらに 1815 年には化学者ウィリアム・プラウト (William Prout) が，さらに 1886 年には再びウィリアム・クルックス が，イーレムよりも早期という意味の「プロタイル」(protyle: proto-yle) という形でこの用語を復活させた．Crookes 1886, p. 568 を見よ．プラウトは，プロタイルが水素であると信じていたが，後世の科学者（1897 年の J. J. トムソンを含む）は電子が本当のプロタイルであると考えていた．

[*14] 訳注: 哲学用語としては質料と訳される．第 1 章脚注*182 参照．

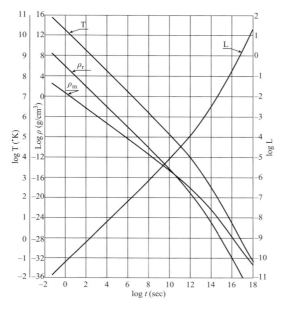

図 4.1 1949 年のアルファーとハーマンによる「神の創造曲線」の 1 つ．この図は宇宙膨張（L で示された曲線），物質密度と放射密度（ρ_m と ρ_r）および温度 T の時間変化を示している．R. Alpher & R. Herman, 'Remarks on the evolution of the expanding universe', *Physical Review* **75**, 1089–1099 から許可を得て転載．Copyright: American Physical Society.

はなく，実質的には物質密度だけが調整できるパラメータであった．

1948 年の論文中でアルファーは，元素合成が始まった時の物質の温度と密度をそれぞれ約 $10^9\,\mathrm{K}$, $0.001\,\mathrm{g\,cm}^{-3}$ と見積もった．この温度では，ステファン–ボルツマンの法則によって与えられる放射の密度は約 $10\,\mathrm{g\,cm}^{-3}$ となる．彼はこれが物質の寄与を上回っていることを指摘したが，その結果について詳しく述べることはなかった．その代わり，以前にトールマン[*15] によって得られていた結果に言及した．それは，物質で満たされた宇宙では密度が時間とともに $t^{-3/2}$ で減少する一方，黒体放射で満たされた宇宙模型においては t^{-2} と変化するということである．アルファーとガモフによれば，初期の放射優勢宇宙では温度（絶対温度単位）は

$$T = \frac{1.52 \times 10^{10}}{\sqrt{t}} \tag{4.1.1}$$

[*15] 訳注: Richard Chace Tolman.

で減少する．ただし，t の単位は秒である．さらに完全な議論は，1948 年から 1951 年にかけてロバート・ハーマン[*16]との共著で書かれたいくつかの論文に与えられている．ハーマンは，H. P. ロバートソン のもとで宇宙論を研究してきた物理学者で，初期宇宙を理解しようと試みていたガモフとアルファーの部隊に 1948 年に合流した．

4.1.2 核のビッグバン理論

1948 年は宇宙論の歴史にとってすばらしい年だった．それは定常宇宙論が提案された年であるばかりでなく，高温ビッグバン理論が現れた年でもあった．アルファーが行ったのとほぼ同時期に，ガモフは放射優勢の高温宇宙を考え，放射密度 (ρ_r) が物質密度 (ρ_m) よりも速く減少するため，これら 2 つの密度が等しくなる時期があったはずだと述べた．ガモフはこの等密度時は極めて重要であると考えた．当時ガモフが非常に興味を持っていた銀河形成の問題に対して正しい条件を与えられたからである．

1948 年の秋，アルファーとハーマンは同じ問題を取り上げ，さらに注意深く取り扱った．最初の頃の研究では，放射もしくは物質のどちらかで満たされた宇宙を取り扱っていたのだが，これらの著者は，膨張宇宙においてこれらの量を両方とも考慮しなければならないことに気づいた．彼らは積 $\rho_r \rho_m^{-4/3}$ が膨張する間一定に保たれるという結論に達した．現在の平均物質密度については，彼らはハッブルが用いた $10^{-30}\,\mathrm{g\,cm^{-3}}$ という値を採用し，元素合成の時に $\rho_m \simeq 10^{-6}\,\mathrm{g\,cm^{-3}}$ と $\rho_r \simeq 1\,\mathrm{g\,cm^{-3}}$ という値になると見積もった．ただし後者の値は「簡単のため」であるとした．これにより彼らは，現在の放射密度の大まかな値として $10^{-32}\,\mathrm{g\,cm^{-3}}$ を得た．これは温度にして約 $5\,\mathrm{K}$ となる．アルファーとハーマンの言葉によると，「この宇宙の平均温度は，宇宙膨張だけから帰結される背景温度と解釈されるべきである[*17]」．とはいえ，彼らは空間の温度は星の光でも温められることにも言及したため，これら 2 つの熱源は観測的に区別できないという印象を与えることになった．宇宙の熱放射を予言したのはアルファーとハーマンであり，ガモフが関わっていないことは強調すべきである．当初ガモフはこの予言を信じておらず，もし正しければ放射が観測されていたはずだと考えていた．それからわずか数年後には，ガモフもこの放射について

[*16] 訳注：Robert Herman．
[*17] Alpher & Herman 1948, p. 774. Bernstein & Feinber 1986, p. 868 に再掲．この文章は 1949 年の Physical Review に掲載された詳細な論文にも書かれている．

第 4 章　高温ビッグバン理論　　265

真剣に捉えるようになったが，それでもアルファーとハーマンとは異なる形で理解していた．

　宇宙マイクロ波背景放射の予言は—提示されたアイディアとしては—ガモフ，アルファー，ハーマンが 1948 年から 1956 年にかけて 7 回も出版物中で言及したにもかかわらず，物理学者や天文学者の興味を引くことはなかった．無視された理由を特定するのは難しいが，ワシントンの物理学者がこの放射温度の値を 3〜50 K まで（どちらもガモフによる値）という広い範囲を示すことしかできなかったことは原因の一部であろう．カナダの天文学者アンドリュー・マッケラー[*18] は，早くも 1940〜1941 年頃には，当時原因不明だった星間吸収線の原因が 2.7 K の励起温度に対応する量子遷移にあると示唆した．後に，その励起源は宇宙の熱浴であると理解されるようになったが，それが判明したのは 1966 年に宇宙マイクロ波背景放射が他の方法で検出されてからであった．1940 年代終わり頃は誰もその励起温度が宇宙論的な原因によるとは考えず，長い間天文学に数多くある分光学的な事実の 1 つにすぎなかった．1948〜1954 年の間，アルファーとハーマンはその放射に対する観測天文学者の興味を喚起し，できれば検出してもらおうと色々なことを試みたが，その努力は徒労に終わった[*19]．1950 年代初めにはすでに微弱なマイクロ波背景を観測することが技術的に可能だったと考える証拠はいくつもある．もし当時それが検出されていたら，宇宙論の歴史は実際とは違うものになっていたであろう．だが，歴史に「もし」は存在しない．

　ガモフのグループによる初期の計算には，詳しい熱核反応過程は取り入れられていなかった．何人かの核物理学の専門家がこの計算に興味を持った．エンリコ・フェルミ[*20] はアンソニー・ターケヴィッチ[*21] とともに 1949 年にこの問題に取り組んだが，結局結果は出版しなかった．フェルミとターケヴィッチは可能な核反応を多数考え，長い計算の後，初期の中性子状態から 30 分後に，質量の約 24 ％がヘリウムになったであろうという結果を得た．残りの質量は主に水素となり，微量の中性子はヘリウム 3 原子核となった．計算によって得られた水素とヘリウムの比（原子数について約 6.7）について彼らの研究は一見有望そ

[*18] 訳注: Andrew McKellar.
[*19] Alpher & Herman 2001, pp. 118–120 および Weinberg 1977, p. 130 を見よ．
[*20] 訳注: Enrico Fermi.
[*21] 訳注: Anthony Leonid Turkevich.

うに見えたが，より重い元素の説明はできなかった．ここで問題となったのは，質量数 5 と 8 の原子核が存在しないということである．これらの元素はヘリウムよりも重い元素を中性子捕獲によって作り出すために欠かせない要素である．この「質量ギャップ問題」はフェルミ，ガモフや他の核物理学者を真剣に悩ませたが，どのようなアイディアを出しても現実的な方法でこのギャップを埋めるこはできなかった．遅くとも 1953 年までに，この問題が本当に深刻であることが明らかになり，原理的に解決不能ではないにせよ，解決はされなかった．質量ギャップ問題に関する真の状況はどうであれ，ビッグバン理論にとっては致命的な困難だと広く認識されていた．ガモフのビッグバン理論において，この問題は元素の形成と密接に結びついていた．もし理論の主目的が元素の分布を説明することであり，ヘリウムだけしか満足に説明できないのであれば，いったい何の価値があるだろうか？

　ヘリウムに関する限り，フェルミとターケヴィッチの結果は日本の物理学者林忠四郎が 1950 年に見つけた結果とおおむね一致した．林はアルファーとハーマンが想定したよりもっと高い初期温度を考え，さらにごく初期の宇宙における核過程において電子と陽電子が重要な貢献をしたことを指摘した．彼は，宇宙初期の物質すなわちイーレムは，元素合成の起きた時期には純粋に中性子的あるいは中性子が圧倒的優勢というわけではなく，中性子と陽子の比が 4:1 の混合物で構成されていたと結論した．林の計算によれば，ヘリウムは陽子と中性子による初期の火の玉によって作り上げられ，それにより現在の水素とヘリウムの比が 6:1 に近い値になったと考えられる．林の計算が大雑把なものであることを考えれば，彼の予言値は不定性のある観測データと十分一致している．

　林の研究に刺激され，1953 年にアルファーとハーマンは，ジェームス・フォリン [*22] とともに彼らの理論を発展させて改善し，現在の水素とヘリウムの比が 10:1 から 7:1 となり，質量比でヘリウムが 29〜36 % の間にあるという結果を得た．しかし，この予言は印象的ではあったものの，宇宙におけるヘリウム量の観測に対する不定性のため，確証を得るまでにはいたらなかった．天体物理学者が宇宙にある物質の 30 % がヘリウムで構成され，その他のほとんどは水素であると自信を持って主張できるようになったのは，1960 年代初めの頃である．

　ガモフの高温ビッグバン理論は 1953 年のアルファー，ハーマン，フォリンによ

[*22] 訳注: James Follin.

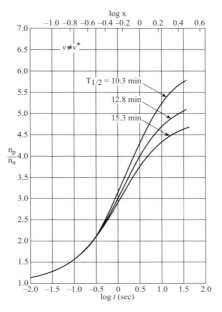

図 4.2 初期宇宙において陽子と中性子の比がどうのように発展したかについての計算結果．この比は中性子の半減期に依存し，当時は約 12.8 分（現在用いられる値は 14 分 47 秒）と測定されていた．上部の水平軸は温度 ($x = mc^2/kT$) を表す．Alpher, Follin, & Herman 1953 から許可を得て転載．Copyright: American Physical Society.

る論文で頂点を迎えた[*23]．この 3 人の著者は，たとえばニュートリノやミュー粒子，パイ粒子を取り入れるなど，核物理学と素粒子物理学の最先端の知識を革新的に用いた．ビッグバンのわずか 10^{-4} 秒後，温度にしてほぼ 10^{13} K の時点から計算を始め，これより早い時期には一般相対性理論における場の方程式が成り立たないであろうと議論している．最初期の宇宙は，数年前に想像したように中性子でできたイーレムではなく，光子，ニュートリノ，電子，陽電子，ミュー粒子，および微量の中性子と陽子で構成されていることになった．数分の膨張の後，ほとんどの電子と陽電子は対消滅し，主に光子とニュートリノを後に残した．アルファー，ハーマンおよびフォリンは，ビッグバンの 600 秒後までの詳しい計算を行った．約 30 分間の原子核合成が始まったのはこのときである．彼らは，ビッグバンから 1 億年ほど経つと温度は 170 K まで冷え，質量密度は

[*23] Alpher, Follin, & Herman 1953, Bernstein & Feinber 1986, pp. 159–200 に再掲．

10^{-26} g cm^{-3} になることを見出した．この論文は理論的な力作であったが，ほとんどの物理学者と天文学者は結論に納得しなかった．質量ギャップ問題は未解決であったし，理論の唯一の予言である宇宙のヘリウム量を，信頼できる観測と比較することはできなかったからである．

4.1.3 失敗した研究プログラム?

ガモフの研究グループによるビッグバン理論は，特に米国外ではあまり注目を浴びなかった．1953年以降は，さらなる研究の対象ともならなかった．この理論が後に大成功をおさめる標準ビッグバン理論として復活することを考えると，10年以上にわたって関係する科学論文が1つも出なかったのは驚くべきことである．日本では1956年に，林と彼の共同研究者である西田稔によって，もし原始宇宙が 10^7 g cm^{-3} の密度を持てば，質量数5と8の元素がないという質量ギャップがあっても，3つのヘリウム原子核が結合して重い元素の形成が可能になることが示された．だが，この機構は元素量の分布を再現できなかったこともあり，理論的な興味を引いただけにとどまった．

ガモフの理論は物理学者や天文学者の大々的な興味を引くことはなかったが，1950年頃にはよく知られるようになり，頻繁に言及されていた．特筆すべき例は，その年に出版された「地球化学」[*24] という書籍である．これは西洋の言語で書かれた地球化学に関する最初の入門的教科書である．フィンランド人の著者カレルヴォ・ランカマ[*25] とトゥーレ・サハマ[*26] は，化学元素量の分布やその形成に関連した天体物理学と宇宙論についての章にかなりの分量を割いた．彼らは新しいビッグバン理論について肯定的に述べ，それが元素合成の起源を明らかにするための有望な理論であると考えた．彼らは「宇宙全体の大部分の元素は，一般に瞬間的で劇的な出来事によって作られたと考えられている」と書いて，ガモフの理論が広く知られていることを強調している[*27]．

ガモフ，アルファー，ハーマンの研究は，天文学というよりむしろ，かなり核物理学的な趣が強かった．この理論は初期宇宙における原子核形成に主眼があり，その後の宇宙の発展についてはあまり多くのことを述べていない．このこと

[*24] 訳注: Geochemistry.
[*25] 訳注: Kaarlo Kalervo Rankama.
[*26] 訳注: Thure Georg Sahama.
[*27] Rankama & Sahama 1950, p. 14. 核物理学と宇宙論は，ある期間，地球化学者に興味を持たれていた．Kragh 2001a を見よ．

を踏まえ，ガモフらは彼らの研究結果を Physical Review などの物理学系の学術誌で出版し，Astrophysical Journal や Astronomical Journal（天文雑誌）などの天文学系の学術誌には投稿しなかった[*28]．ほとんどの天文学者はガモフの理論のようなものになじみがなく，本能的な反感を抱いた．そして天文学者にとっては，少なくとも彼らの科学に属するものだとはほとんど考えられなかったのである．元素の形成を説明する試みが天体物理学の一部として受け入れられることはあっても，物質の創造を扱っているらしい理論は疑いの目で見られた．フランスの天体物理学者エヴリー・シャツマン[*29] は，「元素の形成理論に創造という考えを持ち込むべきではない．問題は，どのような条件で実際に観測される元素量が生み出されたかということであり，現実にある状態とは完全に異なる宇宙の状態を発見することではない[*30]」．もしシャツマンがビッグバン理論を念頭に置いていたならば，彼の批判は部分的に的外れである．いかにもこの理論は「現実にある状態とは完全に異なる宇宙の状態」に基づいていることは確かであるが，これは，ガモフやルメートルによるビッグバンという考え方のまさに本質であった．一方で，ビッグバン理論のどのバージョンも，物質やエネルギーの宇宙的な「創造」については扱っていない．厳密に言えばそれらは進化理論であって創造理論ではないのだが，このときもその後も，この重要な区別がいつも認識されるとは限らなかった．

ガモフの宇宙論の研究スタイル（アルファーとハーマンにも共通する）は，健全で意味のある方法により宇宙を研究するというもので，核物理学における彼の研究で培われた実験家的観点を完全に透徹させたものである[*31]．宇宙論の理論的な基礎については，ガモフと共同研究者はアインシュタインの一般相対性理論の正統的信者であった．彼らは一般相対性理論が問題なく適用できると考え，フリードマン方程式の形で用いた．彼らは，ヨルダンやミルンらによる代替理論を意識的に無視した．「始まり」に関して，彼らは単純に魔法の時間 $t=0$ から少しだけ時間が経過して，小さな宇宙がすでに存在する時点から計算を始めた．これにより，$t=0$ に何が「起こった」のかという難しい問題には関わら

[*28] 1956 年にガモフはビッグバン理論についての論文を Vistas in Astronomy という新しく発刊された年報に出したが，これは理論の概説論文であって研究論文ではない．
[*29] 訳注: Évry Léon Schatzman．
[*30] Kragh 1996a, P. 141 より引用．
[*31] ガモフの研究スタイルおよび他の宇宙論の研究スタイルについては Kragh 2005 を見よ．

4.1 宇宙論——核物理学の一分野か？

ずに済んだ[*32]．彼らの理論は一種の創造宇宙論であったが，それは「無からの創造」という意味はなく，初期状態から形成されたものとして物質や放射を説明するという意味にすぎない．

　ガモフの宇宙論に対する姿勢は非哲学的で，ほとんど工学者的ですらある．これに対応し，彼はごく初期の宇宙は極めて高温の小さな容器であり，またそれは核物理学的な計算の風変わりな実験室だと考えていた．彼の研究手法は保守的で，すなわち物理の新しい原理を導入する必要性を見出さず，既知の法則だけを用いたのである．宇宙論が概念的かつ方法論的な困難を孕んでいるということをガモフは否定しなかったが，確立した物理の方法で進歩できるならば，これらの問題に関わることは無益であると理解していた．これは彼が「実証的宇宙論」と呼んだものであり，これと対照的なものはミルンの理性主義や定常宇宙論における「公理的宇宙論」である．1935〜1965年にかけてのほとんどの宇宙論研究者は，もちろん大まかにではあるが，極端な実用主義から極端な理性主義までに広がる方法論のどこかに分類することができる[*33]．

　これと若干似た分類は1961年にマクヴィティによっても行われ，宇宙論研究者を経験主義派と理性主義派に分類した．またマクヴィティは，ガモフとは異なる角度から宇宙論をとらえていた．マクヴィティによれば，宇宙論は本質的に一般相対性理論と天文観測の交錯するところにある．彼は経験主義的な宇宙論研究者であったが，ガモフほど実用主義的ではなかった．そして，ガモフが初期宇宙の物理的性質について強調するのを快く思っていなかった．彼が正しく指摘したように，一般相対性理論はビッグバンや原子核の爆発を予言せず，（天文観測で補われるとき）すべての物質が一点に集中した状態から宇宙膨張が始まったことを予言するだけである．彼はガモフの名前を出すことなく，軽蔑的に「想像力豊かな作家」が一般相対性理論の予言の周囲にビッグバンのような空想的な用語を織り込んだと表現した[*34]．

[*32] ガモフは，1950年頃の研究で，現在の宇宙膨張の前にフリードマン方程式によって許されている仮想的な収縮を考えた．だが，この考えは純粋な憶測だということを注意深く指摘した．宇宙が収縮してほとんど破壊されることに対して，彼は「大圧縮」(big squeeze) という用語をあてた (Gamow 1952)．

[*33] 著者は Kragh 2005, p. 184 においてそれを行った．

[*34] McVittie 1961. Sánchez-Ron 2005 も見よ．

4.2 定常宇宙論の挑戦

　ビッグバン宇宙論がまだいくぶん未成熟であった時期，まったく異なる宇宙の理論による挑戦を受けた．定常宇宙論である．この理論によると，宇宙の大局的な特徴はこれまでもそしてこれからも常に同じ姿であり，したがって宇宙の始まりや終わりなどはないということになる．この新しい理論と，宇宙年齢が有限で相対論的な進化をする理論の間に巻き起こった論争はその後15年以上も続き，1950年代の宇宙論研究に大きな影響を及ぼした．代替的な定常宇宙論は結局のところ誤りであったが，1950年代半ばには誰もそのことを予見できなかった．定常宇宙論は間違っていたとはいえ重要な対抗理論であり，その時代の宇宙論の知識を前進させるのに多くの役割を果たしたことは理解すべき重要な点である．さらに，方法論的な観点から見ればとても魅力的であり，多くの点でビッグバンモデルよりも優れていた（とはいえ，真実と方法論的価値とは必ずしも関係しないものである）．

　この論争は，宇宙論それ自体についての根本的な疑問と哲学的な基礎に関する激しい論争を巻き起こしたという点で興味深い．利害関係は大きくなり，宇宙論研究者は通常の科学では滅多に議論されない問題について取り上げざるを得なくなった．この節では定常宇宙論について述べ，それが生まれた1948年から圧力がかかりつつもまだ生き残っていた1960年頃までをたどってみる．次の節で詳しく述べるように，5年後にこの理論は実質的に死んだ．

4.2.1　永遠に続く宇宙

　宇宙が定常状態にあり，エネルギーの消失が何らかの発生過程とつり合っているという考えは，3.4節で述べたように，1920年代と1930年代には何人かの研究者によって主張されていた．マクミランは宇宙に広がる物質の分布が大局的に一様であると仮定するだけでなく，「宇宙全体の過去や未来の姿が現在の姿と本質的に異なる」ということも否定した[*35]．つまり彼は，後の定常宇宙論において完全宇宙原理と呼ばれるものを実質的に定式化していたのである．1940年，英国人で電子工学の教授であるレジナルド・カップ[*36]は，『科学対唯物

[*35] McMillan 1925, p. 99.
[*36] 訳注: Reginald Otto Kapp.

論』*37 という本においてこの種の世界観をさらに展開した．カップによれば，有限の過去しか持たない宇宙という仮説は科学の精神と相容れない．なぜなら，現在観測されるものとは完全に異なる過程を持つ架空の過去を前提としているからである．永遠に続く一様な宇宙を保つために彼は，物質が常に作られ続けていることを仮定するだけでなく，それが常に消失し続けていることも仮定した．カップの理論は基本的に哲学的であり，それを数学的に定式化した宇宙モデルへと発展させることはしなかった．

　定性的な類似性にもかかわらず，1948 年に現れた定常宇宙論はマクミランやネルンスト，カップなどの名前から連想される古い伝統的な宇宙論的考察とは何のつながりも持たない．それはケンブリッジ大学の若い 3 人の物理学者が Monthly Notices of the Royal Astronomical Society 誌に出版した 2 篇の論文として出現した．フレッド・ホイルはもともと理論物理学であったが，1940 年までには天文学に移り，そこで様々な問題について研究論文を発表し，同時に軍のレーダー研究にも携わった．レーダー研究の関係で，彼は 2 人の若いオーストリア出身の物理学者ヘルマン・ボンディ*38 とトーマス・ゴールド*39 と知り合った．戦争が終わってケンブリッジに戻ると，この 3 人の物理学者はその後もしばしば会い，物理学や天文学の問題について議論した．そうした問題の 1 つが相対論的宇宙論であった．彼らの誰もまだこの分野を研究したことがなかったが，その分野が不満足な状態にあるということで意見は一致した．ボンディは一般相対性理論に興味を持ち，1948 年に宇宙論についての概説論文を出版した．その中で彼は，数学的な詳細よりも様々な理論の原理や定性的な特徴を強調した．この論文はある意味で，数年後に現れる定常宇宙論への方法論的な序幕と見ることができる *40．

　1947 年に行われた自由奔放な議論の中で，ボンディ，ゴールド，およびホイルはアインシュタインによる場の方程式に基づく標準的な進化宇宙論はより良い理論で置き換えられるべきだ，という結論に達した．彼らは宇宙の膨張に問題はなく疑いないものとしたが，相対論的モデルがどんな観測も説明してしまうことには方法論的に異論の余地があり，それゆえ実際の予言能力がほとんどな

---

*37 訳注: Science versus Materialism.
*38 訳注: Sir Hermann Bondi.
*39 訳注: Thomas Gold.
*40 Bondi 1948. 定常宇宙論の誕生については Kragh 1996a, pp. 162–179 および Terzian & Bilson 1982, pp. 17–65 を見よ．またホイルの自伝 Hoyle 1994 も参照．

いことに気づいた．そのうえ，彼らは宇宙年齢の矛盾を致命的な問題と考え，ルメートルのモデルにおける宇宙定数などの特殊な仮定を導入してこの問題を取り除こうとするのは不当な推論だと考えた．科学的な理由と哲学的な理由から，3人のケンブリッジの物理学者はハッブルの観測に一致するような動的で，かつ変化しない宇宙モデルを望んだ．これら2つの切実な要求を解決するためには，宇宙に物質が生まれ続けているという仮説に頼らざるを得なかった．この考えはもともとゴールドによるものである．

ボンディ，ゴールド，ホイルの議論は1篇の論文にはならず，定常宇宙論はホイルのみによるものと，ボンディとゴールドの共著の2篇の，いささか装いの異なった論文として発表された[*41]．とはいえこれらは異なる理論というわけでなく，同じ理論の2つの異なる解釈というべきものである．どちらの解釈でもボンディとゴールドのいう「完全宇宙原理」とホイルの「拡大宇宙原理」を出発点とする．これらは宇宙が空間的に一様であるばかりでなく，時間的にも一様だということを意味する．すなわち宇宙の大局的な外観はどの場所でも，そしてどの時刻でも同一であるとする．完全宇宙原理は自然に永遠の宇宙を意味することになり，したがって宇宙年齢の矛盾はなくなる．定常的な宇宙は銀河の後退運動と矛盾するように見えるかもしれないが，ボンディ，ゴールド，ホイルは，宇宙の平均密度を一定に保たれるように，連続的に物質の生成が起きているとしてこの問題の解決を試みた．彼らの定常宇宙論のこの部分は最も物議をかもすところで，この理論の主要な特徴とみなされることが多かった．このため，「連続的生成宇宙論」[*42]と呼ばれることもあった．

簡単な考察により，定常的な宇宙を保つために必要な物質の生成率は$3\rho H$となる．ただしρは物質の平均密度で，Hはハッブル定数である．当時知られていた定数の値を用いると，この生成率は$10^{-43}\,\mathrm{g\,s^{-1}cm^{-3}}$となる．この値は，100万年の間に1 m^{3}あたり水素原子が3個新しく生まれるのにほぼ等しく，直接検出されるには小さすぎる．ホイルやボンディ，ゴールドの誰も，どのような形で新しい物質が出現するのかを予言できなかったが，簡単のためにそれは水素原子かあるいは陽子と電子であると仮定された．

定常宇宙論における物質生成は何もないところから起こるもので，エネルギーから生成されるものではない点は重要である．これは物理の最も基本的な法則

[*41] Bondi & Gold 1948; Hoyle 1948. また Bondi 1952 の発表資料も参照．
[*42] 訳注: continuous creation cosmology.

4.2 定常宇宙論の挑戦

である,エネルギー保存則を破ることを意味する.ボンディとゴールドは,完全宇宙原理がより基本的であると信じていたので,この代償を払うことに躊躇しなかった.彼らはエネルギーが近似的に保存することを認めていたが,それが宇宙的な尺度で絶対的に保存すると結論づける理由は何もないと考えた.彼らによれば「ずっと遠大で,宇宙の素性や物理法則の適用可能性に対してより多くのことを言える他の原理［完全宇宙原理］とは矛盾するので,連続の原理が実験的証拠のある範囲を超えて無限に正しいことを支持する理由はない」.物質が連続的に形成されるため,宇宙が膨張するにもかかわらず銀河の密度が一定になるような割合で新しい銀河が生まれることになる.定常宇宙論によれば,ある大きな空間体積の中には古い銀河と若い銀河が混在する.銀河の年齢はある統計的法則に従って分布し,T をハッブル時間とすれば平均年齢は $T/3$ となる.

定常宇宙論の仮定からは物質生成率ばかりでなく,物質の平均密度,空間の計量,そして膨張率も導かれる.ホイルは,一般相対論的な場の理論によく似た彼独自の定常宇宙論を構成し,そこには物質の自発的な生成を表す項(C 場と呼ばれる)が付け加えられた.この奇妙な仕掛けにより,宇宙の平均物質密度が一定になるような式を導くことができる.その式は,たまたまアインシュタイン–ド・シッター宇宙モデルの臨界密度 $\rho = 3H^2/8\pi G$ と完全に同じになった.これは数値的に $5 \times 10^{28}\,\mathrm{g\,cm^{-3}}$ に相当する.この質量密度の予言値は観測された密度に比べてはるかに大きいが,ホイルはこの違いは問題ではないとした.その理由は,星や銀河の形で存在して観察されるのは物質全体のわずかな部分にすぎないと考えたためであった.空間の計量は,定常宇宙は平坦で指数関数的に膨張する.これは古いド・シッターのモデルと似た振舞いである(ド・シッターのモデルが物質を含んでいないという点を除く).膨張の式 $R(t) = R_0 \exp(Ht) = R_0 \exp(t/T)$ において,ハッブル定数の逆数はもはや宇宙年齢の目安にならず,単なる特徴的な時間尺度を与える.

概して,1948 年に現れたこの新しい宇宙の理論は驚くほど正確で,いくつもの明確な帰結を生み出した.ボンディとゴールドはこの方法論的な特質を,相対論的な進化宇宙論の状況と比較して次のように表現した:

> 一般相対論では非常に広い範囲のモデルが可能で,［理論と観測の］比較は単にそれらのモデルのうちどれが最も事実に合うのかを見つける試みにすぎない.パラメータの数ははるかに観測点の数よりも多いので,理論に合うモデルは必ず存

在し, しかもすべてのパラメータが固定されることもない.

熱的死のシナリオは, 定常宇宙論が拠り所にする完全宇宙原理と明らかに一致しない. ホイルは熱力学第 2 法則には問題がないと議論した. その理由として, 局所的にエントロピーは増えるかもしれないが, 物質の生成が全体的な熱的死へ近づくことを妨げるだろうと考えた. ボンディは 1952 年の彼の著書『宇宙論』[*43] において同様の議論を行い, 宇宙膨張とともに生成過程はエントロピーが最大値へ向かって増えるのを妨げると考えた. 宇宙が膨張するに従って放射エネルギーは失われるが, それは新しい星の形成で生み出された新鮮な放射によって補充されるであろう.「(放射の形態を持つ) 高エントロピーのエネルギーは, 膨張宇宙におけるドップラー偏移 の作用で常に失われるが, 低エントロピーのエネルギーは物質の形成によって常に補充される[*44]」.

4.2.2 定常宇宙研究の受容と発展

　天文学研究者たちの多くは, 定常宇宙論に対して無視することで対応した. 英国以外の国ではこの理論はほとんど注意を引かず, ガモフ, ロバートソン, トールマン, ルメートルやヘックマンのような主流の宇宙論研究者たちは, この理論を真剣に検討することもなく却下した. 彼らは物質の生成はばかげているとみなした. その理論はそもそも人工的であるばかりでなく, 銀河のスペクトルが赤化しているという観測にも一致しないと主張した. 米国の天文学者ジョエル・ステビンス[*45] とアルフレッド・ウィットフォード[*46] は遠方銀河のスペクトルが, 通常の速度依存する赤方偏移から予想されるよりも大きな赤化を示していることを発見し, 1948 年にそれを報告した. このことは, 進化の観点から見れば年齢の効果だと説明できるが, 銀河の平均年齢が時間によらない定常宇宙論とは矛盾するように見えた. ガモフ, ヘックマンや他の相対論的宇宙論研究者は, ステビンス–ウィットフォード効果に基づく議論により定常宇宙論の信用を低下させたが, ボンディ, ゴールドとデニス・シアマ[*47] はデータを批判的に再検証し, 1954 年にこの効果が偽のものだったことを示した. 数年の混乱の後, 定常宇宙論と矛盾するような年齢によって決まる色の効果はないということで

[*43] 訳注: Cosmology.
[*44] Bondi 1952, p. 144
[*45] 訳注: Joel Stebbins.
[*46] 訳注: Albert Edward Whitford.
[*47] 訳注: Dennis William Siahou Sciama.

意見の一致をみた．

　定常宇宙論がその賛同者を惹きつけたのは主に英国においてであった．そして，強い反対にあったのも同じ場所においてである．提唱されてからすぐに，ミルンやマクヴィティ，ディングルはこの理論を批判して，連続的に物質が生成されるという仮説は科学の基本的な原理を破っていると主張した．一方で，この新しい理論は王室天文官のハロルド・スペンサー ジョーンズ[*48]によりある程度の支持を受けた．彼は理論の高度な検証可能性に感銘を受けた．彼は総説論文の中で「他の仮説を付け加えることなしに観測で検証できることは，少なくとも1つの大きな長所となる」と公平に結論した[*49]．

　定常宇宙論が発展した主な原因は，それ自体にある潜在的な可能性というよりは，反対意見に対する応答によるものであった．よって必然的に，いくらか首尾一貫しない形とならざるを得なかった．定常宇宙論の擁護は2つの議論の方向で行われた．1つ目の議論の方向は，哲学的および観測的な異議に対抗できるように理論を修正することであった．特に，異議の多い物質の生成が既存の物理理論の枠組みに組みこまれた．ボンディ・ゴールドの理論は融通がきかず，もとの枠組みを変えることが実質的にできないため，これらの修正はすべてホイルによる場の理論に基づくバージョンにおいての進展となった．2つ目の議論の方向は，定常宇宙論に間接的な支持を与えることである．それは，主な対抗理論であるビッグバン型の相対論的進化宇宙論が不適当であることを強調するか，または，その理論の成功が定常宇宙論による議論と匹敵することを示すことによって行われた．

　ロンドンの理論物理学者で，エディントンとミルンの以前の共同研究者であるウィリアム・マクレイは当初から定常宇宙論へ好意的に傾倒していた．1951〜1953年にかけての論文で彼はホイルの理論を発展させようと努力し，一般相対性理論との整合性を高め，ある種のエネルギー保存則を成り立たせようとした[*50]．ホイルの理論では圧力がゼロとなるが，マクレイは一様な負の圧力 $p = -\rho c^2$ を導入することで理論の再定式化ができることを発見した．ホイルのモデルでは，生成された物質によって生じる外向きの圧力が膨張の原因となるが，マクレイ

[*48] 訳注: Sir Harold Spencer Jones.
[*49] Spencer Jones 1954, p. 31.
[*50] マクレイの研究や，定常宇宙論と一般相対論を調和させようとする試みについては Kragh 1999 を見よ．

は膨張を負の圧力によって説明した. この負圧力自体は, その完全な一様性のため観測不可能である. マクレイの再解釈は定常宇宙論の研究の枠内に入っていて, ホイルの理論と完全に同じ結果を導いた. だが, 基本的な要請として物質生成過程を使う代わりに, 空間の零点圧力を導入した. これにより神秘的な物質生成から理論の焦点をずらし, 純粋な「無からの創成」過程ではなく, ある種の変換とみなされるように変更した. この新しい解釈において, 生成過程は負圧力の付与された空間によって起こる.

マクレイによる定常宇宙論の別バージョンは他の何人かの英国人物理学者たちを刺激し, 同様の研究が行われた. そして, 何もないところから物質を生成するという厄介な考えに対し, 説明のようなものを与えることが試みられた. 1960～1968 年に, ホイルと彼の若い共同研究者であるジャヤント・ナーリカー[*51] は C 場の理論をさらに発展させ, その中でマクレイの理論にあった要素を用いた. ホイルとナーリカーによる拡張 C 場の理論によると, 物質の生成はエネルギー保存則を破ることなく起き, 生成された粒子のエネルギーは C 場の持つ負のエネルギーによって相殺される. ホイルとナーリカーの理論は, 興味深い数学と見込みのある粒子物理学の統一を導いたが, ほとんどの科学者はそれが物理と宇宙の理論として不毛であると考えていた.

マクレイの理論に関係して, ボンディとレイモンド・リトルトン[*52] は 1959 年, 陽子と電子の電荷の値が数値的にわずかに異なり, そこから生じる電磁場がマクレイの圧力になっているという驚くべき理論を提案した. 彼らは, 水素原子における電荷の超過は $2 \times 10^{-18} e$ (ここで e は単位電荷) であるとし, ハッブル膨張則は静電的な反発力の結果として説明されるとした. もし物質が何もないところから生成されるならば電荷も同様であり, それはマクスウェルの場の方程式を修正する必要があることを意味する. ボンディとリトルトンの理論はハッブルの法則を説明し, 1948 年に得られた物質生成率の導出を与えるばかりでなく, マクレイの負圧力に対する説明として, 仮想的な電荷超過という物理的な理由を与えた. ボンディとリトルトン, さらにはホイル (彼は 1960 年に電気的宇宙[*53] という考えに寄与した) も, この独創的な理論に一時は大きな期待

[*51] 訳注: Jayant Vishnu Narlikar.
[*52] 訳注: Raymond Arthur Lyttleton.
[*53] 訳注: electrical universe.

4.2 定常宇宙論の挑戦

を抱いた.しかし,この理論が基礎を置いていた最小の電荷超過[*54] という仮説は,実験と一致しないことが判明した[*55].この結果,定常宇宙論の電気版は提案されてから1年も経たずに捨てられ,それ以上の音沙汰はなかった.この理論の運命を記すことには価値がある.というのも,これは宇宙の理論が通常の実験室における実験で否定された恐らくは最初の事例である.

　良い宇宙の理論が銀河の分布と形成を説明するべきであることは共通した見解である.この問題は,相対論的な進化宇宙論と定常宇宙論という2つの論争する理論のどちらの観点からも研究された.ルメートルにより1930年代に展開された銀河形成の理論は,ゼロでない宇宙定数の仮定に依存しており,ガモフは彼のビッグバン宇宙論に準拠する別の理論を展開した.しかし1956〜1957年に英国の物理学者ウィリアム・ボナー[*56] はガモフの理論を批判し,通常のビッグバン理論では銀河形成を理解することがまずできないだろうと結論した.定常宇宙論側では,銀河形成の非常に異なる理論が若き研究者デニス・シアマによって提案された.彼はボンディとゴールド,ホイルの理論(特にボンディとゴールドのバージョン)に感銘を受け,10年以上にわたって筋金入りの擁護者であり続けた.1955年のシアマのモデルは,すでに存在する銀河に宇宙の物質が付着するというものであった.また,定常宇宙論に基づく別の理論がホイルとゴールドによって1958年に提案された.1960年代初めまでには,一般に銀河形成に対して定常宇宙論のほうが相対論的宇宙論によりもよい説明を与えるという印象になっていた.だが一方で,この問題全体はあまりにも複雑であり,世界についての2つの対立する考え方について決定的な結論が出せないのも事実であった[*57].

　完全に核物理学に基づくガモフの理論とは著しく対照的に,定常宇宙論は核子とその相互作用には何の直接的なつながりもなかった.だがもちろん,核反応を通じて元素を形成することは,ガモフの理論と同じく定常宇宙論にとっても問題であった.定常宇宙論の要請では,元素の形成は宇宙論的な起源を持ちえないため,星や新星のようにすでに存在するものの中であらゆる元素が形成されなければならない.これは宇宙論的な問題ではなく,天体物理学的に解明されるべ

[*54] 訳注: minimum charge excess.
[*55] 電気的宇宙理論と電荷実験の間の関係については Kragh 1997 を見よ.
[*56] 訳注: William Bowen Bonnor.
[*57] Gribbin 1976 による概観を見よ.

第 4 章 高温ビッグバン理論 279

き課題であった．前述のように，元素の質量数 5 と 8 に隔たりがあるため，ビッグバン理論では重い元素が宇宙論的に生成されないという問題があった．1952年，オーストリア出身の米国人物理学者エドウィン・サルピーター[*58] は，ある種の星内部における物理状態のもとで 3 つのヘリウム原子核が十分効率的に結合して炭素原子を作る ($3\alpha \to {}^{12}\mathrm{C}$) という機構があることを発見した（トリプルアルファ過程）．宇宙論的に重要なのは，この機構が初期のビッグバン宇宙で考えられる条件下では起こらないということである．

ホイルはサルピーターのトリプルアルファ過程を 1953 年の論文で発展させ，米国人研究者ウィリアム・ファウラー[*59] および 2 人の英国人天体物理学者マーガレット・バービッジ[*60] とジェフリー・バービッジ[*61] とともに，元素合成の野心的な理論について共同研究を始めた．いわゆる $\mathrm{B}^2\mathrm{HF}$ 理論と呼ばれる彼らの研究成果は 1957 年に出版された[*62]．多くの複雑な核反応過程を用いることにより，ほぼすべての元素組成に対する満足のいく説明が与えられた．この理論は直接的に定常宇宙論と結びついているわけではないが，その結論とは整合的である．そして，それは断じてビッグバン理論ではない．なぜなら，仮想的な高温で凝縮した宇宙の過去は必要ないからである．この理由により，$\mathrm{B}^2\mathrm{HF}$ 理論の成功は暗に定常宇宙論の成功を示すものであり，ガモフと彼の共同研究者による初期宇宙理論を発展させる動機はやや失われた．一方で，ヘリウムや重水素のようなとても軽い元素の組成はビッグバン理論によって最もよく説明できたため，核合成はこれら 2 つの宇宙理論の明確な区別には役に立たなかった．

4.2.3 赤方偏移および他の観測

宇宙年齢の矛盾は，宇宙定数をゼロとするビッグバン理論が多少の懐疑を持たれる主な原因であった．逆に，この矛盾は定常宇宙論に現れないため，少なくともある人々にとってそれはこの種の宇宙論を支持すること，もしくは，少なくとも真剣に考える理由とみなされた．1950 年頃に受け入れられていたハッブル時間は 18 億年であった．当時は 10 ％ほどの誤差で後退定数の値が $540\,\mathrm{km\,s^{-1}\,Mpc^{-1}}$

[*58] 訳注: Edwin Ernest Salpeter.
[*59] 訳注: William Alfred Fowler.
[*60] 訳注: Eleanor Margaret Burbidge.
[*61] 訳注: Geoffrey Ronald Burbidge.
[*62] Burbidge, Burbidge, Hoyle, & Fowler 1957. 非専門家向けの概説 Hoyle 1965 も見よ．もちろん，この発展には多くの他の物理学者も貢献した．中でもエストニアのエルンスト・エピック (Ernst Öpik) とカナダのアラステア・キャメロン（Alastair Cameron）による研究が重要である．

4.2 定常宇宙論の挑戦

と見積もられていたことに対応する．だが，ハッブル定数の値はどれほど信頼できるだろうか？ その拠り所は 1910 年代終わりに行われたシャプレーの研究まで遡る，セファイドを用いた距離尺度の較正であり，一般に権威あるものだと信じられていた．これが正しくない可能性はフランスの天文学者アンリ・ミヌール[*63]によって 1944 年に最初に指摘され，その 7 年後ドイツの天文学者アルベルト・ベーア[*64]は，すべての系外銀河に対する距離は約 2.2 倍だけ増やさなければならないと結論した．ベーアはこれによってハッブル時間が約 38 億年であると見積り，その年齢は「放射性物質とその崩壊生成物の存在量から決められた世界の年齢に一致する[*65]」．

ベーアの結果はあまり注目されず，ドイツ出身の米国人天文学者で，当時完成したばかりの 200 インチのヘール望遠鏡を使って研究していたウォルター・バーデ[*66]がこの疑問を取り上げたことにより，事態は大きく変化した．1931 年にバーデはドイツを離れ，ウィルソン山天文台での職を得ると 1940 年代初めにアンドロメダ星雲中のすべての星が 2 つの異なる種族のどちらかに属することを発見した．問題だったのは，ハッブルがアンドロメダまでの距離を決めるのに 1 つの種族に属するセファイドを用いていた一方，シャプレーは彼の周期・光度関係の較正にもう一方の種族に属するセファイドを用いていたことであった．このためバーデは周期・光度曲線を再較正する必要を認め，1952 年にローマで行われた国際天文学連合の会議において，距離指標として用いられていたセファイドがそれまで考えられていたよりもはるかに明るいことを発表した．これは宇宙的な距離尺度と時間尺度が 2 倍も違うという劇的な結論をもたらした．バーデは「宇宙に対するハッブルの特徴的時間尺度は，今や約 1.8×10^9 年から約 3.6×10^9 年に増やされねばならない」と結論づけた[*67]．

バーデの新しいハッブル時間への支持は急速に広がり，新しい測定値はさら

[*63] 訳注: Henri Mineur.
[*64] 訳注: Albert Behr.
[*65] ミヌールのハッブル時間は 30 億年であったが，彼はこの値について何か議論する，あるいはこの再較正を宇宙論の話題と関係付けることはなかった．距離尺度とハッブル時間の決定の変化については Fernie 1969 および Trimble 1996 を見よ．
[*66] 訳注: Wilhelm Heinrich Walter Baade（ヴァルター・バーデ）．米国での活動が長かったため，ウォルター・バーデと読まれることが多い．1959 年には故国ドイツに戻り，そこで一生を終えた．
[*67] バーデの名高い「宇宙の大きさの倍増」については，Osterbrock 2001, pp. 162–176 を見よ．また Gray 1953 も参照．

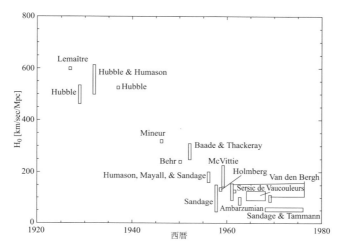

図 4.3 1927 年から 1970 年代におけるハッブル定数の値．長方形の大きさは大まかな誤差の推定値．この図は最初 Trimble 1996 に示された．Copyright 1996. Astronomical Society of the Pacific; 許可を得て再掲．

大きくなった．これらの結果は主にアラン・サンデージ[*68]による．彼はハッブルの死後，ヘール望遠鏡での観測計画を引き継ぎ，より明確に宇宙論指向の研究を行った．1956 年，サンデージ，ヒューメイソン，ニコラス・メイヨールはその定数値を 54 億年と決定し，その 2 年後にサンデージは，アインシュタイン–ド・シッターモデルに基づき，宇宙年齢は 65〜130 億年の間だと結論した．

更新された時間尺度はビッグバン理論にとっては良い知らせであったが，年齢の矛盾が消え去ったわけではなかった．1 つには，1956 年にシカゴの地球化学者クレア・パターソン[*69]によって主に得られた 45.5 億年という値に落ち着くまで，地球の年齢の見積もりについての推定値が増加し続けたということがある．アインシュタイン–ド・シッター宇宙を仮定し，ハッブル時間を 54 億年とすれば，これは宇宙が地球よりも若いことを意味する．もう 1 つは，ほとんどの星は地球よりもかなり古く，そのいくつかは非常に古いとされていたことである．星の進化理論は最も古い星の年齢が 150 億年以上だと示唆していた．この年齢は，ビッグバン宇宙の最も楽観的な年齢よりもさらにずっと古い．それでもなお，多くの天文学者はこの不一致が進化宇宙論に対する本当の問題である

[*68] 訳注: Alan Rex Sandage.
[*69] 訳注: Clair Cameron Patterson.

4.2 定常宇宙論の挑戦

と考えるよりも,明らかに不正確な恒星進化モデルの責任にするほうを好んだ.良きにつけ悪しきにつけ,1950 年代終わりまでには年齢の矛盾が宇宙論の論争において重要な話題ではなくなり,定常宇宙論を擁護するために言及されることはほとんどなくなっていった[*70].

宇宙論のモデル,特に相対論的膨張モデルと定常宇宙モデルを選別するため,赤方偏移と銀河(または銀河団)のみかけの等級との関係の解析が観測的宇宙論の焦点になってきた.この方法は 1930 年代におけるハッブルとトールマンの研究に基礎を置いているが,減速パラメータが重要な宇宙論的量として導入された 1950 年代に大きく改善した.この無次元パラメータは膨張が遅くなる率の指標であり,

$$q_0 = -\left(\frac{R''}{RH^2}\right)_0 \tag{4.2.1}$$

で定義される.ただし,下付き添字 0 は現在の時刻を表す.ドイツ人天文学者ヴァルター・マッティヒ[*71] は 1958 年の論文において,任意の赤方偏移の値と減速パラメータの値に対して成り立つ赤方偏移・等級関係を導いた.近似的な形としてそれは,z を赤方偏移として,

$$m = M + 5\log(cz) + 1.0861(1 - q_0)z + 定数 \tag{4.2.2}$$

と書くことができる.同等だが異なる記法の関係式は,1942 年にヘックマンの教科書『宇宙論の理論』[*72] にも見られる.宇宙定数が 0 のフリードマンモデルにおいて,q_0 が空間曲率と関係していることも知られていた.すなわち,曲率定数 k は

$$\frac{kc^2}{R^2} = H_0{}^2(2q_0 - 1) \tag{4.2.3}$$

で与えられる.このようなモデルに対しては減速パラメータは $q_0 = \Omega/2$ で与えられる.つまり,上の関係は q_0 の代わりに臨界密度 Ω によって表すことができる.宇宙定数のあるモデルでは,この関係は

$$q_0 = \frac{\Omega}{2} - \frac{\Lambda c^2}{3H_0} \tag{4.2.4}$$

[*70] 新しい宇宙の時間尺度は定常宇宙論にとって深刻な問題をもたらしたということすらできる.米国の天文学者イヴァン・キング (Ivan R. King) はそのような議論を展開した.Kragh 1996a, pp. 275–276 を見よ.

[*71] 訳注: Walter Mattig.

[*72] 訳注: Theorien der Kosmologie.

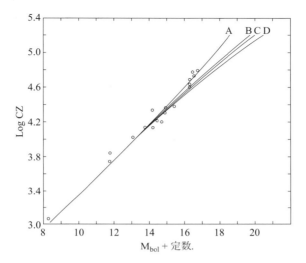

図 4.4 異なる減速パラメータ q_0 の値に対応した 4 つの場合における赤方偏移とみかけの等級の関係。A, B, C はビッグバン理論モデルを表し，D は $q_0 = -1$ の定常宇宙論モデルを表す．18 個の銀河団に対する観測データが含まれている．この図の初出は **Hoyle & Snadage 1956**. Copyright 1996. Astronomical Society of the Pacific; 編者の許可を得て再掲．

となる．要するに，もし q_0 が赤方偏移・等級関係の測定から求められれば，それは空間曲率を決めることになり，したがってどの世界モデルが除外され，どれが採用されるを示すことができる[*73]．定常宇宙論の減速パラメータは -1 という小さな値で，ほとんどのフリードマンモデルとは区別できる．この考察は 1956 年のホイルとサンデージの共同論文に議論されていて，次のようにまとめられている[*74]：

爆発モデル ($\Lambda = 0$)		定常モデル
$q_0 > 1/2$;	$k = +1$	
$q_0 = 1/2$;	$k = 0$	$q_0 = -1$; $k = 0$
$0 < q_0 < 1/2$;	$k = -1$	

このアイディアは原理的にはうまく行くが，実際の観測ではどうだったであ

[*73] このプロジェクトは Sandage 1970，および回顧的に Sandage 1998 に述べられている．
[*74] Hoyle & Sandage 1956

4.2 定常宇宙論の挑戦

ろうか? 赤方偏移・等級のテストに関するすべての不定性と問題点を考慮せず,サンデージ,ヒューメイソン,メイヨールは 1956 年に減速パラメータの最良値として 2.5 ± 1 という値を報告した. 彼らはこの結果が暫定的なものであることは認識していたが,それでも定常宇宙論が予言する $q_0=-1$ を除外するものだという自信を持っていた. 遠方銀河の測定に問題が多いことは次の年に判明し,ウィリアム・バウム[*75] が q_0 の値が 0.5〜1.5 の間にくることを報告した. これはやはり定常宇宙論と矛盾していたが,ホイルと彼の賛同者たちは,この数値はテストが決定的でないことを示しているものと解釈し,彼らの宇宙モデルを否定するものではないと考えた. この状況ではもっと信頼できるデータを期待するしかない. しかし,多くの研究にもかかわらず,減速パラメータの精確な値を得ることは残念ながら難しいことがわかった. 1960 年代までに,サンデージ,マクヴィティや他のほとんどの天文学者たちは赤方偏移–等級関係の観測が蓄積してきたことで,定常宇宙論を否定する証拠と信じるようになったが,さりとて強く否定するほどの根拠かどうかは明らかではなく,この理論を好む人々を説得するにはいたらなかった.

定常宇宙論にとって最も深刻な試練は,電波天文学の新しい科学から訪れた. ジェームズ・ヘイ[*76] が最初の分離した「電波星」を 1946 年に検出し,14 年後にカール・ジャンスキー[*77] が米国で天の川からの電波雑音信号を発見して以来,英国でこの研究分野が発展してきた[*78]. もともと電波天文学は宇宙論に関係するとは考えられていなかったが,1954 年頃にほとんどの電波源が天の川銀河系外にあることがわかってから,何人かの天文学者は,この新しい科学が宇宙論的な問題の解決に大きな貢献をするかもしれないことに気づいた. 当時の主導的な電波天文学であるケンブリッジ大学のマーティン・ライル[*79] は,これを意識してケンブリッジの 2C 探査[*80] を用い,宇宙論的な結論を導いた. 最もライルは「電波宇宙論研究者」ではなく,観測天文学者として宇宙論研究者の仕事にあまり敬意を払っていなかった. 1953 年頃,彼がある講座のために書いた

[*75] 訳注: William Alvin Baum.
[*76] 訳注: James Stanley Hey.
[*77] 訳注: Karl Guthe Jansky.
[*78] 英国における電波天文学の歴史については Edge & Mulkay 1976 を見よ.
[*79] 訳注: Sir Martin Ryle.
[*80] 訳注: the Second Cambridge Catalog of Radio Sources を略して 2C と呼ぶ. この天体カタログに記録されている電波源は 2C で始まる名称がつけられている.

第 4 章　高温ビッグバン理論

次のようなノートがある.

> 宇宙論研究者はいつも, 反証可能性のない理論を仮定するという幸せな状態で生きている——そこに必要なのは, 速度がほぼ $c/2$ の領域までの観測可能な宇宙について研究することだけである. 今や我々は, こうした最も遠い領域を調べられる可能性がある. もし, 実際には永遠に十分に正確な測定ができず, どんな宇宙理論も反証できないとしても, その脅迫感は無責任でいることを思いとどまらせるに十分だろう [81].

ライルと共同研究者が用いた方法は, 放射密度がある値 S より大きい電波源の数 N を数えるというものであった [82]. もし電波源が静止した平坦空間中で一様に分布していたなら, これら 2 つの量は

$$\log N(\geq S) = -1.5 \log S + 定数 \tag{4.2.5}$$

と関係づけられる. 異なる幾何学的形状や膨張率を持つ宇宙論モデルではこれと異なる計数を予言する. すなわち, 計数によって得られる $\log N$–$\log S$ 分布は傾き -1.5 の直線と比較できる. この比較によって, 理論予言が観測と一致するかどうか検証することができる. しかし天体の進化効果があるため, この方法は相対論的なモデルには用いられず定常宇宙モデルにのみ用いられた. 後者のモデルでは, 電波源は $\log N$–$\log S$ 図における傾き -1.5 の線より下にあると予言される.

2C 探査における 2000 個近くの電波源を調べることにより, ライルと彼のグループは 1955 年, 主な電波源は傾き -3 の線に対応していると結論づけた. このことは相対論的な進化モデルに確証を与えたわけではないが, ライルの期待通り, 定常宇宙論の予言とは強く矛盾していた. この結論は明確ではあったが, その後すぐ判明したように時期尚早でもあった. ゴールドや定常宇宙論の他の支持者たちは系統誤差の存在を示唆した. それはシドニーのバーナード・ミルズ [83] と彼の電波天文学グループにより思いがけなく支持された. 彼らが南半球で得た電波源計数はケンブリッジで得られたものとはまったく異なってい

---

[81] Sullivan 1990, p. 321 に引用されている.
[82] 訳注: 基本的に銀河計数 [式 (3.3.3) で表されている] と同じであり, 観測波長が可視光ではなく電波であることだけが相違点である
[83] 訳注: Bernard Yarnton Mills.

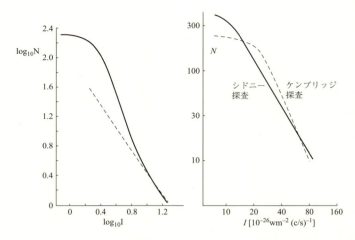

図 4.5 A. C. バーナード・ラヴェルが 1958 年 6 月ブリュッセルで開かれた物理に関する第 11 回ソルベー会議で電波宇宙論についての発表図．左図の曲線はケンブリッジ 2C 探査を，一様空間密度の電波源に対して定常宇宙論が予言する傾き -1.5 の直線状破線と比べたもの．右図は，ケンブリッジとシドニーの探査に対する $\log N$–$\log S$ 関係を比べた図．R. Stoops, ed., *La structure et l'évolution de l'univers* (Brussels: Solvay Institute, 1985), p. 189 および p. 193 による．Instituts Internationaux de Physique et de Chimie の許可を得て転載．

た．シドニーのグループによれば，$\log N$–$\log S$ 曲線の主な部分は傾き -1.8 を持つ．さらに 1958 年にはこの値が -1.65 に下がった．ケンブリッジの電波天文学者たちはデータの解釈を誤ったことを認めざるを得なかったが，ライルはデータの宇宙論的重要性に関する彼の信念を強要したことから，2 つのグループの間に断絶が生じてしまった[84]．あまり広く読まれていない学術誌 Austalian Journal of Physics（オーストラリア物理学雑誌）に載った 1957 年の論文において，ミルズと O. ブルース・スリー[85] は 2 つのデータの組を比較して，次のように結論づけた：「概してこれらの不一致はケンブリッジのカタログにおける不定性を反映しているため，その解析から導かれた宇宙論的に興味深い推論は根拠を持たない… 電波源計数が宇宙論に重要な効果を持つという明らかな証拠はない[86]」．

---

[84] 電波天文学と宇宙論に対するオーストラリアの貢献は Robertson 1992 および Edge & Mulkay 1976 を見よ．2C カタログに記載されたほぼ 2000 個の電波源のうち，約 10 ％だけが時の試練に耐えた．

[85] 訳注: O. Bruce Slee.

[86] Mills & Slee 1957, p. 194. Sullivan 1982 に再掲．

オーストラリアの研究者による異論は，定常宇宙論の嫌疑が晴れたことを意味したのではなく，進化宇宙の論拠が証明されていないことを意味した．この混乱した状況は，1958 年にパリで開かれた国際天文学連合総会で議論され，さらに同じ年にブリュッセルで開かれた「宇宙の構造と進化」という議題のソルベー会議でも議論された．ブリュッセルでは，主導的な電波天文学者でジョドレルバンク天文台長のバーナード・ラヴェル[*87]が講演し，これまでのところ電波天文観測が競合する 2 つの宇宙のモデルを区別することに失敗してきたと結んだ．ほとんどの専門家はそれに同意して，より多くより質の良いデータを待ち望んでいた．

4.2.4 さらに広い問題

定常宇宙論が一般社会の場でも議論の対象となった主な理由は，1950 年に出版されたホイルの『宇宙の性質』[*88]という一般向けの小冊子である．この本は前年に英国の BBC で放送されたトーク番組のシリーズに基づいていた[*89]．ホイルは爆発する宇宙（これに「ビッグバン」という名前を付けたのは彼である）の仮説を批判するだけでなく，2 つの競合する宇宙論体系から美学や政治，宗教の領域までに関する議論を引き出した．ホイルは組織的な宗教への軽蔑を隠さず，そこにはキリスト教とビッグバン理論に邪悪な同盟があり，逆に定常宇宙論に支配される宇宙にはキリスト教の入り込む余地はないと述べた．当然ながら，彼の挑発は英国の宗教界やキリスト教を信仰する研究者の反応と大きな関心を呼んだ．ホイルや，ウィリアム・ボナーを含む数名の宇宙論研究者は，ビッグバン型の理論は超自然的な存在によって起こされた場合にだけ意味がある最初の出来事——つまり奇跡——に依存していることから暗に宗教的であるとほのめかした．素粒子理論の大家でありビッグバン宇宙論にも貢献したスティーブン・ワインバーグ[*90]は 1967 年，「定常宇宙論は少なくとも創世記の説明に似ているため，哲学的に最も魅力的な理論だ．定常宇宙論が実験と矛盾することは残念

[*87] 訳注: Sir Alfred Charles Bernard Lovell.
[*88] 訳注: The Nature of the Universe. 邦訳は『宇宙の本質』（鈴木敬信訳 法政大学出版局）．
[*89] ホイルの書籍とそれが呼び起こした反応については Mitton 2005, pp. 108–141 をみよ．ガモフは 1952 年に『宇宙創生』(The Creation of the Universe: 邦訳はたとえば『宇宙の創造』（ガモフ全集 7, 伏見康治訳 白揚社）という一般向けの宇宙に関する本を出版した．これは完全に核物理学的なビッグバン理論に基づくものだった．
[*90] 訳注: Steven Weinberg.

4.2 定常宇宙論の挑戦

だ」と力説した[*91].

ビッグバン宇宙論とキリスト教神学が同盟しているとの告発は一般的には不当であったが，1951 年秋にローマ教皇庁科学アカデミーでローマ教皇ピウス 9 世が演説したように，その告発はあながち的外れでもなかった．教皇は，当時の天体物理学と宇宙論の進展を概括して，現代的な宇宙論研究者は 1000 年以上も神学者に知られていた真実と同じものに到達したと結論づけた．宇宙の発展に対する科学的描像は，キリスト教と完全に調和していた．教皇は「現代科学は宇宙の偶発性と，創造者の手によって世界が作られた時期について確実な根拠から演繹される結論を確固たるものにしました．ゆえに，創造は起きたのです．私たちは次のように言えます: これゆえに，創造者はおわします．これゆえに，神は存在するのです!」[*92] もちろん，科学理論（ビッグバン宇宙論）と宗教的信念（キリスト教の創造神学）に対するこの直接的な関連づけは，多くの神学者と，さらに多くの科学者に疑問視された[*93]．ルメートル個人としては，教皇のこの演説に不満だった．彼は，個別の宇宙論モデルとキリスト教そのものとの間に直接の関係があることを否定した．しかしながら，1950 年代には多くの科学者，神学者，批評家が宇宙論と宗教の関係についての議論に携わることは自然だと考えていた．これは興味深い文化史の一幕ではあるが，多くの議論は競合する宇宙論の科学的な発展にとって何の役にも立たなかった．

1948 年以来 15 年ほどの間の宇宙論に関する多くの議論は哲学的で，特に方法論的な問題に関係していた．これは，そもそも宇宙論が科学として認められるかどうかが議論されている段階のものであった．それが科学であるなら，2 つの主なアイディアのどちらが最も科学的なのであろうか? どのような基準に基づいて判定するのだろうか? 論争の初期段階では，ディングルはかつて 1930 年代にミルンとエディントンに対して行った理性主義宇宙論に反対する戦いを再開

[*91] マサチューセッツ工科大学での未出版の講義. Tipler, Clarke, & Ellis 1980, p. 110 に引用されている.

[*92] この演説は McLaughlin 1957, pp. 137–147 に再掲されており，
URL: www.papalencyclicals.net/Pius12/P12EXIST.HTM
でも見られる（原著に書かれているアドレスはリンク切れのため，訳者により修正）. 1950 年代における宇宙論と宗教の関係については, Kragh 1996a, pp. 251–259 も見よ.

[*93] オックスフォードの宗教哲学者エリック・マスコール (Eric Lionel Mascall) は, 定常宇宙論がキリスト教の見方と簡単に和解できることを指摘した:「教育のない人が, ホイルが連続的創造説の熱烈な主張者であると聞かされたなら, その人はホイルは世界の歴史におけるすべての存在と出来事に神の手を見出す, 確信した有神論者であると考えても故なきことではない」. Mascall 1956, p. 158.

第 4 章 高温ビッグバン理論

した．彼は宇宙論が科学的に疑わしいものと見る傾向にあり，特に定常宇宙論とその基礎である完全宇宙原理にいらだっていた．こうした先験的な原理（彼はそう主張した）は科学と何の関係もなく，宇宙に対するボンディ–ゴールド–ホイル的理解を特徴づける「非科学的な美化」しか導かないと非難した．ミルトン・ミュニッツ[*94]とマリオ・ブンゲ[*95]ら他の哲学者は，無からの自発的な物質創成に着目し，これは定常宇宙論における問題のある特徴であり，容認できる科学の基準に合わせるのは難しいと考えていた．

宇宙論に専門的な成熟性が欠けていることは，1954 年の公開討論の主題であった．この中でボンディとジェラルド・ウィットロー[*96]が「物理的宇宙論は科学か？」と題した British Journal for the Philosophy of Science（科学哲学のための英国の雑誌）誌上において議論を行った．理論天文学者で哲学的嗜好を持つウィットローは，宇宙論が真に科学的なものではなく，今後もそうなることはないだろうと主張した．宇宙はそれが唯一固有の客体であることから，宇宙論は科学と哲学の境界上にあり続ける運命にある．一方ボンディは，宇宙論がすでに立派な科学になっており，過去に重要であった哲学的な議論を大きく凌駕する，観測と数学的モデルに基づいた分野であると述べた．理論を選ぶ基準は他の物理科学と同様であり，理論予言が観測と一致しなければその理論は棄却されると彼は強調した．ボンディによれば，宇宙論的な理論は反証可能でなければならず，反証可能性の度合いが高いものほど良い．この基準により，定常宇宙論はビッグバン理論よりもずっと卓越した科学性を持つと判断した．

ボンディの宇宙観や他の定常宇宙論の支持者の宇宙観もある程度は，直接カール・ポパー[*97]の哲学に影響されていた．この哲学では，科学が仮説と推論の系として記述され，科学の特質を表すものとして仮説の（立証ではなくむしろ）反証が強調される．ポパーの主著『科学的発見の論理』[*98]に対する 1959 年の書評において，ボンディはポパーの反証哲学を宇宙論における論争に結びつけ，「ここでの正しい議論は常に，定常宇宙モデルが観測によって最も簡単に反証が可能であるということであった．それゆえ，このモデルが反証されるまでは，他

[*94] 訳注: Milton Karl Munitz.
[*95] 訳注: Mario Augusto Bunge. アルゼンチン出身なのでブンヘと発音されるが，慣例に従った．
[*96] 訳注: Gerald James Whitrow.
[*97] 訳注: Sir Karl Raimund Popper.
[*98] 訳注: Logic of Scientific Discovery. 邦訳は『科学的発見の論理』（大内義一，森 博訳 恒星社厚生閣）．

4.2 定常宇宙論の挑戦

の反証可能性の少ないモデルより優先されるべきである[*99]」. 後に何度も，ボンディは彼自身がポパーの信奉者であると述べ，彼の科学哲学を賞賛した.

哲学的，原則主義的そして審美的な議論はもはや宇宙論に何の役割も果たさないというボンディの主張は彼の希望的観測であった. このことは，1950年代の文献にそのような議論が何度も現れていたことから明らかである. 相対論的進化理論（ビッグバン理論ではない）を好んだボナーは，定常宇宙論は単なる現象論であって説明的な理論ではないと反駁した. ボナーにとってこれは重大な欠陥であったが，ボンディにとってそれはどのような宇宙の理論にも必要なものであった. なぜなら，理論の対象である宇宙は唯一であり，他の科学の対象のように法則のようなもので説明することはできないからである. ボナーとボンディは宇宙論における説明の役割について合意せず，よって単純さの持つ意味とその働きについても意見の一致は見なかった. ボナーは完全宇宙原理は複雑で不経済であり，特殊な宇宙モデルのために作られたものと考えていたが，ボンディはその原理を擁護した. 彼らしく，ポパー哲学の言葉で次のように述べた:

> 科学的仮説の目的はその首を差し出すこと，言い換えれば無防備であることである. 完全宇宙原理は極めて無防備であるために，私はそれを有用な原理とみなす... 科学を構成するものについての（ボナーの）見方は，私の見方と著しく異なる. 私は確実に，観測に対する無防備さがあらゆる理論の主な目的であると考える[*100].

検定と区分けに関するポパーの考えは，特に定常宇宙論を主張する人々にとって好まれてきたが，この嗜好は彼らの中だけにとどまらなかった. 1950年代以来，ポパーの哲学は時には明示的に，時には暗示的に，天文学者と宇宙論研究者にとって重要な役割を演じてきた. 現代的な宇宙論研究者の何人かは，ポパーが投機的で反証可能な仮説を強調するのに魅力を感じていた. それはある程度彼らの科学的な手法の指導原理となってきたのである[*101].

1950年代初めの宇宙論においては，哲学的なもの，あまつさえ主観的なものすら間違いなく何らかの役割を果たしていたが，どのくらい重要であったかを述べるのは難しい. しかし，今や理論と観測の比較の問題だというボンディの見

[*99] Kragh 1996a, p. 246 に引用されている.
[*100] Bondi et al. 1960, p. 45.
[*101] 1990年以降の天文学と宇宙論における例については Sovacool 2005 を見よ.

方について，宇宙論の研究者全員が同意していたわけではないのは確かである．ミルンの思想に影響を受けた英国の物理学者マーティン・ジョンソンによると，宇宙論モデルの選択は「審美的あるいは創造的な選択」である．エストニアおよびアイルランドの天文学者エルンスト・エピックは定常宇宙論を嫌い，それは「美的な価値の観点から現在（1954年）話題にされるだけ」だと信じていた．もう1つだけ例を挙げると，スウェーデンの物理学者で宇宙論研究者のオスカル・クラインは1953年に，宇宙論は「個人的な好みが基礎的な仮説の選択に大きく影響する」研究分野であると述べた．完全宇宙原理に関しては，それら「好みの問題」である基礎的な仮説の1つにすぎない[102]．

　第二次大戦後の数十年間の宇宙論の発展は，ビッグバン宇宙論と定常宇宙論の論争や現実の宇宙の大局的特徴を理解する試みにとどまるものではなかった．この期間における様々な宇宙論的考察を説明するには2, 3の例を挙げれば十分であろう．1949年の論文において，オーストリア出身の米国人数学者，論理学者クルト・ゲーデル[103]は宇宙論的な場の方程式に対する非等方解を研究した．この解は，ある中心の周りを約10^{11}年の周期で回転する宇宙に対応するものであった[104]．回転する宇宙という驚くべきアイディアは1946年にガモフによって最初に提唱されていて，彼はそれによって初期特異点を回避できるであろうと指摘していた．だが，ゲーデルの提案はガモフとは独立だったようである．1949年のモデルはいくつかの点で驚異的なものであった．ゲーデルは通常の宇宙時間を用いず，正の圧力に対応する負の宇宙定数（$\Lambda \sim -\kappa\rho$）を仮定した．このモデルの最も驚くべき特徴は，時間的な往復旅行が許されるということにある．これにより，過去へ向かって因果律を破る宇宙旅行ができることになり，そこから魅惑的な矛盾が湧き出してくる．ゲーデルは彼の「トイモデル」が赤方偏移を生み出さず，そのため現実の宇宙の候補とはならないことを理解していたが，我々の世界が回転モデルの膨張版であるということも「不可能ではない」と述べた．彼の空想科学的な解は後の宇宙論研究者によってさらに研究され，当然ながらかなりの哲学的興味も喚起した．

---

[102] ジョンソン，エピック，クラインの意見についての文献はKragh 1996a, pp. 222–223を見よ．
[103] 訳注: Kurt Friedrich Gödel. オーストリア・ハンガリー二重帝国ブルノ（現チェコ）出身で，後に米国に移住．
[104] Gödel 1949. 回転する宇宙という考えは少なくとも1716年に，ライプニッツ–クラークの文通でも見られる．その中でクラークは，回転する宇宙が観測可能な効果である遠心力を生むだろうと述べた (Alexander 1956, p. 101).

4.2 定常宇宙論の挑戦

1950年代と1960年代の宇宙論は，天文学的問題や宇宙物理学的問題に対する明らかな示唆を与えていた．しかし，さらに宇宙論とは非常に異なる科学である地質学との関係もあったことはそれほど知られていない．ヨルダンは，彼の G 変化宇宙論が地質物理学的に重要な帰結を与える信じており，1952年の彼の著作『重力と宇宙』[*105] において，当時物議をかもしていたアルフレッド・ヴェーゲナー[*106] の大陸移動説を説明するのにも用いた．ヨルダンは後にその考えを発展させて，手の込んだ膨張する地球の地質物理理論を構築した．彼はこの理論を用いて火山，月のクレーター，氷河期，惑星形成などを説明することまで試みている[*107]．

膨張する地球という考えは，オーストラリア人地質学者サミュエル・ウォーレン・ケアリー[*108] によって独立に提案されていた．彼はそれが地球の表面の説明として，1960年代に現れたプレート・テクトニクス理論よりも優れた説明を与えると主張した．この仮説を物理的に正当化するため，彼はディラック–ヨルダン型の宇宙論を適用した．彼の見方に基づけば，この宇宙論は地球内部に新しい物質が連続的に生れることを許容する．宇宙論はケアリーが地球科学を再構成しようとする幅広い試みに含まれていた．それは定常宇宙論をディラック–ヨルダン仮説の特徴と組み合わせた異端の説であった．彼は振り返って「ハッブルの法則により，宇宙のすべてのものが同じく質量を加速的に増やさなければならないと結論せざるを得ない．したがって，地球の膨張を理解するためには，宇宙の膨張を理解するべく努めなければならない」と書いている[*109]．ケアリーの非正統的な宇宙地質物理理論は1960年代に相当の興味を惹いたが，成功していたプレート・テクトニクスと海底拡大の理論を脅かすことは決してなかった．ビッグバン宇宙論の出現により，彼の理論はさらに非正統的になっていった．

もしゲーデル宇宙がSFのレッテルを張られるのであれば，時空の領域間をつなぐ仮想的なトンネルまたは橋である「ワームホール」も同じであろう．ワームホール現象はアインシュタイン方程式に対するある種の解として記述される．

[*105] 訳注: Schwerkraft und Weltall.
[*106] 訳注: Alfred Lothar Wegener.
[*107] Jordan 1971.
[*108] 訳注: Samuel Warren Carey.
[*109] Carey 1988, p. 328. ケアリーは膨張する地球の理論を1950年代終わりに発展させ始め，彼の呼ぶ「ビッグバン神話」を受け入れなかった．1950年代における宇宙論の論争と，膨張する地球の理論に関する後の論争の間にはかなりの類似点がある．

第 4 章 高温ビッグバン理論 293

これは最初にオーストリア人物理学者ルートヴィヒ・フラム*110 によって早くも 1916 年に研究された．この解は，アインシュタインと彼の共同研究者ネイサン・ローゼン*111 による 1935 年の論文において，異なる文脈で調べられた．彼らは重力と電磁気の方程式に基づいて物質の原子論を構成しようという目的を持っていた．この研究で彼らは「アインシュタイン・ローゼン橋」を発見し，それを素粒子の 1 つだと考えた．「ワームホール」という名前は 1955 年にジョン・ホイーラー*112 によってつけられたものである．当時は時空の橋がまだ数学的に珍奇なものだと考えられていた．1980 年代終わりにキップ・ソーンらは新しい型の「可逆な」ワームホールを調べ始めた*113．「可逆」の意味は，仮想的な物体がワームホールに沿って動くことができ，1 つの宇宙から別の宇宙へ行ったり，時間的に行ったり来たりできることが可能ということである*114．当然ながら，SF 小説家はこのアイディアを愛してやまない．

4.2.5 宇宙論と政治的イデオロギー

1960 年頃まで，宇宙論モデルについての研究は西欧と北米国にほぼ限定されていた．ソヴィエト連邦では，フリードマンの先駆的な研究の後に続くものは現れず，1930 年代中頃以降は政治的な状況により，西洋的スタイルで宇宙論の研究をすることが徐々に難しくなっていった*115．共産主義信奉者や共産主義に傾倒した科学者は，宇宙全体に物理理論を適用すること自体が疑わしく，弁証法的唯物論の精神に反するものとみなした．弁証法的唯物論はマルクス*116，エンゲルス*117，レーニン*118 の考えに基づく国家の哲学である．19 世紀終わりの社会主義者と唯物論主義者の見方に符合して（2.4 節を参照せよ），宇宙は必然的に，空間的にも時間的にも無限でなければならないと主張された．　ミルンや

---

*110 訳注: Ludwig Flamm.
*111 訳注: Nathan Rosen.
*112 訳注: John Archibald Wheeler.
*113 訳注: Kip Stephen Thorne.
*114 Thorne 1994.
*115 1930 年代終わりにスパイや階級敵の容疑で処刑された多くの人々の中には物理学者マトヴェイ・ブロンシュテイン や天文学者ボリス・ゲラシモヴィッチ (Борис Петрович Герасимович: Boris Petrovich Gerasimovich) も含まれている．彼らの嫌疑はアインシュタイン的な宇宙論への支持も含まれていた．スターリン時代のソ連における宇宙論については Kragh 1996a, pp. 259–268 および Graham 1972, pp. 139–194 を見よ．
*116 訳注: Karl Heinrich Marx.
*117 訳注: Friedrich Engels.
*118 訳注: Владимир Ильич Ленин (Vladimir Ilyich Lenin). 本名は Ульянов (Ulyanov).

4.2 定常宇宙論の挑戦

ルメートルによるビッグバン宇宙のようなモデルは特に危険であり，1953 年にソヴィエトの天文学者の一人は「現代の天文学理論を蝕み，唯物論科学のイデオロギーに対する主な敵となる癌性腫瘍である」と警告した[*119]．ルメートルがカトリック教会司祭であることや，ローマ教皇がそのころ聖書の真実に対する証拠としてビッグバン理論を支持したことは，もちろん何の助けにもならなかった．

スターリン時代のソヴィエトの物理学者と天文学者は，一般に膨張宇宙の理論がイデオロギー的に問題だとは考えていなかった．しかし有限の年齢を持つモデルは無視されるか，あるいは無条件に拒否された．それらは「好ましからざる理論[*120]」であった．ソヴィエトの公式天文学によれば，ルメートル，ミルン，ガモフによって提案されたモデルはブルジョア的神話以外の何ものでもなく，1948 年 12 月の宣言で表現されたように「聖職権主義を助ける天文学的観念論」であるとされた[*121]．他の天文学者たちは，宇宙論がどのようなモデルで装飾されていようとそれ自体を拒否する傾向にあった．著名な天体物理学者ヴィクトル・アンバルツミヤン[*122] は，本来の宇宙論は非科学的であり，経験的に知ることのできる部分的な宇宙に対する観測と理論を根拠なく外挿して得られる神話であると述べた．ビッグバン理論が保守反動主義的で資本主義的とみなされるならば，その競争相手である定常宇宙論はさらに悪いことになる．ホイルと同盟者たちの理論は，それが連続的な物質生成によって機能していることによって政治的に正しくないとされた．

公式に宇宙論が禁止されたわけではなく，またその必要もなかったが，イデオロギーの圧力によって数十年間は宇宙論はソヴィエト連邦に事実上存在しなかった．1947 年，主導的なイデオロギー信奉者の政治家アンドレイ・ジダーノフ[*123] は，有限年齢の宇宙に対する保守反動主義的な「おとぎ話」にはっきりと反対すると警告した．ソヴィエトの天文学者たちは全体的に，宇宙全体の研究

[*119] Kragh 1996a, p. 260 に引用されている．
[*120] 訳注：teoria non grata. 好ましからざる人物 (persona non grata) は外交用語で，相手国から外交官待遇拒否を通告された外交官を指す．つまりこの表現は，政治的外交的理由で好まれない理論であるというニュアンスを示している．
[*121] Kragh 1996a, p. 262.
[*122] 訳注：Виктор Амазаспович Амбарцумян (Victor Amazaspovich Ambartsumian). 当時のロシア帝国トビリシ（現グルジア）にて，アルメニア人として出生．アルメニア語での名前は Viktor Hamazaspi Hambardzumyan （ラテン文字転写）．
[*123] 訳注：Андрей Александрович Жданов (Andrei Aleksandrovich Zhdanov).

第4章 高温ビッグバン理論

をあきらめることによって独裁的な共産主義政権の教義に順応した．この状況は 1960 年代初めにようやく変わり，国際的な宇宙論研究の中でヤーコフ・ゼルドヴィッチ[*124] の主導するソヴィエトの宇宙論が活気ある研究の潮流として現れた．

共産主義のイデオロギーによる宇宙論の崩壊についての悲劇はソヴィエト連邦のスターリン時代とともに終わることはなかった．中華人民共和国では，左翼の毛沢東[*125] 主義の信奉者たちが彼ら独自の弁証法的唯物論を発展させ，それによって毛沢東の支配下では宇宙論が禁止された科学となってしまった．中国人物理学者の方励之[*126] は，1966 年から 10 年ほど続いた文化大革命の狂乱に巻き込まれた．1 年間の投獄生活の後，彼は天体物理学の研究を始め，1972 年に中国初のビッグバン宇宙論に関する理論的な論文を出版した．これに怒った急進的マルクス主義者たちは，方励之の異説および弁証法的唯物論や労働者階級の科学精神への明らかな反逆に対抗して再結集した．1973〜1976 年の間に，ビッグバン理論に反対する 30 編ほどの論文が出版された．Acta Physica Sinica （中国物理学報）の 1976 年の記事において，この種の理論の何が悪いとされたかがまとめられている：

> 唯物論は宇宙が無限であると断言する一方，観念論は有限性を主張する．物理学における歴史のどの段階でも，これら 2 つの哲学的潮流は激しく対立してきた...科学が新しい進歩をするときにはいつでも，観念論主義者たちが最新の結果を歪めてつけ入り，様々なごまかしで宇宙が有限だと「証明」し，瀕死の搾取階級による反動的な規則を提供する... 我々は，自然科学における自らの位置をマルクス主義によって確立することにより，科学研究の領域におけるあらゆる種類の反動的な哲学的観点を探索し，闘争するべきである．

100 億年前に生まれた有限な宇宙という観念は，「神学を含むあらゆる種類の理想主義哲学につながっている」．党の路線は宇宙論という科学の正当性を否定することにあり，その意味で 19 世紀に唯物論主義者や実証主義者が主張したのと同様であった．一般的な宇宙についての疑問は科学的に答えることはできず，マ

[*124] 訳注: Якаў Барысавіч Зяльдовіч（ベラルーシ語）．一般にはロシア語で Яков Борисович Зельдович (Yakov Borisovich Zel'dovich) と綴る．当時のロシア帝国ミンスク（現ベラルーシ）のユダヤ系家族の出身．
[*125] 訳注: Mao Zedong．
[*126] 訳注: Fang Lizhi．

4.3 相対論的標準宇宙論

ルクス–レーニン主義の「深遠な哲学的統合」によってのみ答えることが可能になる:

> 宇宙に関する弁証法的唯物論主義者の概念は，自然世界が無限であり，永遠に存在するものだと教えてくれる．世界は無限である．空間と時間のどちらも限りがなく，無限である．宇宙は巨視的な観点からも微視的な観点からも無限である．物質は無限に分割可能である[127]．

不幸中の幸いながら，方励之とビッグバン宇宙論への反対運動が起きたのは文化大革命が衰えてきた頃であったため，その悪影響は長くは続かなかった．1975年の秋には，方励之と彼の同僚は弁明の機会を与えられ，「ビッグバンが正しい理論であってもなくても，電波望遠鏡などの最近の発展によって宇宙論は実験科学となり，哲学的な論説ではなく通常の科学的方法で取り組むべきものである」と述べた[128]．だが，政治権力による方励之の受難はいまだに終わっていない．彼は中国で最も目立つ政治的反体制者となってしまい，ソヴィエト連邦におけるサハロフ[129]に似た立場に置かれている．1987年には彼は中国共産党から2回めの放逐をされ，1989年6月に起きた天安門事件の騒乱の中で反逆者にして階級敵として逮捕されるのを避けるため，北京の米国大使館に避難しなくてはならなかった．

4.3 相対論的標準宇宙論

1960年代は現代宇宙論の歴史において決定的な10年間だった．電波源と新しいクェーサーの大幅に質が向上したデータ，そして特に宇宙マイクロ波背景放射の発見により，定常宇宙論はおおむね棄却された．ついに勝利した高温ビッグバン理論がようやく宇宙論の舞台に躍り出た．60年代の終わりまでには，高温で濃密な宇宙の始まりという仮定に基づいた多くのモデルから構成されるこの理論が宇宙論研究者の大多数により受け入れられる標準理論となった．事実，これによって初めて宇宙論が科学的な分野となり，また「宇宙論研究者」が科学

---

[127] Lizhi 1991, pp. 309–313. この記事の著者は Liu Bowen である．Williams 1999, p. 75 および Hu 2005, pp. 167–169 も見よ．

[128] Hu 2005, p. 168 に引用されている．

[129] 訳注: Андрей Дмитриевич Сахаров (Andrei Dmitrievich Sakharov).

の専門職を指す名前として「核物理学者」や「有機化学者」などと同格に使われる用語になった．競合する他の宇宙論が消え去ることはなかったが，もはや真面目に受け取られることはなくなった．ビッグバンが単なる仮説ではなく事実とみなされただけでなく，宇宙の構造と進化が1917年のアインシュタインによる宇宙論的な場の方程式に支配されていることも今や当然とみなされた．

相対論的なビッグバン宇宙論に対する新しく生まれた信頼にもかかわらず，まだ多くの未解決問題があることは認識されていた．1つの問題は，初期特異点の性質と状態である．もう1つの問題は，宇宙に含まれる物質の量と分布であった．天文学者にとって驚くべきことに，宇宙には目に見える物質よりもダークマターが多く存在することが判明した．これは深刻な問題であったが，宇宙が臨界密度に近いことを好む宇宙論研究者にとってはむしろ吉報であった．1970年代終わりまでには臨界密度で宇宙定数のない平坦な宇宙が現実の世界の適切な候補であるように思われた．

4.3.1 電波とマイクロ波

1950年代終わり頃，電波宇宙論の状況は不安定であった．2Cのデータが定常宇宙論に矛盾するというマーティン・ライルの最初の主張は，シドニーの電波天文学者たちが提示した矛盾するデータによって疑念が示された．後者のデータでは $\log N$–$\log S$ 曲線の傾きは -1.65 となり，定常宇宙論の予言の -1.5 との間に著しい矛盾はなかった．新しい3C探査の結果および相補的な南半球での結果によって徐々に合意が形成され，最終的に電波天文学が宇宙論モデルを区別することができるようになった．1961年初頭にライルが示した新しいデータは後戻りできないところまで来ていた．そのデータは，電波源の明るさについて許容できる限り最大の不定性を許しても，もはや定常宇宙論とは相容れないことをはっきりと示していた．2C探査とは異なり，新しいケンブリッジの結果は明確で他の電波天文学者によって重大な疑問を呈されることはなかった．1963年までに，ライルは $\log N$–$\log S$ 図の傾きを -1.8 ± 0.1 と決定した．これはその翌年にシドニーのグループが見つけた値 -1.85 ± 0.1 と完璧な一致を示した．遅くともこの時から，電波源計数の傾きは定常宇宙論を支持する値 -1.5 ではありえないということが電波天文学の専門家たちの一致した意見となった．

電波天文学での合意が定常宇宙論を葬り去ることはなかったが，この理論はかなり弱体化されて形勢が逆転し，相対論的進化モデルに対して魅力のない代替

4.3 相対論的標準宇宙論

理論に成り下がった．とはいえ複数の相対論的進化モデルは電波源計数によって間接的に支持されているだけで，定常宇宙論という対抗馬が排除されたにすぎなかった．電波天文学はどの進化モデルが実際の宇宙に対する最良の候補なのかを決めるのには役に立たず，ただ平坦なアインシュタイン–ド・シッターモデルなどいくつかの相対論的モデルが電波データと矛盾しないことを示しただけである．全般的に見て，電波源計数は宇宙論的に消極的な意味しか持たず，ただ定常宇宙論を除外しただけであった．定常宇宙論の擁護を難しくした電磁波観測は電波源からの長波だけではない．1948 年のアルファーおよびハーマンによる宇宙マイクロ波背景放射の予言は無視されたが，完全に忘れ去られていたわけではなかった[130]．1963 年に，2 人のロシア人天体物理学者アンドレイ・ドロシュケヴィッチ[131] とイーゴル・ノヴィコフ[132] は，ベル研究所に勤めていた物理学者エドワード・オーム[133] による反射マイクロ波信号の観測について議論した．オームは彼のアンテナで 3.3 K の温度超過を発見しており，ドロシュケヴィッチとノヴィコフはその結果をガモフと共同研究者たちの高温ビッグバン理論によって期待されるマイクロ波背景に結びつけた．しかし，この 2 人のロシア人はオームの報告の一部を誤解して，もしオームが宇宙マイクロ波背景を知らずに検出したのならば，その温度は絶対零度に近いはずだ，と結論づけた．彼らはこの問題を先輩格の同僚ヤーコフ・ゼルドヴィッチと話し合ったが，それ以上のことは何も起こらず，ソヴィエトでこの放射を検出するための実験が計画されることはなかった．

宇宙背景放射の発見は予期せぬ形で現れた．最初の実験は宇宙論の問題とは無関係に，ビッグバンからの化石放射の可能性について知りもしなかった 2 人の科学者によって行われた．ベル研究所の他の 2 人の研究者アルノ・ペンジアス[134] とロバート・ウィルソン[135] は 1963 年，当初は通信のために設計されたホーンアンテナを用いて電波天文学の研究を開始した．この研究中，彼らにとっては驚くべきことに，そのアンテナに 4 K ほどの温度超過があることに気

---

[130] 宇宙背景放射の発見に関する多くの歴史的記述の中でも，Weinberg 1977, Bernstein 1984 および Brush 1993 が勧められる．当事者の歴史としては，Wilkinson & Peebles 1990 を見よ．広く使われている教科書 Peebles 1993 には，pp. 131-151 に発見過程の詳細な記述が含まれている．
[131] 訳注：Андрей Герогиевич Дорошкевич (Andrei Georgievich Doroshkevich).
[132] 訳注：Игорь Дмитриыевич Новиков (Igor Dmitriyevich Novikov).
[133] 訳注：Edward Ohm.
[134] 訳注：Arno Allan Penzias. ドイツのミュンヘン出身で，後に米国に移住した．
[135] 訳注：Robert Woodrow Wilson.

第4章　高温ビッグバン理論

づいた. そして, その原因を理解することも取り除くこともできなかった. この雑音信号または超過放射はあらゆる方向で同じ強さであり, したがって宇宙論的起源を示唆していたのだが, ペンジアスとウィルソンはそれが何を意味するのかまったくわからなかった. その温度超過を説明する仕事がプリンストン大学で行われていることを聞きつけたのは, 1965年3月になってからであった. そのときになってようやく, 彼らは重要な宇宙論的発見を成し遂げたことを悟ったのである. それから13年後, 彼らはその発見によってノーベル物理学賞を受賞した. ストックホルムでの受賞講演で彼らは「これ以後, 宇宙論は科学となり, 実験と観測によって実証されるものとなった」と述べている.

プリンストンの物理学者ロバート・ディッケは宇宙論と一般相対論に興味を持っていたが, アルファーとハーマンの予言に気づいていなかった（あるいは忘れ去っていた）. 1963年頃, 何度も大爆発と大収縮を繰り返す振動宇宙についての考察において, 彼は過去の高温の黒体放射が宇宙膨張につれて冷却し, その名残が現在の宇宙に存在するかもしれないと考えた. 彼のアイディアは, 宇宙の収縮期に星の光が青く偏移して高エネルギーになり, 一部の青方偏移した光は星の中で作られた元素を光分解し, 宇宙が跳ね返った後に新鮮な水素を供給するであろうというものであった.

1964年にディッケは, 29歳のカナダ生まれの物理学者で彼の元学生でもあるジェームス・ピーブルスに対し, この問題を考え, その仮想的な放射の性質を計算するよう提案した. ピーブルスの最初の結果は約10Kであった. 彼はこの答えにアルファー, ハーマン, ガモフの先駆的な研究を知らずに到達した. 1965年初め頃, ディッケとピーブルスは彼らのプリンストンの同僚であるピーター・ロールとデイビッド・ウィルキンソンと共同研究を始めた. ロールとウィルキンソンは, 波長3cmの熱放射を測定するための放射計を組み立てていたのである（ペンジアスとウィルソンは7.4cmを用いた）. 彼ら4人がペンジアス・ウィルソンの過剰温度について知ったとき, 宇宙背景放射はすでに見つかっていたことを悟った. ベル研とプリンストンの物理学者たちは, 彼らの研究を1965年7月号のAstrophysical Journalに対になる論文として出版した. ペンジアスとウィルソンは, 宇宙論的な意味に言及することなく, $\lambda = 7.3\,\mathrm{cm}$における過剰温度$3.5 \pm 1.0\,\mathrm{K}$の発見を報告した. 宇宙論的意味の記述はプリンストンの4人の物理学者たちに託された. 彼らは, 観測された放射が実際に, 物質と放射の原始的な脱結合に起源を持つ黒体放射の一部である, と論じた.

4.3 相対論的標準宇宙論

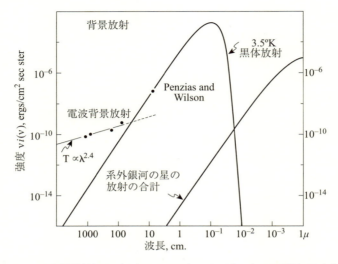

図 4.6 宇宙マイクロ波背景放射のスペクトル．1965 年 3 月のピーブルスの講演で示された図．これは彼がペンジアス・ウィルソンの実験を知ってすぐ後のもので，出版前のものである．Peebles 1993 から再掲．ⓒ1993 Princeton University Press, p. 148．プリンストン大学出版局の許可を得て転載．

ペンジアスとウィルソンの実験結果のビッグバンによる解釈は世間に衝撃を与え，それは急速に大多数の天文学者と物理学者に受け入れられた．とはいえ，それが完全に確かめられ，定常宇宙論の反証となるためには，その背景放射が単一の波長だけでなく複数の波長で検出されねばならない．そのスペクトルが実際に黒体放射の分布を持ち，等方的であると証明されることによってのみ，ビッグバン理論の予言が確かめられ，アルファーとハーマンの先駆的研究の疑いが晴れることになる．その最初の確認は 1966 年初めに行われ，ロールとウィルキンソンは 3.2 cm の波長で 3.0 K の放射が検出されたと報告した．同じ年の後半，背景放射のエネルギーはマッケラーが以前 1940 年に測定した CN ラディカルの励起エネルギーに対応すると指摘された．それに続く数年間，個々の測定をつなぎ合わせたスペクトルが得られていった．その結果，ついに黒体放射分布が確かめられ 背景温度のさらに正確な値が得られた．1970 年中頃までには 2.7 K という値が確定している．

黒体放射の関数形がデータの蓄積によって確立し，精密な測定によっても個別の電波源や他の微細な背景放射非等方性は見つからなかった．とはいえ宇宙

第 4 章 高温ビッグバン理論 301

の平均的な静止系に対して（天の川銀河の一部として）地球は動いているので，運動学的な非等方性が背景放射に見つかるはずだと考えられていた．1970 年代終わりには，気球と飛行機を用いた実験によってこの非等方性が検出され，放射に対する地球の相対的速度は $390\,\mathrm{km\,s^{-1}}$ であることが判明した．

定常宇宙論の理論家は，電波源と宇宙マイクロ波による悪い知らせに対してどう反応したであろうか？ 一般的に，定常宇宙論の主導的な信奉者は誰一人として新しい発見が彼らの理論の反証になるとは認めなかった．電波源計数データに関しても，彼らは測定の信頼性に疑問を呈するか，あるいは定常宇宙論の枠組みで代わりとなる説明を持ち出した．たとえば，1963 年にシアマは約半分の電波源が天の川銀河内にあるとの仮定に基づいたモデルを作り，他にも付加的な仮説をいくつも用いることによって，進化する宇宙を受け入れることなしに観測された傾き -1.8 をなんとか再現した．ほとんどの天文学者は彼のモデルを恣意的で場当たり的なものであり，宇宙が進化するという自明なことを否定しようとする破れかぶれで絶望的で無駄な試みだとみなした．それでもなお，1965 年の記事において，シアマは「定常宇宙モデルは，血まみれになりつつも屈服せずに生き残っている」と臆面もなく固執していた[*136]．

1965 年におけるマイクロ波背景の発見に対する反応も同じような道をたどり，最初はマイクロ波が本当に等方的で黒体放射分布なのかが問われ，次に定常宇宙と整合する代わりの説明が工夫された．1960 年代中頃以降，ホイルはナーリカー[*137]とチャンドラ・ウィクラマシンゲ[*138]との共同研究によって熱化の仮定に基づく代替理論を発展させた．この仮定は，星からの放射の大部分が何らかの方法で黒体放射的な形を持つ長波長成分に変化するというものであった．もしこれが本当なら，マイクロ波背景放射は宇宙的なものでなく星の光が擬装したものということになる．ホイルと彼の共同研究者は，熱化の機構は星間塵によるものだと説明したが，この仮説はほとんど興味を集めなかった．同じことはシアマが 1966 年に提案したモデルにも言えて，彼のモデルは新しい種類の電波源を仮定し，それが集まって観測される背景放射を生むのだという仮定に基づいていた．もはや定常宇宙論の理論家がどのような代替理論を持ち出してきて

[*136] Kragh 1996a, p. 331 に引用．この文献には，1960 年代の発見に対する定常宇宙論の理論家たちの反応に関する詳細が示されている．
[*137] 訳注: Jayant Vishnu Narlikar.
[*138] 訳注: Nalin Chandra Wickramasinghe.

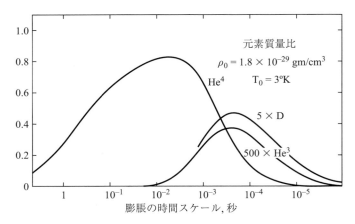

図 4.7 1966 年のピーブルスの計算の 1 つで,初期宇宙における軽い原子核の形勢を示している. P. J. E. Peebles, 'Primordial helium abundance & the primordial fireball, II', Astrophysical Journal **146** (1966), 542–552. 米国天文学会の許可を得て再掲.

も,天文学者や物理学者の大多数にその理論がまだ生きていて考慮に値するのだと認めさせることはできなかった.

宇宙マイクロ波背景放射の温度を決定することは,初期宇宙でヘリウムや他の軽元素を作り出す核反応過程の計算にとって重要な意味を持っていた. 1966 年にピーブルスは放射温度が 3 K であるとの仮定に基づいてヘリウムの存在量を計算し,現在の物質密度の値に応じて 26〜28 ％になるとの結論に達した. この結果は観測と非常によく一致し,ピーブルスはこれを熱いビッグバン・モデル(彼とディッケはこれを「火の玉」モデルと呼んだ)を確実にするものと考えた.

宇宙マイクロ波背景放射の発見以前にも,ホイル とロジャー・テイラー [*139] は,この大きさのヘリウムの存在量が熱いビッグバンに対応する物理的条件を必要とし,一方星の過程はそうでないことに気づいていた. だが,1964 年の論文において,彼らはビッグバンに好意的な結論を下さなかった: ホイルは代わりに非常に重い天体を仮定し,それが同様の量のヘリウムを生むというシナリオを選んだ. ホイル,ファウラーとロバート・ワゴナー [*140] は 1967 年,さらに詳細な原子核合成の計算を出版し,観測された軽元素量はビッグバン的な条件のもとで満足に再現できるが,ほとんどの重元素は星の過程によるものでなければ

[*139] 訳注: Roger John Tayler.
[*140] 訳注: Robert Wagoner.

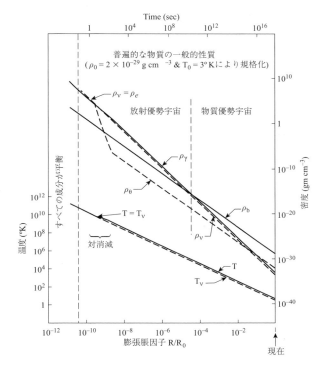

図 4.8 ワゴナー, ファウラー, ホイルによる初期の宇宙. 皮肉にもこの「神の創世曲線」は 1967 年のビッグバン宇宙論をよく表すものになっているそれでもなおホイルはその理論を却下した. この図は, 膨張の初期段階における密度（物質と放射）と宇宙温度（光子とニュートリノ）の変化を与えている. 同様の曲線は 1965 年にディッケ, ピーブルス, ロール, ウィルキンソンによって, また 1949 年にアルファーとハーマンによって与えられた（図 4.1 と比較せよ）. R. Wagoner, W. A. Fowler, & F. Hoyle, 'On the synthesis of elements at very high temperatures', *Astrophysical Journal* **148** (1967), 3–49 による. 米国天文学会の許可を得て再掲.

ならないと結論づけた[*141]. ホイルはビッグバンよりも非常に重い天体を好み続けたが, 彼を支持するものは少なかった. 計算がさらに精密化するにつれて, 宇宙の進化のもとになったビッグバンが重水素とヘリウム同位体の起源である, ということが共通認識となった. 1970 年までには, ヘリウムの質量存在量の範囲が $22.5 \sim 27.5\%$ の間と計算された. この値は質量密度と中性子の正確な半減

[*141] Wagoner 1990. 1970 年以降の原始ヘリウムの問題に関する総説論文はたとえば Peebles 1971, pp. 240–276 を見よ.

4.3 相対論的標準宇宙論

期に依存する.

4.3.2 クェーサーと新天体

　もしクェーサーが発見された正確な日付を決めるとすれば, 1963年2月5日がふさわしい[*142]. この日, オランダ系米国人天文学者マーテン・シュミット[*143]は当時確認された3C273 (ケンブリッジの3C探査の273番目の天体) として知られる「電波星」の異常なスペクトルを研究した. この線スペクトルは実に理解し難いものであったが, 彼はいくつかの輝線はなじみ深い水素のバルマー系列に似た間隔を持っており, ただ波長が赤い方にずれているだけということに気づいた. シュミットは, これは実際にバルマー線スペクトルが16%赤方偏移したものだと結論した. このことから, この天体はほぼ $48,000\,\mathrm{km\,s^{-1}}$ の後退速度を持つ暗い星であると考えられる. 彼と, 共同研究者のジェシー・グリーンスタイン[*144]とトマス・マシューズ[*145]はその後, サンデージが1960年頃に見つけた電波源3C48に注目し, 同様にそのスペクトルが赤方偏移 $z = 0.37$ の天体からのものだと説明した.

　それから数年のうちに, 他にもいくつか赤方偏移の大きな星状の天体が見つかった. これらの奇妙な天体は準恒星状電波源 (quasi-stellar radiosources), もしくはクェーサー (quasars) と呼ばれるようになった. この名前は1964年に遡る. 実際のところクェーサーは星とは何の関係もなく, そのほとんどのエネルギーを電波領域以外から放射しているのだが, そのことは当時知られていなかった. 天体物理学者たちはこの新しい種類の天体に興味を惹かれ, これほど巨大なエネルギーをどのようにして放射できるのかを解明しようとした. この赤方偏移が宇宙膨張によるものならば, 非常に遠くにある天体であって巨大銀河よりもはるかに大きなエネルギー発生量を持っていることになる. そんな驚くべきエネルギーが通常の原子核過程で説明できるものだろうか？ (1963年のシュミットによる発見より少し前に, 原子核による機構がホイルとファウラー

[*142] クェーサー発見の歴史は, Edge & Mulkay 1976, pp. 202–212, Harwit 1981, pp. 137–140 および Schmidt 1990 を見よ.
[*143] 訳注: Maarten Schmidt.
[*144] 訳注: Jesse Leonard Greenstein.
[*145] 訳注: Thomas A. Matthews.

によって議論されている）*146.

　クェーサーの宇宙論的重要性は，その大きなエネルギー発生量よりもむしろその距離にある．もし赤方偏移が実際に宇宙論的なものならば，これらクェーサーは極めて遠方，はるか過去に存在することになり，それは定常宇宙論の本質である完全宇宙原理に矛盾する．この問題は 1965 年前後に議論され，ほとんどの天文学者がクェーサーまでの距離を実際に 300 Mpc 以上の宇宙論的距離であると考えるようになった．そのうえ，青方偏移したクェーサーが見つからないことから，近くにある天体が局所的な速度の効果で赤方偏移したものではないことになる．

　その赤方偏移が宇宙膨張によるものならば，ある種のハッブル関係（すなわち赤方偏移と等級の関係）が期待される．シアマと，彼の学生で後に王室天文官となるマーティン・リース*147 は 1966 年の論文で 35 個のクェーサーのデータを調べ，赤方偏移とフラックス密度*148 の関係は定常宇宙論の予言と一致しないと結論した．シアマはそれまで定常宇宙論をしっかりと守ってきたが，この結果はついにそれを否定するものであると考えるにいたった：「もしクェーサーの赤方偏移が宇宙論的な起源のものならば，ここで得られたクェーサーの赤方偏移とフラックス密度の関係は宇宙の定常モデルを除外する*149」．いつもながら予想通り，ホイルはこのクェーサーのデータが定常宇宙論と矛盾することを認めなかったが，1970 年までには他の天文学者のほぼ全員がシアマの側に付き，クェーサーが定常宇宙論を葬る棺へ打たれたもう 1 つの釘になったと考えた．

　クェーサーは 1960 年代の宇宙動物園で発見された唯一の奇妙な動物ではない．ケンブリッジ大学における 24 歳の研究学生ジョスリン・ベル（後にベル・バーネル）*150 は 1967 年，面白い電波源を発見した．その信号は雑音のようには見えなかったのである．そのパルス状の信号は空の特定の場所からやってきていて，彼女とその博士課程指導者であるアントニー・ヒューイッシュ*151 は，それがほぼ 1.5 秒の周期で非常に正確に振動していることを発見した．彼女は

---

*146 現在のところクェーサーの好ましいモデルは，それが活動銀河の中心にある超巨大ブラックホールであるとするものである．1960 年代以来，約 6000 個のクェーサーが記録されてきており，そのいくつかは赤方偏移が約 5 に対応するほど遠方にある．
*147 訳注: Martin John Rees, Baron Rees of Ludlow.
*148 訳注: 単位時間，単位振動数あたり検出側の単位面積を通過するエネルギー．
*149 Sciama & Rees 1966.
*150 訳注: Susan Jocelyn Bell (Burnell).
*151 訳注: Antony Hewish.

4.3 相対論的標準宇宙論

最初の「パルサー」を発見し,さらに数ヵ月で 2 つ目を見つけた.それは最初のものよりわずかに短い周期を持っていた[*152].ベルは電波でパルスを放射する天体を発見したが,それらの正体は一体何であろうか? ヒューイッシュはこの現象を中性子星によって説明しようとした.1968 年にはトマス・ゴールドが,パルサーが強い磁場を持って高速回転する中性子星だと主張し,このモデルが一般に受け入れられる仮説となった.似たような機構はフランコ・パチーニ[*153] によって,パルサーが発見される少し前の 1967 年に提案されていた.

ベルの発見およびゴールドたちによるその解釈は,それまで純粋に仮想的な天体と思われていた中性子星がついに検出されたことを示していた.この超高密度天体は 1930 年代にまで遡る歴史を持つ.バーデとツヴィッキーは 1934 年の論文でその概念と名前を導入し,通常の星が中性子星になることで超新星爆発が起きるのではないかという仮説を提唱した.5 年後,ロバート・オッペンハイマー[*154] とジョージ・ヴォルコフ[*155] は,量子力学と一般相対論を用いて中性子星の物理を研究し,中性子星の質量上限が太陽の約 70 ％であると見積もった[*156].

しかし,中性子星の半径は 10 km しかないと期待されていたため,この天体を検出できる見込みはないと考えられた.このため中性子星は長い間,理論天文学者によって研究される面白い仮説にとどまっていた.ベルとヒューイッシュによる思いがけない発見によって,初めて観測的な現実になったのである.かに星雲の中心にある周期がたった 0.033 のパルサーの発見は特に重要であった.これまで知られている超新星の中で最も古い,1054 年の中国の文献で報告されている超新星の残骸と関係していたからである(かに星雲は,メイヨールとヤン・オールトによる 1942 年の総説論文で 1954 星の残骸と明確に同定された).

パルサーは宇宙論にとって直接的な意味を持つわけではないが,相対論的天

[*152] パルサーの発見はいくらか物議をかもしてきた.役に立つ(必ずしも客観的でないかもしれないが)考察は Wade 1975 と Hewish 1986 を見よ.ジョドレル・バンク天文台から見たパルサーの物語は Lovell 1973, pp. 121–166 に述べられている.ヒューイッシュ(ベルではなく)は,その発見過程における彼の寄与に対して 1974 年のノーベル賞を受賞した.
[*153] 訳注: Franco Pacini.
[*154] 訳注: Julius Robert Oppenheimer.
[*155] 訳注: George Michael Volkoff.
[*156] Baade & Zwicky 1934, Oppenheimer & Volkov 1939, Pacini 1967, Gold 1968 のそれぞれの論文は,Lang & Gingerich 1979 に再掲されている.そこにはさらに,ヒューイッシュと彼のグループがパルサーの発見を報告した 1968 年のネイチャー掲載の論文も再掲されている.

第 4 章 高温ビッグバン理論

体物理学にとっては非常に重要である．例として，中性子星の極限的な密度は重力崩壊に近い物質状態になっているため，研究者はブラックホールをさらに真剣に考えるようになった．他にも，連星パルサー（互いの周りを離心軌道に沿って回転する2つの中性子星）が非常に高精度で一般相対性理論を確かめるのに用いられており，重力が波として光速で伝播することの説得力のある証拠となった．PSR 1913+16 と呼ばれる最初の連星パルサーは，米国人天体物理学者ジョゼフ・テイラー[*157]と，彼の学生ラッセル・ハルス[*158]によって1974年に発見され，彼らは「重力研究に新しい可能性を開く発見となる新しい型のパルサーの発見」によって1993年にノーベル賞を受賞した．テイラーたちはパルサー計時の技術を用いて，もし重力定数が時間変化するとしても，その変化は1年あたり 10^{-11}〜10^{-12} よりも小さいことを示し，ディラック型の宇宙モデルを棄却した[*159]．

空からのX線とガンマ線の天文学的研究は，1960年代初めにロケットや人工衛星搭載の検出器を用いて始まった．マサチューセッツ工科大学の2人の物理学者，ウィリアム・クラーシャー[*160]とジョージ・クラーク[*161]は Explorer XI[*162]という人工衛星によって，宇宙空間における物質と反物質の対消滅によって発生した可能性のある高エネルギーガンマ線の強度を測定した．1931年にディラックが反物質を予言して以来，少数名の科学者は，反陽子，陽電子，反中性子からなる反物質が通常の物質と同程度の量だけ宇宙に存在している可能性を検討してきた．ディラック自身は1933年のノーベル賞講演において反物質から構成される星や惑星について考察し，また1956年に米国人核物理学者モーリス・ゴールドヘイバー[*163]は，世界全体が宇宙と「反宇宙」から構成されており，それらは存在し始めたときに分離したという説を提案した．しかし，1962年にクラーシャーとクラークは，宇宙における陽子と反陽子の対消滅を起源とする高エネルギーガンマ線の強度は非常に小さいことを明らかにし，これが物質と反物質が対称な宇宙という仮説の反証となった．

その後の人工衛星や観測気球による実験により，X線やガンマ線を放射する

[*157] 訳注: Joseph Hooton Taylor, Jr.
[*158] 訳注: Russell Alan Hulse.
[*159] Taylor 1992.
[*160] 訳注: William Lester Kraushaar.
[*161] 訳注: George Whipple Clark.
[*162] 訳注: 米国の人工衛星．世界初のガンマ線望遠鏡を搭載していた．
[*163] 訳注: Maurice Goldhaber．オーストラリア出身．

4.3 相対論的標準宇宙論

天体は実に様々なものが存在すること,そしてこれらの電磁波には拡散した背景放射成分も存在することが示された.Vela(ベラ)衛星からのデータは,謎の短時間しか持続しない突発的なガンマ線放射の存在を明らかにした.この現象が最初に報告されたのは 1973 年であったが,実際の検出はその 6 年前であった.Vela は米空軍によって打ち上げられた軍事衛星で,その主目的は 1963 年の条約で禁止された宇宙空間での核兵器実験が行われた場合にその信号を検出するためのものであった.核爆弾は大量のガンマ線を放出する.1967 年 7 月 2 日以来のガンマ線の記録を調べたところ,それらのガンマ線が核兵器からのものではなく,天体起源のものだということがわかった.そして最初の数年間でデータが分類された.

この爆発的なガンマ線の放出現象(ガンマ線バースト)が何なのか,そしてどこから来たものなのかはしばらく不明であったが,1997 年にそれが宇宙論的な距離のものだと判明した.その年に検出された 1 つのガンマ線バーストの発生場所が赤方偏移 3.42 の銀河の座標と一致していたのである.これは約 3600 Mpc の距離に対応し,ガンマ線バーストが超新星やクェーサーよりもさらにずっと強力な現象であることを示していた.バーストは典型的に数秒間持続し,放射される光子のエネルギーは 10 GeV ほどもあると考えられる(放射性物質からのガンマ線光子のエネルギーは約 1 MeV 程度である).2005 年にイタリア人によって率いられた天文学者のグループは $z = 6.3$ のバーストからのガンマ線放射を測定し,それは宇宙でこれまでに知られている最遠方天体の 1 つになった.これらの高エネルギー現象の物理はまだ理解には程遠かったが,多くの天文学者はそれが 2 つの中性子星か,または中性子星とブラックホールの合体に伴う現象だと考えていた.しかし,2003 年の春にガンマ線バーストが超新星と同時に観測された.これにより,ガンマ線バーストの原因に対する 3 つ目の説明,すなわち重い星がブラックホールに崩壊するのに伴う現象であるという説明が根拠を持つことになった.

最後に,バージニア大学のインド出身研究者シヴ・シャラン・クマール[164]は 1963 年に,熱的核反応を保てないほど質量の小さい星状の天体が存在するという説を提案した.この天体は 1975 年に「褐色矮星」と名付けられたが,最初は黒色か赤外線でしか見えない星として知られていた.それの存在は長年にわ

---

[164] 訳注: Shiv Sharan Kumar.

第 4 章 高温ビッグバン理論

たり仮説にとどまったが，現在では実在する銀河の構成要素で，通常の星と同じくらいあるものと信じられている[*165]．したがって，この種類の星は宇宙における暗黒質量のうちかなり割合を説明する可能性があると考えられた[*166]．1980年代には，褐色矮星に関する報告がいくつかあったが，どれも確認はされなかった．しかし 1990 年代半ばになると状況が変わり，質量の大きな褐色矮星の候補がいくつか見つかった．疑う余地のない最初の褐色矮星（グリーゼ 229B[*167] と呼ばれる）は 1995 年に報告され，翌年には恒星より小さい木星程度の大きさの天体がいくつか存在するらしいことがわかった．グリーゼ 229B は太陽の 100 万分の 1 倍という暗さで表面温度は約 1000K，質量は木星の 30〜40 倍程度であった．

4.3.3 一般相対性理論の発展

おおよそ 1925〜1955 年の間，アインシュタインの一般相対性理論はまったく流行らない分野で，物理学者や，数学者，天文学者の少人数のコミュニティで研究されているにすぎなかった[*168]．この理論が主要な役割を演じた唯一の分野は宇宙論であったが，当時の多くの物理学者や天文学者は，宇宙論の研究を科学の周辺，もしくはその外にあるものだとみなしていた．1955 年頃からこの状況は変わり，一般相対論と重力の研究はより重要な地位を与えられるようになった．この「ルネサンス」が起きた原因は，一般相対論の予言を実験室で試すことができるようになったという実験物理学の進歩によるところが大きい．さらに，定常宇宙論が否定されたことはアインシュタインの理論の勝利であると広く認識され，また新しい天文学的発見は天体物理学的な問題への相対論の応用を大きく刺激した．たとえばクェーサーやパルサーの発見などである．

物理学や天文学における強力な研究分野としての一般相対論の隆盛は，相対論的宇宙論の地位の向上を間接的に意味した．このルネサンスは，権威あるソルベー会議にも反映されている．この会議が始まった 1911 年から 1958 年までは重力物理学が含まれていなかった．しかし 1958〜1973 年の期間では，ソルベー会議は 3 回も重力関係の話題に焦点を当てている（1958 年「天体物理学, 重力,

---

[*165] Basri 2000.
[*166] 訳注: その後の観測で，現在はこの可能性はほぼ完全に否定されている．
[*167] 訳注: Gliese 229B.
[*168] 一般相対論の研究の低迷とそこからの再構築については Eisenstaedt 1989 および Kaiser 1998 を見よ．

そして宇宙の構造」; 1964 年「銀河の構造と進化」; 1973 年「天体物理学と重力」). これらや他の多くの会議に続いて, General Relativity and Gravitation（一般相対論と重力: 1970 創刊) などの専門的な雑誌が創刊され, また権威ある教科書が現れ始めた. 特筆すべき例として, ゼルドヴィッチとノヴィコフによる『相対論的天体物理学』(1971)[*169], スティーブン・ワインバーグによる『重力と宇宙論』(1973)[*170], チャールズ・ミスナー[*171], キップ・ソーン, ジョン・ホイーラーによる『重力』(1973)[*172] がある.

　大質量天体によって光線が曲がることは 1911 年にアインシュタインが最初に予言したが, そのような天体を光学的なレンズとの類似で「重力レンズ」と捉えることはあまりされていなかった[*173]. アインシュタインは 1912 年には重力レンズの基本的なアイディアを持っていたが, 彼はそれを出版しなかった. その後数年間, 重力レンズのアイディアは研究論文に数回現れた. エディントンは 1920 年の彼の著書『空間, 時間, および重力』[*174] で重力レンズによって 2 重像を観測する可能性に言及し, また 1924 年にはロシア人物理学者オレスト・フヴォルソンもそのアイディアについて Astronomische Nachrichten 誌上で論じた.

　その後しばらくは他に何も起こらなかったが, 1936 年にチェコのアマチュア科学者ルディ・マンドル[*175] はアインシュタインに会って, 重力レンズ効果とそこから導かれる帰結について説得を試みた (マンドルによると生命進化も含まれる). アインシュタインは彼自身の初期の研究を忘れているようだったが, 躊躇しつつもその問題を考察することに合意し, Science (サイエンス) 誌に『重力場中における光の偏差による星のレンズのような作用』についてのショートノートを投稿した. ここで彼は, 24 年前に見つけた像の増光と完全に同じ結果を導いたのである!

　アインシュタインはこの現象が観測できるとは信じていなかったが, 彼のノートはレンズ効果が他の研究者たちに取り上げられるという効果を生んだ. 特にツヴィッキーは 1937 年に, 星よりも銀河の方が重力的な望遠鏡としてさらに

[*169] 訳注: Relativistic Astrophysics.
[*170] 訳注: Gravitation and Cosmology.
[*171] 訳注: Charles W. Misner.
[*172] 訳注: Gravitation. 邦訳は『重力理論 』(若野省己訳 丸善出版).
[*173] Renn & Sauer 2003.
[*174] 訳注: Space, Time, and Gravitation.
[*175] 訳注: Rudi W. Mandle.

第 4 章 高温ビッグバン理論 311

適していることに気がついた．アインシュタインと違い，ツヴィッキーは重力レンズの検出について楽観的に見ていた．このアイディアがより現実的なものに発展したのは 1960 年代初めになってからのことで，たとえば若いノルウェー人天文学者シュール・レフスダル[176] の 1964 年の論文がある．ツヴィッキーの希望的観測は正しかったが，彼自身は存命中にレンズ効果の検出をみることは叶わなかった．最初の重力レンズは 1979 年にデニス・ウォルシュ[177]，ロバート・カースウェル[178]，レイモンド・ウェイマン[179]，によって発見された．彼らは，6 秒角だけ離れた 2 つのクェーサーが，実際には背後にある同じクェーサーの 2 重像であることを明らかにしたのである．それ以来，重力レンズは相対論的天体物理学における活発な分野に発展し，宇宙論にとっても重要な意味を持つようになった．たとえば 1995 年にドイツとエストニアの天文学者たちは重力レンズを用いてハッブル定数の値を測定し，$70 \text{ km s}^{-1} \text{Mpc}^{-1}$ より小さくなると見積もった．

ブラックホールの概念は 18 世紀終わりにまで遡る[180]．ニュートンの伝統に則った傑出した自然哲学者ジョン・ミッチェルは光の粒子が重力によって遅延するという仮説を立てた．つまり非常に重い星から放出された光の速さは太陽光よりも遅くなるということである．彼は，太陽と同じ密度で直径がその 155 倍あるような星は通常よりも 5 % 遅い光を放射することを示した．しかし，この興味深い予言は観測によって確かめられることはなかった[181]．もし光を放射する星がさらに重かったら何が起きるであろうか？ 1784 年にミッチェルは，重力法則の普遍性と光の微粒子が質量を運ぶという仮定に基づいた別の論文を執筆した．彼は至極簡単に光が十分に重い天体から逃げることができないという計算結果を得た：「もし自然界に太陽と同じかそれ以上の密度で，直径が太陽の 500 倍以上ある天体が存在するなら，その光は我々には届かないであろうから，

---

[176] 訳注: Sjur Refsdal.
[177] 訳注: Dennis Walsh.
[178] 訳注: Robert Francis Carswell.
[179] 訳注: Raimond John Weymann.
[180] ブラックホールとその歴史については，Israel 1987 および Thorne 1994 を見よ．
[181] ミッチェルは自分の考えを友人の化学者にして自然哲学者ジョセフ・プリーストリー (Joseph Priestley) に伝えた．Priestley 1772, pp. 786–792（1978 年に復刻）を見よ．アインシュタインは 1911 年の論文で，光の速さが局所的な重力場に依存すると結論したが，すぐにそのアイディアを捨てた (Einstein et al. 1952, p. 105).

4.3 相対論的標準宇宙論

... それを観測して情報を得ることはできないだろう.」[*182] ミッチェルは,そのような天体は直接観測はできないにしても,検出不可能ではないことに気づいた. 近くにある星やその他の明るい天体はその重力場によって強くかき乱され,それによってこのような暗黒の星の存在が明らかになる考えられるからである. 同様のことはラプラスによる 1796 年の影響力ある著書『宇宙の体系に関する解説』でも示され,さらに 1799 年の第 2 版においても繰り返された（が,1808 年の第 3 版と 1813 年の第 4 版,1824 年の第 5 版には含まれていない）. 暗黒の星という考えはフォン・ゾルトナーによって取り上げられた. 彼は 1800 年に,ラプラスの議論は光速一定を前提としているため不適当であると述べた. フォン・ゾルトナーは,重力は光粒子の速さを遅くし,小さな星でさえも見えなくなると議論した.

1820 年代に光の波動理論が受け入れられるようになると,このような考え方は物理学や天文学からいったん消え去ってしまったが,20 世紀になってアインシュタインの一般相対性理論に刺激されて復活をとげた. 1921 年の講演において, 70 歳のオリヴァー・ロッジ[*183]（彼はアインシュタインの理論を受け入れなかった）は,光に重さがあるとい仮定してブラックホールのシナリオを描いた. 彼は,光を保持することのできる質量の密度と半径は $\rho R^2 = 1.6 \times 10^{27}$ g cm^{-1} を満たさねばならないと示した.「もし,太陽 (2.2×10^{33} g) と同じくらいの質量が 3 km ほどの半径の球に集中すれば,そのような球はその [ブラックホールの] 性質をもつだろう. だが,それほどの集中度は合理的なものとはみなされない. それが地球であれば,さらに圧縮された直径 1 cm の球にしなければならない」.

ロッジは 1916 年に出版されたシュヴァルツシルトの,現在ブラックホールに関する先駆的な論文の 1 つに数えられている論文を引用している. ロッジはシュヴァルツシルト計量により「... $2M/R = c^2/G$ を満たすほど十分に大きな質量の近くでは光の速さがゼロになり,その場合の光は天体から逃げることが完全にできない」[*184] ことになると解釈した. シュヴァルツシルトは一様球質量に対するアインシュタイン方程式の厳密解を与え,中心からの距離 $R_S = 2GM/c^2$

[*182] Israel 1987, p. 203 に引用されている. Philosophical Transactions 誌に出版されたミッチェルの論文は Detweiler 1982 に再掲されている.
[*183] 訳注: Sir Oliver Joseph Lodge.
[*184] Lodge 1921, pp. 551 および 555.

に「外部特異点」があることを見つけた．同じ解はオランダ人物理学者ヨハネス・ドロステ[*185]によっても独立に発見され，1916年に出版された．シュヴァルツシルト半径，もしくはシュヴァルツシルト–ドロステ半径は，ラプラスの見つけた結果と偶然に同じ表式であったが，もちろんその説明は根底から異なる．シュヴァルツシルトの論文はほとんど完全に数学的であり，彼はその公式に現れる特異点の意味を考えなかった．

その特異点が数学的な人工物なのか，あるいは物理的な現実なのか，続く10年間で多くの議論があった．アインシュタインは個人的にはそれが物理的なものではないと信じていた．また，1933年にルメートルは，それがみかけ上のものにすぎず，座標変換によって取り除けるということを示した．それが大質量星の重力崩壊と関係していることは，1939年にオッペンハイマーとハートランド・スナイダー[*186]の論文で指摘され，それはシュヴァルツシルトの論文以上にブラックホール物理の先駆的研究と認識されている．シュヴァルツシルトの結果を用いて，この2人の米国人物理学者は半径R_Sが特異点に対応しておらず，そこから光が無限遠まで逃げることができない面，もしくは地平（ホライズン）を決めるものであるということを示した．彼らによれば，十分に大きな質量の星の崩壊の結果，その星は「遠方にいる観測者との通信から切り離されて閉じこもり，重力場だけが取り残される[*187]」．この研究対象が広い興味を惹き，天体物理学者たちがブラックホールを宇宙の構成要素かもしれないと考え始めたのは，ようやく1960年頃になってからであった．「ブラックホール」という名前は，ジョン・ホイーラーが1967年に行った講演で導入された：「1度星の中心核であったものは，もはや外から見ることができない．[「不思議の国のアリス」の]チェシャ猫のように，中心核は視界から消え去る．一方はにやりとした笑いだけを残し，もう一方は重力だけを残す... しかも，外部から投射された光と粒子はブラックホールに吸い込まれてしまい，質量と重力を増加させるだけである[*188]」．

1971年に，ケンブリッジ大学のスティーブン・ホーキング[*189]は，事象の地平の面積は決して減少しないという「ブラックホール熱力学第2法則」を証明

[*185] 訳注: Johannes Droste.
[*186] 訳注: Hartland Sweet Snyder.
[*187] Oppenheimer & Snyder 1939, p. 456.
[*188] Israel 1987, p. 250. ホイーラーの講演は1968年に出版されている．
[*189] 訳注: Stephen William Hawking.

4.3 相対論的標準宇宙論

した.面積をエントロピーに対応させれば熱力学との類似性は明らかであり,当時プリンストンの若き物理学者であったヤコブ・ベケンスタイン[*190]はそれが単に形式的な類似ではなく,ブラックホールはエントロピーを持つことが示された.ホーキングはこのアイディアを発展させ,1974 年の論文ではブラックホールは温度を持ち,そのため熱を持った物体のような放射をすると結論した.これが事実なら,とてつもなく長い時間の後には最終的に蒸発してしまうであろう.最初は物議をかもしたが,数年の間にホーキングの提案は一般に受け入れられ,「ホーキング放射」は天体物理学者だけでなく宇宙論研究者の理論的な道具箱にも加えられた.

ブラックホールを真剣に探そうとする最初の試みは 1970 年代に始まり,1973 年には X 線源のはくちょう座 X-1 がブラックホールの周りを回る通常の星からなっていることが示唆された.他のより確実な候補は 1994 年に確認された.英国の天文学者がはくちょう座 V404 という連星系を解析し,太陽の 12 倍も重いブラックホールの周りを星が公転していると解釈した.その星の質量は太陽の 70 %だと推定された.その頃までには,宇宙にブラックホールが満ちあふれていることを疑う天文学者はほとんどいなくなった.また,天の川銀河系の中心部に光を発しない質量が極度に集中していることが,ドイツ人天文学者ラインハルト・ゲンツェル[*191]と共同研究者たちによって 1990 年代終わりに確立された.この質量集中は巨大質量ブラックホールだと信じられている.

いわゆるホワイトホールはブラックホールを時間反転したもので,特異点から自発的に生じる仮想的な天体である.それは最初にノヴィコフとユヴァル・ネーマン[*192]によって 1960 年代中頃に考えられたもので,当時の物理学者の中には,その頃発見されたクェーサーを説明できると考えた者もいた.しかし現在では,ブラックホールとは対照的に,ホワイトホールは仮想的な天体としてだけ研究されており,宇宙の構成要素であるとは考えられていない.

宇宙論的な場の方程式における初期特異点の問題は 1930 年代に興味が持たれ,ルメートルやトールマン他数名の人々によって研究された.アインシュタイン彼の見解を 1945 年に出版された『相対論の意味』[*193]において次のように

[*190] 訳注: Jacob David Bekenstein. メキシコのユダヤ系出身,現在イスラエル在住.
[*191] 訳注: Reinhard Genzel.
[*192] 訳注: Yuval Ne'eman.
[*193] 訳注: The Meaning of Relativity. 邦訳は『相対論の意味』(矢野健太郎訳 岩波書店).

第 4 章 高温ビッグバン理論 315

表明している:

> 場や物質の密度が非常に高い場合にこの方程式の正当性を仮定することは... できず,また「膨張の始まり」が数学的な意味で特異点を意味しなければならないと結論することもできないであろう. ... 上の考察はしかし「世界の始まり」が本当に始まりであるという事実を覆すものではなく,それは星や星の系がまだ個別の実体として存在していなかったところから,新しい星や星の系が発展するという見地からみて妥当である [194].

10 年後,この疑問はもっと一般的で数学的な観点から,インド人物理学者アマル・クマール・ライチョードゥリー[195] によって再考された. 彼は宇宙の特異点は一様性と等方性の仮定から生じた不自然な人工物ではなく,一般相対論の帰結であると論じた. 一方で,ソ連においてイェフゲニー・リフシッツ[196] とイサーク・ハラトニコフ[197] は 1960 年代始めに,物質が任意に分布する一般的な場合は特異点が出現しないと結論づけた. 多くの宇宙論研究者にとってこれは心強い結論だったが,1965 年初めに英国の数学者ロジャー・ペンローズ[198] はこの束の間の平安をぶち壊し,重力的に崩壊する星は必然的に時空の特異点,すなわちブラックホールになってしまうことを証明した. 半年後,ホーキングはこの結果を拡張して宇宙論にも適用し,それによってリフシッツとハラトニコフの楽観的な結論の誤りを証明した. ペンローズ,ホーキング,ジョージ・エリス[199],およびロバート・ゲロック[200] によるさらなる研究により,包括的な特異点定理が得られた. この定理の本質は,古典的な一般相対性理論が支配する宇宙は必ず時空の特異点を持たなければならないということである.

ペンローズ–ホーキングの定理は,宇宙が $t = 0$ における特異点から始まることを実際に意味しているわけではなく,特異点がどこかにあるということを意味している. この定理は特異点の存在を証明しているが,その性質やそれが過去あるいは未来のどちらに属するものかについては何も述べていない. しかも,ご

---

[194] Einstein 1945 (6th ed., 1956, p. 126). 特異点定理の歴史の詳細な検討は Earman 1999 に与えられている. Earman & Eisenstaedt 1999 および Tipler, Clarke, & Ellis 1980 も見よ.
[195] 訳注: Amal Kumar Raychaudhuri.
[196] 訳注: Евгений Михаилович Лифшиц (Evgenii Mikhailovich Lifshitz).
[197] 訳注: Исаак Маркович Халатников (Isaak Markovich Khalatnikov).
[198] 訳注: Sir Roger Penrose.
[199] 訳注: George Francis Rayner Ellis.
[200] 訳注: Robert Geroch.

く初期の宇宙では量子効果が無視できず，それゆえペンローズ・ホーキングの定理の適用条件を満たしていない．それでもやはり，この定理は宇宙誕生における厄介な特異点を舞台に呼び戻し，あまつさえしばしばその証明であると捉えられた．

ルメートルの時代以降，ほとんどの宇宙論研究者は概念的に厄介な初期特異点を回避したいと考えたが，中にはそれを現実的で宇宙論的考察に役立つ要素だと考えようとした者もいた．アインシュタインの初期の共同研究者であるエルヴィン・フロイントリッヒ は 1951 年の本の中で，特異点への恐れをアリストテレス派自然哲学における「真空への嫌悪[*201]」と比較し，それは「調和した宇宙への潜在的な願望に対する最後の注意喚起」であると述べた．これは米国人物理学者チャールズ・ミスナーの意見でもあり，彼は 1969 年に「我々は知性を拡張し，『特異』とされている数学的な状況を記述するようなもっと満足できる言葉の組を見つけてから，特異点を我々の物理的考察に取り入れるべきであり，観測的な困難が起こるまではそうし続けねばならない[*202]」と提案した．ミスナーが彼の知性を拡張した結果，彼は時間の再定義により通常の時間パラメータ t を $\log t$ で置き換えることを考えた．この時間の再較正は本質的にミルンが 1930 年代に用いたものと同じである．このような時間の概念により，元の特異点は無限の過去へと消え去る．ミスナーによると「宇宙は訳があって無限に古い．なぜなら，開始以来に無限に多くのことが起きたからである」．ミスナーの再解釈は概念的には満足かもしれないが，宇宙論の発展に与えた影響はミルンの試み以上のものではなかった．

4.3.4　宇宙における物質

暗黒の宇宙物質，ダークマターは 1970 年代に大きな話題となったが，一般的な意味での概念はアインシュタイン以前の時代の天文学者にもなじみ深いものであった[*203]．宇宙論の歴史におけるダークマターの最初の例はおそらく，1.1 節に登場した，紀元前 5 世紀のピロラオスの主張した見えない反地球である．ミッチェルとラプラスが 18 世紀終わりに考えた暗黒星は，光では見えないが重

[*201] 訳注: horror vacui.
[*202] Misner 1969; Finlay-Freundlich 1951, p. 49.
[*203] ダークマターの初期の歴史に関する簡潔な説明は Trimble 1990 や Van den Bergh 2001 に見られる．ダークマターはしばしば（特に理論的な理由によって必要とされる未検出物質に関係するとき）「失われた質量」や「失われた物質」とも呼ばれるが，多くの研究者は「失われた質量」が誤解を招く名前だと考えていて，最近ではほとんど用いられていない．

力的に検出できる物質のもう 1 つの例となっている．この考えが生き残ったことは，アグネス・クラークの『宇宙物理学の諸問題』(1903) には「暗黒星」に関する章が含まれていることからもわかる．そこで彼女は次のように結論づけた：「我々に言えるのは，見えない天体が，光り輝くものすべてよりも質量において勝っていることである．それらはおそらく宇宙を動かす主要な原動力となっている[*204]」．クラークは仮想的な暗黒星を「老衰状態の太陽」と形容した．

20 世紀前半に天の川銀河の質量密度が最初に見積もられると，ダークマターの概念は単なる憶測から観測的に支持された仮説へと徐々に変化し始めた．1922 年，ジーンズは我々の銀河系には明るい星の 3 倍程度の暗黒星があるはずだと述べた．宇宙の観測された部分に関して，ハッブルが銀河計数に基づいて 1926 年に見積もった宇宙の平均密度が約 $10^{-31}\,\mathrm{g\,cm^{-3}}$ であった．この値は，1930 年代までに 10 倍以上に増加した．ハッブルは著書『星雲界』の中で，10^{-30} が下限，10^{-28} が上限であると述べた．これらの値はアインシュタイン–ド・シッター宇宙の臨界密度と比較されるべきものだが，最初はあまりにも大きすぎるハッブル定数に基づいた値で，1932 年のアインシュタインとド・シッターの論文では $4\times 10^{-28}\,\mathrm{g\,cm^{-3}}$ とされた．1950 年代におけるハッブル定数の改訂により，宇宙の中に見えている物質の量は臨界 ($\Omega=1$) に達するには少なすぎることが明らかとなった．これはアインシュタイン–ド・シッターモデルであれ，定常宇宙モデルであれ，どちらにも都合が悪い．1958 年のソルベー会議における講演において，オランダ人天文学者ヤン・オールトは，銀河に含まれる物質量だけを基にして，$\rho \simeq 4\times 10^{-31}\,\mathrm{g\,cm^{-3}}$ ($\Omega \simeq 0.01$) と結論した．彼は，実際の密度はさらに高いであろうと認識していた．定常宇宙論の観点から見れば，そこに心配の種はなかった．この理論では，銀河間空間にダークマターの候補となる中性水素が大量にあるものと仮定されていたからである．

しかし，ダークマターを宇宙論に引き入れる原因となったのは，理論的な宇宙論に関する議論ではなかった．銀河団の研究に関係してツヴィッキーは 1933 年，見えている物質の重力では銀河団をまとめておくことができないと結論した．彼はかみのけ座銀河団中の銀河の速度を調べ，その分散を説明するには大量のダークマターの存在が必要とされることを見出した．彼は「かみのけ座銀河団系の平均密度は，輝いている物質の観測から導かれる量よりも少なくとも

[*204] Clerke 1903, p. 400.

4.3 相対論的標準宇宙論

400倍は存在しなければならない．このことが確認できれば，ダークマターが光る物質よりもはるかに大きな密度で存在するという，驚くべき結論が導かれる」と書いている[*205]．宇宙論的な結論に関して彼は，「光る」物質の測定結果は $\Omega \ll 1$ を導くが，ダークマターを考慮すれば物質密度が $\Omega \simeq 1$ にまで増加すると仮定することは「不合理ではない」と指摘した．

ツヴィッキーの議論はあまり注目されず，それから40年ほどして，回転する銀河円盤に重力を及ぼす見えない物質が大量にあるという観測的証拠が見つかった．もしそのような物質がなければ，重力が弱すぎて銀河は飛散してしまうはずである．銀河力学の理論研究に基づいたこの結論は，米国のピーブルス，ジェレミア・オストライカー[*206]，エイモス・ヤヒル[*207] によって1974年に導かれた．彼らは渦巻き星雲の質量がおおむねその半径に比例することを示した[*208]．それはダークマターの存在を示唆する．また彼らはより一般的に，宇宙の質量全体の約90～95％が見えない形で存在すると主張した．ヤーン・エイナスト[*209] とソ連の天文学者のグループは，独立かつほぼ同時期に同じ結論に達した．これら2つのグループの研究は，ダークマターが今や現実のものであり，最も重要な宇宙の構成物であるという結論をもたらした．さらに，ヴェラ・ルービン[*210] らの天文学者たちは1978年に渦巻き銀河の回転曲線を解析し，銀河の質量は見えている星の質量の約5倍もあるという説得力のある証拠を発見した．こうして，ダークマターに関するこの新しい状況はさらに強調されることになった．そのうえ，銀河の質量は光度と異なり，銀河の中心近くに集中していることも彼らの研究から導かれた[*211]．1970年代終わり頃までにはダークマターは単なる仮説ではなくなり，見えている物質よりもずっと大量にあることがわかった．ダークマターの新しい見積もりを含めると，宇宙の質量密度は $\Omega \simeq 0.2 \sim 0.6$ となった．では，ダークマターとは何であろうか？

[*205] Zwicky 1933, p. 125.
[*206] 訳注: Jeremiah Paul Ostriker.
[*207] 訳注: Amos Yahil.
[*208] 訳注: この研究は正しくは回転する銀河円盤はそれだけでは形を保つことができず，棒状に変形してしまうバー不安定を起こすことをを示したものである．彼らは，円盤が安定に存在するためには銀河周囲に球対称のダークマター分布が必要であると議論しており，その結果が半径に比例するという結論である．
[*209] 訳注: Jaan Einasto.
[*210] 訳注: Vera Rubin.
[*211] 非専門的な説明は Rubin 1983 を見よ．

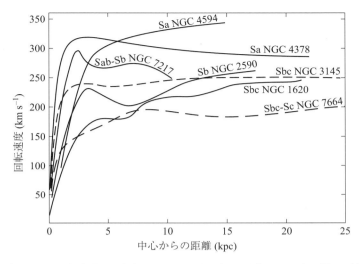

図 4.9 ヴェラ・ルービンと共同研究者により 1978 年に求められた, いくつかの銀河に対する回転速度. 光っている質量に基づく予言は, 距離が大きくなると減少する曲線となり, 一定にとどまることはない. 観測と予言の不一致は, 銀河のハローに大量のダークマターがあるという証拠だと解釈される. V. C. Rubin et al., 'Extended rotation curves of high-luminosity spiral galaxies', *Astrophysical Journal* **225** (1978), L107–L111 による. 米国天文学会の許可を得て再掲.

通常の（バリオン的な）物質からなる暗い天体の可能な候補として, 天文学者たちは MACHO と呼ばれる種族を考えた. この言葉は「重くて小さいハロー天体」[*212] の頭文字による略語である. この天体は光らないが, その存在は重力的作用によって示すことができる. それはブラックホールかもしれないし, 木星のような惑星, または褐色矮星かもしれない. 重力レンズによって MACHO を探すための, マッチョ計画 (Macho Project) という共同研究が 1993 年に始められ, しばらくしてその存在を示唆する多くの結果が得られた. この計画や他の計画により, MACHO 型のダークマターが存在することが示されたが, その性質はいまだ明らかではない.

4.3.5 宇宙モデル

宇宙背景放射が発見されて間もなく, ほとんどの宇宙論研究者の間で宇宙論の主要な問題と, それを解くための方法について 1 つの合意が形成された. 相

[*212] 訳注: massive compact halo objects.

4.3 相対論的標準宇宙論

対論的な高温ビッグバン理論は科学のパラダイムともいえる地位を獲得し，その他の代替理論は重視されなくなった．それと同時に，宇宙論は非常に定量的な発展をした．このことは文献データに現れている．1950〜1962年の間，宇宙論についての科学的論文数は平均して1年に約30篇ほどであったのが，1962〜1972年にはその数が50〜250篇に増えた．それでも，物理学や天文学の他の分野に比べれば，まだまだ宇宙論は小さくまとまりの弱い科学にとどまっており，物理学と天文学の間には断裂があった[213]．

宇宙論が公式に認められるようになると同時に，その研究は天文学者や数学者，物理学者が余暇的に行うものというよりも，専念して行う専門的な職業として社会的にも制度化されるようになった．この分野は大学の学部にも統合されて発展し，宇宙論の学習課程や教科書もありふれたものになった．ここで初めて，学生は標準宇宙論を教えられ，共有された知的財産に基づく研究の伝統の中で育てられるようになった[214]．職業化されたこと，および尊重される科学分野としての地位を得たことで，哲学者やアマチュア科学者が排除されることにもなった．宇宙論が何であるかについて，ある意味守備範囲を限定したといえるであろう．初期の宇宙論研究を特徴づけている国による違いも消え去った．もともと物理的なビッグバン理論は米国の理論であり，定常宇宙論は英国に属し，ロシア人は政治的，イデオロギー的理由により宇宙論を研究すること自体に躊躇してきていた．だが今や，この分野は真に国際的なものになった．ある人が提唱した宇宙論的な理論だけによって，その著者の国籍を見分けることはもはやできない．

高温ビッグバン理論に対して新しく生まれた信頼にもかかわらず，ほとんどの研究者が多くの問題点や不確実な特徴があるということを強調した．この理論は，観測を推進するための研究の枠組みであり，宇宙がどのように進化して組み上がったのかに対する最終的な答えというよりは，それをもとにさらなる研究をする開始点であると考えられた．そして，宇宙定数のないアインシュタインの場の方程式に対するビッグバン解によって宇宙が記述されるべきだということが一般的な合意になった．定常宇宙論の死後，一般相対性理論への信頼はほとんど教条的と言えるまでになった．宇宙の理解のために，他の新しい物理は必要

---

[213] 宇宙論に関する文献データや文献そのものについては Ryan & Shepley 1976 を見よ．

[214] 科学者集団の中で考えられた，相対論的宇宙論の研究者に対する社会学的観点は Copp 1982 と Copp 1983 に与えられている．

第 4 章 高温ビッグバン理論

ないということを強調した人々の中にはゼルドビッチとノヴィコフがいる:

> 宇宙の尺度にいたるまで，一般相対性理論の適用範囲に制限があることを示す観測的なデータはない．したがって，一般相対性理論を修正して宇宙論に適用する仮説には根拠がない．このように，理論的，実験的，観測的な事実を合わせると，物理法則と一般相対性理論はほぼ真に膨張が開始した時から宇宙進化の記述に適用できると考えられる．その適用範囲は，物質密度が核物質密度 $\rho > 10^{14}\,\mathrm{g\,cm^{-3}}$ よりもはるかに大きかった時刻から，現在時刻までである[*215]．

サンデージの観測計画は，ハッブル定数 と減速パラメータを十分な精度で測定し，実際の宇宙に対する最良のモデルの候補を突き止めることであった．1970 年頃，彼は暫定的に $q_0 = 1.2 \pm 0.4$ で，$\Lambda = 0$ のときのハッブル時間が 70〜195 億年の間であるという結論を出した．これに対応するのは閉じた宇宙であり，宇宙年齢の範囲は 42〜117 億年となる．しかし，他の観測は開いた宇宙で永久に膨張する宇宙を支持しており，それらとは矛盾していた．1979 年にサンデージは様々なデータをもとにして，好ましい値は $H_0 = 50\,\mathrm{km\,s^{-1}Mpc^{-1}}$ と $q_0 = 0.02$ であると結論した．これは年齢が 190 億年の開いた宇宙に対応する[*216]．1970 年代以降，サンデージはスイス人天文学者グスタフ・タンマン[*217] との共同研究を行っていた．この中で，ハッブル定数の値に関してジェラール・ド・ヴォークルール[*218] たちとの長引くことになる論争に巻きこまれた．サンデージとタンマンは約 $50\,\mathrm{km\,s^{-1}Mpc^{-1}}$ 程度の値を主張したが，ド・ヴォークルールは $100\,\mathrm{km\,s^{-1}Mpc^{-1}}$ であると主張した．

サンデージの計画自体は原理的には問題なかったが，思った通りの結果をもたらさなかった．明確な観測的指針がないまま，多くの宇宙論研究者はアインシュタイン–ド・シッターモデルを好んで用いた．その理由は観測的に指示されるからではなく，簡単なモデルであり明確に否定されてもいなかったからである．このゲームにはいつもジョーカーとして宇宙定数があった．それは一般的に歓迎されなかったが，ルメートル型のモデルは常にある程度関心がもたれ続けてい

[*215] Zel'dovich & Novikov 1983（1975 年のロシア語原著の英訳），p. xxi.
[*216] Sandage 1970; Tammann, Sandage, & Yahil 1979.
[*217] 訳注: Gustav Andreas Tammann.
[*218] 訳注: Gérard Henri de Vaucouleurs. フランス人だが，研究者としてのキャリアはすべて英語圏で過ごした．

4.3 相対論的標準宇宙論

た. 1970 年頃, ルメートル型のモデルはヴァへ・ペトロシアン[*219]たちによって再考され, ある種のクェーサーのデータを説明するのに有用であることが発見された. ハッブル図[*220]や他の証拠の考察により, ジェームス・ガン[*221]とベアトリス・ティンズリー[*222]は 1975 年, 最も好ましいモデルとして閉じた, $\Lambda > 0$ の永遠に加速する, そしてビッグバンの間に重水素が作られない暗い高密度の宇宙を提示した[*223]. 彼らは結論にはまだ議論の余地があることに留意し, よりよいデータを必要としている中間報告として発表した.

ガンとティンズリーが発表したモデルは長くは生き延びなかった. 正の宇宙定数を持つ加速する宇宙が 20 年ほど後に全力疾走で戻ってくるなどとは, 当時の彼らには予想すらできなかったであろう. 不定性は長い間続き, 1980 年代終わりになっても完全な未解決問題のままであった. 指導的米国人天文学者バージニア・トリンブル[*224]は「我々のうち論争に直接関与しない人々は水曜, 金曜, 日曜に宇宙が開いている ($\Omega < 1$) と考え, 木曜, 土曜, 月曜には閉じている ($\Omega > 1$) と考えることしかできない (火曜は聖歌の練習)」と評した[*225].

1970 年までは, 宇宙論が相対論的なビッグバンの理論的枠組みによる標準的な科学になる途上にあったが, 異色の考えを展開する余地もあった. そのいくつかは穏健なものだったが, 他のものは決定的に非正統的であった[*226]. 科学的な文脈での「多重宇宙」(many universes) という考えは 1934 年まで遡る. このとき, トールマンは 1933 年のルメートルの研究を発展させ, 宇宙論的な場の方程式の非一様球対称解を調べることによって宇宙全体が独立な一様領域, つまり異なる密度を持った多数の副宇宙を含んでいるという可能性を見出した. 彼はさらに, それらの宇宙のうちいくつかのものは膨張するが, その他のものは収縮する, そして時間と空間に広がったいくつものビッグバンがあるかもしれないと推測した. 漠然と似たような描像は, ホイルとナーリカーによって, 1966 年に定常宇宙論を大きく修正した枠組みにおいて提案された. ホイル–ナーリカー

[*219] 訳注: Vahé Petrosian.
[*220] 訳注: この場合のハッブル図 (Hubble diagram) とは, 特に赤方偏移とみかけの明るさをプロットした図を意味する.
[*221] 訳注: James Edward Gunn.
[*222] 訳注: Beatrice Muriel Hill Tinsley.
[*223] Gunn & Tinsley 1975.
[*224] 訳注: Virginia Louise Trimble.
[*225] Trimble 1988, p. 389.
[*226] Ellis 1984 の総説論文を見よ.

第 4 章 高温ビッグバン理論 323

理論においては宇宙は脈動する泡に例えられ，連続的に生成される数多くの独立した泡宇宙から構成される．それらの泡宇宙は，異なる速さで膨張したり収縮したりする．この考え方は完全宇宙原理とは当然ながら矛盾し，もともとの定常宇宙論から急激に離れていくものだった．以前の定常宇宙論におけるもう一人の理論家トーマス・ゴールド は，1973 年，多重宇宙のいくらか似た考えを提案したが，それは定常宇宙論の概念には結びつけられていなかった[227]．これらの理論は大部分が無視されたが，それから何年か後には，多重宇宙がインフレーション宇宙論の枠組みの中で精力的に議論されるようになった（5.1 節参照）．

1966 年のホイル–ナーリカー理論は，ホイルとナーリカー，およびジェフリー・バービッジによって 1990 年代に展開された，定常宇宙論の最後の砦である準定常宇宙論[228] の先駆理論とみなすことができるであろう．準定常宇宙論では，高密度の時期に起きる「小さなビッグバン」で物質が生成され，宇宙膨張は非常に長い時間尺度，たとえば 10^{11} 年での振動の上に重ね合わされたものとして描写される．1948 年の最初の理論との共通の特徴はもはや唯一，永久に続く宇宙において物質が連続的に生成するということだけである．ホイルと共同研究者は，彼らの理論をかなり詳細にわたって展開し，その中で宇宙背景放射や軽元素組成の説明も行ったが，ビッグバン理論の枠組みの中で研究をしていた大多数の宇宙論研究者に影響を及ぼすことはなかった[229]．

他の種類の代替宇宙論として短期間だがいくばくかの注目を集めたのは，スウェーデン人物理学者（1970 年のノーベル賞受賞者）ハネス・アルフェーン[230] によって 1960 年代に提案されたプラズマ宇宙論である．この理論によると，宇宙の大部分は電磁場により分離された等量の物質と反物質から構成され，宇宙を膨張させる大規模な爆発を過去にもたらしたものは対消滅過程である．この爆発が「ビッグバン」となるが，それは宇宙の誕生ではなく，アルフェーンと賛同者は宇宙はずっと存在してきたと主張した．アルフェーンのプラズマ宇宙論を代替理論として真剣に考えた宇宙論研究者は非常に少なかった．その理由は，

---

[227] 初期の多重宇宙の考え方に対する文献は，Kragh 1996a, pp. 366–368 を見よ．ルメートル–トールマン非一様モデルは，ボンディが 1947 年にそれを研究したため，しばしばトールマン–ボンディモデルとしても知られている．

[228] 訳注: QSSC; quasi-steady-state cosmlogy.

[229] Hoyle, Burbidge, & Narlikar 2000. この理論に対する異議については，Peebles et al. 1991 を見よ．

[230] 訳注: Hannes Olof Gösta Alfvén. 日本ではずっとアルフベンと呼びならわされてきたが，発音はアルヴェーンとアルフェーンの中間くらいである．

4.3 相対論的標準宇宙論

宇宙に大量の反粒子があるという観測的証拠がなかったからである.

1970 年代にポール・ディラックは,大数仮説と時間変化する重力定数に基づいた宇宙論に関する彼の昔の着想に新しい命を吹き込もうとした（3.3 節参照）.彼はこの着想をいくつかのバージョンで展開したが,そのいずれも当時の宇宙論で必須であった宇宙背景放射の説明を行うことができなかった.ディラックによると,大数仮説はマイクロ波背景放射が物質と放射の最初の脱結合に起源を持つという可能性を排除してしまう.ディラックの理論は失敗したが,時間変化する重力の定数という一般的な着想は何人かの研究者に取り上げられた.たとえば,ポール・ウェッソン[231] とヴィットーリオ・カヌートはそれを宇宙論のメインストリーム上にあるモデルに発展させた[232].自然の「定数」が時間変化するという可能性は,宇宙論研究者の何人かを魅了して現在でも研究されているが,ディラックの最初の着想とはかなり違う方法によっている.

ホイルやアルフェーン,ディラックの理論は宇宙論の周辺に属している一方で,ディッケと彼の学生カール・ブランス[233] が 1961 年に提案した代替理論は標準理論に対する興味深く本格的な挑戦と考えられる.ブランス–ディッケ理論は単にビッグバン型の代替宇宙論なのではなく,アインシュタインの一般相対性理論に対する代替理論である.この理論では重力定数に作用するスカラー場が働き,重力定数は一般に時間変化するが,それは特定の変化ではなくある種の外部パラメータ値に依存している.この新しい理論の宇宙論的な帰結は相対論的進化理論と大きくは変わらないが,一般に宇宙の膨張率が異なり,それゆえ初期宇宙におけるヘリウムの生成量が異なる.ブランスとディッケの理論は地球物理学と天体物理学に示唆を与え,それは 1960 年代に活発に議論された.その帰結の 1 つは太陽の偏平率が一般相対論の予言と異なるというものである.その後の観測によって実際の太陽の形はディッケの予言と一致しないことが判明し,その後ブランス–ディッケ理論への興味が急速に失われていく原因となった.

---

[231] 訳注: Paul S. Wesson.
[232] たとえば Canuto & Lodenquai 1977 を見よ.この種のディラック宇宙論は宇宙背景放射を説明することができ,どんな観測事実とも矛盾しないと主張された.
[233] 訳注: Carl Henry Brans.

第5章　新たな地平

　標準ビッグバン理論は1970年までに確立したが，とはいえその後数十年間で変化がないほど標準的でもなく，世紀の終わり頃にはほとんど同じものと認識できないところまで変貌した．ビッグバンに基づく初期宇宙の理解は宇宙論と素粒子物理学のこれまでにない密接な共生によって大勝利を享受し，1980年代には初期宇宙に対するインフレーションシナリオの発明によって新しいフェーズに入った．理論の最前線では，インフレーションが20世紀終盤の宇宙論において最も重要な進歩であり，それはすぐに多様なモデルを生んだ．そのいくつかはいわゆるビッグバン概念のない，「古い」ビッグバン理論とはかけ離れたものである．インフレーション理論はさらにほぼ純粋に仮想的で思弁的な宇宙論的アイディア，たとえば量子宇宙論の広い領域の萌芽を刺激し，おそらくは正当化の後押しとなった．そして驚くべきことに，人間原理とともに目的論的考察や半哲学的考察が宇宙論に舞い戻ってきた．

　未来の歴史家たちが現代宇宙論における最も重要な変化とは何かを決めるとしたら，彼らは新しくて大胆な理論よりも新しい観測を選ぶだろう．世紀をまたぐ頃までには，我々がこれまでよりも速く膨張する宇宙に住んでいるという観測的証拠が蓄積してきた．これは1970年代の標準的描像とはかなり異なる．その加速はいまだによく理解されていない力，おそらく長い間誤りと考えられていた宇宙定数によって生じていると思われる．最近の30年間における進展は著しく，また混乱に満ちていた．それを適切な歴史的視点から記述するのは不可能かもしれないが，かといって宇宙論の歴史を考えるうえで無視することもまたできないであろう．

5.1 初期宇宙論

　原子核物理学や素粒子物理学を用いて宇宙論的な理論に新たな知識や制限を与えるという着想は 1930 年代にまで遡る．ガモフと彼のグループによる先駆的研究，とりわけ 1953 年のアルファー，ハーマン，フォリンの理論が重要な役割を果たした．その後 1960 年代から 1970 年代に高エネルギー物理学が爆発的に発展し，宇宙論，天体物理学，素粒子物理学の間の密接な関係が強まった．これに熱狂した物理学者は（天文学者よりもずっと）この関係を新しい，そして──ついに！──科学的な宇宙論の誕生だと考えた．この新しい研究領域における 2 人の傑出した米国人物理学者デビッド・シュラム[*1] とゲーリー・スタイグマン[*2] はこう述べている．

> 宇宙論は科学的アイディアが発展したからだけでなく，実験室で検証されるようになったという意味で真の科学になった... これは，理論モデルが激増した宇宙論の黎明期，美的感覚に頼る以外にそれらを裏付けたり却下したりする方法がほとんどなかった頃からすれば，隔世の感がある[*3]．

　そのうえ，高温ビッグバン理論に対する信頼が高まったことで，ごく初期の宇宙における極限的な高エネルギーでの素粒子物理学に対する洞察を得るためにこの理論を用いるようになった．ビッグバンは加速器で作り出せるエネルギーをはるかに超えているからである．初期宇宙は「貧者の加速器」と表現されるものとなり，高エネルギー物理学と宇宙論は共生関係となった．天体核物理学は 1950 年代には十分確立した分野になっていたが，粒子天体物理学は宇宙論への応用とともに，1970 年代に活気のある新しい科学となった．この共生関係を示す出来事が，1992 年の Astroparticle Physics （天体粒子物理学）という学術雑誌の創刊である．

　ビッグバン宇宙論から派生した素粒子物理学における最初の最も重要な成果の 1 つが，ニュートリノの世代数[*4] の決定である．1970 年代中頃，ニュートリノは電子に関係するものと，より重いミュー粒子に関係する 2 種類が検出され

[*1] 訳注: David Norman Schramm.
[*2] 訳注: Gary Steigman.
[*3] Schramm & Steigman 1988, p. 66.
[*4] 訳注: ニュートリノの異なった種類は「世代」という用語で呼ばれる．

第 5 章　新たな地平 327

ていた．直接実験によって言えるのは，それ以外の種類のニュートリノはもっとあってもよいということだけであり，何種類かについては実験的に知られていなかった．1977 年に，スタイグマン，シュラム，ジェームス・ガンは宇宙論的なデータと理論を用いて，実験物理学者による制限を上回る結論を得た．初期宇宙の膨張率は全エネルギー密度に依存することが知られている．さらに，その密度は宇宙が主に光子，電子，ニュートリノによって構成されている時期における粒子の種類数に依存する．ヘリウム 4 の生成は膨張率に非常に敏感なので，ヘリウムの測定量を計算結果と比較することによってニュートリノの種類を制限することが可能になった．スタイグマン，シュラム，ガンはこの方法により，ニュートリノの種類は 6 以下であることを発見したのである．その後の計算によりこの制限は 4 になり，さらには 3 になった．1993 年に CERN（セルン：the European centre of high-energy physics）においてニュートリノの種類数は 3 であることを示す結果が得られ，宇宙論的な議論のみに基づくこの予言が実験でも確認された．数年後，シュラムは「これは粒子衝突器が宇宙論的な予言を確かめた最初の事例であり，粒子物理学と宇宙論の結婚が本当に達成されたことを示している」と誇りをもって指摘した[*5]．

この成功に加え，同じような宇宙論的な議論を用いて，ニュートリノ質量にも直接実験によって得られるよりもずっと厳しい制限を与えられることが示された．ミュー・ニュートリノの場合，宇宙論的な上限 (50 eV) は実験による制限よりも約 1 万倍小さい．物理学者は 1975 年頃からタウ・ニュートリノとして知られる 3 番目のニュートリノの存在を仮定していた．1991 年の計算によると，原始的な核合成はその粒子の質量が 0.5 eV より小さいことが要求されていた．この制限は実験的に得られた値と矛盾しないばかりか，それよりも精密なものであった．これは初期のビッグバンモデルに対するもう 1 つの試金石となり，「内部空間と外部空間の結合」[*6] に対する信頼をさらに確かなものにした[*7]．

[*5] Schramm 1996, p. xvii.
[*6] 訳注：inner space–outer space connection.
[*7] これは 1984 年に開催され，200 人以上の研究者が出席した会議について述べている（Kolb et al. 1986）．抄録集の前書きによると，この会議の主題は「微視的世界（内部空間）の物理学と巨視的世界（外部空間）の間の結合」であった．この題目に対する通俗書は数多く，さらに技術的な書物も数多く出版されている一方，歴史的な書物には適切なものがない．Schramm 1996 は一次資料を集めたものであり，そのいくつかは Bernstein & Feinberg 1986 にも再掲されている．素粒子の質量は，対応するエネルギーを電子ボルト単位で測った値（つまり，eV/c^2 ではなく eV）で表すことが普通である．電子の質量は 0.51 MeV（100 万電子ボルト）である．

5.1 初期宇宙論

1960年代にヘリウム4の初期宇宙における生成に焦点が当てられ，観測結果とビッグバンモデルの予言が一致したことで，ビッグバンモデルは強く支持されるようになった．しかし，初期宇宙におけるヘリウム4の生成量はバリオン密度にはあまり敏感ではないことが判明し，核宇宙論研究者の関心は重水素（さらにヘリウム3）の宇宙論的起源へと向けられた．これらはバリオン密度をもっと厳しく制限する．重水素 (D) 量の決定は「宇宙のバリオン計」[*8] となったのである．1970年代以前には，宇宙の重水素量はよくわかっていなかった．1972年に Copernicus（コペルニクス）衛星が打ち上げられ，初めて星間重水素量の測定ができるようになり，ジョン・ロジャーソン[*9] とドナルド・ヨーク[*10] は $D/H \simeq 1.4 \times 10^{-5}$ と報告した．重水素はビッグバンによって生成されるため，この観測結果を用いて現在の宇宙の密度が求められる．この2人の天文学者は $\rho = 1.5 \times 10^{-31}\,\mathrm{g\,cm^{-3}}$ という値を導いた．これは，開いた，永遠に膨張する宇宙を示していた[*11]．その後もこの分野において多くの研究が行われ，水素に対する重水素の原初の比が $D/H \simeq 3.2 \times 10^{-5}$ であるという説得力のある証拠が得られた．1990年代中頃までに，この事実はバリオン密度 $3.6 \times 10^{-31}\,\mathrm{g\,cm^{-3}}$，つまり $\Omega_B = 0.02 h^{-2}$ を意味するものと解釈された．それはつまり，バリオンでないダークマターが大量に存在する強い証拠となった[*12]．

高エネルギー物理学はまた，宇宙論における古くて重要な疑問，なぜ反物質は宇宙に実質的に存在しないのかについて新しい光を投げかけた．ごく初期の宇宙では，反核子が核子と同じぐらい存在すると仮定されるが，そのほとんどは消滅して高エネルギー光子になる．その後，宇宙が十分に大きくなることによって消滅がほぼ起こらなくなる．ゼルドビッチが1965年に示したように，この結果物質もほぼ完全と言えるほど消滅してわずかな量だけ残り，光子と核子の比は約 10^{18} になる．ここで問題となったのは，観測されたその比が実際にはずっと小さく，約 10^9 であったことである．この「破滅的消滅」はどのようにして避けられたのだろうか？ この不一致は，初期宇宙における物質が反物質に比べてわずかに多かったと仮定すれば説明できるが，すべての物理学者がこの説明を満

[*8] 訳注: cosmic baryometer.
[*9] 訳注: John Rogerson.
[*10] 訳注: Donald G. York.
[*11] ロジャーソンとヨークによる1973年の論文は Lang & Gingerich 1979, pp. 75–77 に再掲されている．
[*12] Schramm & Turner 1998.

足のいくものと考えたわけではなかった. 彼らは, この説明は単に非対称性を宇宙の初期条件に押し付けているだけで, 本当の説明になっていないと反論した.

それよりもずっと良い説明が可能になったのは, 1970 年代に最初の大統一理論 (GUTs) [*13] が現れてからである. 大統一理論とは, 電磁相互作用, 弱い相互作用, 強い相互作用を統一的に説明するいくつかの理論の集合のことである. これらの理論における共通の特徴として, バリオン数を保存しないことがある. これは, ある過程において陽子や中性子などのバリオンが生成されるとき, バリオンの生成数と反バリオンの生成数が一致しない場合があることを意味する. この性質を用いて, 日本人物理学者吉村太彦は 1978 年, いかにして初期の対称な状態がわずかに核子の多い状態へと進化し, 我々が知っているような世界を作り上げるのかを示した. 彼は「もし私の機構が働くならば, 初期の大統一についての化石が現在の宇宙組成に残されているはずである」と書いて, 原子核考古学の概念に新しい発見をつけ加えた [*14]. この理論は, 非常に重い X 粒子 ($m_X \simeq 10^{15}$ GeV) が GUT 期に生成されることを予言する. 反 X 粒子も X 粒子と同じ量だけ生成されるが, それらは異なる割合でクォークと反クォークへと崩壊することで, 反クォークよりも多くのクォークが, また反バリオンよりも多くのバリオンが生成される.

吉村, ワインバーグ, フランク・ウィルチェク [*15], レナード・サスキンド [*16] らの人々によって引き続き行われた研究によって, 我々の宇宙に核子よりも 10 億倍も多い光子がある理由についてのより詳しい説明が与えられた. 宇宙論への大統一理論の応用は成功したが, そこには問題もあった. たとえば, 非常に重い原始磁気単極子 [*17] が大量に形成されると期待された. しかし, それは非常識に大きな質量密度を予言する. 遡ること 1931 年, ディラックが (大統一理論の単極子とは異なる形だが) 磁気双極子の存在を予言して以来, 現在にいたるまでそれはただの 1 つも見つかっていない.

このように, 大統一理論は反物質より物質のほうが優勢であることを説明できるが, この線における最初の示唆は大統一理論よりも数年ほど早く得られていた. 旧ソヴィエトの物理学者で有名な政治的反体制活動家であるアンドレイ・

[*13] 訳注: grand unified theories.
[*14] Yoshimura 1978, p. 281.
[*15] 訳注: Frank Anthony Wilczek.
[*16] 訳注: Leonard Susskind.
[*17] 訳注: magnetic monopole. 訳出しないモノポールという用語も広く使われる.

5.1 初期宇宙論

サハロフは，1967年の先駆的な研究において，バリオン数は厳密には保存されず，それが宇宙論的に重要な意味を持つ可能性を示唆している．ロシアの学術雑誌に出版されたサハロフの短い論文は当時あまり注目されなかったが，後に宇宙論と素粒子物理学を結びつけた先駆的な貢献だと考えられるようになった．サハロフにとって，このテーマはその後の人生においても重要であり続け，1980年にゴーリキー市に追放された後もこれについて研究し続けた．宇宙論への彼の関心は，循環宇宙への信念を反映していた．その考えは科学的なデータに基づくのではなく，形而上学的で感情的な欲求による．ノーベル平和賞の受賞講演は通常物理学や宇宙論への言及を含まないが，サハロフはそのような内容にも触れた．もちろんそれは偶然ではなかった:

> 私は，宇宙の発展はその基本的性質に関して無限回繰り返されるという宇宙論的仮説を支持する．さらに，より「成功した」文明を含む他の文明は，宇宙という本の「前のページ」と「後ろのページ」に無限回存在するに違いない．それにもかかわらず，この世界観は少なくとも，この世界に対する我々の神聖なる霊感の価値を損ねることはない．暗闇における微かな光のように，我々は常に意識を持った物質の暗黒の無から，刹那の間この世界に現れた．それは理性的欲求を成し遂げ，また我々自身にとって，そして我々には朧げにしか感知できない目標にとって価値ある人生を創造するためなのである[18].

1970年代終わりにおける宇宙論と物理学の関係に戻ろう．失われた質量あるいはダークマターの大部分がおそらく，核子や電子などの通常の「バリオン」物質とはかなり異なる何か奇妙なものであることが判明したことにより，ダークマター問題はさらに粒子物理学とのつながりが強くなった[19]．1980年代の多くの宇宙論研究者は宇宙が臨界 ($\Omega = 1$) であると信じていた．それは観測によるものではなく，成功しているインフレーション理論が予言したからである．その立場に立つと，ダークマター問題はさらに深刻なものとなる．宇宙のほとんどの物質がおそらく通常の物質ではないことになってしまうのである．

ビッグバン核合成に基づいた観測的，理論的な議論は，見えている物質[20]（星

---

[18] Drell & Okun 1990, p. 32 に引用されている．サハロフは1975年のノーベル賞の受賞のためにストックホルムへ行くことが許可されず，妻のエレーナ・ボナーが代わりに受け取った．

[19] ダークマター探索におけるさらに最近の発展は複雑であり，この本で扱う範囲を超えている．これについては概説論文やウェブサイト，そして Seife 2004 のような一般向け書籍で知ることができる．

[20] 訳注: visible matter. 電磁波で検出できる物質を指す．

やそれに近いもの）が通常物質の量の約10%から構成されていることを示している．しかし光っていないバリオンダークマターを含めたとしても，バリオン成分は臨界値のわずか5%にしかならない．密度が$\Omega \simeq 0.05$まで小さいと，銀河のクラスタリングのような宇宙の構造の形成を説明できない．このため，多くの宇宙論研究者は，光らない非バリオン物質が大量にあると考えた．この示唆は熱狂的反応を呼び，特に粒子物理学者は宇宙を臨界にするために必要な物質の候補になりうる様々な新奇な粒子を独立に予言した．

　最も明らかな候補はニュートリノであった．これは1930年にウォルフガング・パウリ[*21]によって予言され，1956年に実際の実験で検出された粒子である．ニュートリノは既知の粒子であるにもかかわらず，それは通常物質の一部ではないという意味で「新奇な」粒子だった（このことは，ニュートリノは原子核を構成しているというパウリのもとの着想とは逆である）．もちろん，ダークマター問題と関係しているためには，小さいながらも質量を持っている必要がある．ニュートリノの質量は伝統的にゼロだと考えられていたが，実験的に小さな質量がある可能性は排除されておらず，いくつかの理論は質量があることを予言していた[*22]．この疑問は1998年まで未解決であったが，この年に東京付近にあるスーパーカミオカンデ[*23]というニュートリノ観測施設において，宇宙線ニュートリノの「振動」によって他の種類のニュートリノに変化することが思いがけなく示されたことで解決した．ニュートリノ振動は，少なくとも1つの関係するニュートリノが質量をもつことを意味する．この結果は素粒子の標準モデル（これはニュートリノの質量が0であることを前提としていた）に対する問題点となり，またニュートリノが非バリオン物質の密度に寄与するべきことを示していた．オーストラリアにおける2dF銀河赤方偏移サーベイ (2dF)[*24]による2002年の結果は，ニュートリノが通常物質の密度と同じくらいのニュートリノ密度（$\Omega_\nu \simeq 0.05$）を示していて，それゆえ，ダークマター問題には重要でないことになる．ニュートリノ質量の絶対値はいまだ決定されていないが，最近の実験によれば3種類を合わせて$m_\nu \leq 0.30\,\mathrm{eV}$となることが示されている．

[*21] 訳注: Wolfgang Ernst Pauli.
[*22] 光子が微小な質量を持つということも示唆されているが，光子は宇宙に満ちあふれているにもかかわらず，これまでに考慮されていない．もし光子が質量を持つとしてもそれはとてつもなく小さく，$10^{-16}\,\mathrm{eV}$以下となることが実験的に示されている．
[*23] 訳注: Super-Kamiokande.
[*24] 訳注: Two Degree Field Galaxy Redshift Survey.

5.1 初期宇宙論

　1980年代終わりには,ダークマターの非バリオン成分が「冷たい」というコンセンサスが得られていた. すなわちそれは,ダークマターが実験的には知られていないが物理的理論によって予言される, 比較的遅い運動をする粒子で構成されているというものである. CDM (コールド・ダークマター, 1982年にピーブルスが導入した用語)[*25] の粒子は総括的に WIMPs として知られる[*26]. これは「弱い相互作用をする質量のある粒子」[*27] の略語である. CDM粒子の候補の1つにアクシオン[*28] があり,これは1977年に量子色力学の強いCP問題を解決するためにペッチェイ[*29] およびクイン[*30] が導入した粒子である. その他の候補としては, 超対称性理論 (supersymmetric theories) によって予言される粒子がある. この理論によれば, すべての粒子には対となる超対称性粒子が存在する. そのような粒子の中で最も有望なものはニュートラリーノである. これはフォティーノ, ズィーノ, ヒグシーノ (これらはそれぞれ, 光子, Zボソン, ヒッグス粒子と対になる粒子) と呼ばれる3つの超対称性粒子の安定な混合状態である. ダークマター粒子には他にもいくつかの可能性があり, たとえば, 原始ブラックホールも候補である. WIMPs が何であれ, それは弱い相互作用と重力相互作用しか行わず, この観点からはニュートリノと (検出の難しさ以外にも) かなり共通する部分がある. 非バリオンダークマターについては, それが WIMPs であれ他のものであれ, これまでのところは検出にかかっていない. いくつかの発見報告がされているものの, それらはまだ議論の余地がある.

　高エネルギー物理学は, 1979～1982年にかけて宇宙論に最も強烈な衝撃を引き起こした. それはインフレーション理論という, ビッグバン宇宙の最初期に対する革新的に新しい概念の出現である. インフレーションシナリオにおけるいくつかの構成要素は, ロシア人物理学者アレクセイ・スタロビンスキー[*31] によって最初に提案された. 彼は1979～1980年にかけての論文で, 宇宙の初期状態を短く急激なド・シッター型の膨張期で置き換えるというモデルを展開した. スタロビンスキーのモデルは彼の指導者であるゼルドビッチによって議論され, ロシアの宇宙論研究者たちの間で注目を集めたが, 西側の研究者に衝撃を与え

[*25] 訳注: cold dark matter.
[*26] 訳注: WIMPs は CDM のすべての候補を指すわけではない.
[*27] 訳注: weakly interacting massive particles.
[*28] 訳注: axion.
[*29] 訳注: Roberto Daniele Peccei.
[*30] 訳注: Helen Rhoda Quinn.
[*31] 訳注: Алексей Александрович Старобинский (Alexei Alexandrovich Starobinsky).

第 5 章 新たな地平　333

ることはなかった[*32].

インフレーション理論の事実上の発明は，アラン・グース[*33]によるものである[*34]. 彼は若い米国人の素粒子理論家で，大統一理論により予言される磁気単極子が実際には見つかっていない問題を考察していてこの考えに到達した．グースは，彼が標準ビッグバン宇宙論によって答えられていないと考えた他の2つの問題にも注意を促した．その1つはホライズン問題である．ごく初期の宇宙において遠く離れた領域が因果的な接触を持つことはできず，よってこれらの領域は光信号によって情報をやりとりすることができない．ところが宇宙は大スケールで極めて一様であり，これがとてつもなく多数の因果的に切り離された領域から発展してきたとは考えられない．これが問題の本質である．ライプニッツ的に，初期宇宙の予定調和に原因を求めることができるかもしれないが，そのような説明はライプニッツは魅了したかもしれないが，20世紀終盤の物理学者たちにとって心動かされるものではない．ホライズン問題は1950年代に定常宇宙論に対する論争において重要な役割を演じ，中でも特にウィットローとフェリックス・ピラーニ[*35]がこの問題を議論した．この点はヴォルフガング・リンドラー[*36]による1956年の研究により明らかにされた．また1953年のアルファー，ハーマン，フォリンが最初にこのことを認識していたようである[*37].

ホライズン問題は1980年までにはよく知られていたものの，平坦性問題については状況は異なっていた．それは1969年のディッケによる一般向け講義で最初に述べられ，1979年にディッケとピーブルスによってよりはっきりと認識された．現在の空間が大まかに平坦 ($\Omega \simeq 1$) であることは，宇宙が始まったときの密度が極めて臨界値に近かったことを意味する．グースは，この驚異的な予定調和に対して標準宇宙論モデルが何の説明も与えないことを強調した：「宇宙が $\sim 10^{10}$ 年も生き延びるためには，ρ と H の初期値に極端な微調整をして ρ

[*32] スタロビンスキーのモデルについては Smeenk 2003, pp. 80–85 を見よ．Smeenk の博士論文では，インフレーション理論や他の初期宇宙論について哲学的な観点からの議論が与えられている．Smeenk 2005 も見よ．
[*33] 訳注: Alan Harvey Guth.
[*34] 訳注: 日本の佐藤勝彦はグースとは独立にインフレーション理論を提唱した．佐藤の論文はグースの論文よりも数ヵ月早く投稿されていることを強調しておく．
[*35] 訳注: Felix Arnold Edward Pirani.
[*36] 訳注: Wolfgang Rindler. オーストリア出身，後に英国に移住．
[*37] ホライズン問題については，Tipler, Clarke, & Ellis 1980 による詳細な総説論文を見よ．定常宇宙論の論争におけるその役割については，Kragh 1996a, pp. 233–235 を参照．

5.1 初期宇宙論

が ρ_{cr} にとても近い必要がある.初期条件を $T_0 = 10^{17}$ GeV に取ったとき,H_0 の値は 10^{-55} の精度で微調整しなければならない.標準モデルにおいては,この信じがたいほど精密な初期値が説明なしに仮定される必要がある[*38]」.

グースによる標準宇宙論モデルの改訂の本質は,ごく初期の宇宙が短い期間に途方もない倍率の膨張もしくは「インフレーション」をしたというところにある.これはプランク時間のすぐ後,一種の相転移によって起きたと仮定される.プランク時間とは時刻 $t_{\mathrm{P}} = (hG/c^5)^{1/2} \simeq 10^{-43}$ s の時代のことで,宇宙論的な理論において事実上の始まりの時刻を表すものである[*39].相転移は大統一理論のある性質に結びついていて,可能な最低エネルギー密度にある一時的な状態である「偽真空」[*40]を生み出す.この状態は素粒子理論によって記述されると考えられているが,実験的な根拠はない.グースは偽真空が重力的な斥力を導き,1917 年にド・シッターが提案した型の,宇宙定数によって牽引される膨張を起こすと説明した.初期宇宙は偽真空に満たされていて,$R(t) \propto \exp(t/\theta)$ で膨張すると考えられる.ここで θ は偽真空のエネルギー密度 ρ_{fv} に依存する膨張の時間定数で,ほぼ

$$\theta^2 \simeq \frac{3c^2}{8\pi G \rho_{\mathrm{fv}}}$$

という式で表される.GUT 期の特徴的なエネルギーが 10^{14} GeV であることから ρ_{fv} が得られ,したがって膨張定数の値は約 10^{-33} s となる.インフレーション期における対応するハッブルパラメータ は $H = \theta^{-1} \simeq 10^{33}$ s^{-1}(あるいは標準的な単位である km s^{-1} Mpc^{-1} では約 10^{14})である.インフレーションの持続する期間はほんの一瞬ではあるが,この短い時間に宇宙の半径は 10^{40} 倍にも急膨張する.偽真空のエネルギー密度(エネルギー自体ではなく)は一定に保たれるという驚くべき性質があるため,インフレーションは巨大な量の潜在エネルギーを生み出す.

[*38] Guth 1981, p. 348. Bernstein & Feinberg 1986, pp. 299–322 に再掲されている.10^{17} GeV で与えられる初期温度は約 10^{30} K に対応する.インフレーションモデルの発明とそのさらなる発展については Guth 1997 および Smeenk 2005 を見よ.宇宙論分野に対するその衝撃は Lightmann & Brawer 1990 に含まれる一連の取材記事に記述されている.グースの論文は,天文学というよりも素粒子物理学の領域に属している.彼の文献に引用されている 79 篇の論文のうちわずか 2 篇が天文学の文献であり,その他は物理学の文献である.

[*39] プランク時間以前には,一般相対論が適用できず,それは今だ構築されていない量子重力理論で置き換えられる必要がある.

[*40] 訳注: false vacuum.

第 5 章 新たな地平

偽真空は励起した真空状態と考えることができる．励起した量子状態と同様に偽真空も不安定で，この場合は通常の真空へ崩壊する．通常の真空に転移すると爆発的な反発は消え，重力の引力が優勢になって偽真空に蓄えられたエネルギーが解放される．これによって熱い放射エネルギーに満たされた宇宙，そして温度が約 10^{27} K のわずかな物質が生み出される．それは標準ビッグバンモデルの初期条件として仮定されていた状態と同じである．宇宙は膨張し続けるが，膨張率は標準ビッグバン宇宙論でのものに変わってはるかに遅くなる．

グースは，インフレーションモデルが標準理論における少なくとも 2 つの微調整問題を取り除いたことを強調した．それはインフレーション期の間に密度パラメータ Ω の値を 1 に近づけることで平坦性問題を解決し，さらに現在の密度パラメータの値が近似的に 1 でなければならないことを予言した．地平線問題は，宇宙（または観測可能な宇宙に対応する領域）がインフレーション以前には驚くほど小さく，そのどの場所も互いに因果的につながっていることで同じ温度になっていると説明される．スタロビンスキーは当初は地平線問題に言及しなかったが，1981 年にゼルドビッチは彼の理論がこの問題も解決することを指摘した．最後に，グースのモデルは単極子問題を，この仮想的な粒子を排除するのではなく，驚異的な空間膨張によって極度に薄めることによって解決した．

インフレーション宇宙論は，グース自身が指摘した当初からの様々な欠陥があるにもかかわらず，すぐさま大成功として受け入れられた．欠陥の 1 つは，インフレーションが観測されるような十分一様な宇宙を作り出すことができないことであった．この問題は「華麗なる退場」[*41] の問題として知られている．早くも 1982 年には，ロシアのアンドレイ・リンデ[*42] と，米国のポール・スタインハート[*43]，アンドレアス・アルブレクト[*44] によって，グースの理論は改良版（「ニューインフレーション」）[*45] に変更された．新しいインフレーションの筋書きは，いくつかの研究グループによって熱烈に指示された．彼らは，真剣に考えるべきいかなる初期宇宙の新理論にとっても，グースの理論を基準とすべきというコンセンサスとみなした．パラダイムという言葉が大げさではなく，物理学者は実際にこのように表現した．1981〜1996 年の夏にかけて，インフレー

[*41] 訳注: graceful exit.
[*42] 訳注: Андрей Дмитриевич Линде (Andrei Dmitrievich Linde)
[*43] 訳注: Paul Joseph Steinhardt.
[*44] 訳注: Andreas Johann Albrecht. 米国人であり，英語発音表記とした
[*45] 訳注: new inflation.

5.1 初期宇宙論

ション宇宙論の様々な観点について扱った約3,100の論文が出版されている.

中でも特に重要だったのは, 1982年の夏にイギリスのケンブリッジで開かれたごく初期の宇宙に関するナフィールド・ワークショップで, グース, ホーキング, スタロビンスキー, スタインハート, シアマ, リース, マイケル・ターナー[*46]らが参加していた. ケンブリッジで焦点の当てられた問題の1つは, 宇宙でどのように構造が形成されたかを説明するのに必要な, 初期密度の非一様性(「ゆらぎ」)[*47]の計算についてであった. 新しいインフレーション理論では, 非一様性が量子ゆらぎから発生すると予言され, 密度の非一様性が計算によって明確に予言できる. これらの非一様性に関するパワースペクトル[*48]の形は1970年にエドワード・ハリソン[*49]が提唱したものと一致した. このパワースペクトルはハリソンの発見の2年後に, 異なる方法でゼルドビッチによって求められたものでもある. 最初のハリソン–ゼルドビッチスペクトルは現象論的な要請から求められたが, 1982年にそれは物理理論に基づくものとなった. これはインフレーション理論のもう1つの勝利となり, 極初期宇宙の研究に対する有望な新しい手法としての地位を補強することになった.

極めて成功したインフレーション理論であったが, 批判がないわけではなかった. 多くの観測天文学者は, それが不可解であるために無意味であると考えた. その成功が科学的なものというよりも社会的なものなのではないかと考えた人々もいた. 高名な南アフリカの理論的宇宙論研究者であるジョージ・エリスはトニー・ロスマン[*50]と新しいインフレーションの流行を舌鋒鋭く批判する共著論文を書いた. 彼らの言葉遣いは, ミルンの理性的宇宙論と定常宇宙論に関する初期の論争を思い起こさせる:

> 宇宙論に特異な状況が起きた. この5年以上, 存在しないかもしれない2つの問題を解決するために提示された理論について, 物理学者は精を出している. この理論を支持する証拠はなく, それが唯一行った予言は正しくないように見える... インフレーションについて決定的な判断を行うには時期尚早である. それが審美的に満足の行くものであることは議論の余地がない. しかし宇宙論がもはや実験

[*46] 訳注: Michael S. Turner.
[*47] 訳注: perturbation.
[*48] 訳注: ゆらぎの強さの2乗をその空間的大きさ(の逆数)の関数として表現した量.
[*49] 訳注: Edward R. Harrison.
[*50] 訳注: Tony Rothman.

的な証拠に基づかず,検証可能な予言もないフロンティアに近づきつつあることもまた議論の余地がない.一度この境界を越えてしまえば,我々は物理的世界を後にして形而上学の領域に入ってしまう[*51].

他の批判者は,1990年代までに本当のインフレーション理論というものはなくなり,広範囲にわたるあまりにも様々な形のインフレーションモデル群があるだけで,どれも観測的に反証が不可能になってしまっていると評した.こうした批判の正当性がどうであれ,インフレーションのパラダイムは繁栄し続け,極初期宇宙研究で好まれる理論であり続けている.グースが述べたように「間違っているには素晴らしすぎる」アイディアについて誰が抵抗できるであろうか?

5.2 驚異の観測事実

20世紀終盤の宇宙論における驚異的な進展は観測によるところが大きく,その寄与は理論以上ではないとしても,同じくらいはあった.宇宙マイクロ波背景放射はビッグバン理論の中心となる経験的根拠であり,これについてのより詳細な描像を得る努力は1965年の発見以来何十年も続けられてきた.観測によれば,背景放射は全天で非常に一様であり,それは理論とも一致している.しかし,それは過度に一様であってもいけない.一様性からのずれがまったくなければ,宇宙の構造形成がどう生じたかが説明不可能だからである.不規則性[*52]を見つけ出すための実験がいくつか行われたが,1980年代半ばまでは何も検出されなかった.1988年に日本の名古屋大学とカリフォルニア大学バークレイ校の天文学者チームが,ロケットに載せたマイクロ波検出器を用いて3つの波長で背景放射を測定した.誰にとっても驚くべきことに,彼らは背景放射が黒体放射から変形しているという観測を報告した.彼らが測定した波長のうち2つで余剰放射があり,それまでに受け入れられていた2.7Kよりもはるかに高い温度に対応した.この結果は,すでに確立していたビッグバン理論と明らかな矛盾であった.

この物議をかもした結果は他の実験によって再確認されることはなく,COBE衛星によって得られたより良質のデータとも真っ向から矛盾した.COBEは

[*51] Rothman & Ellis 1987, p. 22. さらに,Earman & Mosterín 1999 による詳細な批判も見よ.
[*52] 訳注: ここでは等方性からのずれ.

5.2 驚異の観測事実

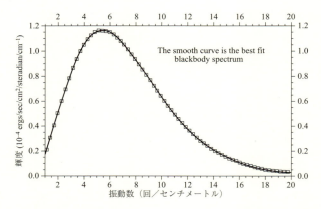

図 5.1 宇宙マイクロ波背景放射スペクトルに対する COBE の最初の結果．四角形は測定値と誤差[*53] である．J. C. Mather et al., 'A preliminary measurement of the cosmic microwave background spectrum by the Cosmic Background Explorer (COBE) satellite', *Astrophysical Journal* **354** (1990), L37–L40 による．米国天文学会の許可により転載．Credit: NASA Goddard Space Flight Center & the CO E Science Team.

Cosmic Background Explorer（宇宙背景放射探査機）の略で，早くも 1972 年に始められた計画である．観測装置が密に搭載されたこの人工衛星は，1989 年の秋に打ち上げられ，地球から 900 km 上空の軌道に投入された．この衛星に搭載された FIRAS 検出器 という，温度 1.5 K に冷却された特殊設計の分光測光器からの 最初の結果は 1990 年の初めにジョン・マザー[*54] によって発表され，彼らは背景放射がそれまでで最高精度の測定で温度 2.735 ± 0.06 K の黒体放射に完璧に一致することを示した．COBE が打ち上げられてからわずか 1 週間後，あるロケット実験は背景放射の温度 2.736 ± 0.017 K を報告した．これはマザーと彼の FIRAS チームによる値と非常に良く一致している．これらの結果により，名古屋–バークレイ変形[*55] は過去のものとなり，何らかの装置の誤差によるものと考えられるようになった．後に COBE の測定はさらに完全なものとなり，1994 年には温度が 2.726 ± 0.010 K に改訂された（正確な温度はそれ自体では重要でない．空間の膨張によってそれはゆっくりと小さくなっていく）．

　COBE はさらに，空の 2 方向を同時に測定することによってマイクロ波背景

[*53] 訳注：キャプションでは四角形のシンボルのサイズが誤差であるような印象を与えるが，誤差はそれよりずっと小さい．たとえ示されていたとしても，この図のスケールでは見えない程度である．

[*54] 訳注：John Cromwell Mather.

[*55] 訳注：Nagoya–Berkley distortion.

放射の変化を検出するように設計された機器を搭載していた. この機器は DMR (Differential Microwave Radiometer) として知られる. 1 年以上の運用の後, DMR 検出器はビッグバンから 37–38 万年ほどの時期に放射された, 初期宇宙の密度ゆらぎを示す微小な変動を検出した[*56]. これこそが研究者が待ち望んでいたものであった. 実際に測定されたのは温度の変化で, それは $\Delta T/T \simeq 5 \times 10^{-5}$ という小さな値である. しかしこの値は近似的に, 銀河へと進化する種になるのに必要な密度変化と同程度となっている. 空のある領域は平均よりもわずかに高密度で, またある領域はわずかに低密度である. これが後の進化でそれぞれ銀河団や宇宙のボイド[*57] 領域となってゆくことを示す最も初期の情報である. これは歓迎すべきニュースであり, さらに温度ゆらぎのパワースペクトル (2 方向間の分離角における温度差の変化) がインフレーション理論に基づいた予言と一致したことも良いニュースであった. こうして COBE/DMR のデータはビッグバン理論だけでなく, インフレーション宇宙論の成功としても歓迎された. COBE の特にこの部分の広報担当でもあるジョージ・スムート[*58] は 1992 年の春, テレビ中継された記者会見においてこの結果を発表し, それを「宇宙誕生の直接証拠」だと説明した. 彼は, それだけでは十分ではないかのように, このデータを見るのは「神を見ているかのようだ」と付け加えた[*59].

衛星軌道上に天文台を構築するという考えは, 1960 年代初めに遡る. 何年もの挫折と論争の後, ハッブル宇宙望遠鏡がついに 1990 年の春, スペースシャトル・ディスカバリー号に載って宇宙に打ち上げられたことで, 最初の軌道上天文台が実現した. NASA による 20 億ドルのこの計画は, 純粋科学の計画としてはこれまでに最も高価なものであり, 素粒子物理学者の加速器施設に対する天文学者からの応酬であった[*60]. 欧州宇宙機関 (ESA)[*61] は経費の約 15 ％に貢献した. 宇宙望遠鏡の鏡の 1 つに設計ミスがあったことによる問題が (宇宙飛行士がいくつかの機器を取り替えたことによって) 解決された後, 非常に遠方にある天体の観測が 1993 年に始まった. その方法はハッブルが 1930 年代に使っ

[*56] Smoot et al. 1992.
[*57] 訳注: 宇宙で銀河がほとんど存在しない領域.
[*58] 訳注: George Fitzgerald Smoot III.
[*59] Lemonick 1993, pp. 285–296. スムートはこのよく引用される言葉は比喩であって, 弁明的な意味ではないと述べている.
[*60] 宇宙望遠鏡の物語は, 科学にとどまらず, 資金, 政治, 科学における官僚的書類仕事の物語でもある. これらの観点と, 大規模科学の例としての宇宙望遠鏡については Smith 1989 を見よ.
[*61] 訳注: European Space Agency.

5.2 驚異の観測事実

たのと本質的には同じであったが，宇宙望遠鏡はアンドロメダ銀河よりもずっと遠くにある銀河の中にあるセファイドを測光することができた．ちなみにアンドロメダ銀河は裸眼で見える最も遠い天体である．1994 年における最初の結果は，ハッブル定数の値が $H_0 = 73\,\mathrm{km\,s^{-1}\,Mpc^{-1}}$ であることを示していたが，それはあまりに若い宇宙年齢を意味していると考えられたため，安心して受け入れられる値ではなかった．平坦で物質に満たされた宇宙を仮定すると宇宙年齢は 80 億年ほどになり，これはある種の球状星団に対する年齢の見積もりの半分くらいとなる．

宇宙望遠鏡によって得られた素晴らしい視力によっても，本当に宇宙論的な距離にあるセファイドを見ることはできなかった．もっと明るいが，もっと稀で短命な超新星を標準光源として使うという考えは，バーデとツヴィッキーによって 1938 年に提案された．その半世紀後，この方法を宇宙膨張の測定に応用する研究が進められた．タンマンと彼の学生であったブルーノ・ライブントゲート[*62]は 1990 年，Ia 型という種類の超新星の性質が極めて均一であることを示した．このことは，もっと信用できるハッブル定数値を決めるのに，Ia 型超新星が理想的な天体であることを意味する．

1990 年代終わりに宇宙は加速膨張し，そして臨界密度を持っているという驚くべき結論に導いたのは，主として 2 つの国際的な超新星研究チームによる競争であった[*63]．超新星宇宙論プロジェクト (Supernova Cosmology Project; SCP) は 1988 年に米国の物理学者ソール・パールマター[*64]をリーダーとして結成され，ライバルである高赤方偏移超新星探査チーム (High-z Supernova Search Team; HZT) はその 6 年後にオーストラリアの天文学者ブライアン・シュミット[*65]らによって設立された．これらのグループは地上望遠鏡や，時にはハッブル宇宙望遠鏡も用いて，急速に消えてゆく Ia 型超新星を探査した．SCP チームは最初の超新星を 1992 年に見つけた．そして 1997 年には，銀河や銀河団の研究に基づく従来の推定値 $\Omega_\mathrm{m} \simeq 0.3$ よりもずっと多くの（すべての種類の）物質が宇宙にある，というデータを報告した．平坦な宇宙 ($\Omega_\mathrm{m} + \Omega_\Lambda = 1$) に対して彼らは $\Omega_\mathrm{m} = 0.94$ という値を報告し，もはや宇宙定数に結びつくよう

[*62] 訳注：Bruno Leibundgut.
[*63] 簡潔な解説は Filippenko 2003 と Perlmutter 2003 にある．この計画に関係した研究者の数人は，この計画自体およびその中で彼らが果たした役割に関する一般向け解説書を書いている．
[*64] 訳注：Saul Perlmutter. ユダヤ系出身だが，英語発音で表記した．
[*65] 訳注：Brian Paul Schmidt.

な物質・エネルギーの存在する余地は残されていなかった．パールマターと彼の共同研究者たちは，彼らの結果が，宇宙定数優勢で低密度，かつ平坦な宇宙とは矛盾すると結論した．

1997年終盤には，HZTの研究者はパールマターらの結論が間違っていると確信していた．地上望遠鏡と宇宙望遠鏡の共同による遠方超新星の観測によって，彼らは物質密度がずっと小さいことを見出し，宇宙は開いているか平坦であるかのどちらかであると示唆した．この結果からは，宇宙定数に結びつけられたダークエネルギーが重要な役割を果たす必要がある．ようやく混乱は解消し，現在の宇宙は加速状態にあり，その加速は50億年くらい前から始まったということで合意が得られた．この2つのグループが観測した事実は，彼らにとっても驚くべきことに遠方超新星が従来の理論から期待されるよりも暗いことであった．その違いは20～25%に相当する．これは近傍宇宙のもっとありふれた効果が原因である可能性もあったが，最終的にその可能性は棄却された．そして研究者は，超新星の暗さがまさに宇宙の基本構造に起因すると考えるようになった．

1998年の論文においてHZTの研究者2名は，宇宙がΛ優勢であり，年齢が約140億年だと結論した．さらに「導かれたq_0の値は-0.75 ± 0.32であり，これは宇宙膨張が加速していることを示している．宇宙は永遠に膨張するようだ」と述べた[*66]．SCPの研究者たちも1999年に新しいデータを出版し，彼らもHZTの結論に実質的に同意した．その後の数年間で，少なくとも観測に関する限り，宇宙の新しい描像が固まってきた．2つのチームによる高赤方偏移超新星のさらなる研究により，全エネルギー密度の約30%が質量で，70%が宇宙定数Λに関係する真空エネルギーであることが突き止められた．減速から加速に転じる（停滞相でなく）停滞点を持つという宇宙膨張の新しい描像は，昔ルメートルが1931年に提案したものに他ならないが，新しい世代の宇宙論研究者のほとんどはそれを知らなかった[*67]．

$\Omega_{\rm m}$とΩ_Λの値は，超新星の結果とCOBEの観測よりもっと正確な宇宙マイクロ波背景放射の非等方性に関するデータを組み合わせることによってのみ得

[*66] Filippenko & Riess 1998, p. 38.
[*67] 訳注: この論調は，一般向け解説書によく書かれている単純化した物語を踏襲したものであろうが，同時代に宇宙論の研究を行っていた訳者の一人（松原）としては違和感を覚える．ルメートルのモデルが正しそうだという兆候は，超新星の観測が出るよりもかなり前から他の観測によって示唆されていた．超新星の観測はそれを決定的にしたにすぎない．

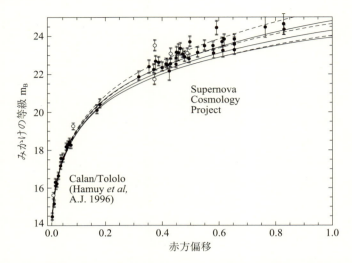

図 5.2 超新星宇宙論プロジェクトによって測定された, 42 個の高赤方偏移 Ia 型超新星のハッブル図 (みかけの明るさと赤方偏移の関係). 他のグループによって発見された 18 個の低赤方偏移超新星のデータも追加されている. S. Perlmutter et al., 'Measurements of Ω & Λ from 42 high-redshift supernovae', *Astrophysical Journal* **517** (1999), 565–586. 米国天文学会の許可により転載.

ることができる. これを主な目的として, BOOMERanG プロジェクト[*68]は気球に搭載した検出器を用いて南極地域で実験を行った (米国のチームが行った同種の実験で MAXIMA[*69] と呼ばれるプロジェクトもある). これらの実験は 1999 年に素晴らしいデータを提供し, 全エネルギー密度が $\Omega_{\text{total}} = 1.00 \pm 0.04$ となることを示した. 2001 年には, 背景放射のゆらぎの測定をすべく設計された機器が搭載された, 新しい衛星の運用が始められた. ディヴィッド・ウィルキンソン[*70] を讃えて名付けられたウィルキンソン・マイクロ波異方性探査機 (WMAP)[*71] は, 非常にに精密な CMB ゆらぎのデータを提示した. 他の証拠と合わせることにより, 宇宙の年齢が $13.4 \pm 0.2\,\text{Gyr}$ という結果が得られた. エネルギーの割合については $\Omega_{\text{m}} = 0.27$ と $\Omega_{\Lambda} = 0.73$ となった. これまでのと

[*68] 訳注: Balloon Observations Of Millimetric Extragalactic Radiation and Geophysics.
[*69] 訳注: Millimeter Anisotropy eXperiment IMaging Array.
[*70] 訳注: David Todd Wilkinson.
[*71] 訳注: Wilkinson Microwave Anisotropy Probe.

第 5 章 新たな地平

ころ，この結果はかなり安定している^{*72}．いくつかの実験がこの結果を検証し，追認した．2005 年の秋に最初の測定結果を発表した新しい超新星レガシー探査 (SNLS) ^{*73} もその 1 つである．ダークエネルギーと CDM が優勢な平坦宇宙に対して，SNLS の研究者は $\Omega_{\mathrm{m}} = 0.263 \pm 0.042$ であること，またダークエネルギーの状態は宇宙定数によるらしいと報告した．

新しい加速する宇宙の描像は，新しく神秘的な（相対密度が Ω_Λ の）エネルギー形態の存在を指し示し，多くの研究者はそれが宇宙定数に関係した真空エネルギーであると考えた^{*74}．1919 年にはすでに，重力と電磁気を結びつける試みの中でアインシュタインは宇宙定数が原子理論に役割を果たすのではないかと考えた．1927 年に出した後の論文で，彼は内部の圧力が負となる，電荷を持つ粒子に対する古典モデルを考えた．この圧力こそ，彼が宇宙定数と関係づけたものである．当時は量子力学が導入されて間もない頃で，宇宙定数と新しい原子構造の量子論の間に関係があるなどと少しでも考えるような物理学者はいなかった．1927 年 2 月 3 日，ヴァイルはアインシュタインへの手紙に「私がこれまで Λ を通じて物質に結びつけていた性質は，今やすべて量子力学に取って代わられました」と書いている^{*75}．

1917 年のアインシュタインの定数が真空エネルギー密度として理解できることを最初に指摘したのはルメートルであり，1934 年の論文においてであった．その中で彼は「真空のエネルギーは 0 と異なるかのように，あらゆることが起きる… 我々は圧力 $p = -\rho c^2$ を真空のエネルギー密度と関係付けなければならない．これが本質的に宇宙定数 λ の意味であり，真空の負の密度 ρ_0 と $\rho_0 = \lambda c^2 / 4\pi G \sim 10^{-27}\,\mathrm{gr/cm^3}$ という関係にある^{*76}」．ルメートルの考察はそれ以上追検証されなかったが，マクレイが 1950 年代に発展させた定常宇宙論の変形版において，同じようなアイディアが用いられた．宇宙定数をエネルギーと解釈することが広く知られるようになったのは，ゼルドビッチが 1968 年に真空エネルギーを量子力学の考えと結びつけたことによる．短いインフレーショ

---

*72 訳注：2013 年に発表された新しい衛星 Planck のデータにより，この値は $\Omega_{\mathrm{m}} = 0.32$ と $\Omega_\Lambda = 0.68$ に更新された．Planck のデータにの検証は 2015 年現在も続けられており，今後も値が更新される可能性がある．
*73 訳注：Supernova Legacy Survey.
*74 宇宙定数，また物理と宇宙論におけるその役割に対する充実した総説として Earman 2001 および Peebles & Ratra 2003 を見よ．
*75 Kerzberg 1989, p. 334.
*76 Lemaître 1934, p. 13.

ン相は宇宙定数の反発効果によって記述できることから，それはグースのインフレーション宇宙論とともに流行となった．

量子力学によれば，宇宙項は一般相対論的な場の方程式の左辺すなわち時空の部分には属さず，他のエネルギー形態とともに右辺に属する（p. 194 を見よ）．アインシュタインの宇宙定数と真空エネルギー定数は形式的には区別できないが，概念的には完全に異なるものである．臨界密度の主要な部分が量子論的真空エネルギーかもしれないことは，最初にローレンス・クラウス[*77]とマイケル・ターナーによって『宇宙定数が帰ってきた』[*78]と題する 1995 年の論文で指摘された．これは，観測によってダークエネルギーに導かれて加速する宇宙が支持される前である[*79]．クラウスとターナーは特に宇宙年齢に基づいてこのように主張し，宇宙定数が臨界密度の 60〜70% を占めるものが最良のモデルであると結論した[*80]．

1990 年代に行われた実験は，ダークマターに加えて「ダークエネルギー」が存在すること，さらにダークエネルギーの密度は物質密度の約 2 倍ほどあって，そのほとんどは CDM で構成されていることを説得力をもって示した．多くの宇宙論研究者は，宇宙が実質的に Λ のエネルギーと CDM で構成される「ΛCDM パラダイム」を確実視するようになった．WMAP や SNLS など 21 世紀初めにおけるいくつかの実験は，異なるダークエネルギーの形態を区別できた．その結果は Λ のエネルギーか，あるいは同様に作用する何かを支持していた．2003 年の WMAP の測定は ΛCDM モデルがデータと非常によく一致することを明らかにし，このモデルの信頼性を大きく高めた．物事に慎重なピーブルスもこの測定が「ΛCDM モデルが現実のよい近似であるという強い証拠」になると結論づけた[*81]．

とはいえ，すべての物理学者が実体のない宇宙定数に満足していたわけではなく，ダークエネルギーを代替物で説明しても特に齟齬はない．いくつかの

[*77] 訳注: Lawrence Maxwell Krauss.
[*78] 訳注: The Cosmological Constant is Back.
[*79] 訳注: すでに注意したようにこの記述は正確でなく，1995 年以前にもいくつかの宇宙論的観測が宇宙定数を支持していた．また，宇宙定数が現代的な観測によって好まれると最初に主張したのも彼らではない．たとえば，1990 年に日本の福来正孝，高原文郎，山下和之，吉井讓は現代的に改良された銀河計数に基づき，観測データから宇宙定数の必要性を指摘している (Fukugita, et al. 1990, ApJ, 361, L1–L4)．
[*80] Krauss & Turner 1995.
[*81] Peebles & Ratra 2003, p. 596.

第 5 章 新たな地平

バージョンが存在するそのような代替物の 1 つが「クインテッセンス（第五元素）」[*82] である．これはもともとアリストテレスの半形而上学的な天の元素を指し示すもので，まさにぴったりの名称である．真空エネルギーと同様，クインテッセンスは負の圧力を持ち，非常に大きなスケールで反重力的に作用する．しかし，その圧力は負であるが真空エネルギーよりも値が小さく，場所や時間によって変化する．さらに他の可能性として「幽霊エネルギー」[*83] というものもある．これは有限時間内に無限に大きくなる反重力に対応する．このシナリオでは，原子から銀河までのすべてのものが最後に「ビッグリップ」により，最終的に引き裂かれてしまう．

宇宙定数に対する懐疑の理由の 1 つが，宇宙定数のモデルがいくつかの不自然な偶然を必要とするように見えることである．たとえば，インフレーションが終了してから質量密度は急激に減少する一方で，真空エネルギー密度は一定に保たれる．にもかかわらず，我々はこの 2 つのエネルギー密度がたまたま同程度になる世界に生きている．なぜだろうか？ さらに天文学的な観測から，アインシュタインの宇宙定数は $10^{-56}\,\mathrm{cm}^{-2}$ を超えないことが知られており，すなわち真空エネルギー密度が $10^{-29}\,\mathrm{g\,cm}^{-3}$ を超えないことを意味する．それとは対照的に，量子物理学学者によって計算された量は少なくともその 10^{40} 倍も大きい！ グースが，1981 年のインフレーションモデルに関する論文において，「Λ がこれほど小さい理由は，もちろん物理学の**深淵な神秘**の 1 つである．」と書いたのも頷ける．

宇宙の加速膨張が，1930 年代にエディントンとルメートルが信じた宇宙定数によるものであろうとなかろうと，逃げるように走り去る宇宙という新しい描像は研究者だけでなくマスメディアや一般の人々の興味を惹いた．1998 年の終わりまでにはアインシュタイン–ド・シッター型の物質優勢平坦宇宙は葬り去られ，議論の余地はあるにせよ加速膨張宇宙が事実として受け止められた．1998 年の「革命」に対する歴史的な重要性は，スミソニアン国立自然史博物館で開かれた「宇宙の本質を討論する：宇宙論は解かれたか？」[*84] という一般講演会において強調された．ここで，ジェームス・ピーブルスとマイケル・ターナーが，80 年近く前にシャプレーとカーティスが行った「大論争」と同じ形式，同じ会

[*82] 訳注: quintessense. ラテン語の第五元素 quinta essentia より．
[*83] 訳注: phantom energy.
[*84] 訳注: Nature of the Universe Debate: Cosmology Solved?

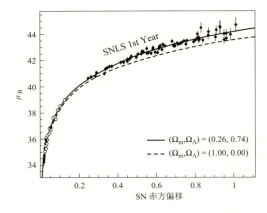

図 5.3 SNLS プロジェクトによるハッブルダイヤグラム．データは 2005 年 11 月に公開されたもので，Λ ありの平坦な宇宙モデルを強く支持している．P. Astier et al., 'The Supernova Legacy Survey: Measurement of Ω_M, Ω_Λ, and w from the first year data set', Astronomy and Astrophysics, **447**, Issue 1, February III 2006, pp. 31–48. 編集部の許可を得て再掲．

場で，この新しい宇宙描像について討論した[*85]．すべての議事進行は，歴史的な 1920 年の出来事と平行するように手配された[*86]．

このような世界観の転換は文芸の世界さえも刺激し，たとえば，米国の作家ジョン・アップダイク[*87]は 2004 年，『宇宙の加速膨張』[*88]と題する短編を書いた．アップダイクの物語では新しい宇宙像が正確に説明されている：

> だが，2 つの独立した研究者チームによって発見された事実は，最遠方銀河の速度が深い空間で穏やかでないばかりでなく，かえって検出可能な加速を示しているように見え，すべてが絶対的な冷たさと暗闇へと最終的に離散することが，信頼を持って予言できるようだ．我々は，どこに向かっているわけでもない，目的なき爆発に乗っている．

400 年前のジョン・ダンと同様，アップダイクは世界観の革命が示唆することに危機感を表明した：「宇宙の加速膨張は，周りを取り巻く広大さについて，卑劣でひどく薄められた有限性を押し付ける．永遠に仮想的な構造（神，楽園，内な

[*85] 訳注：訳者の一人（松原）は，このとき米国に住んでいて，まさにこのイベントにたまたま参加した．
[*86] Publications of the Astronomical Society of the Pacific の 1998 年 3 月特別号，また http://antwrp.gsfc.nasa.gov/debate/debate98.html を見よ．
[*87] 訳注：John Hoyer Updike.
[*88] 訳注：The Accelerating Expansion of the Universe.

第 5 章 新たな地平　　347

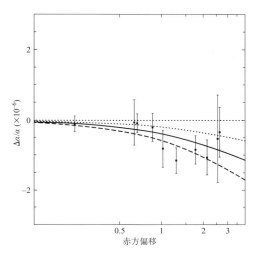

図 5.4　データ点は, 2000 年前後の測定に基づいた, クェーサーの赤方偏移に対する微細構造定数の変化を表す. 実線はいくつかの理論的な $\alpha(z)$ のモデルを示している. 著者と Institute of Physics Publishing の同意により, Magueijo 2003, p. 2056 から再掲.

る道徳律）は今やすっかり根拠を失ってしまった. すべては溶け去ってしまうだろう[*89]」.

　2001 年, クェーサーからの吸収線の解析が微細構造定数 $(\alpha = 2\pi e^2/hc)$ の時間変化を示唆していると報告されると, 宇宙論分野全体に漂う楽観論と興奮に満ちた雰囲気はさらにもう一押しされた. その変化は一年あたり $(\Delta\alpha/\Delta t)/\alpha = 5 \times 10^{-16}$ という, 小さいが測定可能な効果であった. もしこの結果が確かめられれば, 基本定数 e（単電荷）, h（プランク定数）, c（光速度）の少なくとも 1 つが時間変化することを意味し, それはおそらく重要な宇宙論的意味を持つはずである. この報告は大きな興奮をもたらし, 理論的宇宙論研究者たちはすぐに時間変化する微細構造定数を取り入れた宇宙論モデルを構築した. しかし, 大々的に公表されたこの観測は, 新しくより正確な吸収線のデータと矛盾することがわかり, その熱狂は冷めた. 2004 年 5 月にヨーロッパ南天文台による記者発表によると,「新しいクェーサーの研究では, 基本定数は一定に保たれる[*90]」.

[*89] Harper's Magazine, October 2004, ここでの引用はオンライン版による.
[*90] 概説としては Olive & Qian 2004 を見よ.

5.3 人間原理および他の思弁

　思弁的宇宙論において，多重宇宙（しばしば「多元宇宙」と呼ばれる）という考えは長い歴史をもち，また様々な形で存在する．ある者は時間的に考え，他の者は空間的に分離した宇宙を考える[*91]．たとえば，同時に存在する多数の部分宇宙という後者の考えは，古代ギリシャのアナクシメネス[*92]が議論に興じ，ずっと後の1890年代にはボルツマンによって議論された．1960年代初めには，このアイディアはたとえばヤロスラフ・パフネル[*93]とR.ジョヴァネッリ[*94]などにより発展させられた．インフレーション理論分野では，何人かの宇宙論研究者がこのような思弁的モデルについて科学的に適切な仮説になりうるとみなし，実際にインフレーションのシナリオから導かれると考えた．グースが1981年にインフレーションのシナリオの理論を導入してから間もなく，J.リチャード・ゴット[*95]，佐藤勝彦，アンドレイ・リンデらにより多重宇宙の仮説へと発展させられ，数年のうちに多世界宇宙論は小さいながらも繁盛している家内制手工業として確立した．リンデは1982年のナフィールド研究会における新しいインフレーション理論の概説において，（冗談に?）「無からの宇宙創世をどう記述するかはあまり明らかではない」と述べ，心配するような初期の創世はないかもしれないとさらに続けた[*96]．ひょっとするとインフレーション宇宙は「子宇宙」として「母宇宙」から空間的に分離して生まれたもので，その母宇宙も「祖母宇宙」の子であるのかもしれない．

　リンデはすぐにこれらの考えを，彼の言うカオス的インフレーション理論として発展させた．これは，ほんの数年前標準であったビッグバンモデルから大きく逸脱した理論の一種である．1982年のリンデ，アルブレクト，スタインハートの理論は依然として初期特異点およびプランク時間以後の熱い初期段階を仮定していたのだが，リンデは今や，どれも「最初」ではない多数の小型宇宙を考えていた．これらの小型宇宙は多くの他の宇宙（「子宇宙」）を生み出し，いくつかは最終的に崩壊するものの，宇宙生成過程は果てしなく進む．彼が「宇宙論へ

[*91] Gale 1990 は哲学的な観点と科学的な観点の両面からの概説を与えている．
[*92] 訳注: Ἀναξιμένης (Anaximenes).
[*93] 訳注: Jaroslav Pachner.
[*94] 訳注: R. G. Giovanelli.
[*95] 訳注: John Richard Gott III.
[*96] Linde 1983, p. 246

第5章 新たな地平

のダーウィン的なアプローチ」と呼んだものの本質は，宇宙全体として始まりが1つもなく，さらに終わりもないということである．彼は次のような考えがもっともらしいと述べている：

> 宇宙は永遠に存在し，自己複製する実在であり，我々に観測可能な部分よりもはるかに大きな数多くの小型宇宙に分割され，また，低エネルギー物理の法則や時空間の次元でさえもそれら小型宇宙の1つひとつで異なっているかもしれない．我々の宇宙と我々の居場所についてのこの修正された描像は，インフレーションというシナリオの最も重要な帰結の1つである[*97].

リンデによると，我々が4次元の低エネルギー宇宙に住んでいるのは，それが我々の生きることのできる唯一の種類の宇宙だからである．リンデたちによって1990年代に発展したカオス的インフレーションモデルは定常的な宇宙を記述する．そこではビッグバンという言葉が意味を失い，無限の過去へと除去されてしまった．リンデたちが述べたように，それは長い間捨て去られていた定常宇宙モデルといくらか似ていて，ホイル，ナーリカー，バービッジによって提唱された準定常宇宙論にもっと似ている．

カオス的インフレーション理論は，20世紀末に議論されたやや思弁的でしばしば奇怪な性質を持ついくつかの宇宙論的シナリオの1つにすぎない．これらの理論のいくつかは，量子力学と一般相対性理論を統一する試みから導かれ，超弦理論やそれに関係する多次元時空理論に基づく宇宙論考察に関係していた．一般的に言って，この研究分野は，数学者は歓迎するものの，経験的な物理世界とのつながりは失われているか，重要でないと考えられている．

初期宇宙の多くはインフレーション理論の発展であったが，インフレーションをあえて回避するタイプの代替宇宙論を構築する試みもあった．そのような理論の1つに，光速が時間変化するという仮説に基づいてジョン・モファット[*98]が1993年に最初に提案したものがある．しかし，それが注目されたのは1999年にジョアォン・マグエイジョ[*99]とアンドレアス・アルブレクトが独立に発展させた後のことである．1930年代の早い時期のモデルは光速のゆっくりした

[*97] Linde 1987, p. 68.
[*98] 訳注: John W. Moffat.
[*99] 訳注: João Magueijo.

5.3 人間原理および他の思弁

変化を仮定していたが, 新しい VSL (変化する光速) 宇宙論[100] は, プランク時間に近い超短時間における急激な光速の減少を予言した. VSL 理論のバージョンの 1 つは, ごく初期の宇宙で光はたとえば $10^{38}\,\mathrm{km\,s^{-1}}$ で動いた後, その速さは突然減少し, 現在値のたった $300{,}000\,\mathrm{km\,s^{-1}}$ になったと予言する. こうした初期宇宙における巨大な光速を仮定することにより, 地平線問題はインフレーション仮説なしに説明でき, また VSL 理論はインフレーションが説明したいくつかの他の宇宙論的問題も説明する.

1999 年のマグエイジョ–アルブレクト理論はインフレーションの代わりとして慎重に構成されたが, VSL 宇宙論の後のバージョンはもっと広く一般的な型の理論となった[101]. 光速が変化するということは, この理論がアインシュタインの相対性理論における基本原理を破ることを意味する. さらに VSL 理論では, ごく初期の宇宙においてエネルギー保存も破れている. VSL 理論の支持者たちは, これら物理学における抜本的な変更が正当化できると信じている. VSL 宇宙論は初期宇宙の他の理論と観測的に区別できるいくつもの予言をしているが, この理論を支持する実験的な証拠はこれまでのところまったくない. 特に問題なのは, 変化する光速の仮定に基づいて構造形成の理論を構成できることが示されていないことである.

20 世紀終わりに議論された宇宙論的シナリオのいくつかは, 宇宙における生命の問題や遠い将来におけるその運命についての古い問題提起に関連する. 一般的な意味において, 宇宙の他の場所での生命に対する関心は 1990 年代に, 系外惑星と呼ばれる太陽系の外にある惑星の発見によって喚起された. 1995 年に 2 人のスイス人天文学者ミシェル・マイヨール[102] とディディエ・ケロ[103] によって, ペガスス座 51 番星を公転する木星質量程度の惑星の発見が初めて報告され, その 10 年後には 170 以上の系外惑星が見つかった[104]. 系外惑星に直接の宇宙論的重要性はないが, 地球から遠く離れた所に生命の保持される条件があるという可能性は, 宇宙論研究者たちの議論にある程度影響する. これは新し

---

[100] 訳注: varying-speed-of-light cosmology.
[101] Magueijo 2003.
[102] 訳注: Michel Gustave Mayor.
[103] 訳注: Didier Patrick Queloz.
[104] 訳注: 本文で紹介されているのは通常の恒星を公転する惑星の最初の発見である. 一般的な系外惑星の世界初の発見は, ポーランドのアレクサンデル・ヴォルシチャン (Aleksander Wolszczan) による. 彼は電波観測によってパルサーを公転する惑星を発見した.

い現象ではない．たとえば，第1次大戦と第2次大戦の間に提案された定常モデルの背後にある重要な動機は，生命の営みが宇宙のすべての場所で永遠に続くことを許容するところにあった．これはまた，若き日のデニス・シアマの場合のように，ビッグバン・モデルよりも定常宇宙モデルを好む理由の1つともなりえた[*105]．

宇宙の他の場所に生命がいる可能性は定常宇宙モデルに好意的な議論として用いられてきた一方で，もし地球に見られるような生命の形が天の川銀河にないことがわかれば，他に可能な定常宇宙モデルの種類を排除できるという方向でも議論されてきた．さらに，宇宙が自分自身を破壊するのを妨げられるのは生命だけであるという意味で，宇宙には生命が必要であるとまで極論されることもあった[*106]．生命なくして宇宙なし！ この種の思弁的議論は様々な形で存在し，その多くはインフレーションシナリオから来ている，赤ちゃん宇宙や泡宇宙という人気のある考え方に関係している．リンデは1994年，カオス的インフレーション・モデルが終わりなき生命を予言するという魅力的な特徴を備えていると結論した：「たとえ我々の文明が滅んでも，宇宙の他の場所には生命がありとあらゆる形で繰り返し発生するということを知れば，少しは気が楽になるというものである[*107]」．それは楽観論であろうか？

リー・スモーリン[*108]たちはさらに一歩踏み込んだ．スモーリンによると，宇宙全体は，厳密にダーウィン的な意味で進化する生き物だと考えられる．1992年の論文においてスモーリンは，基本物理学における無次元定数の「不自然な値」の問題に対し，新しい解決法を提案した[*109]．人間原理による説明もどき（彼はそう考えた）に頼る代わりに，彼はブラックホールの生成によって制御される宇宙の崩壊と膨張の連続の中で数値が進化すると考えた．量子重力の考えに基づき，彼は思弁的な「宇宙論における自然選択の機構」を発展させていった．彼はそれを生物学的な進化に似た性質であるとし，偶然の要素と自然選択の要素を含んでいると議論した．生物学的な，そしてさらに神学的な比喩と推論は少

[*105] 1978年のインタビューの中で，シアマは，彼が定常宇宙論への傾倒した部分的な理由は，それが「生命がどこかに続くであろうということが明らかに見える唯一のモデル」であったという彼の信念にあると語った．Kragh 1996a, p. 254 を見よ．ディラックは同様に，彼の $G(t)$ 宇宙論を擁護するため，それが「終わりのない生命の可能性を許す」という議論を用いた．

[*106] Barrow & Tipler 1986, pp. 602 と 604 を見よ．

[*107] Linde 1994, p. 39.

[*108] 訳注：Lee Smolin.

[*109] Smolin 1992.

5.3 人間原理および他の思弁

なからぬ宇宙論研究者たちに影響を与えた．バチカン天文台で 1991 年に開かれた会議において，ジョージ・エリス は全能の神であっても物質と生命体に満ちた無限の宇宙を作ることはできなかったであろうと述べた．もし宇宙が神のものであれば，エリスが信じるようにその大きさは有限でなければならない[110].

インフレーションモデルの提案に続いて活発になったごく初期の宇宙についての詳細な議論に並行して，時間スケールの反対側の極限である非常に遠い未来における宇宙の状態への興味がもたれるようになった．このようなシナリオは 19 世紀半ば以来，熱的死との関係で議論されてきたもので，1980 年頃からはビッグバン宇宙論の観点から再考されるようになった[111]．「物理的終末論」[112] という新しい波は，宇宙の長期的未来に関するジョン・バロー[113]，フランク・ティプラー[114]，ジャマル・イスラム[115]，フリーマン・ダイソン[116]，ポール・C・W・デイヴィス[117] らによる論文が出版された 1970 年第に始まった．高名な理論物理学者で現代的量子電気力学の父であるダイソンは，1979 年に書いた論文において，宇宙の終わりに関する研究は初期宇宙の研究と同じようにきちんとした科学的規範へと発展させられるべきだと主張した．

ワインバーグが彼のベストセラーとなった著書『最初の 3 分間』[118] で書いたように，普通の見方は「宇宙が理解可能であるように見えれば見えるほど，それはますます意味がないように見える」というものであった（おそらく今もそうであろう）．あるいは，バートランド・ラッセル[119] の言葉では「宇宙は目的を持つかもしれないが，たとえそうであっても，その目的が我々のものに似ていることを示すものは何もない[120]」宇宙に意味と生命を望んでいたダイソンは，これに強く反対した．彼は，開いた宇宙には生命と知性が永遠に生き残ることができ，おそらくは終わりのない膨張にもかかわらず銀河間通信を保ち続けるこ

---

[110] Ellis 1993, pp. 394–395. Kragh 2004, p. 227 と比較せよ．また Ellis & Brundrit 1979 も見よ．そこでは，低密度で無限の一様宇宙は，任意の時刻で宇宙に無限に多くの遺伝的に同一の人間がいるなど，とても奇怪な帰結を導くと議論されている．
[111] Barrow & Tipler 1986, pp. 613–682. 有用な文献リストは Ćirković 2003b に与えられている．
[112] 訳注: physical escatology.
[113] 訳注: John David Barrow.
[114] 訳注: Frank Jennings Tipler, III.
[115] 訳注: Jamal Nazrul Islam.
[116] 訳注: Freeman John Dyson.
[117] 訳注: Paul Charles William Davies.
[118] 訳注: The First Three Minutes. 邦訳は『宇宙 はじめの 3 分間』（小尾信彌訳 筑摩書房）．
[119] 訳注: Bertrand Arthur William Russell, 3rd Earl Russell.
[120] Russell 1957, p. 75.

とが可能だと述べた．「私は，豊饒と複雑さの限界なしに成長する宇宙，生命が永遠に生き延びて，時空の想像を絶する入り江をまたがる隣人たちにその存在を知られるような宇宙を見つけた[*121]」．もちろん，違った意見を持つ研究者も多かった．

言うまでもなく，ダイソンのような終末論的研究は雑な外挿に依存し，また多くの根拠のない憶測を含んでいる．ここで指摘しておくべきは，それらが依然として多くの物理学者や天文学者によって真面目に考えられ続けていることである．加速宇宙の発見のすぐ後に，「宇宙は永遠の加速から逃れられるか？」とか「加速宇宙における生命の最終的運命」などという題名の論文がいくつか現れた．ほとんどの文献は神学との関連を無視しているにもかかわらず，宗教と物理的終末論の間をつなごうとする論文や本が途絶えることはない．ダイソンの先駆的な論文から四半世紀後，宇宙論の終末論的研究はすっかりマイナー産業に落ちぶれた．これは社会学的観点や心理学的観点からは興味深いが，だからといって，必ずしも物理的終末論が典型的な科学になったというわけではない．

一般に生命，特に人間の存在は，1970年代に人間原理の定式化を伴う宇宙論的考察において驚くべき役割を演じるようになった．人間原理の一般的考え方は，人間という観測者の存在という事実が観測される宇宙を条件づけているということである．いくつものバージョンのいずれにおいても，現在という時代は炭素に基づく生命が発生する時代であるという意味で特別なものだと主張する．生命は他の時代には発生せず，このことは物理的理論の自然定数や基本パラメータの数値を制限している．世界が今の姿である理由は，我々が存在するからなのだ！

人間原理的な議論は19世紀終わり頃にも見つけられるが，膨張宇宙の文脈でそれらが現れたのは1960年頃であり，ソ連のグリゴリー・イドリス[*122]と合衆国のロバート・ディッケによって導入された．1958年の講義において，ディッケは現在という時代は偶然のものではなく，人間が存在するための生物学的な条件が満たされなければならないという事実によって制約されていると指摘した．その3年後，彼は短い論文を出版し，その中で彼は，ディラックが1937〜38年の宇宙理論で指摘した，いくつかの大きな無次元数について論じた．ディラックは，数値的な偶然からいくつかの自然定数が時間変化すると推測したが，ディッ

[*121] Dyson 1979, p. 459.
[*122] 訳注: Григорий Моисеевич Идлис (Grigorii Moiseevich Idlis).

ケにとってその偶然は,「いま物理学者が存在することと,マッハの原理が正しいという仮定」によって説明できるものであった.もっと具体的に言えば「進化する宇宙の仮定により,T（宇宙年齢）は広い範囲の値を取ることを許されず,人間の時代と合うという生物学的な要件によってある程度制限される[*123]」.と論じた.イギリスの生物学者チャールズ・パンティン[*124]は1965年に,生命にとって必要な物質（炭素や水など）の偶然の性質は,宇宙が無限の数だけあるという仮定をすれば説明でき,そして我々の宇宙はたまたま生命が存在する正しい条件を満たすものだと指摘した.パンティンは「自然選択の原理に類似した解」について述べている.それは宇宙的ダーウィン主義[*125]に対する初期のもう1つの言及であった.

「人間原理」という言葉を創り,宇宙論研究者たちが真面目に考察するような状態にまで高めたのは,シアマの学生ブランドン・カーター[*126]であった.カーターは数年間,宇宙論における微視的な物理パラメータの役割を理解する試みに没頭し,1967年にこのテーマについてディッケによる考察の発展を含む論文原稿を執筆した.結局その原稿が出版されることはなかったが,内容は宇宙論研究者の小規模なコミュニティに広く知られるようになり,ホーキングとバリー・コリンズ[*127]による『なぜ宇宙は等方的か?』という1973年の論文でも引用された.ケンブリッジのこの2人の宇宙論研究者は,その疑問に対する「最も魅力的な答え」は「宇宙の等方性と私たちの存在は,どちらも宇宙がちょうど臨界的な膨張率を持っているという事実の結果である.我々がここにいないような別の宇宙を我々は観測できないのだから,ある意味では宇宙の等方性は我々の存在の帰結であると言うことができる」と述べている[*128].

カーターが彼の考えを1974年に出版したとき,彼が見つけたものは我々が宇宙の特別な場所を占めていないというコペルニクス原理の不当な拡張であるという批判に反駁した.特別な場所は存在しないが,（完全宇宙原理に反して）特別な時間,すなわち生命の時代が存在する.カーターは人間原理として弱い形と

[*123] Dicke 1961. ディラックは,ディッケの仮定に基づけば,生命は時間的に限られた期間しか存在しないが,彼自身の宇宙論的仮説は生命が永遠に続くことを許容し,このことが大数仮説を支持する強い論拠であると述べた.
[*124] 訳注: Charles Pantin.
[*125] 訳注: cosmo-Darwinism.
[*126] 訳注: Brandon Carter.
[*127] 訳注: Christopher Barry Collins.
[*128] Collins & Hawking 1973, p. 334.

第 5 章 新たな地平 355

強い形を区別し、前者は「宇宙における我々の場所は**必然的に**我々が観測者として存在することと矛盾しない範囲で特別なものである」と述べた．強い人間原理はさらに一歩踏み出し「宇宙（そして，それが依存する基本パラメータ）はそのどこかの段階で観測者を作り出すものでなければならない」と主張する[*129]．

1974 年のカーターによる定式化はバーナード・カー[*130]とマーティン・リースによってさらに発展され，彼らは 1979 年のネイチャー誌に『人間原理と物理世界の構造』という題名の総説論文を出版した．ホーキング，コリンズ，カーター，カー，リースの研究により，人間原理は宇宙論的考察の重要な要素として確立するようになった．これらの研究は，人間生命の存在によって宇宙の様々な観点を説明することが，議論の余地はあるにせよ正当化するための根拠となった．人間原理的推論を含むいくつもの論文が爆発的に増え，いくつものバージョンが激増した（カーターの弱い原理と強い原理に加えて，ほんの数例を挙げれば「最終的」，「参加的」，「神学的」などがすぐに現れた）[*131]．この主題は物理学者や天文学者たちだけでなく，哲学者や神学者によっても議論された．後者の人々は，彼らが長い間追放されていた現代宇宙論という分野に対して貢献できる絶好の機会をそこに見出した．

大変な人気を博していることは疑う余地もないが，人間原理の認識論的な特徴には疑問が残る．それは単に哲学的な玩具なのか，それとも，予言能力を持つ純粋な説明を与えるものだろうか？ P. C. W. デイヴィスとフランク・ティプラーは 1980 年頃，ホイル–ナーリカーの定常宇宙論のような無限の過去を持つ宇宙論は，人間原理によって排除されると述べた．これは人間原理的に考える宇宙論研究者にとって，人間原理が予言能力のようなもの（この場合は事後的なものではあるが）を持つという証明でもあった．もう 1 つのよく引用される例は，フレッド・ホイルが 1953 年に予言した，炭素 12 原子核における 7.7 MeV 共鳴準位である．これは重い原子核を作り出すのに必要であるため，星の中での原子核合成を理解する突破口となった．炭素は明らかに存在するので，それはどうにかして作り出される必要があり，このことからホイルは共鳴状態が炭素の生成にとって必要だと予言したのである[*132]．ホイルの予言から間もなく，それ

[*129] Carter 1974, pp. 293 と 295．ディッケとカーターの論文は Leslie 1990 に再掲されている．
[*130] 訳注: Bernard J. Carr.
[*131] Barrow & Tipler 1986 は人間原理についての豊富でわかりやすい情報源である．1991 年までの他の文献については，Balashov 1991 を見よ．
[*132] Hoyle 1994, pp. 256–257.

は実験的に確認された．だが，これが明らかに人間原理による説明の純粋な例であるとは言いがたく，また人間生命の存在そのものではなく，炭素原子にだけ関係しているにすぎない．炭素は人間にとって本質的ではあるが，それと同じく，石灰岩やシダ類，ゴキブリにとっても本質的である．

5.4 創世の問題

　1960年代に勝利とともに登場したビッグバン理論は熱くて高密度の宇宙の原始状態を仮定していたが，その状態がどのようにして現れたか，また何が最初の爆発を起こしたかに対する説明を与えなかった．ただ1つの説明のようなものは，前回に崩壊した宇宙の結果かもしれないという言及であった．だが，それでは前の宇宙がどのようにして形成されたかという疑問が手つかずで残り，本当の説明にはなっていない．インフレーション理論は，たとえば $t = 0$ から 10^{-30} 秒後という早期の宇宙の状態に説明を与え，観測可能な宇宙におけるすべての粒子（約 10^{90}）がどのように生成されたかを説明する．この制限された意味においてそれは創世の理論ではあるが，やはりインフレーションを始めた少量の物質をあらかじめ考えていた．つまり，インフレーション理論も宇宙の究極的な創世に対する説明にはなっていないのである．インフレーションはプランク時間のすぐ後に始まったが，それよりも早い時間については何も述べておらず，ましてや魔法の瞬間 $t = 0$ については言うまでもない．

　宇宙論研究者は伝統的に創世の問題を避けてきた．この概念は科学の枠組みと相容れず，哲学や神学の議論のほうがふさわしいように見えたかもしれない．宇宙が存在するようになり，創られたものならば，それはさらに以前の状態に言及することで説明することはできない．何も無いところや初期の特異点から創られたと述べたところで足しにはならない．これらの概念はどちらも物理的な意味を付与することができないからである．そしてもちろん，超自然的な作用のせいにすることもできない．そのようなことをすれば，科学すべてを捨てて神学に入りこんでしまう．1970年代までの時代に宇宙論研究者にみられた創世の問題へのいささか臆病な態度は，その後の数十年で顕著に変化した．

　現代の宇宙論研究者たちは宇宙の創世に対する疑問について，おのおの異なる態度を示している．それは彼らが好ましいと思うモデルにも，また彼らの哲学的な好みにも部分的に依存する．ホイル–ナーリカーの定常理論やリンデの自己

第 5 章 新たな地平

再生成インフレーション理論のような種類のモデルでは，宇宙は全体として始まりがないため創生の問題はない．他の宇宙論研究者たちは，時間の再定義によって忌まわしいビッグバンの始まりを避けるという，ミルンやミスナーのアイディアを採用した．始まりがないという解は膨張と収縮が交互に終わりなく繰り返す循環モデルの特徴でもある．このようなモデルは，相対論的な文脈でフリードマンとトールマンにまで遡るものだが，観測的には排除されたと考えられており，そのうえいくつもの理論的問題にも直面した．たとえば，前回の宇宙にあった物質–エネルギーを再生して新しいものにするような機構は見つからなかった．それにもかかわらず，何度でも生まれ変わる不死鳥宇宙という一般的な考えは宇宙論研究者の少数派を魅了し続け，21 世紀初頭の数年においても再び現れた．古典的な循環モデルは閉じた宇宙を想定していたが，スタインハートとニール・トゥロック[*133]によって提唱された新しい種類の不死鳥宇宙は，無限に広い平坦空間であり，観測とも矛盾しない[*134]．様々な始まりのないモデルが提唱されてはいるものの，やはり標準的な見方はビッグバンが事実であり，究極的にはある種の説明を必要としているというものである．

ニューヨーク市立大学の物理学者エドワード・トライオン[*135]は 1973 年に「何もないところ」からどんな保存則も破ることなしに宇宙が現れたという説を提示した．ハイゼンベルクの不確定性関係によると，エネルギーのゆらぎ ΔE は時間 $\Delta t = h/\Delta E$ の間だけ発生することができるので，実質的なエネルギーがほとんど 0 である場合に限り，それは非常に長い時間持続する．宇宙の実質的なエネルギーが実際に 0 であると仮定することにより，トライオンは量子ゆらぎから長い時間生き延びる宇宙を生成することを示した．実質的に 0 のエネルギーが現れたのは，物質の正の質量–エネルギー mc^2 が重力的な負のエネルギーの寄与と打ち消し合って，

$$mc^2 - \frac{GmM}{R} \approx 0 \qquad (5.4.1)$$

が成り立つからである．ただし M はハッブル半径 $R = c/H$ の中に含まれる宇宙の質量を表す．トライオンは知らなかったが，同じ考えはハースとヨルダンによって 1930 年代に活発に議論されていた．トライオンはこのように，宇宙の起

[*133] 訳注: Neil Geoffrey Turok.
[*134] ミルン–ミスナー解については，Lévy-Leblond 1990 を，また，循環モデルについては Steinhardt & Turok 2002 を見よ．
[*135] 訳注: Edward P. Tryon.

源の機構について，宇宙全体（閉じていると仮定した）が量子的真空における巨大なゆらぎとして自発的に始まった，と提案した．なぜそれが生じたかの理由として，彼は「我々の宇宙は時間とともに起きるこうした出来事の単なる1つである」と控え目な提案を示した[*136]．トライオンのモデルでは宇宙は閉じていなければならず，宇宙には物質と反物質が同じ量だけ存在しなければならない．おそらくこの特徴が，このモデルがあまり熱心に受け入れられなかった理由である．もう1つの理由は，このモデルが創世をトライオンが「どこでもない場所」と呼ぶ仮想的な量子的真空のシナリオに押し戻しただけで，創生の説明はしていないという点にあるだろう．

インフレーション理論の目覚めの中で，アレクサンドル・ヴィレンキン[*137]は1982年，宇宙は量子力学で知られているトンネル効果の一種によって創られたという説を唱えた[*138]．ヴィレンキンの論文の題名『無からの宇宙の創生』は，Physics Letters（物理学速報）の多くの読者を驚かせたが，それは流行の始まりにすぎなかった．ヴィレンキンのモデルはビッグバン特異点を持たず，またどんな初期条件も必要としない．彼はこの理論がどのようにして「宇宙が文字通り**無**から自発的に創られるのか」を説明すると主張したが，ヴィレンキンもまた曖昧な量子的背景時空を前提とし，宇宙はそこからトンネル効果で発生するとした．真空からの宇宙の創生はロバート・ブラウト[*139]，ハインツ・ペイジェルス[*140]らの人々も取り組み，開いた宇宙の生成を許すような機構を見つけようとした．

他のアプローチがジェームス・ハートル[*141]とホーキングにより1983年の論文で提案された．彼らはホイーラー・ドウィット方程式から議論を展開した．これは宇宙全体を記述すると考えられる量子力学的な波動方程式であり，ブライス・ドウィット[*142]が1967年に示したものである（ホイーラーの貢献は1968年である）．ハートルとホーキングは宇宙の波動関数を構築し，それが有限

[*136] Tryon 1973, p. 397.
[*137] 訳注: Олександр Володимирович Віленкін (Oleksandr Volodymyrovych Vilenkin: ウクライナ語)，Александр Владимирович Виленкин (Aleksandr Vladimirovich Vilenkin: ロシア語)．
[*138] Vilenkin 1982.
[*139] 訳注: Robert Brout.
[*140] 訳注: Heinz Rudolf Pagels.
[*141] 訳注: James Burkett Hartle.
[*142] 訳注: Bryce Seligman DeWitt.

の量子的もやもや (quantum fuzz) から宇宙が存在するようになる振幅を表すと議論した．そこでは，創世には何の問題もない．なぜなら，量子的もやもやにおいて $t = 0$ の付近では空間と時間という概念そのものが意味を失うからである．宇宙は自己完結的であり，創られもしなければ破壊されることもない．ハートルとホーキングのモデルは有限の過去を持つ宇宙を記述するものではあるが，初期の境界がまったくないために，初期特異点もしくは始まりを持たないものとなっている．彼のベストセラー『時間についての短い歴史』[*143] において，ホーキングは「無境界」の考えを広めた：

> 重力の量子論は新しい可能性を開いた．そこでは時空に境界がなく，したがって境界での振舞いを指定する必要がないだろう... 「宇宙の境界条件は境界を持たないことだ」と言うことができよう．宇宙は完全に自己完結的であり，それ自体の外にある何ものからも影響されない．それは創られることもなく壊されることもない．それはただ**ある**だけである．

ホーキングはさらに，彼の宇宙に対する無境界描像は，神を必要としないため深遠な神学的意味を持つと，よく知られているようにあえて論争を挑発するように主張した：「宇宙に始まりがある限り，我々はそこに創造者がいると考えるだろう．だが，もし宇宙が本当に完全に自己完結的で境界や端を持たないならば，それは始まりも終わりも持たない：それは単にそこにあるだけだ．ならば，創造者のための場所などあるだろうか？[*144]」．

　ハートル–ホーキング理論は大いに議論を巻き起こした．それは，シナリオが現実的であると考えられたためではなく，その概念と数学に新規性があったためである．その後，量子重力に基づいた他の提案がいくつも続いた．量子重力とは一般相対論と量子力学の統一を目指すタイプの理論で，おそらくはプランク時間付近やそれ以前における，ビッグバン宇宙の最初期状態を支配している．この種の多くの理論の中でも特に弦理論（これも多くのバージョンがある）がよく知られている．この理論は，最初に 1970 年頃に強い相互作用の理論として導入され，それ以来大いに発展した．弦理論は，$10^{-35}\,\mathrm{m}$ のプランク長に近い大き

[*143] 訳注: A Brief History of Time. 邦訳は『ホーキング，宇宙を語る』（林一訳 早川書房）．
[*144] Hawking 1988, pp. 143–144, 149; Hartle & Hawking 1983. 実は神学者やキリスト教徒の宇宙論研究者たちにとって，ハートル–ホーキング宇宙論の枠内で神のための場所を見つけることには何の問題もなかった．たとえば Russell 1994 を見よ．

5.4 創世の問題

さを持つ極小の多次元的物体（弦や膜）を扱う．弦理論研究者はすべての粒子と場がこれらの仮想的な物体によって理解できると信じている．この野心的で高度に数学的な弦理論が宇宙論の理論的基礎としても用いられてきたことは驚くにはあたらないであろう．

　弦理論研究者によって提案されたいくつかの宇宙論的なシナリオは，厄介な宇宙の始まりを回避しているという点でハートル–ホーキングモデルと共通している．量子的な弦は 0 でない大きさを持ち，無限小の点に縮まることができない．これにより，非常に満足のいく方法ではないにせよ，初期特異点を除去する方法が得られる．もし宇宙が収縮しない弦からなる物体から始まったのであれば，その弦はどこから来たのか？ イタリアの物理学者で 1960 年代終わりに弦理論を開拓したガブリエーレ・ヴェネツィアーノ[*145]によれば，ビッグバンの前に何が起きたかを問うことに意味がある．ビッグバン以前のシナリオとして知られるものでは，ビッグバンの前に加速する宇宙が存在し，そこから激しい相転移によって初期の減速宇宙が出現したとされる．ヴェネツィアーノは，「ビッグバン以前の宇宙は，ビッグバン以後のもののほぼ完全な鏡像であった．もし宇宙が未来に向かって永遠であり，その中身が貧弱な粥に薄められていくならば，過去に向かっても宇宙は永遠である．無限の昔，それはほとんど空虚であり，大きく広がった薄い放射と物質の混沌としたガスだけで満たされていた[*146]」．弦のシナリオが経験的な物理学との接点を確立することはありえないように見えるが，ビッグバン以前の「プレ-ビッグバン」理論の提唱者は，それが物理的な結論を導き，その痕跡が宇宙マイクロ波背景放射の小さな温度変化として測定可能であろうと考えている．

　ここで，2 人の主導的な米国の素粒子的宇宙論研究者であるエドワード・コルブ[*147]とマイケル・ターナーの言葉を引用してこの説を終わりたい．彼らは 1990 年に初期宇宙に関する専門書を出版した：

　　宇宙マイクロ波背景放射の発見に続く何十年の間，未来の宇宙論研究者達が宇宙論について何を書こうとも，現代の宇宙論研究者たちがその理論的アイディア（そしてしばしば雑な推論）を十分真面目に捉えなかったという失敗について批判することはまずないだろう．ことによると，未来の宇宙論研究者たちは私た

[*145] 訳注: Gabriele Veneziano.
[*146] Veneziano 2004, p. 55.
[*147] 訳注: Edward William Kolb.

第 5 章 新たな地平

ちの素朴さを笑うかもしれない．しかし，もし彼らが笑おうとも，人間の理解の範囲を越えていると考えられた問題に我々が挑む時の勇敢さと大胆さについては，彼らも賞賛するであろう[*148]．

この評価は1990年当時と同様に，現在でも正しい．実際，彼らが1993年に出したペーパーバック版の前書きにおいて，コルブとターナーは「もし未来の理論が革命的なアイディアや思いがけない発見を含んでいないとしたら，それが我々にとって最大の驚きである」と述べた．彼らは，彼らが思っていたよりももっと限界に近づいていた．

5.5 宇宙論の展望

宇宙論は世界全体の科学であり，そのために宇宙や世界，存在全体といった，直接的に知覚できるものよりもずっと巨大で，ずっと抽象的な概念に基づいている．歴史の中で宇宙の意味そのものが変化していて，時には急進的な変化をする．このことは，宇宙論的な考察がいくらか不規則な発展をする主な理由である．古代バビロニアとギリシャにおける宇宙の理解は現代の宇宙論研究者のものとほとんど共通性がなく，そのため長期にわたる歴史が連続性を欠いているように見えても何の不思議もない．しかし，それらすべての変化にもかかわらず，現代の世界観は2500年前に現れた宇宙に対する見方とつながりを持っている．それは長く複雑な歴史の過程の結果であり，その根源は少なくともソクラテス以前の哲学者の時代にまで遡る．アリストテレスは，宇宙論の起源は観測される宇宙について人間ができる限り知ろうとする基本的追究にあると述べた．『続自然学』において，彼は次のように書いた：

> 人間がいま思索し始め，また初めて思索し始めたりするのは驚きのためである．最初は明らかな問題について不思議に思い，次に少しずつ進んで，もっと大きな事柄についての問題を提示する．たとえば，月に関する現象や太陽，星に関する現象，そして宇宙の起源についての問題を述べるのである[*149]．

アリストテレスの言う驚きは，宇宙論の歴史において不変であり，初歩的な好奇

[*148] Kolb & Turner 1990, p. 498.
[*149] Copan & Craig 2004, p. 219 から引用.

5.5 宇宙論の展望

心に根源を持っている．現代の物理学者たちがダークエネルギーの本質について不思議に思い，宇宙にはなぜバリオンよりもずっと多くの光子があるのかと考えたりするとき，彼らは，エウドクソスが天球を旅する火星が逆行することについて不思議に思うのと同じ種類の探求をしているのである．疑問に対する答えは大きく変化してきたが，人々が答えを知りたいと思ってきた疑問の種類には永続的な基準があった．世界は有限か無限か？ 生命は宇宙の他の場所に存在するか？ 世界は常に存在してきたのか始まりがあるのか？ それは静的なのか，それとも進化するのか？ 宇宙は目的を持っているのか？ これらのような気宇壮大な疑問は 2000 年以上前に問いかけられ，それ以来現代にいたるまでの歴史を通じて問い続けられてきた．我々は，それらの疑問の答えをいくつか知っているが，すべてではない．重要と思われる疑問もあるが，科学的に無意味と思われるものもある．

　長い間，宇宙は単なる研究対象ではなかった．宇宙は，大いなる意味を持つものとして，人間の存在や世界全体における人間の居所として理解されてきた．宇宙を理解することは必然的にその意味と目的の理解を含み，その概念は宗教的な文脈から分離できなかった．躍動する宇宙における活性物質としての神や霊魂，知性への言及は，16 世紀に入るまで続けられた．ニュートンは天上の現象を彼の重力法則によって説明したが，同時に彼は宇宙の安定性を説明するため，「力学と幾何学に通暁した」神を必要とした．その 1 世紀後，天文学者たちは依然として創造者について言及したようだが，それは天上世界の現象を説明するためではなかった．ナポレオン・ボナパルト[*150] がラプラスの著書『宇宙の体系に関する解説』を熟読したとき，彼はラプラスに，ニュートンの著書『プリンキピア』には神について述べられているが，この著書には神が出てこないと訊ねたと伝えられている．ラプラスは「陛下，私はそのような仮説を必要としません」と返答したという[*151]．現代の宇宙論研究者たちもやはりその仮説を必要としない．とはいえ私たちがみてきたように，宗教的な観点への浮気も現代宇宙論における理論には珍しくない．しかし宇宙論研究者のほとんどはラプラスとほぼ同じように，宗教的な疑問へは言及せずに彼らの研究を追究している．

[*150] 訳注: Napoléon Bonaparte.
[*151] この引用の信頼性は疑問である．Crowe 1990, p. 78 を見よ．

5.5.1 パラダイムと伝統

一般的に言って，特定の科学分野は連続的かつ累積的に進化するか，または，根本的な変化を伴う革命的な転換を重ねて発展するかのどちらかである．トーマス・クーン[*152]は，影響力のある著書『科学革命の構造』[*153]において，科学の動的な見方を提唱した．この見方では，パラダイムに支配されている「通常の科学」が危機状態の中で終わり，古いパラダイムが新しいものに取って代わられることで「革命」を引き起こす．1962年のクーンによる最初のモデルによると，2つの競合するパラダイムは，一方が他方を根絶するまでの短い間だけ共存する．互いに訳せない異なる言葉で自然を記述しているため，それらは同じ基準で計れず，純粋に合理的な判断によってどちらかに決める方法が存在しない．科学哲学を再構成するクーンの試みの効能はどうであれ，実際の科学の歴史において彼の言うような強い革命的変化はほとんど起こっていないと長い間認識されてきた．一方で，弱い意味でのパラダイムや革命という考え方を合理的に使うことは可能で，こうした考え方の枠内で歴史的発展を眺めることはできる．著者はクーンによって最初に提案された急進的な意味ではないにしても，宇宙論の歴史がパラダイムに支配される科学，そして革命的変化という考えに一定の支持を与えていると信じている．

「円パラダイム」は2000年近くも生き延びた頑迷な基本的信念の驚くべき例であり，クーンのいうパラダイムの特徴をいくつか示している．プラトンやエウドクソスに遡るこの信念によると，観測される天体運動は必然的に一様な円運動によって理解されなければならない．ゲミノスが指摘したように，それは天文学の定義の一部であり，よって必要不可欠であった．もし天文学が観測を円運動に帰着させる術であったなら，どうして惑星に対するプトレマイオスの理論が決定的に間違っていることがありえるだろうか？

ケプラーの天才によって，この信念は必要なものなのでなく単なる作業仮説であることが認識された．このケプラーの洞察が天文学者の大多数に受け入れられるまでには数十年かかった．天体の円に対する信念は，より大きく複雑なパラダイムの一部であった．それによると，宇宙は有限（そしてそれ自体が球形）であり，また，月より下の世界と，それより上の天上世界という2つのまったく

[*152] 訳注: Thomas Samuel Kuhn.
[*153] 訳注: The Structure of Scientific Revolution. 邦訳は『科学革命の構造』（中山茂訳 みすず書房）．

5.5 宇宙論の展望

異なる領域に分けられている. 後の歴史においても, ほとんど疑問視されずに宇宙論的考察の枠組みを形成していた信念や伝統の例が見られ, それらはパラダイムの特徴を持つ. 1910 年頃まで, 星の世界は天の川に限られていると一般に信じられており, また 1930 年まで宇宙全体の静的な性質は当然のものと思われていた. 現在の宇宙論は一般相対性理論とある種のビッグバンのシナリオに基礎付けられており, それらは議論を越えた要素であり, 宇宙論を特徴づけるものと捉えられている. こうした信念を「パラダイム的」と特徴づけたくなるかもしれないが, それらはクーンが 1962 年の著作で述べたものとは意味が異なる.

天文学と宇宙論がパラダイム的な信条に支配されていた時期があったため, 受け入れられていた宇宙の見方が破綻して新しいものに置き換えられるという変化が何度か重なった. それらの変化は現代の研究者には劇的だと映るかもしれないが, どれ 1 つとして同じ基準で計れない世界観の衝突という, 急進的な意味での革命ではなかった. 多くの議論を重ねられたコペルニクス的転回は, 地動説が合理的かつ系統的に伝統的な天動説と比較されるという, 長期にわたる転換の過程であった. 革命的な過程の結果は伝統的な世界観の排除であるが, この過程に携わった天文学者たちは心の底からどちらかの陣営に与する必要はなかった. ティコの系や他の混成的な系が示しているように, 少なくともある一定の期間は中間的な方法を取ることも十分可能であった. かなりの程度, コペルニクスの「革命」は神話的なものである. 宇宙論の歴史には, 宇宙が膨張するという 1930 年頃の認識のような真に革命的な変化に近い出来事もある. そこには, ほとんど一瞬にして起きた世界観の大きな変化がある.

現代の宇宙論研究者たちは, ほとんどの他の研究者 (科学ジャーナリストは言うに及ばず) と同様, 革命の比喩を好み, それを繰り返しいささか無差別に用いる. 彼らは, 「ΛCDM パラダイム」や, ダークマターとダークエネルギーに満ちていると思われる加速膨張宇宙の発見がもたらした現在の「革命」について, 日常的に話している. 1997 年の春, 新しい世界観の展望がまさに認識されつつあるとき, ある宇宙論研究者は「宇宙論分野は劇的な観測的進展と, 素粒子物理学から輸入した新しい理論的シナリオによって, 革命を経験している」と書いた[154]. 同じような言葉による評価は何十となく文献に見つけることができる. このことは非常に興味深いが, 1990 年代終盤に起きたことがその本来の

---

[154] Turok 1997, p. ix.

用語の意味で本当に「革命」であったことを意味するわけではない．

科学的発展における疑問の余地のない連続性は，よい実験・観測データがほとんど永遠に有効であるという事実によって支えられている．新しい理論は信頼性の高い観測を古い理論と同様，もしくはそれ以上に説明できることが期待される．この要求は，新しい理論が古い理論からどの程度経験的に逸脱できるかについて自然な限界を与える．コペルニクスの地動説は惑星の逆行についての説明が組み込まれている必要があった．同様に，定常宇宙論はハッブルの赤方偏移と距離の法則を説明できなければならなかった．そしてコペルニクスは，プトレマイオスの理論が説明するのと同様，星の年周視差が観測されないことに説明を与えなければならなかった．

それでも，データは純粋に観測的なものではなく，部分的には理論と希望的観測の産物である．このことは宇宙論の歴史においていいくつかの例で示されている．ハッブル定数は純粋にとは言えないにしても観測的な量であるが，それと宇宙年齢との関係はそうではない．宇宙の有限の年齢は理論的な構成物であり，それはある宇宙論的な理論の枠組みの中でだけ意味を持つ．さらに，観測はいつ宇宙論に**関係する**のだろうか？　このことはまったく明らかではない．夜空の暗闇がそのよい例である．このまったく当たり前の現象は，シェゾーが1744年に宇宙論的問題にまで高めたもので，後にオルバースのパラドックスとして知られるようになった．同様に，宇宙の化学的組成はガモフによる1940年代の原子核考古学的な研究計画によって初めて宇宙論的に興味深いものになった．

宇宙論の歴史は，観測的主張があまりにも安易に受け入れられてきた事例に満ちあふれている．たとえば19世紀の初め，ファン・マーネンによって行われた渦巻き星雲の回転についての一見信頼できそうにみえた観測は，島宇宙論に反対する強い証拠となった．彼のデータは不動の事実と信じられたが，1930年までには偽物とみなされるようになっていた．ステビンス–ウィットフォード効果は堅固なデータに基づく信頼できる観測だと信じられていたが，1950年代には露と消えてしまった．同じように，ライルが1955年に電波天文学観測によって定常宇宙論が観測に矛盾すると結論したときも提示されたデータは適当ではなく，その結論はライルの定常宇宙論への嫌悪の影響を受けていた．この理論は実際に間違っていたが，ライルのデータもまた間違っていた．

観測はもちろん宇宙論にとって欠かせないものだが，過度の盲信はその進歩を促進するどころか邪魔をしたり妨げになったりする．再び20世紀の宇宙論

から例を挙げる：ハッブルの膨張パラメータの値はファクター 7 倍ほど間違っていたが，20 年以上の間それが問題なく正しいものとして受け入れられていた．ハッブル時間が短すぎることはビッグバン型の宇宙論にとって問題だったのだが，天文学者たちがハッブルの結果を信頼しすぎていなければ，もっと積極的に受け止められてきたであろう．1952 年になって初めて，バーデたちが時間スケールについて再考したことで年齢問題に光が当てられ，「年齢の矛盾」は本当の矛盾ではないと理解されるようになった．

宇宙論における観測と理論の関係に対する内在的な疑問は，ボンディの 1955 年の論文において見事に，そして挑発的に検証された．彼のメッセージは，理論と観測の不一致は一般に理論と同様に観測のせいでもあるということである．いわゆる純粋な観測について，彼は次のように書いている：

> 大多数の観測の論文において，純粋な事実に基づく部分は小さい．こうした基本的な事実は，しばしば使用された機器の能力の限界ぎりぎりで得られていること，それゆえかなり不定性があることを意識することが重要である．観測結果を「事実」と呼ぶことは，観測家の仕事に対する侮辱であり，理論家の信用を失わせようとする間違った試みであり，天文学一般への損害であり，批評精神の完全な欠如を表している [*155]．

5.5.2 宇宙論モデルの現状

現実主義 [*156] と **道具主義** [*157] の区別（または実証主義と実用主義などのように関連する概念）は科学哲学の中心的話題であり，そこでは特に微視的物理学と量子力学に結びつけられて議論されている．現実主義者によれば，理論とモデルは自然の客観的対象であり機構である．もし自然を正しく記述するならばそれらは本当であり，そうでなければ間違っている．端的に言えば，科学とは自然が実際にどのようなものであるのかを理解しようと努力することである．一方，道具主義者は理論について，観測された規則性を再現して将来の観測や実験の結果を予言するための方法，もしくは道具と考える．理論はこの観点から有用でありえるもので，それが我々が望めるすべてであり，興味のすべてである．現実の真の本質を決めることは科学の可能性の外にあり，こうした問題は形而上学

[*155] Bondi 1955, p. 158. Kragh 1996a, pp. 237–240 も見よ．
[*156] 訳注：realism.
[*157] 訳注：instrumentalism.

第 5 章　新たな地平

的なものであって物理的なものではないと主張される.

　この区別は理論というよりも主観に関係づけることもできる. この場合現実主義者は, 「宇宙」はあらゆる宇宙論的な問いとは独立に存在していると主張するだろう. 一方で道具主義者は, 「宇宙」は実用的な価値だけに意味を帰することができる概念で, それが宇宙論的な理論の構成であると考える[*158]. 現実主義と反現実主義に関する疑問はほとんど微視的物理学について議論されてきた（クォークは本当に存在するか？など）のではあるが, 宇宙やその構成物の研究にも同じくらい強く関係している（ブラックホールは本当に存在するか？など）. これら正反対の見方の間の緊張は, 宇宙論の歴史において数多く見られる.

　古代バビロニア人は天体の位置に関する長大な表を作成した. 彼らの天文学に対する態度は道具主義的であり, 表の形で与えられる彼らの理論は純粋に計算の道具であった. 彼らは外挿によって天体現象を予言することができたが, その現象がなぜ起きるのか, またなぜ天体がそのように動くのかを説明することには興味を示さなかった. エウドクソスは惑星運動の幾何学的モデルを与えたが, それが説明を与えている, あるいは惑星が本当に多重に重なった同心球上を動いているとは主張していない. もっと現実的な観点はアリストテレスによって導入された. 彼は単に機能するだけのモデルには満足せず, 説明力のある宇宙の物理的理論を目指した. プトレマイオスの『アルマゲスト』で表現されているように, ギリシャの数学的天文学における頂点は明らかに道具主義者の方向性を持ち, 従円, 離心円, 周転円による精巧な系となっている. それは天上界の現象を再現するが, プトレマイオスが本当に天体が彼のモデル通りに動いていると考えていたとは信じがたい. この伝統的な見方は彼の『惑星の仮説』によって修正されねばならなかった. すでに見たように, それは非常に異なる性質を持っている. 『惑星の仮説』のモデルは現象論的でなく, アリストテレス的な物理学によって宇宙構造を理解しようとする現実的な試みであった. プトレマイオスはこのモデルが天上の本当の表現であると考えていたように思われるが, 真実というのは道具主義者の精神とは相容れない異質なものである.

　同じ主題は中世とルネッサンスの間にも現れた. 世界モデルはしばしばモデルとしてのみ捉えられ, 実際の宇宙の構造を表すものだと主張されることはなかった. この位置づけの記述は, 1200 年頃に書かれたモーシェ・ベン-マイモー

[*158] Munitz 1986 は「宇宙は宇宙論的モデルがそうであると主張するものに等しい」と述べている.

5.5 宇宙論の展望

ンの『迷える人々の為の導き』[*159] に見られる：「科学 [天文学] の目標は, 星 [惑星] の運動が加速や減速したり変化したりすることなく, 一様かつ円形にできる手段を仮説と考えることであり, その運動が観測されるものと一致するという過程から必然的に導かれる推論をすることである[*160]」. 天文学者たちの仕事は「現象を救うこと」であった. これはまた, コペルニクスの『天球の回転について』の悪名高い序文を書いたオジアンダーのメッセージでもあった. コペルニクス自身は現実主義者であり, 道具主義者ではなかったのである. 1600 年頃の数十年間, 2 つの世界体系の間に起きた戦いは, どちらの体系が最も正確で効率的な宇宙の記述を与えているかということだけにとどまるものではなかった. もしそれだけなら, ガリレオは 1633 年の裁判にかけられることはなかっただろう.

同じ主題は時代をかなり下って, 初期の相対論的宇宙論にも再び現れた. そこではアインシュタインやド・シッター, フリードマンによるモデルが道具主義者のものと考えられたに違いない. 一方でルメートルは, 彼の 1927 年のモデルは現実の宇宙がどのように時間進化するかを説明するものだと注意深く指摘した. 道具主義者の態度のもう 1 つの例として, 宇宙膨張におけるハッブルの解釈がある：宇宙が実際に膨張していると結論づける代わりに, 彼は観測的に基礎付けられた赤方偏移と距離の関係を固守するという安全な立場を選んだ. 1950 年代におけるビッグバン理論と定常宇宙論の論争もまた, 単にデータと理論の比較の問題ではなかった. ガモフは, ビッグバンが実際に起きた事実だと信じていたが, ホイルはそうではなかった. これに反して, ミルンの宇宙論に対する理解は道具主義的であった. 彼は, 宇宙の起源は客観的事実ではなく, 宇宙を記述するために使われる一種の理論的産物だと信じていた.

1965 年以降のビッグバンに関係するモデルの急増により, 状況はさらに複雑になった. 一方の宇宙論研究者たちは, あるがままの姿を語るだけでなく実際の宇宙の姿, およびそれがどのように進化してきたのかを理解したいと望んだ. もう一方は現代の宇宙論モデルの多く, 特にごく初期の宇宙に関係するものは, 実際の世界を表現するものだと主張しない. それらはシナリオであったり, またはしばしば単なる数学的なトイモデルである. もしそれらが観測された宇宙の特徴を説明できるか, または予言できるならもっとよいが, 観測との対応には必

[*159] 訳注: Guide to the Perplexed.
[*160] Crowe 1990, p. 74 から引用. 彼は「現象を救う」ことの歴史に対する説明を与えている.

ずしも高い優先順位が与えられていない．スティーブン・ホーキングはオジアンダーと同じく，宇宙論的な理論に対して反現実的な観点を好んだ：「私は実証主義者である... 私は，理論が現実に対応することを要求しない．なぜなら，私はそれが何なのか知らないからだ．現実はリトマス試験紙で調べることができるものではない[161]」．

5.5.3 宇宙論は科学か?

　宇宙論はその長い歴史のほとんどの間，天文学と哲学の壮麗な大邸宅の後ろにある小さな裏庭であった．ほとんどの研究者は，大宇宙について実りのない憶測，害のない娯楽だが時々認識論的批判を浴びるような憶測に携わるよりも，他にもっとすべきことがあった．宇宙論は外挿と一様の仮定に基づく必要がある．たとえば物理学の基本法則は宇宙のどこでも正しく，そしておそらくはもっと不確かであるが，宇宙全体に対しても正しいという仮定に基づいている．19世紀後半，熱的死の議論に関係して，このような仮定は明らかに非科学的だと考える研究者達から宇宙論が非難を浴びるようになった．その一人がエルンスト・マッハで，実証主義に傾倒した多くの研究者が彼の批判的態度に追随した．ドイツ系米国人哲学者ジョン・スターロは1882年に「絶対的な宇宙全体の理論と称するすべての宇宙起源論は，物理的かつ力学的な法則に照らして根本的に不合理である」と非難した[162]．しかし，これは正確に宇宙論研究者が目指すものであり，絶対的な宇宙全体の理論を与えようとしているのである．

　アインシュタインの一般相対性理論の上に創られた新しい宇宙論は当初あまり注目されなかったが，膨張宇宙の発見とともに表舞台に登場し，哲学的な批判を受けやすくなった．こうした宇宙論研究者たちはどのようにして宇宙全体のモデルを構成することができ，それほど自信を持って議論できるのだろうか? 彼らは科学に携わっているのか，それとも数学的なゲームに興じているのか? 1946年のノーベル賞受賞者で米国の物理学者パーシー・W. ブリッジマン[163]は，新しい宇宙論の初期の批判者であった．ブリッジマンは，実証主義科学哲学の1つのバージョンである操作主義に賛同し，この立場から宇宙論が本当の科学になることを疑った．彼は1932年，「300年に満たない間に確かめられた法則に基づいて過去に10^{16}年も遡って，あるいは未来に向かってさらに遠方を見たりす

---

[161] Hawking & Penrose 1996, p. 121.
[162] Stallo 1882, p. 276.
[163] 訳注: Percy Williams Bridgman.

5.5 宇宙論の展望

ることは，素朴な批評家にとって取るに足りない発疹に見えるに違いない」と書いている．翌年，彼は相対論的宇宙論研究者たちに対して，「宇宙が厳密に数学的な原理で動いていて... 幸運な力技によってこれらの原理を定式化することが人間にとって可能である」という彼らの「形而上学的信念」を攻撃した[164]．

ブリッジマンの批判は門外漢からのものであったが，数年後にはハーバート・ディングルによってもっと強い形で繰り返された．彼は宇宙論的な理論によく通じていて，彼自身，この分野に貢献したことがあった（1933年に彼は非等方宇宙に関する最初の研究の1つを出版している）．1937年のディングルの攻撃は特にミルン，ディラック，エディントンの理性主義宇宙論に向けたものだったが，彼が難解かつ傲慢，そして健全な科学的論法から離れているとみなした現代宇宙論に対しての，さらに広範な批判も含んでいた．彼を最も苛立たせたのは，宇宙論が数学と先験的な性質の一般原理に無批判に頼っていることであった．彼は「現象から原理を引き出す代わりに，気骨のない宇宙神学の偽科学が与えられている」と激しく非難した[165]．第二次大戦後にディングルが宇宙論，今度は特に定常宇宙論に向けての攻撃を再開したときも，彼の舌鋒は相変わらず鋭さであった．彼やその他の批判者たちは，ボンディ，ゴールド，ホイル の理論だけでなく，相対論的進化宇宙論にも反対した．どのようなバージョンであっても，現代的な宇宙論は複雑で不明瞭な数学によって創世に関するうさんくさい問題を扱っており，それは批判者たちによれば，宇宙論が疑似科学的な状態に堕落したと確認させるだけであった．1953年のディングルによる定常宇宙論についての評価には，ビッグバン理論も含まれていた：「もし世界がそのようになっていたらいかに良いだろうと考える数名の数学者の空想の他には，そこには何の根拠もない」．

1950年代の宇宙論研究者たちはディングルと賛同者達の反対にほとんど注意を払わなかったが，宇宙論の科学的な地位には無関心ではなかった．宇宙論は物理学や化学のような科学だろうか？ 真実の判定基準は何か，また，それは他の科学に適用されるものとどう異なるのか？ 宇宙論の概念的基礎はどれほど確実なのか？ このような疑問は広く議論された．たとえば以前述べたボンディとウィットローが行った1954年の討論などである．1965年以降，標準ビッグバン理論は一般に認知されるとともに，宇宙論はさらにずっと成熟した段階に入っ

---

[164] Kragh 2004, p. 155 を見よ．
[165] ディングルの批判については，Kragh 1996a, pp. 69–71, 224–226 を見よ．

第 5 章 新たな地平

たが, この分野の科学的な地位に関するある種の懸念は残った. 大統一理論と量子重力の初期宇宙論への侵入を, 天文学者と物理学者がみな歓迎したわけではなかった. 初期宇宙論はしばしば, 数学と物理学の区別が難しくなりうる分野である. ある批判者は「数学者は無害な洗練された空想に耽り, 新しい宇宙論研究者はそれを物的財産として買う」と表現した[*166]. 前にも述べたように, トニー・ロスマンとジョージ・エリスは 1987 年に, 宇宙論は「形而上学的」になる途上にあるのかもしれない, と警告した.

2000 年に General Relativity and Graviation 誌に掲載された論文に見られるように, この種の批判や心配は現在にいたるまで続いている. イギリスの系外観測天文学者, M. J. ディズニー[*167] は早い時期から実質的のみならず, 修辞的にも批判を繰り返した. 彼の基本的な関心は, 観測と理論の大きな隔たりであった. この問題は絶えず宇宙論に付きまとい, さらに宇宙論研究者たちが既知の物理学を時空の広大な範囲へ外挿しようとする無制限の意欲にも付きまとっていた. 大多数の宇宙論研究者たちに受け入れられていた CDM は, ディズニーにとって「突如存在するようになるだろうという無心の希望を持って, 信者が呪文を唱える宗教的な礼拝式のよう」に思えた. 宇宙論と宗教の比較は新しいことでも偶発的なことでもない:「宇宙論の最も不健康な点は, 語られることのない宗教との類似性である. どちらも大きく, おそらく答えのない疑問を扱っている. うっとりとした聴衆, メディアへの露出, ベストセラー本は, 科学の他の主題とは異なり, だまされやすい人々とともに, 聖職者と悪党も誘惑する[*168]」.

5.5.4 技術と宇宙

宇宙論を何か工学技術のように現世的なものと結びつけるのは難しいだろう (そんなことになれば確実にアリストテレスは衝撃を受けるだろう). それでも, 宇宙論の進歩にとって, 観測機器開発技術が理論的進展より重要性が低いということはない. 17 世紀までの天文学者は裸眼, 四分儀[*169] や六分儀[*170], 天球儀[*171] などの比較的原始的な器具で観測をしなければならなかった. こうし

[*166] Carey 1988, p. 332.
[*167] 訳注: Michael John Disney.
[*168] Disney 2000, pp. 1131 および 1133. Ćirković 2002 における返答も見よ. 彼はディズニーの批判とディングルたちの初期の流儀に類似点を指摘した.
[*169] 訳注: quadrant. 象限儀とも呼ぶ.
[*170] 訳注: sextant.
[*171] 訳注: armirally sphere.

5.5 宇宙論の展望

た伝統的な技術の使用はティコ・ブラーエのウラニボリ天文台における器具によって最高潮に達した．17世紀初めの望遠鏡の発明により，天文学の歴史における新しい章が始まった．最初，その宇宙論的な重要性は限られていたが，より大きくより良い望遠鏡によって微かな星雲まで届くことにより，状況は一変した．ウィリアム・ハーシェルは，彼の素晴らしい40フィート反射鏡によって宇宙論に導かれ，それを『天界の構造』に記した．ロス卿の巨大望遠鏡は1846年に渦巻き星雲の存在を明らかにし，予期しない結果をもたらす発見となった．

天文学的測光（星光の強さを測定する方法）は1830年代に始まり，その次の半世紀以上にわたって，大幅に改善された測光技術がドイツのツェルナーと米国のエドワード・C. ピッカリング[*172]によって導入された．光電子の方法を天文学に用いるアイディアは1910年頃に米国人天文学者ジョエル・ステビンスによって開拓された．彼はセレン光電池を用いることにより，変光星アルゴルの光度曲線を記録し，0.01等級という小さな光の強度の差を測定した．第二次大戦後，電子回路と光電子増倍管の発達によって，検出器の感度はさらに向上した．

伝統的な写真乾板の問題は，入射光エネルギーの1％程度にしか反応しないことであった．それは，暗い天体に対して長い露出時間が必要となることを意味する．1960年代初めにはこの問題は軽減し，このときにイメージ管と呼ばれる電子的な画像の素子が入射光を増幅するのに使われるようになった（同様の技術は顕微鏡に使われた）．イメージ管が写真乾板に置き換わることはなかったが，1970年頃に登場したデジタル検出器は写真乾板を駆逐してしまった．この技術により，光信号は直接的に電子パルスへ変換されて，コンピュータ上に記録された．1970年に突破口が開き，ベル研究所の2人の研究者，ジョージ・E. スミス[*173]とウィラード・S. ボイル[*174]は，光に当たると電子信号を発生させる新しい半導体に基づいた装置を発明したと発表した．CCD[*175]は微弱な光の検出器として発明されたのではなかったが，10年足らずの間に最初のCCD検出器が天文学的な目的に用いられるようになった．CCDは急速に天文学者や宇宙論研究者たちにとって欠かせない道具となり，地上望遠鏡のみならず宇宙望

[*172] 訳注：Edward Charles Pickering.
[*173] 訳注：George Elwood Smith.
[*174] 訳注：Willard Sterling Boyle.
[*175] 訳注：charge-coupled device.

第 5 章　新たな地平　　373

遠鏡でも用いられている[*176].

　CCD や関連する画像技術は，伝統的に用いられてきた写真の大部分に置き換わってしまった．天文技術としての写真は 1840 年代にまで遡る．天文写真の最初の例は 1840 年から始まっていて，米国の化学者ジョン・W. ドレーパー[*177]が月の銀板写真を作って以来である．そのときの露出時間は 20 分であった．天文写真は徐々に改善され，19 世紀のもう 1 つの偉大な機器発明である分光器と組み合わさることで特に重要な観測機器となった．1929 年のハッブルによる有名な発見である速度・距離関係は，望遠鏡，分光器，写真技術という 3 種類の技術に決定的に依存していた．

　観測装置の革命は，特に 1970 年代以来宇宙論にとって直接的に重要であったが，一方で，さらに早い時期から電波技術やマイクロ波技術が役割を演じていたことを思い出しておくことも重要である．ある論評者は，「電波天文学の 10 年間が，宇宙の創世や構成について，宗教と哲学の 1000 年間よりも多くのことを人類に教えたというのは印象的な見解だ[*178]」，と記した．宇宙マイクロ波背景放射の発見は，しばしば世紀の宇宙論的発見として迎えられたが，それは科学的な偉業であるのと同様に，工学的な偉業でもあった．他にも技術と宇宙論の関わりに関する話として，衛星観測や可視光線以外の波長について語ることができるだろう[*179]．重要なのは，ガリレオが 1609 年の夏に彼の望遠鏡を空に向けて以来，技術的進歩が宇宙論にとって本質的要素であったことである．それは 1950 年代以来大きく加速し，今日では圧倒的な重要性を持っている．

[*176] Smith & Tatarewicz 1985.
[*177] 訳注: John William Draper.
[*178] Davies 1977, p. 211.
[*179] Longair 2001 の総説を見よ．

参考文献

Aaboe, Asger (2001). *Episodes from the Early History of Astronomy*. New York: Springer.

Aiton, E. J. (1981). 'Celestial spheres and circles', *History of Science* **19**, 75–114.

Alexander, H. G., ed. (1956). *The Leibniz–Clarke Correspondence*. Manchester: Manchester University Press.

Alpher, Ralph A., Hans Bethe, and George Gamow (1948). 'The origin of chemical elements', *Physical Review* **73**, 803–804.

Alpher, Ralph A., James Follin, and Robert C. Herman (1953). 'Physical conditions in the initial stages of the expanding universe', *Physical Review* **92**, 1347–1361.

Alpher, Ralph A., and Robert C. Herman (1948). 'Evolution of the universe', *Nature* **74**, 774–775.

——(2001). *Genesis of the Big Bang*. New York: Oxford University Press.

Arrhenius, Svante (1908). *Worlds in the Making: The Evolution of the Universe*. London: Harper & Brothers.

——(1909). 'Die Unendlichkeit der Welt', *Scientia* **5**, 217–229.

Assis, A. K. T., and M. C. D. Neves (1995). 'The redshift revisited', *Astrophysics and Space Science* **227**, 13–24.

Baigrie, Brian S. (1993). 'Descartes' mechanical cosmology', pp. 164–176 in Hetherington 1993.

Balashov, Yuri V. (1991). 'Resource letter AP-1: The anthropic principle', *American Journal of Physics* **59**, 1069–1076.

Barbour, Julian B. (2001). *The Discovery of Dynamics*. Oxford: Oxford University Press.

Barnes, Ernest (1933). *Scientific Theory and Religion*. Cambridge: Cambridge University Press.

Barrow, John D., and Frank J. Tipler (1986). *The Anthropic Cosmological Principle*. Oxford: Clarendon Press.

Basri, Gibor (2000). 'The discovery of brown dwarfs', *Scientific American* **282** (April), 57–63.

Becker, George F. (1908). 'Relations of radioactivity to cosmogony and geology', *Bulletin of the Geological Society of America* **19**, 113–146.

Becker, Barbara (2001). 'Visionary memories: William Huggins and the origins of astrophysics', *Journal for the History of Astronomy* **32**, 43–62.

Belkora, Leila (2003). *Minding the Heavens. The Story of Our Discovery of the Milky Way*. Bristol: Institute of Physics Publishing.

Berendzen, Richard, Richard Hart, and Daniel Seeley (1976). *Man Discovers the Galaxies*. New York: Science History Publications.

——(1984). *Man Discovers the Galaxies*. New York: Science History Publications.

Bernstein, Jeremy (1984). *Three Degress Above Zero*. New York: Scribner's.

Bernstein, Jeremy, and Gerald Feinberg, eds (1986). *Cosmological Constants: Papers in Modern Cosmology*. New York: Columbia University Press.

Bertotti, Bruno, R. Balbinot, Silvio Bergia, and A. Messina, eds (1990). *Modern Cosmology in Retrospect*. Cambridge: Cambridge University Press.

Blacker, Carmen, and Michael Loewe, eds (1975). *Ancient Cosmologies*. London: George Allen & Unwin.

Blair, Ann (2000). 'Mosaic physics and the search for a pious natural philosophy in the late renaissance', *Isis* **91**, 32–58.

Boltzmann, Ludwig (1895). 'On certain questions of the theory of gases', *Nature* **51**, 483–485.

Bondi, Hermann (1948). 'Review of cosmology', *Monthly Notices of the Royal Astronomical Society* **108**, 104–120.

——(1952). *Cosmology*. Cambridge: Cambridge University Press.

——(1955). 'Facts and inference in theory and in observation', *Vistas in Astronomy* **1**, 155–162.

Bondi, Hermann, and Thomas Gold (1948). 'The steady-state theory of the expanding universe', *Monthly Notices of the Royal Astronomical Society* **108**, 252–270.

Bondi, Hermann, William B. Bonnor, Raymond A. Lyttleton, and Gerald J. Whitrow, eds (1960). *Rival Theories of Cosmology*. London: Oxford University Press.

Borel, Emile (1960). *Space and Time*. New York: Dover Publications.

Boscovich, Roger J. (1966). *A Theory of Natural Philosophy*. Cambridge, Mass.: MIT Press.

Brehaut, E. (1912). *An Encyclopedist of the Dark Ages: Isidore of Seville*. New York: Columbia University Press.

Bronstein, Matvei (1933). 'On the expanding universe', *Physikalische Zeitschrift der Sowjetunion* **3**, 73–82.

Brown, G. Burniston (1940). 'Why do Archimedes and Eddington both get 10^{79} for the total number of particles in the universe?', *Philosophy* **15**, 269–284.

Bruggencate, P. Ten (1937). 'Dehnt sich das Weltall aus?' *Die Naturwissenschaften* **25**, 561–566.

Brush, Stephen G. (1987). 'The nebular hypothesis and the evolutionary worldview', *History of Science* **25**, 245–278.

——(1993). 'Prediction and theory evaluation: Cosmic microwaves and the revival of the big bang', *Perspectives on Science* **1**, 565–602.
Burbidge, E. Margaret, Geoffrey R. Burbidge, Fred Hoyle, and William A. Fowler (1957). 'Synthesis of the elements in stars', *Reviews of Modern Physics* **29**, 547–650.
Burtt, Edwin A. (1972). *The Metaphysical Foundations of Modern Physical Science*. London: Routledge and Kegan Paul.
Canuto, V., and J. Lodenquai (1977). 'Dirac cosmology', *Astrophysical Journal* **211**, 342–356.
Čapek, Milic (1976). *The Concepts of Space and Time: Their Structure and Development*. Dordrecht: Reidel.
Cappi, Alberto (1994). 'Edgar Allan Poe's physical cosmology', *Quarterly Journal of the Royal Astronomical Society* **35**, 177–192.
Carey, S. Warren (1988). *Theories of the Earth and Universe. A History of Dogma in the Earth Sciences*. Stanford: Stanford University Press.
Carroll, William (1998). 'Thomas Aquinas and big bang cosmology', *Sapientia* **53**, 73–95.
Carter, Brandon (1974). 'Large number coincidences and the anthropic principle in cosmology', pp. 291–298 in Malcolm S. Longair, ed., *Confrontation of Cosmological Theories with Observational Data*. Dordrecht: Reidel.
Charlier, Carl V. L. (1896). 'Ist die Welt endlich oder unendlich in Raum und Zeit', *Archiv für systematische Philosophie* **2**, 477–494.
——(1908). 'Wie eine unendliche Welt aufgebaut sein kann', *Arkiv för Matematik, Astronomi och Fysik* **4**, 1–15.
Christianson, John R. (1968). 'Tycho Brahe's cosmology from the *Astrologia* of 1591', *Isis* **59**, 313–318.
Christianson, Gale E. (1995). *Edwin Hubble. Mariner of the Nebulae*. New York: Farrar, Straus and Giroux.
Ćirković, Milan M. (2002). 'Laudatores temporis acti, or why cosmology is alive and well—a reply to Disney', *General Relativity and Gravitation* **34**, 119–1130.
——(2003a). 'The thermodynamical arrow of time: Reinterpreting the Boltzmann–Schuetz argument', *Foundations of Physics* **33**, 467–490.
——(2003b). 'Resource letter: Pes-1: Physical eschatology', *American Journal of Physics* **71**, 122–133.
Clausius, Rudolf (1868). 'On the second fundamental theorem of the mechanical theory of heat', *Philosophical Magazine* **35**, 405–419.
Clerke, Agnes M. (1890). *The System of the Stars*. London: Longmans, Green and Co.
——(1903). *Problems in Astrophysics*. London: Adam & Charles Black.
Cohen, I. Bernard, ed. (1978). *Isaac Newton's Papers & Letters on Natural Philosophy*. Cambridge, Mass.: Harvard University Press.

——(1985). *The Birth of a New Physics*. New York: Norton & Company.
Cohen, Morris R., and I. E. Drabkin, eds (1958). *A Source Book in Greek Science*. Cambridge, Mass.: Harvard University Press.
Collins, C. Barry, and Stephen W. Hawking (1973). 'Why is the universe isotropic?', *Astrophysical Journal* **180**, 317–334.
Copan, Paul, and William L. Craig (2004). *Creation Out of Nothing. A Biblical, Philosophical, and Scientific Exploration*. Grand Rapids: Baker Academic.
Copernicus, Nicolaus (1995). *On the Revolutions of the Heavenly Spheres*. Translated by Charles G. Wallis. Amherst: Prometheus Books.
Copp, C. M. (1982). 'Relativistic cosmology, I: Paradigm commitment and rationality', *Astronomy Quarterly* **4**, 103–116.
——(1983). 'Relativistic cosmology, II: Social structure, skepticism, and cynicism', *Astronomy Quarterly* **4**, 179–188.
Cornford, Francis M. (1956). *Plato's Cosmology*. London: Routledge & Kegan Paul.
Cosmas (1897). *The Christian Topography of Cosmas, an Egyptian Monk*. Translated by J. W. McCrindle. New York: Burt Franklin.
Crelinsten, Jeffrey (2006). *Einstein's Jury: The Race to Test Relativity*. Princeton: Princeton University Press.
Crombie, Alistair C. (1953). *Robert Grosseteste and the Origins of Experimental Science 1100–1700*. Oxford: Clarendon Press.
Crookes, William (1886). 'On the nature and origin of the so-called elements', *Report, British Association for the Advancement of Science*, 558–576.
Crowe, Michael J. (1990). *Theories of the World from Antiquity to the Copernican Revolution*. New York: Dover Publications.
——(1994). *Modern Theories of the Universe: From Herschel to Hubble*. New York: Dover Publications.
Cusanus (1997). *Nicholas of Cusa: Selected Spiritual Writings*. Translated by H. Lawrence Bond. New York: Paulist Press.
Dalton, John (1808). *A New System of Chemical Philosophy*. Manchester: Bickerstaff.
Davies, Gordon L. (1966). 'The concept of denudation in seventeenth-century England', *Journal of the History of Ideas* **27**, 278–284.
Davies, Paul C. W. (1977). *Space and Time in the Modern Universe*. Cambridge: Cambridge University Press.
Dean, Dennis R. (1981). 'The age of the earth controversy: Beginnings to Hutton', *Annals of Science* **38**, 435–456.
Debus, Allen G. (1977). *The Chemical Philosophy. Paracelsian Science and Medicine in the Sixteenth and Seventeenth Centuries*. Mineola, New York: Dover Publications.
Descartes, René (1983). *Principles of Philosophy*. Translated by V. R. Miller and R. P. Miller. Dordrecht: Reidel.

——(1996). *Discourse on Method and Meditations on First Philosophy*. Edited by David Weissman. New Haven: Yale University Press.

de Sitter, Willem (1917). 'On Einstein's theory of gravitation, and its astronomical consequences. Third paper', *Monthly Notices of the Royal Astronomical Society* **78**, 3–28.

Detweiler, S., ed. (1982). *Black Holes: Selected Reprints*. Stony Brooks: American Association of Physics Teachers.

Dick, Steven J. (1982). *Plurality of Worlds: The Origins of the Extraterrestrial Life Debate from Democritus to Kant*. Cambridge: Cambridge University Press.

Dicke, Robert H. (1961). 'Dirac's cosmology and Mach's principle', *Nature* **192**, 440–441.

Dingle, Herbert (1924). *Modern Astrophysics*. London: Collins Sons.

Dirac, Paul (1937). 'The cosmological constants', *Nature* **139**, 323.

——(1938). 'A new basis for cosmology', *Proceedings of the Royal Society A* **165**, 199–208.

——(1939). 'The relation between mathematics and physics', *Proceedings of the Royal Society (Edinburgh)* **59**, 122–139.

Disney, M. J. (2000). 'The case against cosmology', *General Relativity and Gravitation* **32**, 1125–1134.

Drake, Stillman, ed. (1957). *Discoveries and Opinions of Galileo*. New York: Doubleday.

——(1981). *Galileo at work: His Scientific Biography*. Chicago: University of Chicago Press.

Drell, Sidney, and Lev Okun (1990). 'Andrei Dmitrievich Sakharov', *Physics Today* **43** (August), 26–36.

Dreyer, J. L. E. (1953). *A History of Astronomy from Thales to Kepler*. New York: Dover Publications.

Dyson, Freeman J. (1979). 'Time without end: Physics and biology in an open universe', *Reviews of Modern Physics* **51**, 447–460.

Earman, John (1999). 'The Penrose–Hawking theorems: History and implications', pp. 235–270 in Goenner *et al.* 1999.

——(2001). 'Lambda: The constant that refuses to die', *Archive for History of Exact Sciences* **55**, 189–220.

Earman, John, and Jean Eisenstaedt (1999). 'Einstein and singularities', *Studies in the History and Philosophy of Modern Physics* **30**, 185–235.

Earman, John, and Jesus Mosterin (1999). 'A critical look at inflationary cosmology', *Philosophy of Science* **66**, 1–49.

Easton, Cornelis (1900). 'A new theory of the Milky Way', *Astrophysical Journal* **12**, 136–158.

——(1913). 'A photographic chart of the Milky Way and the spiral theory of the galactic system', *Astrophysical Journal* **37**, 105–118.

Eddington, Arthur S. (1920). *Space, Time and Gravitation: An Outline of the General Relativity Theory*. Cambridge: Cambridge University Press.

——(1923a). *The Mathematical Theory of Relativity*. Cambridge: Cambridge University Press.

——(1923b). 'The borderland of astronomy and geology', *Nature* **111**, 18–21.

——(1924). 'A comparison of Whitehead's and Einstein's formulae', *Nature* **113**, 192.

——(1928). *The Nature of the Physical World*. Cambridge: Cambridge University Press.

——(1930). 'On the instability of Einstein's spherical world', *Monthly Notices of the Royal Astronomical Society* **90**, 668–678.

——(1931). 'The end of the world: from the standpoint of mathematical physics', *Nature* **127**, 447–453.

Eddington, Arthur S. (1933). *The Expanding Universe*. Cambridge: Cambridge University Press.

——(1944). 'The recession-constant of the galaxies', *Monthly Notices of the Royal Astronomical Society* **104**, 200–204.

——(1946) *Fundamental Theory*. Cambridge: Cambridge University Press.

Edge, David O., and Michael J. Mulkay (1976). *Astronomy Transformed: The Emergence of Radio Astronomy in Britain*. New York: Wiley and Sons.

Einstein, Albert (1916). 'Die Grundlage der allgemeinen Relativitätstheorie', *Annalen der Physik* **49**, 769–822.

——(1917). 'Kosmologische Betrachtungen zur allgemeinen Relativitätstheorie', *Sitzungsberichte der Preussischen Akademie der Wissenschaften*, 142–152.

——(1931). 'Zum kosmologischen Problem der allgemeinen Relativitätstheorie', *Sitzungsberichte der Preussischen Akademie der Wissenschaften*, 235–237.

——(1945). *The Meaning of Relativity*. Princeton: Princeton University Press.

——(1947). *Relativity. The Special and General Theory*. New York: Hartsdale House.

——(1982). 'How I created the theory of relativity', *Physics Today* **35** (August), 45–47.

——(1998). *The Collected Works of Albert Einstein*. Volume 8. Edited by Robert Schulmann, A. J. Kox, Michael Janssen, and Jószef Illy. Princeton: Princeton University Press.

Einstein, Albert, and Willem de Sitter (1932). 'On the relation between the expansion and the mean density of the universe', *Proceedings of the National Academy of Sciences* **18**, 213–214.

Einstein, Albert, Hendrik A. Lorentz, Hermann Weyl, and Hermann Minkowski, (1952). *The Principle of Relativity*. New York: Dover Publications.

Eisenstaedt, Jean (1989). 'The low water mark of general relativity, 1925–1955', pp. 277–292 in Don Howard and John Stachel, eds, *Einstein and the History of General Relativity*. Boston: Birkhäuser.

——(1993). 'Dark bodies and black holes, magic circles and Montgolfiers: Light and gravitation from Newton to Einstein', *Science in Context* **6**, 83–106.

Eliade, Mircea (1974). *The Myth of the Eternal Return*. Princeton: Princeton University Press.

Ellis, George F. R. (1984). 'Alternatives to the big bang', *Annual Review of Astronomy and Astrophysics* **22**, 157–184.

——(1993). 'The theology of the anthropic principle', pp. 363–400 in Robert J. Russell, Nancy Murphy, and C. J. Isham, eds, *Quantum Cosmology and the Laws of Nature: Scientific Perspectives on Divine Action*. Vatican City State: Vatican Observatory.

Ellis, George F. R., and G. B. Brundrit (1979). 'Life in the infinite universe', *Quarterly Journal of the Royal Astronomical Society* **20**, 37–41.

Evans, James (1993). 'Ptolemy's cosmology', pp. 528–544 in Hetherington 1993.

Farrington, Benjamin (1953). *Greek Science*. Melbourne: Penguin Books.

Felber, Hans-Joachim, ed. (1994). *Briefwechsel zwischen Alexander von Humboldt und Friedrich Wilhelm Bessel*. Berlin: Akademie Verlag.

Ferguson, James (1778). *Astronomy Explained upon Sir Isaac Newton's Principles*. London: W. Strathan.

Fernie, J. D. (1969). 'The period–luminosity relation: A historical review', *Publications of the Astronomical Society of the Pacific* **81**, 707–731.

Fick, Adolf (1869). *Die Naturkräfte in Ihrer Wechselbeziehung*. Würzburg: Stahel'schen Buchhandlung.

Filippenko, Alexei V. (2003). 'Einstein's biggest blunder? High-redshift supernovae and the accelerating universe', *Publications of the Astronomical Society of the Pacific* **113**, 1441–1448.

Filippenko, Alexei V., and Adam Riess (1998). 'Results from the High-z Supernova Search Team', *Physics Reports* **307**, 31–44.

Finlay-Freundlich, Erwin (1951). *Cosmology*. Chicago: University of Chicago Press.

Frankfort, Henri, H. A. Frankfort, John A. Wilson, and Thorkild Jacobsen, (1959). *Before Philosophy: The Intellectual Adventure of Ancient Man*. Harmondsworth: Penguin Books.

Frenkel, Victor (1994). 'George Gamow: World line 1904–1933', *Soviet Physics Uspekhi* **37**, 767–789.

Freudenthal, Gad (1983). 'Theory of matter and cosmology in William Gilbert's *De magnete*', *Isis* **74**, 22–37.

——(1991). '(Al-)Chemical foundations for cosmological ideas: Ibn Sîna on the geology of an eternal world', pp. 47–73 in Sabetai Unguru, ed., *Physics, Cosmology and Astronomy, 1300–1700: Tension and Accommodation*. Dordrecht: Kluwer.

Friedmann, Alexander A. (1922). 'Über die Krümmung des Raumes', *Zeitschrift der Physik* **10**, 377–386.

——(2000). *Die Welt als Raum und Zeit*. Edited and translated by Georg Singer. Frankfurt am Main: Harri Deutsch.

Gale, George (1990). 'Cosmological fecundity: Theories of multiple universes', pp. 189–206 in John Leslie, ed., *Physical Cosmology and Philosophy*. New York: Macmillan.

Galilei, Galileo (1967). *Dialogue Concerning the Two Chief World Systems*. Translated by Stillman Drake. Berkeley: University of California Press.

Gamow, George (1952). *The Creation of the Universe*. New York: Viking Press.

Gamow, George, and J. A. Fleming (1942). 'Report on the eighth annual Washington conference of theoretical physics', *Science* **95**, 579–581.

Gaukroger, Stephen (1995). *Descartes. An Intellectual Biography*. Oxford: Clarendon Press.

Gheury de Bray, M. E. J. (1939). 'Interpretation of the red-shifts of the light from extra-galactic nebulae', *Nature* **144**, 285.

Gilbert, William (1958). *De Magnete*. Translated by P. Fleury Mottelay. New York: Dover Publications.

Gingerich, Owen (1975). ' "Crisis" versus aesthetic in the Copernican revolution', *Vistas in Astronomy* **17**, 85–93.

——(1985). 'Did Copernicus owe a debt to Aristarchus?', *Journal for the History of Astronomy* **16**, 37–42.

Gingerich, Owen, and Robert S. Westman (1988). *The Wittich Connection: Conflict and Priority in Late Sixteenth-Century Cosmology*. Philadelphia: American Philosophical Society.

Godart, Odon, and Michael Heller (1985). *Cosmology of Lemaître*. Tucson: Pachart Publishing House.

Gödel, Kurt (1949). 'An example of a new type of cosmological solutions of Einstein's field equations of gravitation', *Reviews of Modern Physics* **21**, 447–450.

Goenner, Hubert (2001). 'Weyl's contributions to cosmology', pp. 105–137 in Erhard Scholz, ed., *Hermann Weyl's Raum-Zeit-Materie and a General Introduction to His Scientific Work*. Basel: Birkhäuser.

Goenner, Hubert, Jürgen Renn, Jim Ritter, and Tilman Saner, eds (1999). *The Expanding World of General Relativity*. Boston: Birkhäuser.

Goldschmidt, Victor M. (1937). 'Geochemische Verteilungsgesetze der Elemente, IX. Die Mengenverhältnisse der Elemente und der Atom-Arten', *Skrifter av det Norske Videnskabs-Akademien i Oslo, Skrifter*, No. 4.

Goldstein, Bernard R. (1967). 'The Arabic version of Ptolemy's planetary hypotheses', *Transactions of the American Philosophical Society* **57**, Part 4.

Gombrich, R. F. (1975). 'Ancient Indian cosmology', pp. 110–142 in Blacker and Loewe 1975.

Gorst, Martin (2002). *Aeons. The Search for the Beginning of Time*. London: Fourth Estate.

Graham, Loren R. (1972). *Science and Philosophy in the Soviet Union.* New York: Knopf.

Grant, Edward (1969). 'Medieval and seventeenth-century conceptions of an infinite void space beyond the cosmos', *Isis* **60**, 39–60.

——ed. (1974). *A Source Book in Medieval Science.* Cambridge, Mass.: Harvard University Press.

——(1994). *Planets, Stars, & Orbs: The Medieval Cosmos, 1200–1687.* Cambridge: Cambridge University Press.

Gray, George W. (1953). 'A larger and older universe', *Scientific American* **188** (June), 56–67.

Gray, Jeremy J. (1979). *Ideas of Space: Euclidean, Non-Euclidean, and Relativistic.* Oxford: Clarendon Press.

Gribbin, J. R. (1976). *Galaxy Formation. A Personal View.* New York: John Wiley and Sons.

Gunn, James E., and Beatrice M. Tinsley (1975). 'An accelerating universe', *Nature* **257**, 454–457.

Guth, Alan H. (1981). 'Inflationary universe: A possible solution to the horizon and flatness problems', *Physical Review D* **23**, 347–356.

——(1997). *The Inflationary Universe.* Reading, Mass.: Addison-Wesley.

Haas, Arthur E. (1936). 'An attempt to a purely theoretical derivation of the mass of the universe', *Physical Review* **49**, 411–412.

Haber, Francis C. (1959). *The Age of the World.* Baltimore: Johns Hopkins University Press.

Hall, A. Rupert, and Marie Boas Hall, eds (1962). *Unpublished Scientific Papers of Isaac Newton.* Cambridge: Cambridge University Press.

Halley, Edmund (1720–21). 'Of the infinity of the sphere of fix'd stars', *Philosophical Transactions* **31**, 22–24.

Harper, Eamon (2001). 'George Gamow: Scientific amateur and polymath', *Physics in Perspective* **3**, 335–372.

Harper, Eamon, W. C. Parke, and G. D Anderson, eds (1997). *The George Gamow Symposium.* San Francisco: Astronomical Society of the Pacific.

Harrison, Edward (1986). 'Newton and the infinite universe', *Physics Today* **39**:2, 24–32.

——(1987). *Darkness at Night: A Riddle of the Universe.* Cambridge, Mass.: Harvard University Press.

Hartle, James B., and Stephen W. Hawking (1983). 'Wave function of the universe', *Physical Review* **28D**, 2960–2975.

Harwit, Martin (1981). *Cosmic Discovery: The Search, Scope, and Heritage of Astronomy.* New York: Basic Books.

Hawking, Stephen W. (1988). *A Brief History of Time: From the Big Bang to Black*

Holes. New York: Bantam Books.

Hawking, Stephen W., and Roger Penrose (1996). *Nature of Space and Time*. Princeton: Princeton University Press.

Hearnshaw, J. B. (1986). *The Analysis of Starlight: One Hundred and Fifty Years of Astronomical Spectroscopy*. Cambridge: Cambridge University Press.

Heath, Thomas, ed. (1953). *The Works of Archimedes*. New York: Dover Publications.

——(1959). *Aristarchus of Samo: The Ancient Copernicus*. Oxford: Clarendon Press.

Heckmann, Otto (1932). 'Die Ausdehnung der Welt in ihrer Abhängigkeit von der Zeit', *Nachrichten von der Gesellschaft der Wissenschaften zu Göttingen, Math.-Phys. Klasse*, 97–106.

——(1942). *Theorien der Kosmologie*. Berlin: Springer-Verlag.

Heninger, S. K. (1977). *The Cosmographical Glass: Renaissance Diagrams of the Universe*. San Marino, Calif.: Huntingdon Library Press.

Hentschel, Klaus (1997). *The Einstein Tower. An Intertexture of Dynamic Construction, Relativity Theory, and Astronomy*. Stanford: Stanford University Press.

Hetherington, Norriss S. (1972). 'Adriaan van Maanen and internal motions in spiral nebulae: A historical review', *Quarterly Journal of the Royal Astronomical Society* **13**, 25–39.

——(1982). 'Philosophical values and observation in Edwin Hubble's choice of a model of the universe', *Historical Studies in the Physical Sciences* **13**, 41–68.

——(1988). *Science and Objectivity. Episodes in the History of Astronomy*. Ames, Iowa: Iowa State University Press.

——ed. (1993). *Encyclopedia of Cosmology: Historical, Philosophical, and Scientific Foundations of Modern Cosmology*. New York: Garland Publishing.

Hewish, Anthony (1986). 'The pulsar era', *Quarterly Journal of the Royal Astronomical Society* **27**, 548–558.

Hirsh, Richard F. (1979). 'The riddle of the gaseous nebulae', *Isis* **70**, 197–212.

Hoefer, Carl (1994). 'Einstein's struggle for a Machian gravitation theory', *Studies in the History and Philosophy of Science* **25**, 287–335.

Holmberg, Gustav (1999). *Reaching for the Stars: Studies in the History of Swedish Stellar and Nebular Astronomy 1860–1940*. Lund: Ugglan.

Holmes, Arthur (1913). *The Age of the Earth*. New York: Harper.

Hooykaas, Reijer (1972). *Religion and the Rise of Modern Science*. Edinburgh: Scottish Academic Press.

Hoskin, Michael (1963). *William Herschel and the Construction of the Heavens*. London: Oldbourne.

——(1976). 'The "Great Debate": What really happened', *Journal for the History of Astronomy* **7**, 169–182.

——(1982). *Stellar Astronomy: Historical Studies*. New York: Science History Publications.

——(1987). 'John Herschel's cosmology', *Journal for the History of Astronomy* **18**, 1–34.

——ed. (1999). *The Cambridge Concise History of Astronomy*. Cambridge: Cambridge University Press.

——(2003). *The Herschel Partnership*. Cambridge: Science History Publications.

Howell, Kenneth J. (1998). 'The role of Biblical interpretation in the cosmology of Tycho Brahe', *Studies in the History and Philosophy of Science* **29**, 515–537.

Hoyle, Fred (1948). 'A new model for the expanding universe', *Monthly Notices of the Royal Astronomical Society* **108**, 372–382.

——(1965). *Galaxies, Nuclei, and Quasars*. New York: Harper and Row.

——(1994). *Home is Where the Wind Blows: Chapters from a Cosmologist's Life*. Mill Valley, Calif.: University Science Books.

Hoyle, Fred, Geoffrey Burbidge, and Jayant Narlikar (2000). *A Different Approach to Cosmology: From a Static Universe to the Big Bang towards Reality*. Cambridge: Cambridge University Press.

Hoyle, Fred, and Allan Sandage (1956). 'The second-order term in the redshift–magnitude relation', *Publications of the Astronomical Society of the Pacific* **68**, 301–307.

Hu, Danian (2005). *China & Albert Einstein: The Reception of the Physicist and his Theory in China 1917–1979*. Cambridge, Mass.: Harvard University Press.

Hubble, Edwin (1926). 'Extra-galactic nebulae', *Astrophysical Journal* **64**, 321–369.

——(1929). 'A relation between distance and radial velocity among extra-galactic nebulae', *Proceedings of the National Academy of Sciences* **15**, 168–173.

——(1936). *The Realm of the Nebulae*. New Haven: Yale University Press.

——(1937). *The Observational Approach to Cosmology*. Oxford: Clarendon Press.

——(1942). 'The problem of the expanding universe', *American Scientist* **30**, 99–115.

Hubble, Edwin, and Milton Humason (1931). 'The velocity–distance relation among extra-galactic nebulae', *Astrophysical Journal* **74**, 43–80.

Hubble, Edwin, and Richard C. Tolman (1935). 'Two methods of investigating the nature of the nebular redshift', *Astrophysical Journal* **82**, 302–337.

Huggins, William, and Margaret Huggins (1909). *The Scientific Papers of Sir William Huggins*. London: Wesley and Son.

Humason, Milton (1929). 'The large radial velocity of N.G.C.7619', *Proceedings of the National Academy of Sciences* **15**, 167–168.

Huygens, Christiaan (1722). *The Celestial Worlds Discover'd*. London: James Knapton.

Israel, Werner (1987). 'Dark stars: the evolution of an idea', pp. 199–276 in S. Hawking and W. Israel, eds, *Three Hundred Years of Gravitation*. Cambridge: Cambridge University Press.

Jacobsen, Thorkild (1957). 'Enumah Elish—"the Babylonian Genesis" ', pp. 8–20 in

Munitz, 1957.

Jaki, Stanley L. (1969). *The Paradox of Olbers' Paradox*. New York: Herder and Herder.

——(1974). *Science and Creation*. Edinburgh: Scottish Academic Press.

——(1978). 'Johann Georg von Soldner and the gravitational bending of light', *Foundations of Physics* **8**, 927–950.

——(1990). *Cosmos in Transition. Studies in the History of Cosmology*. Tucson: Pachart Publishing House.

James, Frank A. J. L. (1982). 'Thermodynamics and sources of solar heat, 1846–1862', *British Journal for the History of Science* **15**, 155–181.

——(1985). 'The discovery of line spectra', *Ambix* **32**, 53–70.

Jammer, Max (1993). *Concepts of Space: The History of Theories of Space in Physics*. New York: Dover Publications.

Jeans, James (1928). 'The physics of the universe', *Nature* **122**, 689–700.

Jordan, Pascual (1944). *Physics of the 20th Century*. New York: Philosophical Library.

——(1952). *Schwerkraft und Weltall*. Braunschweig: Vieweg.

——(1971). *The Expanding Earth: Some Consequences of Dirac's Gravitational Hypothesis*. Oxford: Pergamon Press.

Kaiser, David (1998). 'A ψ is just a ψ? Pedagogy, practice, and the reconstitution of general relativity, 1942–1975', *Studies in the History and Philosophy of Modern Physics* **29**, 321–338.

Kant, Immanuel (1981). *Universal Natural History and Theory of the Heavens*. Translated by S. L. Jaki. Edinburgh: Scottish Academic Press.

Kargon, Robert H. (1982). *The Rise of Robert Millikan: Portrait of a Life in American Science*. Ithaca, New York: Cornell University Press.

Kerzberg, Pierre (1989). *The Invented Universe. The Einstein–De Sitter Controversy (1916–17) and the Rise of Relativistic Cosmology*. Oxford: Clarendon Press.

Kilmister, Clive W. (1994). *Eddington's Search for a Fundamental Theory: A Key to the Universe*. Cambridge: Cambridge University Press.

Knopf, Otto (1914). 'Kosmogonie', pp. 977–989 in E. Korschelt et al., eds, *Handwörterbuch der Naturwissenschaften*, vol. 5. Jena: Gustav Fischer.

Knorr, Wilbur R. (1990). 'Plato and Eudoxus on the planetary motions', *Journal for the History of Astronomy* **21**, 313–329.

Kolb, Edward W., and Michael S. Turner (1990). *The Early Universe*. New York: Addison-Wesley.

Kolb, Edward W., Michael S. Turner, David Lindley, Keith Olive, and David Seckel, eds (1986). *Inner Space, Outer Space: The Interface Between Cosmology and Particle Physics*. Chicago: University of Chicago Press.

Kox, A. J., and Jean Eisenstaedt, eds (2005). *The Universe of General Relativity*. Boston: Birkhäuser.

Koyré, Alexandre (1965). *Newtonian Studies*. Chicago: University of Chicago Press.

——(1968). *From the Closed World to the Infinite Universe*. Baltimore: Johns Hopkins Press.

Kragh, Helge (1982). 'Cosmo-physics in the thirties: Towards a history of Dirac cosmology', *Historical Studies in the Physical Sciences* **13**, 69–108.

——(1990). *Dirac: A Scientific Biography*. Cambridge: Cambridge University Press.

——(1995). 'Cosmology between the wars: The Nernst–MacMillan alternative', *Journal for History of Astronomy* **26**, 93–115.

——(1996a). *Cosmology and Controversy: The Historical Development of Two Theories of the Universe*. Princeton: Princeton University Press.

——(1996b). 'Gamow's game: The road to the hot big bang', *Centaurus* **38**, 335–361.

——(1997). 'The electrical universe: Grand cosmological theory versus mundane experiments', *Perspectives on Science* **5**, 199–231.

——(1999). 'Steady-state cosmology and general relativity: Reconciliation or conflict?' pp. 377–402 in Goenner *et al.* 1999.

——(2000). 'The chemistry of the universe: Historical roots of modern cosmochemistry', *Annals of Science* **57**, 353–368.

——(2001a). 'From geochemistry to cosmochemistry: The origin of a scientific discipline, 1915–1955', pp. 160–190 in Carsten Reinhardt, ed., *Chemical Sciences in the 20th Century*. Weinheim: Wiley-VCH.

Kragh, Helge (2001b). 'Nuclear archaeology and the early phase of physical cosmology', pp. 157–170 in Martínez, Trimble, and Pons-Bordería 2001.

——(2003). 'Expansion and origination: Georges Lemaître and the big bang universe', pp. 275–294 in Patricia Radelet-de Grave and Brigitte van Tiggelen, eds, *Sedes Scientiae: L'Émergence de la Recherche ál'Université*. Turnhout: Brepols.

——(2004). *Matter and Spirit: Scientific and Religious Preludes to Modern Cosmology*. London: Imperial College Press.

——(2005). 'George Gamow and the "factual approach" to relativistic cosmology', pp. 175–188 in Kox and Eisenstaedt, 2005.

Kragh, Helge, and Simon Rebsdorf (2002). 'Before cosmophysics: E. A. Milne on mathematics and physics', *Studies in the History and Philosophy of Modern Physics* **33**, 35–50.

Kragh, Helge, and Robert Smith (2003). 'Who discovered the expanding universe?', *History of Science* **41**, 141–162.

Krauss, Lawrence M., and Michael S. Turner (1995). 'The cosmological constant is back', *General Relativity and Gravitation* **26**, 1137–1144.

Kubrin, David (1967). 'Newton and the cyclical cosmos: Providence and the mechanical philosophy', *Journal of the History of Ideas* **28**, 325–346.

Kuhn, Thomas S. (1957). *The Copernican Revolution: Planetary Astronomy in the*

Development of Western Thought. Cambridge, Mass.: Harvard University Press.

Lactantius 1964. *The Divine Institutes,* translated by M. F. McDonald. Washington, DC: Catholic University of America Press.

Lambert, W. G. (1975). 'The cosmology of Sumer and Babylon', pp. 42–65 in Blacker and Loewe 1975.

Lambert, Johann H. (1976). *Cosmological Letters on the Arrangement of the World-Edifice.* Translated and annotated by S. L. Jaki. Edinburgh: Scottish Academic Press.

Lambert, Dominique (2000). *Un atome d'univers: La vie et l'oeuvre de Georges Lemaître.* Brussels: Éditions Racine.

Lanczos, Cornelius (1925). 'Über eine zeitlich periodische Welt und eine neue Behandlung des Problems der Ätherstrahlung', *Zeitschrift für Physik* **32**, 56–80.

Landsberg, Peter T. (1991). 'From entropy to God?', pp. 379–403 in K. Martinás, L. Ropolyi, and P. Szegedi, eds, *Thermodynamics: History and Philosophy.* Singapore: World Scientific.

Lang, Kenneth R., and Owen Gingerich, eds (1979). *A Source Book in Astronomy and Astrophysics, 1900–1975.* Cambridge, Mass.: Harvard University Press.

LeBon, Gustave (1907). *The Evolution of Matter.* New York: Walter Scott Publishing Co.

Lemaître, Georges (1925). 'Note on De Sitter's universe', *Journal of Mathematical Physics* **4**, 188–192.

——(1927). 'Un univers homogène de masse constante et de rayon croissant rendant compte de la vitesse radiale des nébuleuses extra-galactiques', *Annales de Sociétés Scientifique de Bruxelles* **47**, 49–56.

——(1931a). 'The beginning of the world from the point of view of quantum theory', *Nature* **127**, 706.

——(1931b). 'L'expansion de l'espace', *Revue Questions Scientifiques* **17**, 391–410.

——(1933). 'L'Univers en expansion', *Annales de Sociétés Scientifique de Bruxelles* **53**, 51–85.

——(1934). 'Evolution of the expanding universe', *Proceedings of the National Academy of Sciences* **20**, 12–17.

——(1949). 'The cosmological constant', pp. 437–456 in Paul A. Schilpp, ed., *Albert Einstein: Philosopher-Scientist.* Evanston, Ill.: Library of Living Philosophers.

——(1958). 'Rencontres avec A. Einstein', *Revue des Questions Scientifiques* **129**, 129–133.

Lemonick, Michael (1993). *The Light at the Edge of the Universe.* Princeton: Princeton University Press.

Lenz, Wilhelm (1926). 'Das Gleichgewicht von Materie und Strahlung in Einsteins geschlossener Welt', *Physikalische Zeitschrift* **27**, 642–645.

Lerner, Lawrence S., and Edward A. Gosselin (1973). 'Giordano Bruno', *Scientific American* **228** (April), 86–94.

Leslie, John, ed. (1990). *Physical Cosmology and Philosophy*. New York: Macmillan.

Lévy-Leblond, Jean-Marc (1990). 'Did the big bang begin?', *American Journal of Physics* **58**, 156–159.

Lewis, Gilbert N. (1922). 'The chemistry of the stars and the evolution of radioactive substances', *Publications of the Astronomical Society of the Pacific* **34**, 309–319.

Lightman, Alan I., and Roberta Brawer (1990). *Origins: The Lives and Worlds of Modern Cosmologists*. Cambridge, Mass.: Harvard University Press.

Lindberg, David C. (1992). *The Beginnings of Western Science*. Chicago: University of Chicago Press.

——(2002). 'Early Christian attitudes toward nature', pp. 47–56 in Gary B. Ferngren, ed., *Science & Religion. A Historical Introduction*. Baltimore: Johns Hopkins University.

Linde, Andrei (1983). 'The new inflationary universe scenario', pp. 205–250 in G. W. Gibbon, S. W. Hawking, and S. Siklos, eds, *The Very Early Universe*. Cambridge: Cambridge University Press.

——(1987). 'Particle physics and inflationary cosmology', *Physics Today* **40** (September), 61–68.

——(1994). 'The self-reproducing inflationary scenario', *Scientific American* **249** (November), 32–39.

Lizhi, Fang (1991). *Bringing Down the Great Wall: Writings on Science, Culture, and Democracy in China*. New York: Alfred A. Knopf.

Lodge, Oliver (1921). 'On the supposed weight and ultimate fate of radiation', *Philosophical Magazine* **41**, 549–557.

Longair, Malcolm S. (2001). 'The technology of cosmology', pp. 55–74 in Martínez, Trimble, and Pons-Bordería 2001.

Lovejoy, Arthur O. (1964). *The Great Chain of Being: A Study of the History of an Idea*. Cambridge, Mass.: Harvard University Press.

Lovell, Bernard (1973). *Out of the Zenith: Jodrell Bank 1957–1970*. London: Oxford University Press.

Lubbock, Constance A. (1933). *The Herschel Chronicle*. Cambridge: Cambridge University Press.

Lucretius (1997). *On the Nature of Things*. Translated by John S. Watson. Amherst, New York: Prometheus Books.

Luminet, Jean-Pierre, ed. (1997). *Alexandre Friedmann, Georges Lemaître. Essais de cosmologie*. Paris: Éditions du Seuil.

McGucken, William (1969). *Nineteenth-Century Spectroscopy: Development of the Understanding of Spectra*. Baltimore: Johns Hopkins Press.

Mach, Ernst (1909). *Die Geschichte und die Wurzel des Satzes von der Erhaltung der Arbeit*. Leipzig: Barth.

McKirahan, Richard D. (1994). *Philosophy Before Socrates*. Indianapolis: Hackett Publishing Company.

McLaughlin, P. J. (1957). *The Church and Modern Science*. New York: Philosophical Library.

MacMillan, William (1925). 'Some mathematical aspects of cosmology', *Science* **62**, 63–72, 96–99, 121–127.

McMullin, Ernan (1987). 'Bruno and Copernicus', *Isis* **78**, 55–74.

——(1993). 'Indifference principle and anthropic principle in cosmology', *Studies in the History and Philosophy of Science* **24**, 359–389.

McVittie, George (1939). 'The cosmical constant and the structure of the universe', *Observatory* **62**, 192–194.

——(1940). 'Kinematic relativity', *Observatory* **63**, 273–281.

——(1961). 'Rationalism versus empiricism in cosmology', *Science* **133**, 1231–1236.

Magueijo, João (2003). 'New varying speed of light theories', *Reports on Progress in Physics* **66**, 2025.

Martínez, Vicent J., Virginia Trimble, and María J. Pons-Bordería, eds (2001).*Historical Development of Modern Cosmology*. San Francisco: Astronomical Society of the Pacific.

Mascall, Erich L. (1956). *Christian Theology and Natural Science*. London: Longmans, Green and Co.

Mason, Brian (1992). *Victor Moritz Goldschmidt: Father of Modern Geochemistry*. San Antonio, Texas: The Geochemical Society.

May, Gerhard (1994). *Creatio ex Nihilo: The Doctrine of 'Creation out of Nothing' in Early Christian Thought*. Edinburgh: T&T Clark.

Meadows, Arthur J. (1972). *Science and Controversy: A Biography of Sir Norman Lockyer*. London: Macmillan.

Merleau-Ponty, Jacques (1977). 'Laplace as a cosmologist', pp. 283–291 in Wolfgang Yourgrau and Allen Breck, eds,*Cosmology, History, and Theology*. New York: Plenum Press.

——(1983). *La science de l'univers à l'âge du positivism*. Paris: Vrin.

Miller, Arthur I. (1972). 'The myth of Gauss' experiment on the Euclidean nature of physical space', *Isis* **63**, 345–348.

Mills, Bernard, and Slee, O. Bruce (1957). 'A preliminary survey of radio sources in a limited region of the sky at a wavelength of 3.5 m',*Australian Journal of Physics* **10**, 162–194.

Milne, Arthur E. (1935). *Relativity, Gravitation and World Structure*. Oxford: Clarendon Press.

——(1938). 'On the equations of electromagnetism', *Proceedings of the Royal Society A* **165**, 313–357.

——(1952). *Modern Cosmology and the Christian Idea of God.* Oxford: Clarendon Press.

Misner, Charles W. (1969). 'Absolute zero of time', *Physical Review* **186**, 1328–1333.

Mitton, Simon (2005). *Fred Hoyle: A Life in Science.* London: Aurum Press.

Munitz, Milton K., ed. (1957). *Theories of the Universe: From Babylonian Myth to Modern Science.* New York: The Free Press.

——(1986). *Cosmic Understanding: Philosophy and Science of the Universe.* Princeton: Princeton University Press.

Needham, Joseph A., and Colin A. Ronan(1993). 'Chinese cosmology', pp. 63–70 in Hetherington 1993.

Newcomb, Simon (1906). *Side-Lights on Astronomy. Essays and Addresses.* New York: Harper and Brothers.

Newton, Isaac (1952). *Opticks.* New York: Dover Publications.

——(1999). *The Principia. Mathematical Principles of Natural Philosophy.* Translated by I. Bernard Cohen and Anne Whitman. Berkeley: University of California Press.

Nicholson, John W. (1913). 'The physical interpretation of the spectrum of the corona', *Observatory* **36**, 103–112.

North, John (1975). 'The medieval background to Copernicus', *Vistas in Astronomy* **17**, 1–25.

——(1990). *The Measure of the Universe: A History of Modern Cosmology.* New York: Dover Publications.

——(1996). *Stonehenge: Neolithic Man and the Cosmos.* London: HarperCollins.

Norton, John D. (1999). 'The cosmological woes of Newtonian gravitation theory', pp. 271–324 in Goenner *et al.* 1999.

O'Brien, D. (1969). *Empedocles' Cosmic Cycle. A Reconstruction from the Fragments and Secondary Sources.* Cambridge: Cambridge University Press.

Olbers, H. Wilhelm (1826). 'Ueber die Durchsichtigkeit des Weltraums', *Astronomisches Jahrbuch* **51**, 110–121.

Olive, Keith A., and Yong-Zhong Qian (2004). 'Were fundamental constants different in the past?', *Physics Today* **57** (October), 40–46.

Öpik, Ernst (1922). 'An estimate of the distance of the Andromeda nebula', *Astrophysical Journal* **55**, 406–410.

Oppenheimer, J. Robert, and Hartland Snyder (1939). 'On continued gravitational contraction', *Physical Review* **56**, 455–459.

Orr, Mary A. (1956). *Dante and the Early Astronomers.* London: Wingate.

Osterbrock, Donald E. (2001). *Walter Baade. A Life in Astrophysics.* Princeton: Princeton University Press.

Paul, Erich P. (1993). *The Milky Way Galaxy and Statistical Cosmology 1890–1924.*

Cambridge: Cambridge University Press.

Peebles, P. James E. (1971). *Physical Cosmology*. Princeton: Princeton University Press.

——(1993). *Principles of Physical Cosmology*. Princeton: Princeton University Press.

Peebles, P. James E., and Bharat Ratra (2003). 'The cosmological constant and dark energy', *Reviews of Modern Physics* **75**, 559–606.

Peebles, P. James E., David N. Schram, E. L. Turner, and R. G. Kron, (1991). 'The case for the relativistic hot big bang cosmology', *Nature* **352**, 769–776.

Perlmutter, Saul (2003). 'Supernovae, dark energy, and the accelerating universe', *Physics Today* **56** (April), 53–60.

Plaskett, John S. (1933). 'The expansion of the universe', *Journal of the Royal Astronomical Society of Canada* **27**, 235–252.

Pliny (1958). *Natural History*. Vol. 1. Translated by H. Rackham. Cambridge, Mass.: Harvard University Press.

Plumley, J. M. (1975). 'The cosmology of ancient Egypt', pp. 17–41 in Blacker and Loewe 1975.

Poincaré, Henri (1911). *Leçons sur les hypothèses cosmogoniques*. Paris: A. Hermann et Fils.

——(1982). *The Foundations of Science*. Edited by L. P. Williams. Washington, DC: University Press of America.

Priestley, Joseph (1772). *The History and Present Stage of Discoveries Relating to Vision, Light, and Colours*. London: J. Johnson.

Proctor, Richard A. (1896). *Other Worlds Than Ours*. New York: Appleton.

Ptolemy (1984). *Ptolemy's Almagest*. Tranlated by G. J. Toomer. London: Duckworth.

Rankama, Kaleva, and Ture Sahama (1950). *Geochemistry*. Chicago: University of Chicago Press.

Rankine, William J. M. (1881). *Miscellaneous Scientific Papers*. London: Charles Griffin and Company.

Renn, Jürgen, ed. (2005). *Albert Einstein: Chief Engineer of the Universe*. Weinheim: Wiley-VCH Verlag.

Renn, Jürgen, and Tilman Sauer (2003). 'Eclipses of the stars: Mandl, Einstein, and the early history of gravitational lensing', pp. 69–92 in Abhay Ashtekar, Robert S. Cohen, Don Howard, Jürgen Renn, Sahotra Sarkar, and Abner Shimony, eds, *Revisiting the Foundations of Relativistic Physics*. Dordrecht: Kluwer Academic.

Reynolds, Andrew (1996). 'Peirce's cosmology and the laws of thermodynamics', *Transactions of the Charles S. Peirce Society* **32**, 403–423.

Rice, James (1925). 'On Eddington's natural unit of the field', *Philosophical Magazine* **49**, 1056–1057.

Riedweg, Christoph (2002). *Pythagoras: His Life, Teaching, and Influence*. Ithaca, New York: Cornell University Press.

Riemann, Bernhard (1873). 'On the hypotheses which lie at the bases of geometry', *Nature* **8**, 14–17, 36–37.

Roberts, Francis (1694). 'Concerning the distance of the fixed stars', *Philosophical Transactions* **18**, 101–103.

Robertson, Howard P. (1928). 'On relativistic cosmology', *Philosophical Magazine* **5**, 835–848.

——(1929). 'On the foundation of relativistic cosmology', *Proceedings of the National Academy of Sciences* **15**, 822–829.

——(1933). 'Relativistic cosmology', *Reviews of Modern Physics* **5**, 62–90.

Robertson, Peter (1992) *Beyond Southern Skies: Radio Astronomy and the Parkes Telescope. Cambridge*: Cambridge University Press.

Rochberg-Halton, Francesca (1993). 'Mesopotamian cosmology', pp. 398–407 in Hetherington 1993.

Roscoe, Henry E. (1875). *The History of the Chemical Elements.* London: William Collins.

Rosen, Edward, ed. (1959). *Three Copernican Treatises.* New York: Dover Publications.

——(1965). *Kepler's Conversations with Galileo's Sidereal Messenger.* New York: Johnson Reprint Corp.

Rosevear, N. T. (1982). *Mercury's Perihelion. From Le Verrier to Einstein.* Oxford: Clarendon Press.

Rothman, Tony, and George F. R. Ellis (1987). 'Has cosmology become metaphysical?', *Astronomy* **15**, 6–22.

Rubin, Vera C. (1983). 'Dark matter in spiral galaxies', *Scientific American* **248** (June), 88–101.

Rüger, Alexander (1988). 'Atomism from cosmology: Erwin Schrödinger's work on wave mechanics and space–time structure', *Historical Studies in the Physical Sciences* **18**, 377–401.

Russell, Bertrand (1957). *Why I am not a Christian.* London: Unwin.

Russell, Colin A., ed. (1973). *Science and Religious Belief: A Selection of Recent Historical Studies.* Sevenoaks, Kent: Open University.

Russell, Robert J. (1994). 'Cosmology from alpha to omega', *Zygon* **29**, 557–577.

Ryan, Michael P., and L. C. Shepley (1976). 'Resource letter RC-1: Cosmology', *American Journal of Physics* **44**, 223–230.

Sambursky, Samuel (1963). *The Physical World of the Greeks.* London: Routledge.

——(1973). 'John Philoponus', pp. 134–139 in *Dictionary of Scientific Biography*, vol. 7. New York: Charles Scribner's Sons.

——(1987). *The Physical World of Late Antiquity.* Princeton: Princeton University Press.

Sánchez-Ron, José (2005). 'George McVittie, the uncompromising empiricist', pp. 189–

222 in Kox and Eisenstaedt 2005.

Sandage, Allan (1970). 'Cosmology: a search for two numbers', *Physics Today* **23** (February), 34–41.

——(1998). 'Beginnings of observational cosmology in Hubble's time: Historical overview', pp. 1–26 in Mario Livio, S. Michael Fall, and Piero Madau, eds, *The Hubble Deep Field*. Cambridge University Press: Cambridge.

Schaffer, Simon (1978). 'The phoenix of nature: Fire and evolutionary cosmology in Wright and Kant', *Journal for the History of Astronomy* **9**, 180–200.

Scheiner, Julius (1899). 'On the spectrum of the great nebula in Andromeda', *Astrophysical Journal* **9**, 149–150.

Schemmel, Matthias (2005). 'An astronomical road to general relativity: The continuity between classical and relativistic cosmology in the work of Karl Schwarzschild', *Science in Context* **18**, 451–478.

Scheuer, Hans Günter (1997). *Der Glaube der Astronomen und die Gestalt des Universums: Kosmologie und Theologie im 18. und 19. Jahrhundert*. Aachen: Shaker-Verlag.

Schiaparelli, Giovanni (1905). *Astronomy in the Old Testament*. Oxford: Clarendon Press.

Schild, Alfred (1962). 'Gravitational theories of the Whitehead type and the principle of equivalence', pp. 69–115 in Christian Møller, ed., *Evidence for Gravitational Theories*. New York: Academic Press.

Schmidt, Maarten (1990). 'The discovery of quasars', pp. 347–354 in Bertotti *et al.* 1990.

Schofield, Christine J. (1981). *Tychonic and Semi-Tychonic World Systems*. New York: Arno Press.

Schramm, David N., ed. (1996). *The Big Bang and Other Explosions in Nuclear and Particle Astrophysics*. Singapore: World Scientific.

Schramm, David N., and Gary Steigman (1988). 'Particle accelerators test cosmological theory', *Scientific American* **262** (June), 66–72.

Schramm, David N., and Michael S. Turner (1998). 'Big-bang nucleosynthesis enters the precision era', *Reviews of Modern Physics* **70**, 303–318.

Schröder, Wilfried, and Hans-Jürgen Treder (1996). 'Hans Ertel and cosmology', *Foundations of Physics* **26**, 1081–1088.

Schrödinger, Erwin (1937). 'Sur la théorie du monde d'Eddington', *Nuovo Cimento* **15**, 246–254.

——(1939). 'The proper vibrations of the expanding universe', *Physica* **6**, 899–912.

Schuster, Arthur (1898). 'Potential matter. A holiday dream', *Nature* **58**, 367.

Schwarzschild, Karl (1998). 'On the permissible curvature of space', *Classical and Quantum Gravity* **15**, 2539–2544.

Sciama, Dennis W., and Martin J. Rees (1966). 'Cosmological significance of the relation between red-shift and flux density for quasars', *Nature* **211**, 1283.

Seeley, David, and Richard Berendzen (1972). 'The development of research in interstellar absorption, c.1900–1930', *Journal for the History of Astronomy* **3**, 52–64, 75–86.

Seeliger, Hugo von (1895). 'Über das Newtonsche Gravitationsgesetz', *Astronomische Nachrichten* **137**, 129–136.

Seeliger, Hugo von (1897–98). 'On Newton's law of gravitation', *Popular Astronomy* **5**, 544–451.

Seife, Charles (2004). *Alpha and Omega: The Search for the Beginning and the End of the Universe.* London: Bantam Books.

Shapley, Harlow (1918). 'Studies based on the colors and magnitudes in stellar clusters, VI: On the determination of the distances of globular clusters', *Astrophysical Journal* **48**, 89–124.

Silberstein, Ludwik (1930). *The Size of the Universe.* Oxford: Oxford University Press.

Singer, Dorothea W. S. (1950). *Giordano Bruno: His Life and Thought.* New York: Henry Schuman.

Smeenk, Chris (2003). *Approaching the Absolute Zero of Time: Theory Development in Early Universe Cosmology.* PhD thesis, University of Pittsburgh.

——(2005). 'False vacuum: Early universe cosmology and the development of inflation', pp. 223–257 in Kox and Eisenstaedt 2005.

Smith, Robert W. (1982). *The Expanding Universe: Astronomy's 'Great Debate'1900–1931.* Cambridge: Cambridge University Press.

——(1989) *The Space Telescope: A Study of NASA, Science, Technology, and Politics.* Cambridge: Cambridge University Press.

Smith, Robert W., and Joseph N. Tatarewicz (1985). 'Replacing the telescope: The large space telescope and CCDs', *Proceedings of the IEEE* **73** (July), 1221–1235.

Smolin, Lee (1992). 'Did the universe evolve?', *Classical and Quantum Gravity* **9**, 173–191.

Smoot, George F., C. L. Bennett, A. Kogut, E. L. Wright, J. Aymon, N. W. Boggess, *et al.*, (1992). 'Structure in the COBE Differential Microwave Radiometer first-year map', *Astrophysical Journal Letters* **396**, L1–L5.

Soddy, Frederick (1909). *The Interpretation of Radium.* London: John Murray.

Söderqvist, Thomas, ed. (1997). *The Historiography of Contemporary Science and Technology.* Amsterdam: Harwood Academic.

Sovacool, Benjamin (2005). 'Falsification and demarcation in astronomy and cosmology', *Bulletin of Science, Technology & Society* **25**, 53–62.

Spencer Jones, Harold (1954). 'Continuous creation', *Science News* **32**, 19–32.

Stallo, John (1882). *The Concepts and Theories of Modern Physics.* London: Kegan Paul, Trench & Co.

Steinhardt, Paul J., and Neil Turok (2002). 'A cyclic model of the universe', *Science* **296**, 1436–1439.

Stoffel, Jean-François, ed. (1996). *Mgr. Georges Lemaître, savant et croyant*. Louvain-la-Neuve: Centre Interfacultaire d'Étude en Histoire des Sciences.

Stukeley, William (1936). *Memoirs of Sir Isaac Newton's Life*. Edited by A. H. White. London: Taylor and Francis.

Sullivan, Woodruff T., ed. (1982). *Classics in Radio Astronomy*. Dordrecht: Reidel.

——(1990). 'The entry of radio astronomy into cosmology: radio stars and Martin Ryle's 2C survey', pp. 309–330 in Bertotti *et al.* 1990.

Tait, Peter G. (1871). [Address by President of the Mathematics and Physics Section], *Report, British Association for the Advancement of Science*, 1–8.

Tammann, Gustav, Allan Sandage, and Amos Yahil (1979). 'The determination of cosmological parameters', pp. 53–126 in Roger Balian, Jean Audouze, and David Schramm, eds, *Physical Cosmology*. Amsterdam: North-Holland.

Taylor, Joseph H. (1992). 'Pulsar timing and relativistic gravity', *Philosophical Transactions of the Royal Society, London, A* **341**, 117–134.

Terzian, Yervant, and Elisabeth Bilson (1982). *Cosmology and Astrophysics: Essays in Honor of Thomas Gold*. Ithaca: Cornell University Press.

Thomson, William (1882–1911). *Mathematical and Physical Papers*. 6 vols. Cambridge: Cambridge University Press.

——(1891). *Popular Lectures and Addresses,* vol. 1. London: Macmillan.

——(1901). 'On ether and gravitational matter through infinite space', *Philosophical Magazine* **2**, 160–177.

Thoren, Victor E. (1990). *The Lord of Uraniborg: A Biography of Tycho Brahe*. Cambridge: Cambridge University Press.

Thorne, Kip S. (1994). *Black Holes and Time Warps: Einstein's Outrageous Legacy*. New York: Norton.

Tipler, Frank J. (1988). 'Johann Mädler's resolution of Olbers' paradox', *Quarterly Journal of the Royal Astronomical Society* **29**, 313–325.

Tipler, Frank J., C. Clarke, and George F. R. Ellis (1980). 'Singularities and horizons, a review article', pp. 97–206 in A. Held, ed., *General Relativity and Gravitation,* vol. 2. New York: Plenum Press.

Tolman, Richard (1929). 'On the astronomical implications of the de Sitter line element for the universe', *Astrophysical Journal* **69**, 245–274.

——(1931). 'On the problem of the entropy of the universe as a whole', *Physical Review* **37**, 1639–1660.

——(1934). *Relativity, Thermodynamics, and Cosmology*. Oxford: Oxford University Press.

——(1949). 'The age of the universe', *Reviews of Modern Physics* **21**, 374–378.

Torretti, Roberto (1978). *Philosophy of Geometry from Riemann to Poincaré*. Dordrecht: Reidel.

Toulmin, Stephen, and June Goodfield (1982). *The Discovery of Time*. Chicago: University of Chicago Press.

Trimble, Virginia (1988). 'Dark matter in the universe: Where, what, and why?', *Contemporary Physics* **29**, 373–392.

——(1990). 'History of dark matter in the universe (1922–1974)', pp. 355–363 in Bertotti *et al.* 1990.

——(1996). 'H_0: The incredible shrinking constant 1925–1975', *Publications of the Astronomical Society of the Pacific* **108**, 1073–1082.

Tropp, Eduard A., Viktor Ya. Frenkel, and Arthur D. Chernin (1993). *Alexander A. Friedmann: The Man Who Made the Universe Expand*. Cambridge: Cambridge University Press.

Trumpler, Robert J. (1930). 'Preliminary results on the distances, dimensions, and space distribution of open star clusters', *Lick Observatory Bulletin* **14**, No. 420, 154–188.

Tryon, Edward P. (1973). 'Is the universe a quantum fluctuation?', *Nature* **246**, 396–397.

Turok, Neil, ed. (1997). *Critical Dialogues in Cosmology*. Singapore: World Scientific.

Urani, John, and George Gale (1994). 'E. A. Milne and the origins of modern cosmology: An essential presence', pp. 390–419 in J. Earman, M. Janssen, and J. D. Norton, eds, *The Attraction of Gravitation: New Studies in the History of General Relativity*. Boston: Birkhäuser.

Usher, Peter (1999). 'Hamlet's transformation', *Elizabethan Review* **7**, 48–64.

Vailati, Ezio (1997). *Leibniz and Clarke: A Study in their Correspondence*. New York: Oxford University Press.

Van den Bergh, Sidney (2001). 'A short history of the missing mass and dark energy paradigms', pp. 75–84 in Martínez, Trimble, and Pons-Bordería 2001.

Van der Kruit, P. C., and K. van Berkel, eds (2000). *The Legacy of J. C. Kapteyn: Studies on Kapteyn and the Development of Modern Astronomy*. Dordrecht: Kluwer Academic.

Van Helden, Albert (1985). *Measuring the Universe: Cosmic Dimensions from Aristarchus to Halley*. Chicago: University of Chicago Press.

Veneziano, Gabriele (2004). 'The myth of the beginning of time', *Scientific American* **290** (May), 54–65.

Vilenkin, Alexander (1982). 'Creation of universes from nothing', *Physics Letters* **117B**, 25–28.

Wade, Nicholas (1975). 'Discovery of pulsars: A graduate student's story', *Science* **189**, 358–364.

Wagoner, Robert V. (1990). 'Deciphering the nuclear ashes of the early universe: a personal perspective', pp. 159–187 in Bertotti *et al.* 1990.

Webb, Stephen (1999). *Measuring the Universe: The Cosmological Distance Ladder*. London: Springer.

Weinberg, Steven (1977). *The First Three Minutes: A Modern View of the Origin of the Universe*. New York: Basic Books.

Weizsäcker, Carl Friedrich von (1938). 'Über Elementumwandlungen im Innern der Sterne, II', *Physikalische Zeitschrift* **39**, 633–646.

Wesson, Paul (1980). 'Does gravity change with time?', *Physics Today* **33** (July), 32–37.

Westfall, Richard S. (1980). *Never at Rest: A Biography of Isaac Newton*. Cambridge: Cambridge University Press.

Weyl, Hermann (1924). 'Observations on the note of Dr L. Silberstein', *Philosophical Magazine* **48**, 348–349.

Whitehead, Alfred N. (1922). *The Principle of Relativity*. Cambridge: Cambridge University Press.

Whitrow, Gerald J. (1998). *Time in History: Views of Time from Prehistory to the Present Day*. Oxford: Oxford University Press.

Wilkinson, David T., and Peebles, P. James E. (1990). 'Discovery of the 3K radiation', pp. 17–31 in N. Mandolesi and N. Vittorio, eds, *The Cosmic Microwave Background: 25 Years Later*. Dordrecht: Kluwer.

Williams, James W. (1999). 'Fang Lizshi's big bang: A physicist and the state in China', *Historical Studies in the Physical and Biological Sciences* **30**, 49–114.

Wright, Thomas (1971). *An Original Theory or New Hypothesis of the Universe*. With an introduction by M. Hoskin. London: MacDonald.

Wright, M. R. (1995). *Cosmology in Antiquity*. London: Routledge.

Yoshimura, Motohiko (1978). 'Unified gauge theories and the baryon number of the universe', *Physical Review Letters* **41**, 281–284.

Zel'dovich, Yakov B., and Igor D. Novikov (1983). *Relativistic Astrophysics, II: The Structure and Evolution of the Universe*. Chicago: University of Chicago Press.

Zöllner, K. Friedrich (1872). *Über die Natur der Cometen. Beiträge zur Geschichte und Theorie der Erkenntnis*. Leipzig: Engelmann.

Zwicky, Fritz (1933). 'Die rotverschiebung von extragalaktischen Nebeln', *Helvetica Physica Acta* **6**, 110–127.

——(1935). 'Remarks on the redshift from nebulae', *Physical Review* **48**, 802–806.

索引

ギリシャ文字

ΛCDM パラダイム　344

B

BOOMERanG　342

C

CCD　372
CDM パラダイム　364
CERN（セルン）　327
COBE　337
C 場　274

D

DMR　339

F

FIRAS　338

M

M51　144
MACHO　319
MAXIMA　342

V

VLS 宇宙論　350

W

WIMPs　332
WMAP　342

あ行

愛　22
アイテール (Aither)　18
アインシュタイン (Einstein)　5, 6, 108, 135, 163, 181, 186, 204, 261, 313, 368
アインシュタインテンソル　189
アインシュタインの重力定数　189
アインシュタイン方程式　188
アインシュタイン–ローゼン橋　293
アヴェロエス (Averroes)　60
アウグスティヌス (Augustinus)　50, 52
アウトリュコス (Autolykos)　34
アクィナス (Aquinas)　64
アクシオン　332
アスラクセン (Aslakssøn)　83
アダムズ (Adams)　175, 191
『新しい星について』（ケプラー）　94
『新しい星について』（ブラーエ）　78
アップダイク (Updike)　346
アテネ　29, 50
アデラード (Adelard of Bath)　56
アトゥム (Atum)　11
アナクサゴラス (Anaxagoras)　21, 66
アナクシマンドロス (Anaximandros)　21
アナクシメネス (Anaximenes)　348
アヌ (Anu)　13
アピアヌス (Apianus)　2
アプスー (Apsu)　13
アペイロン (apeiron)　21
アポロニオス (Apollonios)　43
天の川　92
天の川銀河　164, 165
『新たな実験』　85
アリスタルコス (Aristarchos)　29, 38, 39
アリストテレス (Aristoteles)　5, 28, 67, 361, 367
アリストテレス学派　56, 316
アルキメデス (Archimedes)　40
アルゲランダー (Argelander)　128
アルゴル　372

アルタミラ洞窟　9
アル-ハイサム (al-Haytham)　60
アルファー (Alpher)　261, 333
アルフヴェーン (Alfvén)　323
アルブレヒト (Albrecht)　335, 348, 349
アルマゲスト　44, 367
アレキサンドリア　37
アレクサンダー (Alexander)　165
アレニウス (Arrhenius)　2, 156, 163
暗黒星　316
アンドロメダ星雲　280

イーストン (Easton)　165
イーレム　262
イオニア　20
イシドールス (Isidorus)　54
イスラム (Islam)　352
異端　63
異端信仰　51
Ia 型超新星　340
一神教　17
一神論　103
一般宇宙論　113
一般共変性　188, 189
一般相対性理論　6, 181, 364
イデア　34
イデオロギー　3
インフレーション宇宙論　7, 323, 332, 334, 339, 356

ヴァイル (Weyl)　200, 222, 249
ウィストン (Whiston)　106
ウィットフォード (Whitford)　275
ウィットロー (Whitrow)　289, 333, 370
ヴィティック (Wittich)　78
ウィリアム (William of Conches)　56
ウィルキンソン (Wilkinson)　342
ウィルソン (Wilson)　298
ウィルチェク (Wilczek)　329
ヴィルツ (Wirtz)　200
ヴィレンキン (Vilenkin)　358
ウーラノス（Ouranos）　19
ウェイマン (Weymann)　311
ヴェーゲナー (Wegener)　292

ウェッソン (Wesson)　324
ヴェネツィアーノ (Veneziano)　360
ウォーカー (Walker)　209, 257
ウォーターストン (Waterston)　149
ウォラストン (Wollaston)　133
ヴォルコフ (Volkov)　306
ウォルシュ (Walsh)　311
ヴォルフ (Wolff)　113
ウォレス (Wallace)　166
ウスペンスキー (Ouspensky)　3
『宇宙』　219
宇宙原理　94, 254
宇宙項　8
宇宙 (cosmos)　1
宇宙誌　2
『宇宙誌』（アピアヌス）　2
『宇宙誌』（プトレマイオス）　2
『宇宙誌』（ベルナール）　57
宇宙神学　256
『宇宙進化についての仮説』　2
宇宙進化論　2, 28
宇宙数　41, 247
宇宙創生　356
宇宙定数　341
宇宙的ダーウィン主義　354
『宇宙についての新理論あるいは新仮説』　113
宇宙年齢問題　238
『宇宙の新しいモデル』　3
『宇宙の神秘』　95
『宇宙の体系に関する解説』　362
『宇宙の理論についての第 2 の, あるいは奇妙な考察』　114
『宇宙の輪郭』　218
『宇宙物理学』（アレニウス）　3
宇宙物理学 (cosmophysics)　2
『宇宙物理学の諸問題』　151, 317
『宇宙物理学』（ミュラー）　2
宇宙マイクロ波背景放射　4, 337
宇宙 (universe)　1
宇宙論　1
『宇宙論』（デカルト）　97
宇宙論的赤方偏移　200
宇宙論における自然選択の機構　351
『宇宙論への回帰』　3
『宇宙論』（ボンディ）　275

ウラニボリ天文台　80, 372
『運動と光について』　57

エア (Ea)　13
エウクレイデス (Eukleides)　45
エウドクソス (Eudoxos)　5, 30, 362, 363, 367
エーテル　58, 103, 159
『エーテルの世界について』　78
疫学　16
エクァント (equant)　44, 75
エクパントス (Ekphantos)　24
エジプト文明　5
エディントン (Eddington)　41, 175, 190, 204, 217, 219, 236, 249, 345, 370
『エヌマ・エリシュ』(Enuma Elish)　14
エネルギー運動量テンソル　189
エネルギー保存則　149
エピクロス (Epikouros)　26
エピック (Öpik)　177, 291
エリス (Ellis)　315, 336, 352, 371
エルサレム　50
エルステッド (Ørsted)　136
エルテル (Ertel)　248
エレボス (Erebos)　18
エロス (Eros)　18
エンゲルス (Engels)　293
エントロピー　104, 150, 154
エントロピーパラドックス　224
円パラダイム　363
エンペドクレス (Empedokles)　22
エンリル (Enlil)　13

オーム (Ohm)　298
オールト (Oort)　170, 306, 317
オジアンダー (Osiander)　74, 368
オストライカー (Ostriker)　318
オッペンハイマー (Oppenheimer)　306, 313
オリオン大星雲　144
オリゲネス (Origenes)　50
オルバース (Olbers)　124, 183
オルバースのパラドックス　122, 154, 365
オレーム (Oresme)　64

か行

カー (Carr)　355
カースウェル (Carswell)　311
カーター (Carter)　354
カーティス (Curtis)　175, 176, 345
ガイア (Gaia)　18
ガイザー (Gaiser)　188
ガイスラー管　136
階層的宇宙モデル　162
ガウス (Gauß)　182
カオス (Chaos)　18
カオス的インフレーション理論　348, 349
『科学革命の構造』　363
『学ある無知について』　69
拡大宇宙原理　273
『数え切れぬほどの, 形なき巨大なものについて』　87
加速器　326
加速膨張宇宙　345
ガッサンディ (Gassendi)　83
カッシーニ (Cassini)　111
褐色矮星　308
カリッポス (Kallippos)　32
『過程と実在』　3, 204
カヌート (Canuto)　253, 324
カプタイン (Kapteyn)　199
カプタイン宇宙　168
カペッラ (Capella)　54
神　154
ガモフ (Gamov)　7, 259, 365, 368
カリノン (Calinon)　186
ガリレイ (Galilei)　53, 91, 368, 373
カルキディウス (Chalcidius)　49
カルパ　19
華麗なる退場　335
ガン (Gunn)　322, 327
完全宇宙原理　271, 273, 323, 354
カンタベリー大司教　63
『カンタベリー物語』　61
カント (Kant)　6, 25, 110, 114, 182
カンパヌス (Campanus)　59
ガンマ線バースト　308

幾何学　29

索引

気象学　2
偽真空　334
『気体理論講義』　158
客星　16
逆行　365
『饗宴』　62
教義　18
巨石建造物　9
距離測定　170
ギリシャ　361
ギリシャ自然哲学　1
キリスト　94
キリスト教　49
ギルバート (Gilbert)　89
キルヒホッフ (Kirchhoff)　134
銀河系　6, 116
銀河団　339
近日点移動　190

クイン (Quinn)　332
クインテッセンス　345
グース (Guth)　333, 336, 348
クーン (Kuhn)　363
クェーサー　304
クォーク　329
クサーヌス (Cusanus)　69, 254
グッドリック (Goodricke)　170
クノップフ (Knopf)　222
クマール (Kumar)　308
クラーク (Clerke)　164
クラーク，アグネス (Clerke, Agnes)　317
クラーク，ジョージ (Clark, George)　307
クラーシャー (Klaushaar)　307
クライン (Klein)　190, 198, 200, 247, 291
クライン–ゴルドン方程式　249
クラヴィウス (Clavius)　77
クラウザー (Crowther)　218
クラウジウス (Clausius)　149
クラウス (Krauss)　344
グリーンスタイン (Greenstein)　304
『クリスティーナ大公妃への手紙』　53
クリッチフィールド (Critchfield)　240
クリフォード (Clifford)　184

クリューゲル (Krügel)　128
クリュシッポス (Chrysippos)　29, 36
クルックス (Crookes)　137, 262
クレアンテス (Kleanthes)　41
グロステスト (Grosseteste)　57
グロスマン (Grossmann)　188

ケアリー (Carey)　292
形而上学 ⇒ 続自然学　32
啓蒙時代　110
ゲーリケ (Guericke)　85
ケストラー (Koestler)　3
『月面に見える顔について』　41
ゲブ (Geb)　11
ケフェウス座 δ 星　170
ケプラー (Kepler)　5, 74, 91, 363
ケプラーの法則　101
ゲミノス (Geminos)　31, 48, 363
ゲラルド (Gherardo)　56
ケロ (Queloz)　350
ゲロック (Geroch)　315
原子核考古学　240, 260, 329, 365
現実主義　366
原始ブラックホール　332
原初の水　11
原子論　24
減速パラメータ　282, 321
元素存在比　224
ケンタウルス座 α 星　113
ゲンツェル (Genzel)　314
弦理論　359

ゴア (Gore)　125
高温ビッグバン理論　296
『光学』　104
光行差　112
『恒星系の研究』　167
『恒星の固有運動について』　111
高赤方偏移超新星探査チーム (HZT)　340
子宇宙　348
光電子倍増管　372
公理論的宇宙論　270
ゴールド (Gold)　7, 272, 306, 323, 370
コールドダークマター (CDM)　332, 343, 371

ゴールドヘイバー (Goldhaber) 307
黒体放射 153
『語源』 54
『コスモテオロス』 100
古代インド 15
『国家』 (Politeia) 29
ゴット (Gott) 348
コペルニクス (Kopernik/Copernicus) 5, 24, 39, 72
コペルニクス (衛星) (Copernicus) 328
コペルニクス原理 354
コペルニクス的転回 70, 364
コペルニクス天文学の概要 95
『コメンタリオルス』 72
コリンズ (Collins) 354
ゴルトシュミット (Goldschmidt) 242
ゴルドン (Gordon) 247
コルブ (Kolb) 360
渾天説 16
コント (Compte) 132
混沌 1
コンプトン (Compton) 248

さ行

サービト (Thabit) 48
最高天 (empyrean heaven) 58
最初に動くもの (primum mobile) 58
『最初の3分間』 352
『最初の報告』 72
最大離角 75
サクロボスコ (Sacrobosco) 61
サスキンド (Susskind) 329
佐藤勝彦 348
サハマ (Sahama) 268
サハロフ (Sakharov) 296, 330
サルピーター (Salpeter) 279
サンデージ (Sandage) 281, 284, 321
サンブルスキ (Sambursky) 244

シアマ (Sciama) 275, 278, 336, 351
ジーンズ (Jeans) 168, 218, 223, 317
シェイクスピア (Shakespeare) 71, 86
シェオル (Sheol) 15
シェゾー (Loys de Cheseaux) 123, 365

シエネ 37
『時間についての短い歴史』 359
磁気単極子 329
シゲルス (Sigerus) 63
四元素説 33, 42
『死者の書』 11
事象の地平線 198
自然科学 28
自然主義 57
自然哲学 28
自然哲学者 20
『自然について』 (イシドールス) 55
『自然について』 (ベーダ) 55
『自然の諸時期』 121
『自然の哲学について』 57
実在論 50
実証主義 155
実証的宇宙論 270
『実証哲学講義』 132
質量ギャップ問題 266
四分儀 371
島宇宙 6, 116, 147, 173
シャーバーン (Sherburne) 86
シャイナー (Scheiner) 136
写真乾板 372
シャッツマン (Schatzman) 269
シャプレー (Shapley) 126, 169, 171, 176, 200, 215, 248, 345
シャルリエ (Charlier) 155, 162
ジャンスキー (Jansky) 284
シュー (Shu) 11
シュヴァルツシルト (Schwarzschild) 167, 184
シュヴァルツシルト半径 313
周期–光度関係 171
周期的宇宙 19, 29, 42
『19世紀天文学史』 151
重水素 328
周転円 (epicycle) 43, 44, 74
重力赤方偏移 187, 200
重力定数 101
重力と宇宙論 310
重力のパラドックス 107
重力の法則 97, 102
重力場の方程式 6
重力ポテンシャル 107

索引

重力レンズ 310
ジュール (Joule) 149
シュスター (Schuster) 158
シュタルク (Stark) 136
シュトルーベ 124
シュミット, ブライアン (Schmidt, Brian) 340
シュミット, マーテン (Schmidt, Maarten) 304
シュメール人 13
シュラム (Schramm) 326
シュレーディンガー (Schrödinger) 248
シュレーディンガー方程式 247
循環宇宙 330, 357
純粋理性批判 119
準定常宇宙論 323, 349
春分点歳差 43
ジョヴァネッリ (Giovanelli) 348
初期宇宙論 371
初期特異点 297, 359
シルバーシュタイン (Silberstein) 201, 216
シルベスター (Sylvester) 262
『新アルマゲスト』 83
神学 6, 50, 356
進化主義 143
『神曲』 61
シング (Synge) 204
真空エネルギー 341
真空への嫌悪 316
浸食 103
尺数関係 75
新星 147
『神聖教理』 51
『神統記』 18
『神秘の宇宙』 218
新プラトン主義 54
シンプリキオス (Simplikios) 29
『人類の原初の秩序』 109

ズィーノ 332
スーパーカミオカンデ 331
数秘術 24
スケールファクター 207
スコラ哲学 49
鈴木清太郎 223
スターロ (Stallo) 156, 369
スタイグマン (Steigman) 326
スタインハート (Steinhardt) 335, 336, 348, 357
スタクリー (Stukeley) 122
スタロビンスキー (Starobinsky) 332, 335, 336
ステビンス (Stebbins) 275, 372
ステビンス–ウィットフォード効果 275, 365
ステファン–ボルツマンの法則 224, 263
ステュアート (Stewart) 244
ストア派 29
ストーンヘンジ 9
ストレムベリ (Strömberg) 212
スナイダー (Snyder) 313
『砂粒を数える者』 40
スペンサー ジョーンズ (Spencer Jones) 276
スミス, ジョージ (Smith, George) 372
スミス, ジョン (Smith, John) 9
スムート (Smoot) 339
スモーリン (Smolin) 351
スライファー (Slipher) 172, 199, 213
スリー (Slee) 286

斉一説 150, 245
星雲 6, 110
『星雲界』 317
『星界の使者』 91
『星界の使者との対話』 95
星間吸収 169
星間塵 301
聖書 69
聖書原理主義 51
『聖灰水曜日の晩餐』 87
ゼウスの守護 23
世界 2
世界観 3
世界像 3
『世界の永遠性について』 64
世界の終り 19
『世界の複数性についての対話』 100
セッキ (Secchi) 137
ゼノン (Zenon) 37
セファイド 170, 340

索引

ゼルドヴィッチ (Zel'dovich) 298, 310, 321, 332, 335, 336, 343
セレティ (Selety) 163
ゼロ点振動エネルギー 224
占星術 55
前ソクラテス期 20
宣夜説 16

草案理論 (Entwurf theory) 188
『創世記』 15, 17, 55
相対論的宇宙論 6
相対論的天体物理学 310
相転移 334
ソーン (Thorne) 293, 310
続自然学 (Metaphysika) 32, 361
ソクラテス (Sokrates) 24, 361
ソシゲネス (Sosigenes) 34
測光 372
ソディ (Soddy) 160
素粒子物理 7
ソルベー会議 239

た行

ダーウィン (Darwin) 143
ダーウィン進化論 138
ダークエネルギー 7, 159, 341, 364
ダークマター 7, 159, 297, 316, 330, 364
ターケヴィッチ (Turkevich) 265
ターナー (Turner) 336, 344, 345, 360
大数仮説 250, 324
ダイソン (Dyson) 190, 352
大統一理論 (GUT) 329
第4ラテラン公会議 51
大論争 (the Great Debate) 6, 175, 345
竹内時男 243
多重宇宙 ⇒ 多世界宇宙
多世界宇宙 28, 105, 158, 322, 348
ダランベール (d'Alembert) 110
タルタロス (Tartaros) 18
タレス (Thales) 20
ダン (Donne) 71, 346
単極子問題 335
ダンテ (Dante) 61

タンピエ (Tempier) 63
タンマン (Tammann) 321, 340

『地球の新しい理論』 106
『地球の神聖な理論』 105
地動説 365
チャンドラセカール (Chandrasekhar) 251
中国 16
中世 28, 49
超弦理論 349
超新星宇宙論プロジェクト (SCP) 340
超新星レガシー探査 (SNLS) 343

ツヴィッキー (Zwicky) 224, 243, 306, 310, 317, 340
2dF 銀河赤方偏移サーベイ (2dF) 331
ツェルナー (Zöllner) 125, 184, 372
強い人間原理 355

ティアマト (Tiamat) 13
デイヴィス (Davies) 352, 355
ティエリ (Thierry of Chartres) 56
定常宇宙論 7, 349, 365
ディズニー (Disney) 371
ディッグス (Digges) 86
ディッケ (Dicke) 259, 299, 324, 333, 353
ディドロー (Diderot) 110
ティプラー (Tipler) 352, 355
『ティマイオス』 49
テイヤール・ド・シャルダン (Theilhard de Chardin) 3
テイラー, ジョゼフ (Taylor, Joseph) 307
テイラー, ロジャー (Taylor, Roger) 302
ディラック (Dirac) 243, 247, 249, 324, 329, 370
ディラック方程式 247
ディングル (Dingle) 222, 257, 276, 288, 370
ティンズリー (Tinsley) 322
テート (Tait) 151
テーバイ戦争 27
テオピロス (Theophilos) 50

テオプラストス (Theophrastos)　37
テオン (Theon)　46
デカルト (Descartes)　97, 105
デカルト主義　97
『哲学の原理』　98
テフェネト (Tefenet)　11
テホム (Tehom)　15
デミウルゴス (Demiurgos)　34
デモクリトス (Demokritos)　24, 85
デュエム (Duhem)　156
テラー (Teller)　260
『テリアメド』　121
テルトゥリアヌス (Tertullianus)　50
天蓋説　16
『天界の一般的自然史と理論』　115
『天界の構造』　372
電気的宇宙　277
天球儀　371
『天球について』　77
天体核物理学　260
『天体の回転について』　39, 72, 368
『天体の軌道の完全な記述』　86
『天体の様々な形状についての論説』　117
天体物理学　2
『天体力学』　161
天体粒子物理学　326
『天と世界についての書』　68
『天について』(De caelo)　24, 33
天文学　28
『天文学序説』　48
『天文学入門』(Introduction to Phaenomena)　31
『天文対話』　80, 97

ドゥアト (Duat)　11
ドウィット (DeWitt)　358
トゥールミン (Toulmin)　3
導円 (deferent)　43, 44, 74
ド・ヴォークルール (de Vaucouleurs)　321
道具主義　366
トゥロック (Turok)　357
トート (Thoth)　12
トールマン (Tolman)　216, 218, 223, 263, 282, 314, 322, 357

トールマン–ボンディモデル　230, 323
特異点定理　315
特殊相対論　135
ド・シッター (de Sitter)　181, 190, 191, 204, 218, 334, 368
ドップラー (Doppler)　135
ドップラー偏移 (効果)　135, 187, 200, 232, 275
ド・マールブランシュ (de Malebranche)　100
トムソン, ウィリアム (Thomson, William) (ケルヴィン卿 (Lord Kelvin))　126, 150, 161
トムソン, J. J. (Thomson, J. J.)　140, 262
ド・メイエ (de Maillet)　121
トライオン (Tryon)　357
ド・ラランド (de Larande)　127
トランプラー (Trumpler)　170
トリンブル (Trimble)　322
ドルトン (Dalton)　131
ドレーパー (Draper)　373
トロイア崩壊　27
ドロシュケヴィッチ (Doroshkevich)　298
ドロステ (Droste)　313
トンネル効果　358

な行

ナーリカー (Narlikar)　277, 301, 322, 323, 349
ナイル川　10
名古屋–バークレイ変形　338
ナトリウム D 線　135
ナポレオン (Napoléon)　362

ニコル (Nichol)　143
ニコルソン (Nicholson)　141
西田稔　268
ニューインフレーション　335
ニューカム (Newcomb)　165, 184
ニュートラリーノ　332
ニュートリノ　267, 326, 331
ニュートリノ振動　331
ニュートン (Newton)　5, 97, 101, 362

索引

ニュクス (Nyx) 18
人間原理 4, 353
人間中心モデル 34

ヌト (Nut) 11
ヌン (Nun) 11

ネーマン (Ne'eman) 314
熱現象 29
熱的死 151
熱力学 6
熱力学第2法則 148
ネビュリウム 147
ネルンスト (Nernst) 244
年周視差 79, 365

ノヴィコフ (Novikov) 298, 310, 314, 321

は行
ハーキンス (Harkins) 225
バーコフ (Birkhoff) 204
ハーシェル,ウィリアム (Herschel, William) 8, 110, 127, 133, 142, 372
ハーシェル,ジョン (Herschel, John) 124, 144
ハース (Haas) 154, 248, 252, 357
パース (Peirce) 157
パーソンズ (Persons) (ロス卿 (Lord Rosse)) 143, 165
バーデ (Baade) 280, 306, 340, 366
ハートル (Hartle) 358
バーネット (Burnet) 105
バービッジ,ジェフリー (Burbidge, Geoffery) 279, 323, 349
バービッジ,マーガレット (Burbidge, Margaret) 279, 349
ハーマン (Herman) 264, 333
パールマター (Perlmutter) 340
バーンズ (Barnes) 230
背理法 54
パイ粒子 267
ハインド (Hind) 146
バウム (Baum) 284
パウリ (Pauli) 331

ハギンズ (Huggins) 136
はくちょう座61番星 113
『博物誌』 42
バジャルタ (Vallarta) 231
パターソン (Patterson) 281
パチーニ (Pacini) 306
ハッブル (Hubble) 5, 177, 181, 202, 213, 282, 368
ハッブル宇宙望遠鏡 339
ハッブル時間 226, 232
ハッブル定数 (パラメータ) 250, 321, 334
ハッブルの法則 250, 255, 365
花火理論 228
母宇宙 348
バビロニア 13, 361, 367
パフネル (Pachner) 348
『ハムレット』 71
林忠四郎 266
パラケルスス (Paracelsus) 82
パラダイム 363
ハラトニコフ (Khalatnikov) 315
ハリオット (Harriot) 93
ハリソン (Harrison) 336
ハリソン–ゼルドヴィッチスペクトル 336
バルカン 189
パルサー 306
ハルス (Hulse) 307
ハルテク (Harteck) 226
バルマー系列 304
ハレー (Halley) 108
バロー (Barrow) 352
パワースペクトル 336
反クォーク 329
反対の一致 69
反地球 24, 316
パンティン (Pantin) 354
反物質 158, 328

ピーブルス (Peebles) 259, 299, 318, 333, 345
『光について』 57
ヒグシーノ 332
微細構造定数 347
ピッカリング (Pickering) 372

ビッグバン宇宙論　7, 226, 259, 260, 325, 335, 356, 364
ビッグリップ　345
ヒッパルコス (Hipparchos)　5, 28, 39, 43
ヒッポリュトス (Hippolytos)　50
『百科全書』　110
ヒューイッシュ (Hewish)　305
非ユークリッド幾何　183
ヒューメイソン (Humason)　214
ピュタゴラス (Pythagoras)　23
ビュフォン (Buffon)　121
ビュリダン (Buridan)　64
ヒュレー　57
標準光源　172
ピラーニ (Pirani)　333
ピロポノス (Philoponos)　54
ピロラオス (Philolaos)　23, 316
ヒンドゥー　19

ファーガソン (Ferguson)　109
ファーバー (Faber)　92
ファウラー (Fowler)　279, 302
ファルカシュ (Farkas)　226
ファン・マーネン (van Maanen)　175, 365
フィゾー (Fizeau)　136
フィック (Fick)　153
フヴォルソン (Khvolson/Chwolson)　156, 310
ブーゲ (Bouguer)　123
フーリエ (Fourier)　149
フェルミ (Fermi)　265
フォーゲル (Vogel)　136
フォティーノ　332
フォリン (Follin)　333
フォン・ヴァイツゼッカー (von Weizsäcker)　226, 240, 260
フォン・シェーンベルク (von Schönberg)　73
フォン・ゼーリガー (von Seeliger)　8, 160, 185, 192
フォン・ゾルトナー (von Soldner)　187, 312
フォン・フラウンホーファー (von Fraunhofer)　133

フォン・フンボルト (von Humbolt)　132
フォン・マイヤー (von Mayer)　149
フォン・メドラー (von Mädler)　125
不確定性関係　357
輻射優勢期　58
プタハ (Ptah)　12
物質主義　143
物質の進化　159
物理的終末論　4, 352
プトレマイオス (Ptolemaios)　2, 5, 28, 44, 363, 367
ブラーエ (Brahe)　55, 78, 132, 364, 371
ブライト (Breit)　248
ブラウト (Brout)　358
プラウト (Prout)　262
フラクタル　163
プラスケット (Plaskett)　179, 233
プラズマ宇宙論　323
ブラックホール　189, 313
ブラックホール熱力学第2法則　313
フラッド (Fludd)　91
ブラッドリー (Bradley)　112, 226
ブラドウォーディン (Bradwardine)　66
プラトン (Platon)　28, 29, 363
プラトン多面体　23
ブラフマン (Brahmā)　19
フラム (Flamm)　293
プランク時間　334
ブランス (Brans)　324
ブランス–ディッケ理論　324
フリードマン (Friedmann)　6, 196, 204, 207, 357, 368
フリードマン方程式　260
ブリッジマン (Bridgeman)　369
プリニウス (Plinius)　41, 55
『プリンキピア』(自然哲学の数学的諸原理)　101, 108, 362
ブルースター (Brewster)　134
ブルーノ (Bruno)　87
プルタルコス (Ploutarkhos)　36, 41
プレヴォー (Prévost)　128
プレート・テクトニクス　292
フロイントリッヒ (Finlay-Freundlich)　190, 245, 316

プロクター (Proctor)　145, 162, 164
プロタイル　262
ブロディ (Brodie)　138
プロテスタント　85
『プロトガエア』　106
ブロンシュテイン (Bronstein)　220, 293
不和　22
文化大革命　295
ブンゲ (Bunge)　289
分光学　6
分光器　135, 373
ブンゼン (Bunsen)　134

ヘイ (Hey)　284
平衡状態　151
ペイジェルス (Pagels)　358
平坦性問題　333
ベーア (Behr)　280
ベーコン (Bacon)　85, 262
ベーダ (Beda)　55
ベーテ (Bethe)　240
ヘーメラー (Hemera)　18
ヘール (Hale)　175, 187
ヘール, ジョージ (Hale, George)　142
ヘール, マシュー (Hale, Matthew)　109
ペガスス座51番星　350
ベケンスタイン (Bekenstein)　314
ベッカー (Becker)　141
ヘックマン (Heckmann)　218, 236, 282
ベッセル (Bessel)　113
ベッソ (Besso)　189
ペッチェイ (Peccei)　332
ペトロシアン (Petrosian)　322
ヘラクレイデス (Herakleides)　45, 55
ヘリウム3　328
ヘリウム4　327
ヘリオポリス　11
ベル (Bell)　305
ヘルツスプルング (Hertzsprung)　171, 219
ベルトラミ (Beltrami)　183
ベルナール (Bernard of Silvester)　57
ヘルム (Helm)　156
ヘルムホルツ (Helmholtz)　149

ペンジアス (Penzias)　298
弁証法　67
弁証法的唯物論　293
偏心円 (eccentric)　43, 44
ヘンダーソン (Henderson)　113
ベントリー (Bentley)　106, 192
ペンローズ (Penrose)　315

ポアンカレ (Poincaré)　2, 157, 185
ホイーラー (Wheeler)　310, 358
ホイーラー–ドウィット方程式　358
ボイド　339
ホイヘンス (Huygens)　100
ホイル (Hoyle)　7, 10, 272, 287, 302, 322, 323, 349, 368, 370
ボイル, ウィラード (Boyle, Willard)　372
ホイル–ナーリカー理論　323
ボイル, ロバート (Boyle, Robert)　106
放射性元素　154
膨張する宇宙　219
『方法序説』　98
方励之　295
ボエティウス (Boethius)　63
ポー (Poe)　125
ボーア (Bohr)　261
ボーエン (Bowen)　147
ホーキング (Hawking)　8, 313, 336, 354, 358, 369
ホーキング放射　314
ホーキンス (Hawkins)　10, 246, 248
ホームズ (Holmes)　221
ホーンアンテナ　298
ボシュコヴィッチ (Bošković)　120, 185
ボナー (Bonnor)　278, 287
ポパー (Popper)　289
ホライズン　313
ホライズン問題　333
ホルス (Horus)　12
ボルツマン (Boltzmann)　157, 348
ボレル (Borel)　203
ホワイトヘッド (Whitehead)　3, 203
ホワイトホール　314
ボンディ (Bondi)　7, 272, 289, 323, 366, 370

ま行

マイモニデス (Maimonides) 60, 367
マイヤー (Mayer) 111
マイヨール (Mayor) 350
マクヴィティ (McVittie) 220, 236, 270, 276, 284
マグエイジョ (Magueijo) 349
マクスウェル (Maxwell) 151
マクスウェル方程式 277
マクミラン (MacMillan) 244, 271
マクレイ (McCrea) 220, 276, 343
マクロビウス (Macrobius) 54
マザー (Mather) 338
マシューズ (Matthews) 304
マッケラー (McKellar) 265
マッティヒ (Mattig) 282
マッハ (Mach) 155, 193, 369
マッハ原理 193
マハーユーガ 19
『迷える人々のための導き』 368
マルクス (Marx) 293
マルドゥク (Marduk) 14

ミスナー (Misner) 310, 316, 357
ミッチェル (Michell) 189, 311, 316
ミヌール (Mineur) 280
ミュー粒子 267
ミュニッツ (Munitz) 289
ミュラー (Müller) 2
ミリカン (Millikan) 231
ミルズ (Mills) 285, 286
ミルン (Milne) 221, 243, 253, 269, 276, 293, 316, 336, 357, 368, 370
ミレトス 20
ミンコフスキー (Minkowski) 186

無からの創世 18, 50
無限 69
『無限の宇宙と世界について』 87

メイヨール (Mayall) 235
メソポタミア 13
メソポタミア文明 5
メルセンヌ (Mersenne) 98
メンフィス 12

毛沢東 295
モーセ 52
モーペルテュイ (Maupertuis) 117
目的論 80
モノー (Monod) 3
『物事の本質について』 26
モファット (Moffat) 349

や行

ヤキ (Jáki) 115
ヤヒル (Yahil) 318

唯物論 104
ユークリッド空間 119
ユーリー (Urey) 226
幽霊エネルギー 345
ユダヤ教 14
ゆらぎ 336

ヨーク (York) 328
吉村太彦 329
ヨルダン (Jordan) 243, 249, 251, 269, 292, 357
弱い人間原理 355

ら行

ライス (Rice) 246
ライチョードゥリー (Raychaudhuri) 315
ライト (Wright) 113
ライプニッツ (Leibniz) 100
ライブントグート (Leibundgut) 340
ライル (Ryle) 284, 297, 365
ラヴェル (Lovell) 287
ラクタンティウス (Lactantius) 51, 73
ラスコー洞窟 9
ラッセル, バートランド (Russell, Bertrand) 352
ラッセル, ヘンリー (Russell, Henry) 174, 175
ラプラス (Laplace) 142, 161, 189, 316, 362
ラムゼー (Ramsay) 139
ランカマ (Rankama) 268
ランキン (Rankine) 152

ランチョス (Lanczos) 205, 246
ランベルト (Lambert) 6, 119

リーヴィット (Leavitt) 171
リース (Rees) 305, 336, 355
リーマン (Riemann) 183, 188
リーマン幾何学 154
リグ・ヴェーダ (Rig Veda) 16
離心率 46
理神論 104
リチェーティ (Liceti) 93
リッター (Ritter) 133
リッチテンソル 189
リッチョーリ (Riccioli) 83
リトルトン (Lyttleton) 277
リフシッツ (Lifshitz) 315
りゅう座γ星 112
量子色力学 332
量子重力 359
量子的真空 358
量子ゆらぎ 357
臨界密度 7, 233, 317
リンデ (Linde) 335, 348, 351
リンドラー (Rindler) 333

ルイス (Lewis) 225
ルービン (Rubin) 318
ルクレティウス (Lucretius) 26, 36
ルター (Luther) 85
ルネサンス 28
ル・ボヴィエ・ド・フォントネル (le Bovier de Fontenelle) 100
ル・ボン (Le Bon) 159
ルメートル (Lemaître) 6, 196, 204, 206, 210, 248, 259, 293, 313, 314, 343, 345
ルメートル–エディントンモデル 226

ルントマルク (Lundmark) 175, 201

レイナー (Rayner) 204
レヴィ-チヴィタ (Levi-Civita) 200
レウキッポス (Leukippos) 24
レー (Re) 11
レーマー (Rømer) 111
レティクス (Rheticus) 72
レフスダル (Refsdal) 311
錬金術 22, 82
連続的生成宇宙論 273
レンツ (Lenz) 223

ローゼン (Rosen) 293
ロートマン (Rothmann) 80
六分儀 371
ロジャーソン (Rogerson) 328
ロスコー (Roscoe) 137
ロスマン (Rothman) 336, 371
ロッキャー (Lockyer) 9, 137
ロッジ (Lodge) 159, 312
ロバーツ (Roberts) 110
ロバートソン (Robertson) 206, 218, 264
ロバートソン–ウォーカー計量 209
ロビンソン (Robinson) 143

わ行
ワームホール 292
ワインバーグ (Weinberg) 287, 310, 329, 352
惑星系 2
『惑星の仮説』 59, 76, 367
『惑星理論』 59
ワゴナー (Wagoner) 302
『我々の世界以外の世界』 162

訳者情報

竹内　努　（たけうちつとむ）

【略歴】1994 年　京都大学理学部卒業
　　　　2000 年　京都大学大学院理学研究科物理学・宇宙物理学専攻博士後期課程修了 博士（理学）
　　　　2001 年　東京大学天文教育研究センター研究員
　　　　2002 年　国立天文台研究員
　　　　2004 年　マルセイユ天体物理学研究所研究員
　　　　2005 年　東北大学大学院理学研究科研究員
　　　　2006 年　東北大学大学院理学研究科 助手
　　　　2006 年　名古屋大学高等研究院 講師
　　　　2011 年 – 現在　名古屋大学大学院理学研究科 准教授（現職）

【専門】宇宙物理学・応用統計学

【主著（著書）】『銀河—その構造と進化—』，福井康雄 監訳，竹内努 訳，原著者 S. Phillipps: 日本評論社 (2013)

市來淨與　（いちききよとも）

【略歴】2000 年　京都大学理学部卒業
　　　　2005 年　東京大学大学院理学系研究科天文学専攻博士後期課程修了 博士（理学）
　　　　2005 年　国立天文台 学術振興会特別研究員
　　　　2006 年　ビッグバン宇宙国際研究センター 学術振興会特別研究員
　　　　2008 年　名古屋大学大学院理学研究科 助教
　　　　2013 年 – 2015 年　名古屋大学素粒子宇宙起源研究機構基礎理論研究センター 助教
　　　　2015 年 – 現在　名古屋大学素粒子宇宙起源研究機構基礎理論研究センター 講師

【専門】宇宙物理学・観測的宇宙論

【受賞歴】平成 16 年度東京大学総長賞

【主著(著書)】『星と原子, [図説] 科学の百科事典 6』, 桜井邦朋 監訳, 永井智哉・市來淨與, 花山秀和 訳, 朝倉書店 (2007)

松原隆彦　（まつばらたかひこ）

【略歴】1990 年　京都大学理学部卒業
　　　　1995 年　広島大学大学院理学研究科物理学専攻 博士課程修了 博士（理学）
　　　　1995 年　東京大学大学院理学系研究科 助手
　　　　1998 年　ジョンズホプキンス大学物理天文学部 研究員
　　　　2000 年　名古屋大学大学院理学研究科 助教授
　　　　2007 年 – 現在　名古屋大学大学院理学研究科 准教授（現職）
　　　　2010 年 – 現在　名古屋大学素粒子宇宙起源研究機構基礎理論研究センター 准教授（兼任）

【専門】宇宙論・宇宙物理学

【受賞歴】1997 年　第 13 回井上研究奨励賞，2013 年　第 17 回日本天文学会林忠四郎賞

【主著（著書）】『宇宙に外側はあるか』，光文社新書 (2012)，『宇宙はどうして始まったのか』，光文社新書 (2015)，『現代宇宙論』，東京大学出版会 (2010)，『宇宙論の物理（上・下）』，東京大学出版会 (2014)，『大規模構造の宇宙論（基本法則から読み解く 物理学最前線 4）』，共立出版 (2014)，『宇宙のダークエネルギー』，土居守・松原隆彦（共著），光文社新書 (2011)，『宇宙論 II』，二間瀬敏史・千葉柾司・池内了 編集（共著），日本評論社 (2007)

人は宇宙をどのように考えてきたか ―神話から加速膨張宇宙にいたる 宇宙論の物語―	著 者　Helge S. Kragh（ヘリェ・クラーウ） 訳 者　竹内　努 　　　　市來淨與 ⓒ 2015 　　　　松原隆彦
原題：*Conceptions of Cosmos* 　　　*From Myths to the Accelerating* 　　　*Universe: A History of Cosmology*	発 行　**共立出版株式会社** / 南條光章 東京都文京区小日向 4-6-19 電話 03-3947-2511（代表） 〒112-0006 / 振替口座 00110-2-57035 http://www.kyoritsu-pub.co.jp/
2015 年 12 月 25 日　初版 1 刷発行	印 刷　藤原印刷 製 本　ブロケード

一般社団法人
自然科学書協会
会員

検印廃止
NDC 443.9
ISBN 978-4-320-04728-0　　Printed in Japan

JCOPY ＜出版者著作権管理機構委託出版物＞
本書の無断複製は著作権法上での例外を除き禁じられています．複製される場合は，そのつど事前に，出版者著作権管理機構（TEL：03-3513-6969，FAX：03-3513-6979，e-mail：info@jcopy.or.jp）の許諾を得てください．